U0222927

JIBING QIAOZHENZHI
QUANCAI TUJIE

鸡病巧诊治
全彩图解

王贵波　谢家声　主编

化学工业出版社

·北京·

内 容 简 介

本书从当前鸡病发生率高、危害大、误诊率高、疗效差等特点出发，对当前鸡病的分类与发生的新特点、鸡病的主要传染方式、传染性鸡病的易感特点、鸡病的诊断技巧、鸡病预防、病毒病诊治技巧、细菌病诊治技巧、寄生虫病诊治技巧、营养代谢病诊治技巧、中毒性疾病诊治技巧、其他疾病诊治技巧、鸡场常用的药物、鸡场常用的给药方式及计算方法等，进行了简要且系统的介绍。对各类鸡病的病原特点、临床症状、剖检病变、诊断技巧、治疗技巧、预防措施等进行了归纳总结，同时提供了大量临床病症高清彩图，在鸡病的诊疗方面具有很强的科学性、系统性和实用性。本书适合各类养鸡场兽医技术人员、饲养管理人员、养鸡专业户和相关农业院校师生阅读与使用。

图书在版编目（CIP）数据

鸡病巧诊治全彩图解 / 王贵波，谢家声主编. —北京：化学工业出版社，2020.12
ISBN 978-7-122-37833-0

Ⅰ. ① 鸡…　Ⅱ. ① 王…②谢…　Ⅲ. ① 鸡病 - 诊疗 - 图谱
Ⅳ. ①S858.31-64

中国版本图书馆 CIP 数据核字（2020）第 186351 号

责任编辑：漆艳萍　　　　　　　　　　　　　装帧设计：韩　飞
责任校对：王素芹

出版发行：化学工业出版社（北京市东城区青年湖南街13号　邮政编码100011）
印　　装：天津画中画印刷有限公司
710mm×1000mm　1/16　印张24¾　字数463千字　2021年6月北京第1版第1次印刷

购书咨询：010-64518888　　　　　　　　　　　售后服务：010-64518899
网　　址：http://www.cip.com.cn

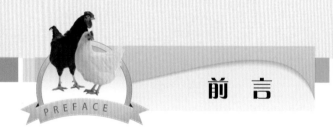

前　言

PREFACE

随着我国养鸡业的发展，鸡的常见病增多，规模化养殖场的鸡病呈现发生率高、危害大、误诊率高、疗效差等特点。鉴于此，笔者根据数十年的兽医临床经验与禽病研究，借助本书对当前鸡病的主要传染方式、传染性鸡病的易感特点、鸡病的诊断技巧、鸡病预防、病毒病诊治技巧、细菌病诊治技巧、寄生虫病诊治技巧、营养代谢病诊治技巧、中毒性疾病诊治技巧、其他疾病诊治技巧、鸡场常用的给药方式及计算方法等，进行了科学系统的介绍。

本书共十三章，包含病症彩图近200幅，突出每类疾病的最特征性症状描述、鉴别诊断与对比治疗，不仅在鸡病的诊疗方面具有很强的实用性与系统性，而且还提供了鸡病诊治技巧等方面的知识，以及对各类鸡病的临床诊断、实验室诊断和解剖等方面的技巧进行了归纳总结。这不仅可以促进鸡病防治知识的普及，避免因对鸡病的不识而造成防治错误，而且还可以避免临床上因诊断不准确导致的错误用药和巨大经济损失。从而使临床鸡病的防治有原则可依、有方法可循，也使鸡病防治有针对性且更有效。

本书将指导鸡病防治兽医技术人员、饲养管理人员和养鸡专业户对常见鸡病的诊疗并选择有效的治疗方法，可作为相关农业院校师生的扩展阅读书目，故适合各类养鸡场兽医技术人员、饲养管理人员、养鸡专业户和有关农业院校师生阅读。目前，我国鸡养殖业正逐年发展壮大，而鸡的各类疫病暴发数量也逐年递增，暴发频率越来越高。同时鸡场兽医技术人员配备相对不足，尤其是技术人员对典型症状与类似疾病的鉴别知识更是缺乏，造成的鸡病诊断错误、缺乏针对性用药的现象非常普遍，不仅使疗效不高和防治成本剧增，而且还由于鸡病诊疗与防治不当导致继发感染增多，甚至导致疾病传播。本书可以为广大鸡场养殖户和饲养管理人员提供鸡病诊断与防治技巧等方面的详尽指导。

本书内容涉及鸡的养殖、疾病防治与药物使用等多个方面，限于笔者经验与水平，不妥之处在所难免，敬请读者批评指正，提出宝贵意见。

编者

2020 年 5 月

目录

CONTENTS

第四章　鸡病的诊断技巧 / 33

第五章　鸡病预防 / 67

第六章　鸡的病毒病诊治技巧　/86

第七章　鸡的细菌病诊治技巧 / 154

第八章　鸡的寄生虫病诊治技巧 / 206

第九章 鸡的营养代谢病诊治技巧 / 229

第十章　鸡的中毒性疾病诊治技巧 / 254

第十一章 鸡的其他疾病诊治技巧 / 283

第十二章　鸡场常用的药物 / 311

第十三章　鸡场常用的给药方式及计算方法 / 366

第一章

鸡病的分类及发生新特点

随着养鸡业的迅猛发展，饲养规模不断扩大，鸡病种类也在增加，对我国养鸡业构成威胁和造成危害的鸡病已达80余种，主要包括细菌性疾病、病毒性疾病、寄生虫病、营养代谢病和中毒性疾病。其中细菌性疾病、病毒性疾病、寄生虫病的共同特点是鸡与鸡能相互传染，并有不同程度的流行性，因此常将其归为传染性疾病。营养代谢病和中毒性疾病的发生特点与饲料和饲养管理密切相关，不具有传染性，因此常将这类疾病归为普通病。

第一节
细菌病发生的新特点

细菌性疾病是严重危害家禽生产的一类传染性疾病，主要有鸡白痢沙门菌病、大肠杆菌病、传染性鼻炎、禽霍乱、坏死性肠炎、禽副伤寒、禽伤寒、葡萄球菌病、铜绿假单胞菌病、弧菌性肝炎、鸡衣原体病、支原体以及鸡结核杆菌病等。使用抗菌药治疗细菌性疾病虽然卓有成效，但由于细菌病的感染源广泛、血清型复杂、混合感染普遍、耐药性逐年递增，原来对抗菌药物敏感的菌株变得敏感性降低甚至不敏感，使抗菌药物疗效明显下降甚至无效。细菌性疾病造成的养鸡业直接或间接经济损失占养鸡成本的5%～10%，可见细菌性疾病已成为危害养鸡业的主要问题之一。

1. 血清型复杂

我国家禽细菌性病原种类复杂，除经常发生的肠道细菌病（如大肠杆菌病、沙门菌病、禽霍乱、坏死性肠炎）以外，空肠弯曲菌、产气荚膜梭菌等肠道病原菌也时有发生，而且难以控制。从禽类消化道、呼吸道分离到的致病株的毒力较以前增强，同一地区细菌优势血清型增多，不同地区的优势血清型差异很大，在同一地区不同养殖场血清型相差也较大，甚至在同一鸡场同一鸡群也可能存在多个大肠杆菌血清型。

2. 混合感染普遍

近年来多病原混合感染十分普遍，继发感染严重。禽流感、新城疫特别是禽白血病、鸡传染性法氏囊病等免疫抑制病的发生，常导致多种细菌的继发感染。有些寄生虫病（如鸡球虫病）多有梭菌感染，甚至营养代谢病也可造成机体内环境失调而引起继发细菌类疾病。由于细菌耐药性增强，药物控制细菌病越来越困难。此外，地面平养、散养等新的养殖模式使得管理相对粗放，可促使肠道细菌病感染率增加、病情加剧。

3. 环境污染严重

随着集约化养鸡场的增多和养鸡规模的不断扩大，环境污染越来越严重，细菌性疾病明显增多，如慢性呼吸道病、传染性鼻炎、鸡白痢、大肠杆菌病、葡萄球菌病等。其中不少病原体广泛存在于养鸡环境中，可通过多种途径传播。由于饲养密度过大，通风换气条件差，各种应激因素增多等，使得鸡的抵抗力降低，致病菌感染力增强。随着境外大量种鸡的引进和活疫苗产品多渠道进入我国市场，由于没有得到严密的检测和监控，配套的防疫卫生技术不完善等，导致一些新的传染病不断传入和发生。同时也由于国内的畜禽交易面扩大，致使一些疾病长期存在，不断流行。随着养鸡业集约化程度的不断提高，饲养密度的不断增加，加上鸡自身免疫系统的特点，消化系统、呼吸系统疾病难免成为规模化养鸡场常见和多发性疾病。

4. 耐药菌株增多

细菌耐药性的日趋严重，使得抗菌药物的治疗作用明显下降。细菌耐药性已十分普遍，更为突出的问题是，多重耐药菌株（即同时对 3 类以上药物耐药的菌株）正不断增加，其感染发病后治疗十分困难。由于养鸡业长期大量应用抗生素，多数敏感菌株不断被杀灭，耐药菌株就大量繁殖，代替敏感菌株，而使细菌对该种药物的耐药率不断升高，目前认为后一种方式是产生耐药菌株的主要原因。目前，当鸡群发生大肠杆菌病、沙门菌病等疾病时，使用土霉素、四环素、恩诺沙星等药物，收效甚微或几乎没有治疗效果。另外，有些鸡场由于饲养管理不当、消毒不严而致疾病多发，经常低剂量使用某些药物作为预防措施，或者大量使用含抗生素的添加剂，导致细菌的耐药性增强，致使细菌对这些药物产生了耐药性。"禽源性"细菌的耐药性不仅可垂直传播，而且还可通过多种途径在同种或异种细菌间传播扩散，甚至能通过环境和食物链向人的病原菌传播扩散，使人的细菌性疾病治疗变得更加困难。我国大部分地区对头孢类药物的耐药性已接近或超过50%；对内酰胺类药物的耐药性接近100%，个别地区对复方内酰胺类药物的耐药性也可达100%；对磺胺类药物的耐药性已达70%以上，其中对磺胺甲氧嘧啶的耐药性已达97%以上；对一、二代喹诺酮类药物的耐药性在50%以上，其中对恩诺沙星的耐药性在70%以上。地区之间大环内酯类药物的耐药性变化较大，其范围在10%～100%，个别地区阿米卡星的耐药性也超过了60%。对土霉素、四环素药物的耐药性已接近100%，对氟苯尼考的耐药性在50%左右，对利福平、甲砜霉素、林可霉素、黏杆菌素的耐药性已超过50%，安普霉素、替米考星、多西环素的耐药性仍在50%以下，值得注意的是对氨曲南也出现了耐药菌株。因此，有效防治细菌性疾病，应采取环境控制、及时进行无害化处理、引种、营养、免疫、合理用药和使用微生态制剂以及中药制剂等多靶点综合防控策略。

5. 症状和病理变化明显

鸡患细菌病主要表现为羽毛蓬松、精神不振、闭眼昏睡、粪便稀薄，病鸡消瘦或极度消瘦。细菌病患鸡或死亡鸡病理变化明显，例如：患沙门菌病可见肝脏肿大，肝脏有针尖大或粟粒大的灰白色坏死灶，有的肝脏发绿，结节性的心肌炎，少数病例在肺脏、肌胃上有小的坏死灶，脾肿大，充满绿色黏稠液体；患大肠杆菌病解剖后发现肝脏肿大，质极脆，并有黄色胶冻样或灰白色包膜，心包炎、腹膜炎，腹腔内有浆液性、纤维素性渗出物，肠黏膜粘连等，产蛋鸡患大肠杆菌病发生卵黄性的腹膜炎或输卵管内有多个蛋黄形成的囊肿；患弧菌性肝炎主要表现肝肿大、肝被膜上有出血囊或出血袋，有时肝脏破裂，腹腔充满血水；患结核杆菌病的肝脏、肠系膜有小米粒大甚至豆粒大的乳白色界限分明的结核灶；患巴氏杆菌病主要表现在肝脏肿大并有针尖大的黄色或灰白色坏死灶，心脏冠状沟有出血点，卵泡充血。

6. 条件性病原菌发生变化

在目前的家禽饲养过程中，很多病毒性疾病得到了较为有效的控制，但细菌性疾病却越来越严重，如大肠杆菌病、鸡白痢、沙门菌病、鸡慢性呼吸道病、鸡传染性鼻炎等。众所周知，大肠杆菌属条件性致病菌，当机体抵抗力下降、致病菌大量繁殖时才使动物发病。但目前的事实是，由于饲养环境污染严重，加上大肠杆菌本身血清型多、易变异、传播途径多、表现类型多，而对应治疗的药物品种少，长时间使用单一抗生素致使抗药菌株不断出现，它已经成为一种原发性致病菌，不仅可以通过消化道致病，而且也可以通过呼吸道致病。又如现在的鸡葡萄球菌病不一定要具备外伤这一条件，只要环境或饲料遭到污染即可暴发。另外，还有以前不曾引起人们重视的、由条件致病性病原引起的疫病（如铜绿假单胞菌病、肉鸡矮小综合征等），由于饲养环境不适也频频暴发。据调查，白羽白壳蛋鸡和白羽肉鸡对葡萄球菌病非常易感，该病可使鸡群的死亡率达 20% ～ 50%，雏鸡特别是新生雏鸡感染铜绿假单胞菌后的死亡率达 25% ～ 50%。

第二节
病毒病发生的新特点

近年来，随着我国养鸡业的迅猛发展，养鸡规模越来越大，环境污染也随之加重，疾病发生率也在增加。在已经发生的传染病中以病毒性传染病最多，所造成的损失也最大。常发的病毒性鸡病主要有新城疫、马立克病、温和型禽流感、传染性支气管炎、传染性法氏囊病、传染性喉气管炎、鸡痘、禽白血病等。

1. 种类繁多，新病不断发生

自 1999 年以来，各种禽类传染病就新增了 40 余种。其中，由国外引进种禽传入我国的新传染病就达 15 种之多。禽流感、新城疫、马立克病、传染性法氏囊病、传染性贫血、肾型传染性支气管炎、禽脑脊髓炎、禽网状内皮组织增生病、J 亚群淋巴细胞白血病、鸡病毒性关节炎在多个地区发病流行，还有大肝大脾病也出现了疑似病例。禽白血病、肉瘤群病毒引起鸡的肿瘤病，其中相关的血管瘤型在我国蛋鸡群中已经呈蔓延趋势。特别是腺病毒引起的心包积液综合征日趋严重，发病日龄及发病鸡品种覆盖面很广，已对养鸡业的健康发展带来了严重威胁。经常见到的病毒性疾病有马立克病、新城疫、产蛋下降综合征、传染性支气管炎、传染性法氏囊病、禽流感、鸡痘、传染性喉气管炎、病毒性关节炎以及心包积液综合征等。

2. 非典型化突出

免疫鸡群仍然发病，几乎 100% 的鸡场都进行过 H9 亚型禽流感、马立克病和新城疫的免疫，至少 80% 以上的鸡场都进行过法氏囊和传染性支气管炎的免疫，但 H9 亚型禽流感、新城疫、马立克病和法氏囊病等仍然时有发生而且危害严重。引起这种现象的主要原因：一是免疫抑制病的存在，如法氏囊病、传染性贫血、网状内皮组织增生病、马立克病和维生素 E- 硒缺乏症等。二是免疫程序不当或滥用质量不好或保存不当的疫苗。发病非典型化及病原出现新的变化是近年来病毒性鸡病流行过程中的一个特点。由于多种因素的影响，病原的毒力常发生变化（减弱或加强），变异速度明显加快，加上鸡群中免疫水平不高或不一致，致使某些鸡病一方面在流行、症状和病变等方面出现非典型变化，另一方面表现出临床症状加剧或出现新的类型，使原有的旧病以新的形式出现。众所周知，鸡新城疫、鸡传染性法氏囊病、鸡大肠杆菌病等，虽然多次接种疫苗，但是仍然有可能发病，只是发病后所表现出来的症状和病变与其典型症状及病变不相同，常呈慢性和非典型性经过。例如，鸡新城疫在多次免疫后，腺胃乳头有出血点的并不多见，病死率也很低，仅表现产蛋率下降、精神不振等，只有经过血清学或病原学诊断才能确定。

3. 毒力增强，超强毒株增多

传染性法氏囊病毒和马立克病毒都出现了超强毒株。使原有的疫苗预防控制越来越困难。鸡传染性支气管炎以前在我国流行的主要是呼吸型，20 世纪 90 年代出现了嗜肾脏型，近年来又出现了生殖型、肠型、肌肉坏死型等新的类型，使得疫苗研究变得越来越困难。如果使用的疫苗与流行株血清型不符，常导致免疫失败。如鸡马立克病，在 20 世纪 70 年代，野外毒株主要是一些强毒，到 80 年代，一些国家出现了超强毒，而到 90 年代，在美国和欧洲又出现了超强毒株，每一次流行性毒株毒力的增强，都导致现有疫苗的免疫失败。目前已发现的鸡马立克病毒的超强毒株主要有 Md5、RB1B、648A 等。鸡传染性法氏囊病 20 世纪 80 年代以前主要发生于 2～15 周龄的鸡，4～6 周龄的鸡最易感染，而 20 世纪 90 年代至今，其发生早可提前到 3～4 日龄，晚可推迟到 25 周龄，并有超强毒株和变异株流行，导致免疫效果不佳，鸡群一旦发病，会造成较大的经济损失。对于控制超强毒株，除提高改进疫苗质量外，还应着重考虑减少病毒造成的环境污染，加强卫生等措施。可见，未来家禽传染病无论在流行上还是致病机理上都会越来越复杂，这对兽医人员和养殖人员的要求也越来越高。

4. 多重感染普遍

随着疫病种类增多，两种或两种以上病原多重感染、继发感染或混合感染在许多养鸡场变得极为普遍，给诊断和防治工作带来了很大困难。特别是当病毒性疾病和各种呼吸系统细菌性疾病联合发生时，鸡群的发病率、死亡率、淘汰率都要超过任何一种原发病。目前极少有单独一种病毒性疾病或者单独一种细菌性疾病导致鸡群发病的情况。根据临床统计来看，两种病毒病同时继发一种或多种细菌病的混合感染，或三种病毒性疾病继发多种细菌性疾病的混合感染极为普遍。混合感染的鸡群死亡率升高，诊治难度加大，对养鸡业的发展造成了很大的损失和威胁。常见的多病毒混合感染有鸡新城疫病毒与鸡传染性支气管炎病毒、鸡新城疫病毒与鸡传染性法氏囊病毒等同时感染等；常见的多细菌混合感染有大肠杆菌与支原体等同时感染等；常见的病毒与细菌混合感染主要有传染性支气管炎病毒与大肠杆菌混合感染。鸡群发生低致病性流感、新城疫、法氏囊病等病毒病后，继发大肠杆菌病的可能性相当大。

5. 免疫抑制性疾病危害严重

鸡的免疫抑制病是指能够引起鸡的免疫器官或免疫细胞受到损害而导致机体免疫功能低下或丧失的一类疾病。免疫抑制性疾病是鸡场控制和消灭疫病的主要障碍，在养鸡生产中危害巨大，可导致免疫失效和生产的重大损失，必须引起高度重视。免疫抑制使机体对其他病原易感性增加、对多种疫苗应答能力下降甚至导致免疫失败，间接损失不可估量。免疫抑制性病毒间多重感染现象十分普遍，多重感染种类非常多，主要原因包括营养缺乏、日粮中有毒（害）物质含量高、应激、环境不良、免疫抑制性疾病发生等。由病原微生物感染所引起的免疫抑制尤为严重，人类的获得性免疫缺陷综合征就是由病毒引起免疫抑制的典型代表。在禽类，也有许多免疫抑制性疾病，在这些疾病中，有些具有明显的临床症状，其危害易被认识到；而有些虽不表现明显症状，但由于造成的免疫抑制使机体免疫力低下，从而造成对多种致病因子易感性增强及疫苗免疫失败。当然，有些疫苗免疫本身就属于这种隐性感染的情况。所以，家禽的免疫抑制性疾病不仅因疾病本身造成发病及死亡，而且由于免疫抑制造成的一系列恶性结果，给养禽业带来更大的损失。一些传染性疾病，如法氏囊病、马立克病、新城疫、传染性喉气管炎、鸡传染性贫血、网状内皮组织增生病、鸡病毒性关节炎和传染性腺胃炎等均属此类。

寄生虫病发生的新特点

鸡寄生虫病是由寄生在鸡体上的寄生虫引起的疾病的总称，常见的鸡寄生虫病主要有鸡球虫病、组织滴虫病（盲肠肝炎）、住白细胞原虫病（白冠病）、绦虫病、蛔虫病、羽虱和螨虫病等。有的寄生于鸡的体内，有的寄生于鸡的体外。了解寄生虫病的流行特点，研究寄生虫病在鸡群中的传播和流行规律，即发病原因、发病条件、传播途径、发生发展规律、流行过程及其转归等方面的特征，可为制订预防、控制及消灭寄生虫病的措施提供科学依据。

1. 发病日龄提前

鸡球虫病一般发生于2周龄之后的鸡，而现在许多鸡场在育雏期间（最早3日龄）就有可能发生球虫病。发病日龄的提前，给养鸡业造成了更大损失。常规的空舍消毒程序不能杀灭鸡舍内的球虫卵囊，对球虫卵囊有效的消毒措施是热碱水和酒精喷灯火焰消毒，这样的消毒措施不能进行带鸡消毒，而且由于腐蚀性强和易对器具损坏，在空舍消毒中也很少使用。因此，舍内球虫卵囊很难清除干净，从而使雏鸡在进入鸡舍第一天起就处于球虫感染的威胁之中，低于7～9日龄的鸡群就会暴发球虫病，尤其是小日龄肉鸡发病的现象越来越常见。

2. 发病无季节性

过去肉鸡的球虫病多发生于温暖潮湿的季节，但目前肉鸡以密闭饲养为主，育雏期温度较高、通风不足导致湿度过高，使球虫病发生的季节性不再明显。

3. 耐药性普遍

肉鸡球虫病主要依靠药物来控制。由于缺乏科学的用药指导，导致球虫产生普遍的耐药性。常用的抗球虫药物（球净、地克珠利、氯羟吡啶、球痢灵、盐酸氨丙啉、盐酸氯苯胍、马杜拉霉素、拉沙霉素、盐霉素等）中，一半以上的虫株仅对一种药物敏感，超过80%的虫株对1种或2种药物敏感，而有些虫株对所有药物都不敏感。由此可见，球虫的耐药性已非常普遍，能够选择有效治疗药物的余地越来越小，这也是很多地区球虫病难以控制的主要原因。

4. 症状趋于非典型

肉鸡球虫病的温和型、非典型化感染越来越多，多数情况下不表现明显的临床症状，仅表现采食量降低、出栏时间延长、抗病力较差、饲料报酬低但不出现死亡，没有明显的血便症状。这时养殖户往往不认为鸡群中有球虫存在，等到大面积暴发时采取紧急措施——即使用药物治疗得到控制，但损失已经造成了。球虫病临床症状不明显，但由于其破坏鸡肠道黏膜细胞，影响肠道对营养物质的吸收，导致饲料转化率降低、生长缓慢，甚至是进行性消瘦，严重影响养殖效益。

5. 多重感染普遍

寄生虫对鸡的危害主要有机械性损伤，寄生虫成虫、幼虫或者虫卵经口和损伤的皮肤进入鸡体内，其在移行过程中及到达特定部位（如球虫主要寄生于小肠和盲肠，组织滴虫主要寄生于肝脏等）后的机械性刺激可使鸡的组织、脏器受到不同程度的损伤。其次为掠夺营养物质，寄生于鸡体内或者体外的寄生虫不断从鸡体汲取营养物质以满足其生长、发育、繁殖的需要，若不能及时发现和科学治疗，会发生原发性营养不良，导致鸡体不能抵御外界病原微生物的侵袭而发病。寄生于鸡体的寄生虫除了对鸡体造成机械性损伤和掠夺鸡体营养物质外，其在生长发育过程中还产生大量的有毒分泌物和代谢产物，这些物质被鸡体吸收后可对鸡体产生毒性作用，特别是对神经系统和血液循环系统的毒害作用较为明显。有些寄生虫侵害鸡体的同时直接为另外一种病原微生物的侵入打开了门户或者其进入鸡体的同时将另外的一种病原微生物带入使鸡体感染发病。例如球虫病，容易引发或并发肠道细菌病和病毒性疾病，球虫与肠道病原菌相互协同导致的肠毒综合征越来越严重。

6. 绦虫及外寄生虫病的感染率明显升高

规模化蛋鸡场和种鸡场普遍采用笼养，鸡与粪便和土壤接触的机会相对较少，所以一些经口感染的土源性寄生虫明显减少，如鸡蛔虫、异刺线虫和球虫等。由于鸡舍内粪便的大量存在导致鸡舍内各种苍蝇数量增多，鸡吃到苍蝇的机会大大增多，而蝇类是鸡"有轮赖利"绦虫的中间宿主，所以导致规模化蛋鸡场和种鸡场鸡绦虫病的感染率明显升高。规模化养殖条件下，鸡舍内湿度偏大，导致鸡虱、鸡螨虫等外寄生虫的感染明显加重，加之规模化养殖条件下饲养密度加大，一旦有外生虫感染，将在整个鸡场内迅速传播蔓延。因此，对规模化养鸡场而言，绦虫、螨虫、虱3种寄生虫应列为优势寄生虫，是重点防控对象。

7. 土源性寄生虫的感染严重

肉鸡大多数采用网上饲养，虽然粪便能漏到地面，由于网上面积较大，容易被粪便污染，所以也增加了肉鸡与粪便接触的机会，导致球虫等一些土源性寄生虫的感染仍然很严重。由于肉鸡生产期较短，一般不超过2个月，所以，鸡蛔虫等一些生活史较长的寄生虫（虫卵外界发育为感染性虫卵，需17～18天；进入鸡体内的感染性虫卵发育为成虫需35～50天，合计需42～68天）肉鸡很少感染，而生活史较短的绦虫同样能够感染（鸡吃到蝇类后其体内的绦虫经12～24天发育为成虫），由于鸡舍潮湿，虱等外寄生虫也能感染，所以球虫、绦虫是规模化肉鸡场的优势寄生虫。肉鸡球虫病发生有了许多新特点，临床表现趋于非典型化。

8. 放养鸡寄生虫以混合、反复感染为主

放养于林下、果园地、山坡等舍外的鸡，因其肉、蛋味道鲜美，风味独特，深受消费者的喜欢。放养鸡销售价格高，效益好，成为广大农民增收的重要来源。

但是由于放养鸡饲养周期长，活动范围大，易采食虫类，粪便无法及时清理等，常造成寄生虫的感染。在林下养鸡，潮湿温暖、光照适宜的环境很容易造成鸡寄生虫病的混合与反复感染。特别是夏季，温湿的外界环境为寄生虫的快速繁殖提供了有利条件。在山坡、果园、林地养鸡，随鸡粪排出的虫卵、幼虫、卵囊在潮湿温暖的环境下很容易存活与发育，鸡在采食虫、草时易感染消化道等内寄生虫病，林下放养鸡的活动范围大，相互接触概率高，也很易感染外寄生虫病。主要以鸡球虫病、蛔虫病、绦虫病、异刺线虫病、住白细胞虫病、组织滴虫病、鸡体表寄生虫病等为主。放养鸡群中常见的寄生虫主要是赖利绦虫和仔鸡蛔虫。

第四节
营养代谢病发生的新特点

鸡在不同发育阶段，需要从饲料中摄取适当数量和质量的营养。任何营养物质的缺乏、过量和代谢失常，均可造成机体内营养物质代谢过程的障碍。在大规模集约化饲养的条件下，由于饲养管理不当、营养物质缺乏、过量以及代谢失常所引起的家禽营养代谢病时有发生。当前，畜禽营养代谢病作为群发性的普通病，它的危害和损失不亚于传染病和寄生虫病，所造成的经济损失不可估量。因此，研究鸡常发的营养代谢病种类、发生原因、临床特征、对养鸡生产带来的危害等，对制订相应的防控措施具有指导性意义。

1. 种类繁多，危害严重

营养代谢病是营养缺乏病和新陈代谢紊乱病的统称。营养缺乏病包括糖类、脂肪、蛋白质、维生素、无机盐等营养物质的不足或缺乏。新陈代谢病包括糖类代谢紊乱病、脂肪代谢紊乱病、蛋白质代谢紊乱病、无机盐代谢紊乱病、水盐代谢紊乱病及酸碱平衡紊乱病。在现代化养禽业中，营养代谢病的发病率、死亡率及对禽产品的数量和质量的危害呈逐年上升趋势。据不完全统计，在全部疾病中有37.4%与营养代谢障碍有关。特别值得注意的是，在一些鸡场，对种母鸡饲养管理不善导致营养失调，虽然母鸡本身临床上不发病，但种蛋的孵化率不高，往往发生营养性胚胎病，约占全部胚胎病的70%。这类疾病所造成的经济损失相当巨大，但却为一般人所忽视。这种蛋孵出雏鸡，也因先天不足成为弱雏，易继发其他疾病，造成间接损失。临床常见的维生素缺乏及其代谢障碍病主要是脂溶性维生素 A、维生素 D、维生素 E、维生素 K 缺乏或代谢障碍和水溶性维生素 B_1、维生素 B_2、泛酸、烟酸、维生素 B_6、生物素、胆碱、叶酸、维生素 B$_{12}$ 以及维生素 C 缺乏或代谢障碍。矿物质元素缺乏及代谢障碍主要为钙、磷、钾、钠、氯、锰、碘、铁、铜、锌、硒等矿物质微量元素缺乏或代谢障碍。主要的蛋白质、糖、脂肪代谢障碍主要为蛋白质缺乏症、家禽痛风、雏鸡脂肪酸缺乏症。

2. 群发明显，症状相似

营养代谢病的发生一般要经历化学紊乱、病理学改变及临床异常 3 个阶段。从病因作用至呈现临床症状常需要数周、数月乃至更长时间，营养代谢病影响畜禽的生长、发育、成熟等生理过程，而表现为生长停滞、发育不良、消瘦、贫血、异嗜、体温低下等营养不良症候群，导致产蛋量及产肉量减少等。在慢性消化疾病、慢性消耗性疾病等营养性衰竭症中，缺乏的不仅是蛋白质，其他营养物质（如铁、维生素等）也明显不足。在集约化饲养条件下，特别是饲养失误或管理不当造成的营养代谢病，最为显著的特点是群发性，即同禽舍或不同禽舍的家禽同时或相继发病，表现相同或相似的临床症状。鸡营养代谢病与其他疾病相比，在临床诊治方面具有自身的特点，发生某种营养物质缺乏时，一般不是个别发生，而是许多鸡同时发生，表现为群发性。发病慢、发病率高、病程长，从病因作用到表现临床症状，一般都在数日、数周，有的长期不出现症状而呈隐性。雏鸡、生长发育快的鸡和高产蛋鸡易发生。一般体温偏低或在正常范围内，鸡群之间不发生接触传染，病鸡大多有生长发育停滞、贫血、消化、生殖功能紊乱等多样化的临床症状。早期诊断困难，但该类病具有特征性血液或尿液生化指标的改变或器官组织病理变化。

3. 病因复杂，诊断困难

随着畜牧业的发展，高能饲料的应用，高产品种鸡的引进，特别是在大规模集约化饲养条件下，饲养管理不当是造成营养代谢性疾病的主要原因。与家畜相比，鸡更易患营养代谢病，鸡新陈代谢旺盛，生长发育快，饲料报酬高，对大多数饲料的消化率高于家畜，但对粗纤维的消化利用能力很低。大肠内的微生物虽能合成一些 B 族维生素和维生素 E，但吸收利用率低。因此，鸡生长发育所需的维生素主要靠饲料供给，而且供给量必须充足。鸡的这种消化特点，致使鸡对维生素缺乏特别敏感。鸡的生产性能高，生长快，产蛋多，要求充足的营养供给，如果出现营养供不应求的现象，就会导致营养代谢病的发生。饲料、饲养方式和环境的改变，饲料营养不全、供给不足、加工调制混合不均、储存不当，鸡舍拥挤、卫生条件差以及寒冷、高温等因素都可促使营养代谢病发生。不同品种和生产类型的鸡，其生理代谢特点、饲养标准、营养需要不尽相同。忽视这些差异而采取千篇一律的饲养方法，常导致营养代谢病的发生。例如，为提高家禽生产性能，盲目

鸡病巧诊治全彩图解

采用高营养水平饲喂，导致营养过剩，如日粮中动物性蛋白质饲料过多，常引发痛风。饲喂含钙高的日粮，常造成锌相对缺乏等。各种家禽（包括家养的野生禽鸟和珍禽）在不同的生理阶段均可患各种营养代谢病，但从总的趋势来看，雏鸡及高产和生长发育快者易发。临床常见的营养代谢病主要有痛风、脂肪肝出血综合征、腹水症、啄癖、笼养蛋鸡疲劳综合征、维生素 E- 硒缺乏、脑软化症、滑键症（锰缺乏）等。营养代谢病的危害严重，但病因复杂，诊断较难，因此需要建立早期监视制度。具体应从调查病史和了解饲养管理条件入手，结合临床症状、病理解剖和实验室检测、治疗试验等多种方法综合分析进行诊断。

❧ 第五节 ❧
中毒性疾病发生的新特点

鸡中毒是指某些物质经过禽消化道、呼吸道进入机体，破坏机体正常生理功能，诱发组织器官发生质性改变的病理过程。随着养鸡业的迅速发展，重视疾病防治和提高饲养管理的同时，还应明确饲料、添加剂或药物选择不慎或使用不当也有可能导致中毒病发生。鸡的中毒病虽有别于鸡的传染性疾病，但对养鸡业尤其是集约化生产也会带来很大的损失，尤其是慢性蓄积性中毒常常导致饲料利用率降低、生长缓慢、生产性能或产蛋率下降，这些都应引起养鸡者的高度重视。日常饲养管理中，可引起鸡中毒的物质很多，有毒性很大的化学物质、治疗药物、饲料添加剂以及营养物质等。了解中毒性鸡病的发生、中毒种类、临床表现等特点，对正确采取预防和治疗措施具有重要意义。鸡常见中毒性疾病主要有饲料中毒、霉菌毒素中毒、药物中毒、氨气中毒、食盐中毒等。另外饲料配比不当，维生素类添加过量或搅拌不均匀，微量元素或矿物质严重超标也可引起中毒。这和传统的误食有毒饲料、草料、农药、鼠药而发生中毒的方式已经有很大不同。

1. 死亡迅速，不易诊断

鸡中毒性疾病具有共济失调、转圈等共同临床特点以及嗉囊、腺肌胃内有黄色黏液、肠道黄染等病变。也可见实质器官肿大，血凝不良。肝、脾、肾肿大、一侧或两侧肺水肿，心脏变大，有腹水。鸡急性中毒时急性死亡，几乎无明显临床症状；亚急性中毒时，精神不振、厌食、饮欲增加、可视黏膜黄染、缩头、卧地等症状明显；长期使用有害物质导致的慢性或亚慢性中毒，引起贫血、出血，产蛋鸡出现软壳蛋、薄壳蛋现象。不同物质的中毒具有不同的特征，如摄食过有毒的某种饲料、呋喃类药物而发生的中毒现象，多见兴奋不安、尖叫不止。某种药物摄入过量，环境中某种有毒气体过多，其特征为整群同时发病，临床症状相似。中毒症状的严重程度及死亡率与鸡龄和个体体质有关，一般日龄较小的中毒较深，症状出现早，死亡率高；同日龄者，以强壮、采食量高的中毒严重，死亡率高。中毒病的发生与流行性疾病有差别，虽然有一些特征性表现，但对于急性、亚急性中毒者，在临诊症状、剖检病变及病理组织学方面一般特征性变化并不十分明显，所以在诊断时应综合分析。

2. 药物用量过大导致中毒

马杜拉霉素推荐使用剂量为每吨饲料添加 5 克，超出该剂量时可引起明显中毒。对于如此低的使用量，在拌料给药时必须混合均匀，但这在一般养禽场较难达到其混合要求，混合时使用颗粒饲料亦无法均匀分布，宜采用粉料配药。有些养鸡户的饲料为人工配制，混合时不是单一混合，而是将各种饲料成分放在一起进行混合，人工搅拌不充分，导致部分饲料中的马杜拉霉素含量过高。盐霉素在用作预防球虫病时推荐剂量为每吨饲料添加 50 ～ 70 克，也必须与饲料充分混匀，不宜作为治疗药物加倍使用。

3. 多药联合应用导致中毒

聚醚类抗生素不能与某些抗生素和某些磺胺类药物联合使用。例如盐霉素、甲基盐霉素、莫能菌素不能与红霉素、氯霉素、泰妙菌素以及磺胺二甲氧嘧啶、磺胺喹噁啉、磺胺氯哒嗪钠合用。马杜拉霉素与泰妙菌素合用即使在常量下也可引起中毒，因此该类药物与其他药物合用时应十分谨慎。

4. 同类药重复应用导致中毒

市场上聚醚类抗生素较多，常以不同商品名出现，如含马杜拉霉素的药物常用商品名有"杀球王""加福""杜球""抗球王"等，一次同时使用多种聚醚类抗生素，甚至同一药物多种制剂同时使用均极易因剂量过大而发生中毒。总之，鸡中毒的原因主要是饲料品质不良（腐败或被污染），饲料添加剂伪劣或使用不当，添加药物时种类的选择、应用的剂量和时间不科学，饲养管理不当和环境污染等。

第二章

鸡病的主要传染方式

传染性鸡病是对养鸡业危害最严重的一类疾病，不仅能造成一大批鸡的死亡和产品的损失，而且某些传染病还能给人的健康带来严重威胁。对传染病的控制水平，是衡量一个国家兽医事业发展水平的重要标志，也代表一个国家的文明程度和经济发展实力。正确诊断并采取适当措施有效控制传染病是传染病学的根本任务，要达到这一目的，了解或掌握传染病流行过程的基本规律，搞清传染病的发生和发展是十分必要的。

第一节
传染病发展及流行过程的几个阶段

一、传染病发展过程经历的四个阶段

鸡传染病的发生是由病原微生物引起的，有一定潜伏期和症状表现。不同传染病的发生，既有各自的特点，也有共性规律。传染病在鸡群之间流行的基本条件是由传染源、传播途径和易感鸡群三者构成，这是发生传染病的三个基本条件，三个环节必须同时存在才能造成传染病流行。因此，只要控制其中某一环节就可以避免发病或流行。病原微生物仅是引起传染病的外因，通过一定的传播途径侵入鸡体后，是否导致发病，还要取决于鸡的内因，也就是鸡的易感性和抵抗力。由于鸡的品种、日龄、免疫状况及体质强弱等情况不同，对各种传染病的易感性有很大差别。如日龄方面，雏鸡对白痢、脑脊髓炎等病易感性很高，成年鸡则对禽霍乱、传染性喉气管炎等易感性很高。免疫状况方面，鸡群接种过某种传染病的疫苗后，产生了对该病的免疫力，易感性大大降低。当鸡群对某种传染病处于

易感状态时，如果体质健壮，也有一定的抵抗力。鸡一旦感染某种传染性疾病，一般会经历以下四个时期。

1. 潜伏期

从病原体侵入机体并进行繁殖时起，直到疾病的临诊症状开始出现为止，这段时间称为潜伏期。通常急性传染病的潜伏期差异范围较小，慢性传染病或症状不很明显的传染病其潜伏期差异较大。同一种传染病潜伏期短，疾病经过常较严重；相反潜伏期延长，病程亦较轻缓。从流行病学的观点来看，处于潜伏期中的动物之所以值得注意，主要是因为它们可能是传染源。

2. 前驱期

前驱期是疾病具有征兆的阶段，其特点是具有一定的临床症状，但其特征性症状仍不明显。这个时期的多数传染病仅具有一般临床症状，如体温升高、精神异常、食欲减退等。不同传染病和不同病例的前驱期长短不一定相同，通常只有数小时至一两天。

3. 明显（发病）期

前驱期之后，病的特征性症状逐步明显地表现出来，是疾病发展到高峰的阶段。这个阶段因为很多典型的特征性症状相继出现，在诊断上比较容易识别。

4. 转归期（恢复期）

疾病进一步发展为转归期。如果病原体的致病性能增强，或动物体的抵抗力减退，则传染过程以动物死亡为转归。如果动物体的抵抗力得到改进和增强，则机体逐步恢复健康，表现为临诊症状逐渐消退，体内的病理变化逐渐减弱，正常的生理功能逐步恢复。在病后一定时间内还有带菌（毒）排菌（毒）现象存在，但最后病原体可被消灭，机体在一定时期保留免疫学特性。

二、传染病疫情流行过程的六个阶段

传染病疫情流行过程的六个阶段包括流行前期、流行发展期、大流行期、流行熄灭期、流行后期、流行间歇期等。传染病流行具有一定的空间和时间限度，也就是说，经过一定时期之后就会平息，不会永久地持续下去。但鸡场兽医决不应等待其自行平息，而应在疫情流行的开始阶段给予积极的干预，采取预防和防疫的综合措施，防止流行的发生或使之局域化。只有这样，才能减少损失。传染病流行过程的主要表现形式为散发性、地方流行性、流行性（暴发）、大流行，其流行过程具有固有特征和发展规律，一般将这个发展过程分为6个阶段，鸡场兽医可根据传染病不同发展阶段的规律，采取相应的防制措施。

1. 流行前期

从病原体侵入鸡体开始直到出现第一批病例，为传染病流行发展的第一阶段，即流行前期。此时期，由于鸡对相应病原体初次接触，尚未建立免疫功能，易感性很高，所以发病迅速并具有恶性和致死性的特点。一般潜伏期短的急性传染病为1～2周，而慢性传染病则可延续2～3个月。

2. 流行发展期

本阶段是在构成传染病流行的3个环节和2个因素（自然条件、社会环境）继续联系和加强的情况下发生的，较第一阶段具有更高的发病率和死亡率。如果鸡场兽医能在第一阶段及时采取积极的干预手段，如紧急预防接种、隔离病鸡、消毒环境和其他防制措施，打断传染病流行链，则本阶段可不表现出来。

3. 大流行期

如果鸡场兽医不能在第一阶段采取积极有效的防制措施，没有打破传染病流行链，则发展期将转变为大流行期，可见该传染病的典型临床症状和特有的病理变化，其发病率和死亡率达到高峰。

4. 流行熄灭期

本期特点是死亡率降低和患病程度减轻，这是由于对该传染病具有易感性的鸡死亡、传播媒介和其他传递因素消失、兽医积极有效干预而实现的。这时鸡群中生存下来的鸡已获得了相当的免疫力，使该传染病的严重程度减轻。

5. 流行后期

本期特点是不再出现新病例，但鸡场中留下了带毒（菌）者，是以后引进新的、有易感性的鸡时暴发传染病的重要传染来源。

6. 流行间歇期

上一次传染病流行和再次暴发该传染病之间的时期。本期的长短不定，也可能无限期地延长下去，鸡场兽医工作的周密性和完善性，会避免下次传染病的再度发生。

传染性鸡病流行过程的三个基本环节

　　鸡传染病的流行，必须具备传染源、易感鸡群和传播途径三个基本环节。这三个环节同时存在并相互联系时，才能形成流行过程。如果缺乏某一环节或阻断三者的相互联系，流行过程就会被中断。

一、传染源

　　传染源就是能引起鸡群疾病的微生物和寄生虫的统称。微生物占绝大多数，包括病毒、衣原体、支原体、细菌、螺旋体和真菌等。寄生虫主要有原虫。病原体属于寄生性生物，所寄生的自然宿主为动物、植物和人。能感染鸡的微生物广泛存在于鸡的口、鼻、咽、消化道、生殖道以及鸡舍等环境中。在鸡体免疫功能正常的条件下并不容易引起疾病，有些甚至对鸡体有益，如大肠杆菌等肠道菌群可以合成多种维生素，还可抑制某些致病性较强的细菌繁殖，因而这些微生物被称为正常微生物群（正常菌群）。但当机体免疫力降低，鸡与微生物之间的平衡关系被破坏时，正常菌群也可引起疾病，故又称它们为条件致病微生物（条件致病病原体）。机体遭病原体侵袭后是否发病，一方面固然与其自身免疫力有关，另一方面也取决于病原体致病性的强弱和侵入数量的多寡。一般数量越大，发病的可能性越大。尤其是致病性较弱的病原体，需较大的数量才有可能致病。少数微生物致病性相当强，少量感染即可致病，如高致病性禽流感、新城疫等。

二、易感鸡群

　　对某种传染病缺乏免疫力，易受该病感染的鸡群称为易感鸡群。当鸡群免疫鸡数相对减少时，如漏免、免疫失败等，鸡群易感性高；反之易感性低，群体免疫力高。鸡群中易感者多，则鸡群易感性高，容易发生传染病流行。造成鸡群易感性增加的因素有饲养管理不善、机体抵抗力降低、免疫抑制性疾病的感染等。良好的饲养管理、合理的预防接种、某些传染性疾病大流行后或隐性感染后可使鸡群易感性相应降低。许多病毒或细菌感染鸡群并能发生流行，还与鸡的日龄有密切关系。如马立克病的易感鸡群通常是 1～15 日龄的鸡、法氏囊病的易感鸡群则是 3～5 周龄的鸡、肾型传染性支气管炎的为 24～80 日龄的鸡。禽脑脊髓炎主要发生在 1 月龄以下雏鸡和成年鸡，3 周龄以内的雏鸡发病症状最典型。白痢感染多在孵化过程或 1 周龄以内发生，霉形体感染多在 15 日龄后，12 日龄后鸡群易感球虫病等。

三、传播途径

鸡传染病的传播途径主要有两种，即垂直传播和水平传播。垂直传播也称"经蛋传播"，是种鸡感染（包括隐性感染）某些传染病时，体内的病菌或病毒侵入种蛋内部，传播给下一代雏鸡。能垂直传播的鸡病有沙门菌病（白痢、伤寒、副伤寒）、支原体病（慢性呼吸道病）、传染性滑膜炎、大肠杆菌病、脑脊髓炎、白血病、传染性贫血、包涵体肝炎、减蛋综合征、结核病等。水平传播也叫横向传播，是指病原微生物通过各种媒介在同群鸡之间和地区之间的传播。这种传播方式面广量大，传播媒介也很多。同群鸡之间的传播媒介主要是饲料、饮水、空气中的飞沫与灰尘等，远距离传播的媒介主要是从鸡舍清出的粪便、鸡和蛋的运输器具与车辆、野鸟、昆虫、人员的衣服和鞋底等。病原微生物在孵化器内传播，也属于水平传播，这是值得重视的问题。孵化器内的温度和湿度非常适宜细菌繁殖，有鞭毛能运动的病菌（特别是副伤寒杆菌、大肠杆菌等），当其存在和活跃于蛋壳表面时，由于蛋壳上的气孔比其大数倍，其可大量侵入蛋内，使胚胎感染。在出雏器内，带病出壳的雏鸡与健康雏鸡接触，也会造成传染。

第三章
传染性鸡病的易感特点

养鸡业发展迅速，养殖环境、疫病防控均有所改善，但疫病仍然周而复始，更加复杂，严重影响养鸡业的健康发展。不同传染性疾病具有不同的传染性和易感特点，一般来说多数传染性疾病与饲养鸡的年龄、品种、种鸡健康状况、地域条件、季节气候以及饲养环境、饲养管理等因素相关。因此，掌握不同疾病的感染方式和易感特点，有助于临床有效防控各类传染性疾病，对健康养殖具有重要意义。

第一节
细菌病的易感特点

鸡细菌性疾病在各大鸡场频频暴发，造成了较大的经济损失，由细菌性疾病造成的直接或间接经济损失占饲养成本的 5% ~ 10%。由细菌感染引起的蛋鸡传染性疾病，主要有沙门菌病、禽伤寒、禽副伤寒、大肠杆菌病、坏死性肠炎（梭状芽孢杆菌）、支原体病、禽霍乱、传染性鼻炎、葡萄球菌病、弧菌性肝炎、禽结核等。肉用鸡主要感染沙门菌病、禽副伤寒、大肠杆菌病、支原体病。不同的细菌性疾病，其感染特点与品种、日龄、性别、免疫等密切相关。

一、鸡白痢

鸡白痢沙门菌病是一种极其常见的细菌性传染病，感染通常是终身的，以雏鸡阶段最易感染为其特点。本病可垂直传播，也可通过接触传染，成年鸡呈隐性感染。耐过本病的存活鸡中有相当一部分仍保持感染状态，这些鸡有的带有病变，有的不带有病变。感染的母鸡有 1/3 的蛋带有禽白痢沙门菌，污染卵黄，感染的种蛋有时可孵出雏鸡，但雏鸡的死亡率极高。病雏鸡的胎绒、粪便可能会使孵化室、育雏室内所有用具、饲料、饮水、垫料及其环境被严重污染。其排泄物是重要的传播媒介，通过接触、消化道感染。本病的死亡通常限于 2～3 周龄以内的鸡。由于舍温、饲料、饲养密度、通风等饲养条件的改变，各种应激因素和疾病的影响，40～80 日龄的青年鸡偶有发生，常引起零星死亡。同群未发病的带菌雏鸡，长大后将有大部分成为带菌鸡，产出带菌蛋，又孵出带菌的雏鸡或病雏。因此，有鸡白痢的种鸡场，每批孵出的雏鸡均有鸡白痢病，常年受本病困扰。

二、鸡副伤寒

鸡副伤寒是由鸡伤寒沙门菌引起的一种急性或败血性传染病，可以由多种血清型引起，死亡率 20%～100%，75% 的鸡群在其生命的某个阶段都会感染一种或多种血清型的副伤寒沙门菌。死亡一般仅见于幼龄鸡，以出壳后最初 2 周内最常见，第 6～10 天是死亡高峰，1 月龄以上很少死亡。存活鸡中有很大一部分仍然带菌，成为无症状的排菌者，通过带菌鸡的污染可使该病在鸡群内迅速传播，感染后的成年鸡不显外部症状，但在长时间内肠道带菌。垂直传播包括通过卵巢的直接蛋内传播和污染蛋壳引起的传播。

三、鸡伤寒

由鸡伤寒沙门菌所致，以肝、脾等实质器官的病变和下痢为特征。发生于成年鸡和青年鸡的败血性伤寒，呈急性或慢性经过，幼龄鸡的鸡伤寒在病变上很难与鸡白痢相区别。本病在许多国家呈上升趋势，我国多年来也一直存在本病，水平感染为其易感的特点。种鸡群伤寒检测如呈阳性，则像鸡白痢一样，死亡可从出壳时开始，1～6 月龄可造成严重损失。与鸡白痢不同的是，鸡伤寒的死亡可持续到产蛋年龄。即使从没有本病的鸡场引进的鸡，在污染的环境中也很容易被感染。像大多数细菌性疾病一样，感染鸡（阳性反应者和带菌者）是致病菌持续存在并传播的重要方式，这种鸡不仅可感染同代鸡，而且可通过污染种蛋感染后代。本病的潜伏期为 4～5 天，对易感雏鸡和成年鸡的致病性几乎无差别，病程约 5 天，在群内死亡可延续 2～3 周，有复发倾向。因细菌的毒力不同，发病率和死亡率为 10%～50%，严重感染鸡群如果诊治不及时，死亡率甚至可高达 50% 以上。

四、鸡大肠杆菌病

鸡大肠杆菌病是由埃希大肠杆菌引起的传染病，几乎所有鸡场都有发病，尤其是近年来由于抗菌药物的滥用，大肠杆菌病对许多抗菌药都有严重耐药性，成为临床较难防治的细菌病之一。即使是交替应用多种抗生素，其治疗效果也不佳，这样既耽误了鸡病的治疗，又浪费了药物，给养鸡业造成极大损失。本病的临诊表现形式复杂多样，危害最严重的为急性败血型，其次为卵黄性腹膜炎、生殖器官病。发病较早的为 4～10 日龄，通常以 1 月龄前后的幼鸡发病较多。日龄比较大的鸡，尤其是初产母鸡也会发病，有时也可造成严重损失，冬春寒冷和气温多变季节易发，本病常常成为其他疾病的并发病或继发病。例如，鸡群有慢性呼吸道病（败血霉形体）、禽流感、新城疫、传染性支气管炎、传染性法氏囊病、葡萄球菌病、黑头病（盲肠肝炎）或球虫病时，加大了大肠杆菌病的易感性，其中又以慢性呼吸道病并发或继发本病最为常见。本病一年四季均可发生，但以冬末春初较为易感。饲养密度大，场地老旧、环境污染严重，则本病更易感染。大肠杆菌污染饲料和饮水，尤以水源被污染引起发病最为常见。附着有本菌的尘埃，进入下呼吸道后侵入血液也可引起发病。种蛋被粪便等脏物污染后，蛋壳表面污染的大肠杆菌很容易穿透蛋壳进入蛋内，常于孵化后期引起大量死胚，或刚孵出的小鸡即发生本病。患有大肠杆菌性输卵管炎的母鸡，在蛋的形成过程中大肠杆菌可进入蛋内造成垂直传播，此种传播途径不容忽视。在众多传播途径中，各地区各鸡场必须根据具体情况进行具体分析，找出主要传播途径，加以控制，对本病的防制才能收到事半功倍的效果。

五、鸡巴氏杆菌病

鸡巴氏杆菌病又称为禽霍乱病，禽霍乱病侵害所有的家禽及野禽，鸡最易感。当饲养管理不当，天气突然变化，营养不良，机体抵抗力减弱和细菌毒力增强时即可发病。特别是当有新鸡转入带菌鸡群，或者将带菌鸡调入其他鸡群时，更容易引起本病流行。本病也常发生于笼养鸡中，高产蛋鸡更容易感染发病，16 周龄以下的青年鸡有明显的抵抗力，主要通过呼吸道及皮肤创伤传染。病鸡的尸体、粪便、分泌物和被污染的运动场所、土壤、饲料、饮水、用具等是传染的主要来源。维生素缺乏症、蛋白质及矿物质饲料缺乏、感冒等皆可成为发生本病的诱因。

六、鸡传染性鼻炎

本病主要发生于育成鸡和产蛋鸡，雏鸡有一定的抵抗力。主要以飞沫及尘埃经呼吸道传播，但也可通过饲料、饮水经消化道感染。病原菌在鼻腔和眶下窦的黏膜上繁殖，随着鼻液排出大量病毒。秋、冬及春初多发，发病传播迅速，初次感染的鸡场会发生暴发式流行。育成鸡发病后生长受阻，产蛋鸡产蛋量明显下降，约需 20 天后开始回升。各种应激因素都可促进本病的发生和流行。

七、败血支原体病

又称鸡毒支原体病或慢性呼吸道病，鸡比较敏感，其他禽类（如野鸡、鸭、鹅等）也可以感染。4～8周龄的雏鸡容易发病，成年鸡多呈隐性感染。其最为显著的特点是鸡群单纯感染此病，发病不严重，流行也比较缓慢。但极容易继发感染其他病原微生物，如大肠杆菌、多杀性巴氏杆菌、霉菌等，还可能继发感染鸡传染性支气管炎、鸡传染性喉气管炎等，使病情加重，增加治疗成本。继发或混合感染鸡新城疫、温和性禽流感、大肠杆菌病等，就会加重病情，引起大量死亡。传播方式很多，可以通过接触被污染的饲料、饮水、用具或病鸡的排泄物而直接接触感染，也可通过带菌种蛋进行垂直传播，还可通过飞沫传播。本病一年四季发生，但以寒冷季节较严重，在大群饲养的仔鸡群中最易发生流行，成年鸡则多表现散发。健康鸡一旦与带菌鸡或被病原污染的饲料、饮水等直接或间接接触就可能造成传染。

八、传染性滑膜炎

又称滑液囊支原体病，6日龄的鸡可自然感染，但急性感染一般见于4～16周龄的鸡，偶见于成年鸡，在急性感染期后出现的慢性感染可持续达5年或更长。慢性感染可见于任何年龄，慢性感染并不一定源于急性感染鸡群。本病主要表现为直接接触传播，也可通过呼吸道传播和蛋传播，尽管蛋的感染率很低，但孵化出的病雏感染率很高，传染性也很强。此外，还可通过空气、衣服、车辆、用具机械地远距离传播。鸡的发病率常因感染的途径、环境等因素而不等，一般为2%～75%。即使90%～100%的鸡被确诊感染，尽管淘汰率很高，但由该病直接造成的死亡率通常很低。

九、葡萄球菌病

本病是由金黄色葡萄球菌引起的鸡的一种急性或慢性非接触性传染病，亦是一种环境性传染病。有些病鸡的翅膀处发生溃烂，故有人称为烂翅膀子病。本病的主要感染途径是皮肤和黏膜创伤，但也可能是直接接触和空气传播，雏鸡通过脐带传染也是常见的感染途径。平养鸡和笼养鸡都有发生，以笼养鸡发病最多，所以国外称为笼养病。4～6周龄的雏鸡极其敏感，但临床发生在40～60日龄的鸡最多。雏鸡感染后多为急性败血病的症状和病理变化，幼雏和中雏死亡率较高。

十、弧菌性肝炎

引起本病的病原是弧菌，是机体的常在菌，在一定条件下具有致病性，往往是由于不良环境因素的刺激或者感染其他疾病，导致该病由潜伏感染变成临诊暴发。自然条件下，仅感染鸡和火鸡，初产或已开产数月的母鸡易感，偶尔也发生于雏鸡，多呈散发性或地方性流行。本病发病率高，死亡率一般为2%～5%。主要传播途径是通过污染饲料和饮水而发生水平传播，各种应激因素都会引起发病，尤其是抓鸡注射疫苗时，常常导致该病暴发。

十一、鸡结核

禽结核病是由禽分枝杆菌引起的一种接触性传染病，病禽是主要传染来源，本病一旦传入鸡群则长期存在。病菌污染饲料、饮水、禽舍、土壤、垫草和环境等，被健康的鸡、鸭、鹅等采食后，主要经消化道感染，也可由吸入带菌的尘埃经呼吸道感染。人、饲养管理用具、车辆等也可促进传播。各种品种和不同年龄的家禽均可感染，因病程发展慢，故多在老龄淘汰、屠宰时才被发现。本病多为散发，发病率极低。雏鸡比成年鸡易感，但临床发病的多为成年鸡。

十二、坏死性肠炎

感染魏氏梭菌所致，平养鸡多发，肉用鸡发病多见于2～8周龄。魏氏梭菌是一种条件性致病菌，健康鸡也是带菌者，鸡舍通风不好，地面过度湿润或喂给发霉或腐败变质的鱼粉、肉骨粉、豆粕以及球虫病的发生等均会诱发本病。该病多为散发，一般情况下发病率、死亡率不高。其死亡率与诱发因素的强弱和治疗是否及时有效有直接关系，一般死亡在1%以下，严重的可达2%以上，如有并发症则死亡明显增加。

十三、链球菌病

是由链球菌引起的一种急性败血性传染病，雏鸡和鸡胚发病最严重，产蛋鸡感染可导致产蛋下降甚至停产，多呈地方性流行。气雾感染兽疫链球菌和粪链球菌时，可引起鸡急性败血症和肝脏肉芽肿，死亡率很高。粪链球菌可感染各种年龄的禽类，而且可能是幼鸡的一个严重的疾病问题。兽疫链球菌虽然带菌状态可以维持几个月，但传染来源和传染途径并不明确。链球菌病主要通过消化道、呼吸道进行传播，也可通过损伤的皮肤传播。经种蛋传播或入孵种蛋被粪便污染时，可造成晚期胚胎死亡以及仔鸡或幼禽不能破壳的数量增多。本病以继发感染为主，拥挤、通风不良、气候剧变及运输等诱因可加重本病的继发感染。

十四、铜绿假单胞菌病

鸡铜绿假单胞菌病是由铜绿假单胞菌引起的雏鸡传染病。主要危害10日龄以内的雏鸡，发病多为1～35日龄，多数从雏鸡2日龄开始大批死亡，死亡曲线呈尖峰式，死亡集中在3～5日龄，以后迅速下降。铜绿假单胞菌分布广泛，属条件性致病菌，对健康动物致病性不强，通常在饲养管理以及环境条件差时通过创伤感染，因此该病的发生无明显季节性，与环境的污染及疫苗的注射有一定关系。鸡场和孵化环境中铜绿假单胞菌的污染严重，孵化过程中的死胚、毛蛋以及雏鸡体表和体内铜绿假单胞菌的分离率也越高。由于环境污染特别是孵化环境污染是本病发生的前提，外伤为主要的感染途径，因此，鸡马立克病疫苗的接种是该病发生的主要原因。

❧ 第二节 ❧
病毒病的易感特点

病毒性疾病是危害养鸡业的主要疾病，新城疫、禽流感、传染性支气管炎等仍然是危害养鸡业最为常见的病毒病，新出现的病毒病如腺病毒病（心包积水 - 肝炎综合征）、鸡肺病毒病对养鸡业的危害也不可忽视。感染病毒引起的传染性疾病主要有马立克病、新城疫、禽流感、传染性法氏囊病、传染性支气管炎、传染性喉气管炎、鸡痘、心包积水 - 肝炎综合征、减蛋综合征等。了解各种病毒性疾病的流行和易感特点，对于准确诊断和制订相应的防治措施具有重要意义。

一、新城疫

新城疫是一种高度接触性传染病，严重威胁养鸡业的健康发展。本病病毒主要感染禽类，雏鸡比成年鸡更易感。本病主要传染源是病鸡和带毒鸡的粪便及口腔黏液。被病毒污染的饲料、饮水和尘土经消化道和呼吸道传染给易感鸡群，从而导致疾病的发生和流行，是主要的传播方式。空气、饮水、人、器械、车辆、饲料、垫料（稻壳、垫草等）、种蛋、幼雏、昆虫和鼠类的机械携带，以及带毒的鸽、麻雀的传播对本病都具有重要的流行病学意义。本病一年四季均可发生，以冬春寒冷季节较易流行。不同年龄、品种和性别的鸡均能感染，但幼雏的发病率和死亡率明显高于大龄鸡。纯种更加易感，死亡率也高。易感鸡群感染速发型病毒（特别是嗜内脏型）后，一般呈流行性，发病率和致死率均高达90%以上。免疫鸡群常呈非典型性，发病率和致死率均不高。由于目前鸡群发生非典型新城疫的情况较多，临床诊断时稍有疏忽或缺乏必要的实验室诊断手段，常会造成误诊。非典型新城疫的临床表现与病毒毒力、环境污染程度及受感染鸡的免疫状况有关，很多表面健康的免疫鸡群实际上仍带有活的新城疫病毒（包括疫苗毒和野毒）。一旦环境条件成熟、机体抵抗力下降，潜伏的强毒力野毒就会造成不同程度的发病，并为禽流感、大肠杆菌病、支原体病等多种呼吸道疾病混合感染创造条件。所以，一个鸡场如果呼吸道疾病始终不能得到根治，表面看来有明显的大肠杆菌病或支原体病感染，但使用抗菌药物防治后却无效果或反复发生，就要认真检查其内在的根本原因是否为新城疫及其继发感染。发生非典型新城疫的鸡群，直接死亡损失不一定很大，但造成生产性能下降而导致的经济损失往往是惊人的。所以在饲养的任何阶段都要切实做好各项防疫措施。非典型新城疫是鸡群在具备一定免疫水平时遭受强毒攻击而发生的一种特殊表现形式，其主要特点是多发生于有一定抗体水平的免疫鸡群，病情比较缓和，发病率和死亡率都不高，临床表现以呼吸道症状为主，成年产蛋鸡产蛋量突然下降 10% ～ 30%，严重者可达 50% 以上，并出现畸形蛋、软壳蛋和糙壳蛋。

二、马立克病

鸡马立克病是由病毒引起的一种传染性肿瘤性疾病，以淋巴组织增生和肿瘤形成为特征，对养鸡业造成的威胁极为严重。鸡是主要易感动物，年龄越小易感性越强，性成熟以后一般不再感染发病，故称为有年龄抵抗力的病毒病。母鸡比公鸡易感染性高，1 ～ 3 月龄鸡感染率最高，死亡率 50% ～ 80%。随着鸡月龄增加，感染率会逐渐下降。不同的品种在发病上差异较大。火鸡、野鸡、鸭、鹌鹑、天鹅、鹧鸪等禽类也可感染，但发病较少。病鸡和带毒鸡是主要传染源。鸡一旦感染，不管发病与否，经常是长期持续性带毒。经疫苗免疫的鸡也可再感染强毒，并可长期带毒。病毒主要经脱落的羽毛囊上皮排于外界，经呼吸道感染。本病的传染性很强，病毒一旦传入鸡场，如不采取严格措施，鸡群在性成熟之前，几乎全部被感染，但发病率变化幅度很大，由所流行病毒的毒力强弱、鸡的品种和年龄等因素而定，有时几乎没有发病鸡，有时发病率可达 50% 或更高。如不考虑饲养年限，本病的致死率基本是 100%。

三、禽流感

禽流感病毒在国内许多鸡场和地区普遍存在，常见多发，年年都会局部发病或流行。所以大家对本病都很熟悉，但因其基因类型较多，毒株也经常发生变异，即使按时防疫，每年发病或同一鸡群每次发病，其临床表现和治疗效果不尽相同，也很难控制发病，令养殖户和兽医十分头疼。禽流感疑似病例多见于水禽和母源抗体水平差的幼禽，以及不免疫的"快大型"肉禽。在野毒污染严重的场地，部分虽然经过多次免疫，但抗体水平不够高或参差不齐的种禽群、蛋禽群仍会不断发生疑似病例。流感病毒在家禽中以鸡和火鸡的易感性最高，其次是珍珠鸡、野鸡和孔雀。鸭、鹅、鸽子、鹌鹑、鹧鸪、鸵鸟也能感染发病。病禽、带毒禽是主要传染源，特别是鸭，带毒比其他禽类严重，带毒候鸟和野生水禽在迁徙中，沿途散播禽流感病毒。曾经分离到禽流感病毒的禽类有燕子、麻雀、乌鸦、斑鸠、鹤、八哥、鹦鹉、苍鹭等。病毒通过排泄物、分泌物及尸体污染饲料、饮水、空气、种苗、笼具、衣物、运输车辆和昆虫，病毒经呼吸道、消化道、伤口和眼结膜等多种途径感染健康鸡群。当母鸡感染后，种蛋带毒，能经过卵发生垂直传播。不同毒株的禽流感病毒致病力差异很大，在自然条件下，高致病力毒株（多为 H5、H7 毒株）引起鸡的发病率和死亡率可达100%，而有些毒株引起的发病率虽然高，但病死率较低。本病一年四季均能发生，但在天气骤变的晚秋、早春以及寒冷的冬季多发。饲养管理不当、营养不良和内外寄生虫侵袭均可促进本病的发生和流行。潜伏期一般为 3～5 天，潜伏期的长短与病毒的致病性高低、感染强度、感染途径和感染禽的种类及日龄等有关。由于各地普遍采取强制免疫措施，所以 H5N1、H7N9 亚型禽流感临床症状逐渐表现出非典型的特点，不同抗体水平的家禽发病情况也各异。发病鸡群临床症状的严重程度及鸡群死亡率的高低，取决于发病时鸡群健康状况、抗体水平高低、流行毒株毒力及变异程度等因素。H9N2 亚型禽流感流行毒株的抗原群主要以欧亚系 I 群为主，虽然部分 H9N2 亚型禽流感病毒分离株之间存在抗原性差异，但整体来说，抗原变异程度不大，现有疫苗仍然有较好的保护效果。随着对 H9N2 亚型禽流感重视程度不断加强，相当一部分肉鸡已进行了免疫，从而大大降低了发病率和发病损失。目前该病主要发生在免疫效果不理想或饲养环境较差的鸡群。

四、传染性支气管炎

传染性支气管炎是由传染性支气管炎病毒引起的鸡的一种急性呼吸道传染病。本病毒各毒株间的抗原性差异较大，各毒株在致病性上也有差异，有些毒株主要侵害呼吸系统，被称为呼吸道型病毒；有些毒株主要侵害肾脏，被称为肾（病变）型病毒；有些病毒主要侵害成年产蛋鸡的生殖系统，被称为生殖型传染性支气管炎。各种年龄均可发病，但以 6 周龄以下雏鸡症状明显。雏鸡死亡率可达 30%，成年鸡死亡率较低。病鸡和带毒鸡是主要的传染源。康复鸡的带毒时间可达 49 天。主要经呼吸道传染，也可经眼结膜、消化道传染。本病传染性强，在易感鸡群中 1～2 天内传遍全群。发病率和致死率的高低取决于病毒毒力和其他应激因素。肾病变型致死率较高，该病发生与饲养管理有很大关系，如果饲养环境相对简陋，育雏阶段如不能做好保温措施，容易发生本病。雏鸡发生传染性支气管炎后易引起尿酸盐在肾脏和输尿管沉积形成"花斑肾"，但许多肾脏肿大的病例不一定都由传染性支气管炎引起。本病无季节性，传染迅速，几乎在同一时间内有接触史的易感鸡群都可能发病。过热、严寒、拥挤、通风不良和维生素、矿物质与其他营养物质缺乏以及疫苗接种等均可促进本病发生。

五、传染性喉气管炎

传染性喉气管炎是由传染性喉气管炎病毒引起的鸡的一种急性上呼吸道传染病。本病主要侵害鸡，各种年龄均可感染，但以10周龄的鸡和初产鸡更易感，成年鸡的症状典型且非常严重。喉气管炎主要发生于成年鸡，结膜型主要发生在30～40日龄鸡。病鸡和带毒鸡是传染源，病毒主要经呼吸道排出。病毒存在于气管和上呼吸道分泌物中，通过咯出血液和黏液经呼吸道传播。康复鸡可带毒长达2年，接种活苗的鸡可在较长时间排毒，若与易感的鸡群长时间接触，可使后者感染发病。污染的垫料、饲料和饮水，可成为传播媒介。病毒主要经上呼吸道和眼结膜感染发生传播，污染的饲料、饮水及用具等都可带毒，种蛋也能传播本病。本病在易感鸡群中传播速度快，多发生于夏秋季节，发病率达90%～100%，致死率可达5%～70%。

六、传染性法氏囊炎

传染性法氏囊炎是传染性法氏囊炎病毒引起的幼龄鸡的一种高度接触性传染性疾病。本病毒对环境因素抵抗力较强，发病鸡舍空舍后122天，再放入鸡后仍可感染发病。主要易感动物是鸡，不同品种的鸡均能感染。以3～6周龄的鸡发病最多，1～2日龄亦可呈隐性感染，130～150日龄的鸡也偶有感染，一般成年鸡呈隐性经过。病鸡和带毒鸡是传染源，各种排泄物和分泌物均带毒，但以粪便带毒量最大。主要经消化道传播，也可经呼吸道、可视黏膜传播。其特点是传染性强、传播速度快，在易感雏鸡群中常造成暴发，突然几乎所有雏鸡均发病，经5～9天停息。死亡率差异较大，小则3%～5%，大则70%。通常在感染后第3天开始死亡，5～7天达到高峰，之后很快停息，具有一过性的流行特点。3～6周龄鸡群对超强毒法氏囊炎病毒更易感，15～20周龄蛋鸡感染后会出现症状，雏鸡母源抗体低，而在2周龄之前感染，则可引起显著的免疫抑制，导致鸡群免疫效果差或继发细菌感染。该病毒传播载体众多，虽不是蛋源垂直传播，但可在蛋壳残留成为传染源，还可长时间残留在加工和冰冻禽肉制品中。

七、禽脑脊髓炎

禽脑脊髓炎又称流行性震颤，禽脑脊髓炎病毒引起鸡的一种急性、高度接触性传染病。鸡、雉、鹌鹑、火鸡和珍珠鸡等可自然感染，以1月龄以内的雏鸡易感，垂直传播是本病的主要传播方式。产蛋鸡被本病感染后，经血液将病毒转移到卵中感染胚胎，出壳的雏鸡在数日内陆续发病。雏鸡发病率一般为40%～60%，死亡率为10%～25%。垂直传播的雏鸡潜伏期1～7天，水平传播的潜伏期12～30天。垂直传播感染的雏鸡在4周龄以内出现临床症状与死亡，水平传播症状出现率很低，3周龄以上感染鸡不出现神经症状。产蛋鸡感染后产蛋率下降16%～43%，产畸形蛋。种鸡感染后大约3周内所产蛋含有病毒，孵化这些种蛋时，一部分鸡胚在孵化中死亡，出壳后的雏鸡可在1～20日龄发病死亡。幼雏排毒可持续2周以上。垫料等污染物是鸡舍内和鸡舍间的主要传染源，病毒在孵化器内还可进一步传播。

八、鸡痘

鸡和火鸡最易感，其他禽类（如鸭、鹅等）均可感染发病。鸡不分年龄、性别和品种均可感染，健康鸡与病鸡接触，经受损伤的皮肤和黏膜即可感染。蚊子（如库蚊、伊蚊）等双翅目昆虫及体表寄生虫（如鸡皮刺螨）可传播病毒，蚊子的带毒时间可达10～30天，人工授精也可传播病毒。本病一年四季均可发生，以夏秋季和蚊子活跃的季节多发。拥挤、通风不良、阴暗潮湿、维生素缺乏和饲养管理恶劣，可使病情加重。若伴有葡萄球菌病、传染性鼻炎及慢性呼吸道病等并发感染时，可造成病鸡大批死亡。

九、包涵体肝炎

鸡包涵体肝炎是Ⅰ群腺病毒引起的鸡的一种急性传染病。Ⅰ群腺病毒可引起呼吸道疾病、产蛋下降、生长迟缓和肠炎等，以鸡包涵体肝炎危害最重。本病特征是鸡群死亡率突升，病鸡严重贫血、黄疸、肝肿大出血坏死、肝细胞内有包涵体。本病多发生于4～10周龄鸡，5周龄最为易感，产蛋鸡较少发病，病死率10%左右。混合感染时可增加死亡率。垂直传染是最重要的传播途径，一旦传入很难根除，也可通过消化道、呼吸道、眼结膜水平传播。发病季节主要集中在6～10月份，其他季节少见发病。

十、产蛋下降综合征

产蛋下降综合征是由产蛋下降综合征病毒引起的鸡的一种以产蛋下降为

特征的传染病，主要表现为鸡群产蛋骤然下降，并出现软壳蛋、畸形蛋等劣质蛋。鸡最易感染并可发病，主要侵害 26～32 周龄的产蛋母鸡，35 周龄以上很少发病。幼龄鸡在感染后不表现症状，血清中也查不到抗体，在开始产蛋后，血清才转为阳性。病鸡和带毒的鸡、鸭、鹅及野鸭是本病的主要传染源。病毒经粪便等途径排出，蛋中可带毒。垂直传播是本病的主要传播方式，但水平传播也很重要。垂直传播感染的鸡在性成熟前不表现致病性，在产蛋初期由于应激反应，致使病毒活化而使产蛋鸡发病。水平传播感染的鸡在感染后 8～15 天血清可测到抗体，感染后 2～3 周蛋中有病毒出现，在感染 80 天后开始表现临床症状。

十一、鸡白血病

鸡白血病是禽白血病肉瘤病毒群中的病毒引起的肿瘤性疾病的统称。有淋巴白血病、成红细胞白血病、成髓细胞白血病、髓细胞瘤、骨石症等疾病，其中较常见的是淋巴细胞白血病。鸡是自然宿主，不同品种或品系的鸡对病毒感染和肿瘤发生的抵抗力差异很大，J 亚群病毒仅侵害肉用型鸡。该病毒主要通过种蛋垂直传播，感染的母鸡终生间歇排毒，通过蛋传染给小鸡。也可水平传播，多是通过与带毒鸡的密切接触传播。1 周龄以内的雏鸡感染后发病率与死亡率均高，4～8 周龄感染后发病率与死亡率很低。雏鸡感染后约 8 周可在法氏囊中见到肿瘤，12 周出现抗体，一般在 14～30 周发病，多发于 18 周龄以上的鸡。先天感染的胚胎对病毒发生免疫耐受，出壳后成为有病毒血症而无抗体的鸡，血液和组织含毒量很高，到成年时母鸡把病毒传给子代有相当高的比例。雏鸡出生后最初几周感染病毒，白血病发病率高。如果感染的时间后移，则白血病发病率迅速下降。先天感染的免疫耐受鸡是重要的传染源，因此疫苗免疫意义不大。

十二、鸡病毒性关节炎

鸡病毒性关节炎又称病毒性腱鞘炎，是由鸡病毒性关节炎病毒引起鸡的一种传染病。目前世界上许多国家的鸡群中均有发生，本病仅见于鸡，多在 4～7 周龄发病，肉鸡比蛋鸡更易感。感染后，大多数鸡不出现任何症状而呈隐性经过，少数鸡只发生跟腱断裂、患部肿胀和硬化等变化。在感染的鸡群中，有症状的病例一般占鸡群总数的 1%～20%。成年种鸡群或蛋鸡群受感染后，产蛋鸡群的产蛋量可下降 10%～20%。传染源主要是病鸡和带毒鸡。病毒可长期存在于带毒鸡的盲肠扁桃体和跗关节内，特别是受到感染的幼龄鸡，常是同舍感染的

鸡病巧诊治全彩图解

主要来源。本病在鸡群中既能水平传播，又能垂直传播。病毒主要通过粪便排出体外，污染饲料、饮水、垫料和周围环境，经呼吸道和消化道感染易感雏鸡。一年四季均可发生，没有明显的季节性。本病感染率可高达 100%，病死率低，通常低于 6%。

十三、心包积水 - 肝炎综合征

心包积水 - 肝炎综合征又称安卡拉病，是腺病毒或腺病毒与其他因子共同作用而导致家禽尤其是肉鸡心包积水，肝脏发生病变，免疫力下降，从而加剧病情发展，导致高死亡率的一种疫病。安卡拉病多发生于肉鸡、肉种鸡，蛋鸡也可发生。本病对 3 ～ 6 周龄的肉仔鸡易感，潜伏期短、发病快。感染鸡群突然出现大批死亡，潜伏期较短，一般少于 2 天，经常于 3 ～ 6 周龄感染发病，开始死亡，第 4 ～ 6 周达到高峰，持续约 1 周后鸡的死亡数量开始减少，病程 9 ～ 15 天，死亡率达 30% ～ 90%。本病主要垂直传播，也可水平传播，鸡感染后可成为终身带毒者，并可间歇性排毒。该病在鸡群内传播不快，先是在鸡舍一侧或一笼发病，然后慢慢向周围扩散，网上养鸡的传播相对较快。鸡群常常突然出现死亡，7 ～ 10 天后死亡下降，但有时死亡持续两周以上。病毒既可经粪便、气管、鼻黏膜分泌物水平传播，也可经精液、种蛋垂直传播。死亡多少还与管理方式、继发疾病等有关，如舍内负压太高、通风不良时死亡就多，发生过传染性法氏囊炎的鸡群容易发病，易与传染性法氏囊病和传染性贫血病合并发病，鸡群恢复之后有反复现象。由于病后死亡太快，继发大肠杆菌病的似乎不多，除非此前已经存在大肠杆菌病。

十四、肿头综合征

禽肺病毒引起的温和型上呼吸道或中枢神经系统疾病。头部、面部水肿，呼吸困难，咳嗽流涕。本病具有传染性，经接触而传播，能从一舍传向另一舍，主要通过水平接触传播，病鸡或康复鸡的消化道和鼻腔分泌物污染饮水及环境而成为致病源。雏鸡发病日龄为 4 ～ 7 周龄，高峰为 5 ～ 6 周龄，种鸡 24 ～ 25 周龄，产蛋鸡在产蛋高峰 30 周龄易发。发病率 1% ～ 90%，肉鸡死亡率 1% ～ 20%，蛋鸡产蛋量下降 2% ～ 40%，产蛋鸡死亡率 0% ～ 20%。在不采取治疗的情况下，病程一般为 10 ～ 14 天，但应用药物治疗和加强排风等管理措施后，可缩短到 3 ～ 5 天。鸡和火鸡是已知的自然宿主。该病的发生与环境因素直接相关，高密度饲养、氨气浓度过高、通风不良的环境是发病的主要诱因。

寄生虫病的易感特点

大多数寄生虫是经口感染的，如蛔虫、球虫等；某些寄生虫的感染性幼虫可主动钻入家禽皮肤而感染宿主，吸血昆虫在刺螫宿主吸血时，可把感染期的虫体注入家禽体内引起感染，如住白细胞虫等。健康家禽通过直接接触病禽，或感染虫体污染的环境、笼具及其他用具引起感染，如膝螨、虱等。体内寄生虫病有蛔虫病、绦虫病、球虫病、卡氏白细胞原虫病等。体外寄生虫病有鸡虱病、鸡刺皮螨病。寄生虫的感染与季节、日龄、品种、饲养环境等有密切关系，因此了解不同寄生虫的易感特点，有利于准确制订科学防治方法和选择安全、有效的防治药物。

一、球虫病

球虫病发生于3月龄以下，3～6周龄幼鸡易感。鸡是鸡球虫9个已知虫种的唯一天然宿主。各品种的鸡均有易感性，15～50日龄的雏鸡发病率很高，病死率可高达80%以上。带虫的成年鸡成为传染源。通常鸡食入球虫卵囊污染的饲料、饮水或垫草中的孢子化卵囊而受感染。鸡舍潮湿、拥挤、饲养管理不当及卫生条件差时，最易发病，而且往往迅速波及全群。在潮湿多雨的夏季最为严重，而在温暖潮湿的育雏室内任何季节都可发生，死亡率达50%～100%。鸡舍潮湿、密度过大、缺乏维生素等是发病的诱因，可加重病情，增加死亡率。发病与环境的关系较大，地面垫料饲养时发病多，危害也严重，网上、笼内饲养时发病相对较少或发病不严重。小雏鸡多为急性的盲肠球虫病，而大雏、成年鸡多为慢性的小肠球虫病。肉鸡慢性小肠球虫病的发病普遍，常常以降低生长速度为主要特征，由于死亡不多，往往被养殖户忽视。

二、组织滴虫病

组织滴虫病是由火鸡组织滴虫寄生于禽类盲肠和肝脏，引起机体紊乱的一种鞭毛虫病。由于其寄生部位特殊，故又名盲肠肝炎。本病呈世界性分布，以侵害火鸡和鸡为主，其他家禽易感性不高。组织滴虫可以引起家禽生长发育迟缓、产蛋下降。主要经消化道感染，饲养管理不当也可诱发本病。本病感染季节性不明显，4～6周龄雏鸡最易感染。潜伏期8天以上，一般为15～21天。其自然宿主很多，如火鸡、鸡、鹌鹑、孔雀、珍珠鸡等均可感染组织滴虫，其中火鸡最易感，感染死亡率可达 100%；雏鸡的感染率可达 39.4%，死亡率为 35.7%。成年火鸡常为慢性经过，呈进行性消瘦，死亡率可高达 50% ～ 85%。

三、住白细胞原虫病

该病为鸡的一种血孢子虫病，寄生于鸡体的住白细胞虫主要有两种，即"卡氏住白细胞虫"和"沙氏住白细胞虫"，主要由库蠓和蚋叮咬传播。发病特点季节性比较明显，主要在立秋后发病，我国南方多发生于 4 ～ 10 月，北方多发生于 7 ～ 9 月，各日龄的鸡均可感染。成年鸡最易感，但以雏鸡和青年鸡发病后死亡最多，危害也最严重，其中 3 ～ 6 周龄的雏鸡发病严重，死亡率可高达 50% ～ 80%；虽然 8 月龄以上的鸡感染率高，但发病率不高，多为带虫者，是最危险的传染源。

四、吸虫病

寄生于家禽的吸虫主要为前殖吸虫、棘口吸虫、毛毕吸虫等。前殖吸虫病流行广泛，在我国分布较广，尤其是在南方地区较为多见。其流行季节与蜻蜓出现的季节相一致，多发生于春季和夏季。家禽在水边放养时，捕食了带有前殖吸虫囊蚴的蜻蜓幼虫或成虫而感染。当带有前殖吸虫的鸡在水边放养时，含虫卵的粪便排入水中，被中间宿主吞食，从而造成本病的流行。棘口吸虫种类较多，在我国各地普遍流行，对养禽业危害较大，尤其是对水禽，本病多流行于长江以南地区。毛毕吸虫滋生在水草繁茂的水边，多发生于春夏两季。

五、蛔虫病

鸡蛔虫病易发于潮湿温暖的季节，主要危害 3 ～ 4 月龄的雏鸡，成年鸡（12 月龄以上）常为带虫者。家禽通过吞食受感染性虫卵污染的饲料、饮水或蚯蚓而感染。温湿度越大，蛔虫的发育速度就越快，但当超过 40℃ 时易死亡。

六、异刺线虫病

主要寄生于鸡、鸭、鹅、孔雀等的盲肠内，又称盲肠线虫。鸡因吞食感染性虫卵而感染，蚯蚓可作为储藏宿主，分布广泛，主要流行于 6 ～ 9 月。异刺线虫也是火鸡组织滴虫病（鸡盲肠肝炎、黑头病）的传播者，给养禽业造成较大的经济损失。

七、气管比翼线虫病

世界性分布，近年来由于鸡场集约化饲养方式的推广应用，鸡的感染已大大减少，但其他野鸟或珍禽类的感染还十分严重。其储藏宿主为蚯蚓、蜗牛等，该虫主要寄生于鸡和其他野禽的气管和肺内。

八、绦虫病

寄生于鸡的绦虫主要有瑞利绦虫和节片戴文绦虫，多发生于夏秋季节，环境潮湿、卫生条件差、饲养管理不良均易引起其发生。由于中间宿主种类较多，适于其生存的环境广泛，感染鸡排出孕节的持续时间长，从而造成了绦虫病的广泛流行。瑞利绦虫常见的有3种，即棘沟瑞利绦虫、四角瑞利绦虫和有轮瑞利绦虫。四角瑞利绦虫和棘沟瑞利绦虫的中间宿主为蚂蚁，有轮瑞利绦虫的中间宿主则为金龟子和家蝇等昆虫。感染率因地区不同而异，不同年龄的鸡均可感染，其中17～40日龄的雏鸡最易感。流行季节以每年6～10月份天气炎热时为主。节片戴文绦虫寄生于鸡、火鸡等的十二指肠内，几乎遍及世界各地，各年龄的鸡均可感染，对雏鸡的危害较严重。

九、新勋恙螨病

新勋恙螨又称奇棒恙螨，仅幼螨阶段爬到动物体寄生，主要部位是翅膀内侧、胸肌两侧和腿内侧的皮肤，在皮肤上形成一个像鸡痘的痘疹病灶。本病对鸡的危害性大，尤以放养雏鸡最易感。

十、鸡刺皮螨病

鸡刺皮螨又称鸡吸血虫螨，也叫红螨、栖架螨和鸡螨，属于刺皮螨科刺皮螨属，是吸食鸡等禽类和鸟类血液的外寄生虫，有时也吸人血，侵袭人体时皮肤上出现红疹，并传播一些重要疾病（如圣路易脑炎、立克次体、鸡螺旋体等）。世界各大洲和我国大多数省、区均有分布，一年四季均可发生，尤以夏季气温高时最为严重，是常见螨类之一。

十一、禽虱病

禽虱是寄生于鸡、鸭、鹅等家禽体表的一种体外寄生虫，呈世界范围流行，尤以鸡虱最普遍。鸡虱主要通过宿主间的直接传播，或通过物体间接传播。饲养管理不良也可引发或加剧此病，如禽舍拥挤、卫生不良等。

第四章

鸡病的诊断技巧

鸡病种类多，症状比较复杂，不同疾病在临床上常有许多相似表现和共有的病理变化，也有各自独有的特征性症状和病理变化，要想准确诊断每一种疾病，及时对病鸡进行救治，需要掌握正确的诊断方法和技巧，抓住每种疾病或几种同类疾病的特征性临床症状和典型病理变化，才能做到化繁为简，及时准确诊断。常用的诊断方法主要有临床诊断法（望、闻、问、嗅、触）、剖检诊断法、流行病学诊断法、投"石"问路诊断法等。各种方法相辅相成，要善于融会贯通。一般能用一种诊断方法解决的问题，就不要把所有的诊断方法都用上，以免引起诊断紊乱而抓不住重点。有时候需要两种或多种诊断方法相互配合使用。如还有一些并发症和疑难杂症，通过综合诊断仍不能确诊时则需送化验室做进一步诊断。

第一节
临床诊断技巧

一、识别病鸡与健康鸡

在养鸡生产中必须经常深入鸡舍查看鸡群的健康状况，以便及时发现问题，采取相应措施，确保鸡群健康生长。正常状态下，鸡冠和肉髯鲜红色，湿润有光泽，用手触诊有温热感。家禽行动敏捷，活动自如，休息时往往两肢弯曲卧地，起卧自如，鸡对外界刺激反应比较敏感，有一点刺激马上站立活动。听觉敏锐，两眼圆睁有神，家禽头部高抬，来回观察周围动静，严重刺激时会引起惊群、发出鸣叫、压堆、乱飞、乱跑。此外，正常状态下鸡对外界刺激反应比较敏感，听觉敏锐，两眼有神，两眼圆睁，瞳孔对光线刺激敏感，结膜潮红，角膜白色。在检查眼睛时注意观察角膜颜色、有无出血和水肿、角膜完整性和透明度、瞳孔情况和眼内分泌物情况。正常状态下，家禽采食量相对比较大，特别是笼养产蛋鸡加料后 1～2 小时可将饲料吃光，观察采食量可根据每天饲料记录就能准确掌握摄食增减情况，也可以观察鸡的嗉囊大小，料槽内的剩余料的多少和采食时鸡的采食状态等来判断采食情况。如舍内温度较高，采食量会减少；舍内温度偏低，则采食量会上升。正常情况下鸡的粪便形状像海螺一样，下面大、上面小、呈螺旋状，上面有一点白色的尿酸盐，颜色多表现为棕褐色；家禽有发达的盲肠，早晨排出稀软糊状的棕色粪便；刚出壳小鸡尚未采食，排出胎便为白色或深绿色稀薄的液体。家禽粪道和尿道相连于泄殖腔，粪尿同时排出，家禽又无汗腺，体表覆盖大量羽毛，因此，室温增高，家禽的粪便相对比较稀，特别是夏季，会引起水样腹泻；温度偏低，粪便变稠。若饲料中加入杂饼杂粕（如菜籽粕）、腐殖酸钠、发酵抗生素与药渣会使粪便发黑；若饲料中加入白玉米和小麦会使粪便颜色变浅。正常情况下，鸡每分钟呼吸次数为 22～30 次，计算鸡的呼吸次数主要通过观察泄殖腔下侧的腹部及肛门的收缩和外突次数。鸡正常体温为 40～42℃，平均 41.5℃。

二、症状的概念

疾病过程所引起的机体或其某器官的功能紊乱现象，一般称为症状，而所表现的形态结构变化，通常称为证候。在临床上有主观症状和客观体征之分，兽医临床上由于动物不能用语言表达其自身的感觉，而都需要根据客观的检查来发现与诊断。所以，将功能紊乱现象与形态结构的变化统称为症状。由于致病原因、动物机体的反应能力、疾病经过的时期等的区别，疾病过程中症状的表现千变万化。从临床的观点出发，大致可将症状区分为全身症状与局部症状、主要症状和次要症状、示病症状或特有症状、早期症状或前驱症状等。早期症状常为该病的先期征兆，可据此提出早期诊断，为及时制订防治措施提供有利的启示。

三、特殊症状的概念及实际意义

特殊症状，是指患某一疾病时，表现出的许多症状中的对诊断该病具有决定意义的症状，其他伴随的共有症状称为次要症状。鸡病诊断中分辨主要症状和次要症状，对准确诊断具有很大帮助。示病症状或特有症状是指只有在某种疾病时才出现的症状，即是该病所表现其特有的而其他疾病所不能出现的症状，见到这种症状，一般即可联想到这种疾病，而直接提示某种疾病的诊断，如鸡马立克病的劈叉姿势、新城疫的伏地扭颈等。

四、常规检查

同熟悉情况的饲养员详细询问病史、饲养管理和治疗情况，查阅有关饲养管理和疾病防治的资料、记录和档案，并做好流行病学调查、饲料情况调查和用药情况调查等。询问家禽何时生病、病了几天，如果发病突然，病程短急，可能是急性传染病或中毒病，如果发病时间较长则可能是慢性病。病禽数量少或零星发病，则可能是慢性病或普通病；病禽数量多或同时发病，则可能是传染病或中毒性疾病。对肉禽只了解其生长速度、增重情况及均匀度，对产蛋鸡应观察产蛋率、蛋重、蛋壳质量、蛋壳颜色等。鸡群发病日龄不同，可能患有不同疾病的发生。不同年龄的鸡，同时或相继发生同一疾病，且发病率和死亡率都较高，可能患有新城疫、禽流感及中毒病。1月龄内雏禽大批发病死亡，可能患有沙门菌病、大肠杆菌病、法氏囊炎、肾型传染性支气管炎等。如果伴有严重呼吸道症状可能患有呼吸型传染性支气管炎、慢性呼吸道病、新城疫、禽流感等。了解病禽发病前后采食、饮水情况和禽舍内通风及卫生状况等是否良好。若用抗生素类药物治疗后症状减轻或迅速停止死亡，可能患有细菌性疾病；若用抗生素药无作用，可能患有病毒性疾病或中毒性疾病或代谢病。对可疑患有传染性疾病的鸡群，除进行一般调查外，还要进行流行病学调查，包括现有症状、既往病史、疫情调查、平时防疫措施落实情况等。对可疑营养缺乏的禽群，要检查饲料，重点检查饲料中的能量、粗蛋白、钙、磷等情况，必要时对各种维生素、微量元素和氨基酸等进行成分分析。若饲喂后短时间内大批发病，个体大的鸡发病早、死亡多，个体小的鸡发病晚、死亡少，可怀疑是中毒病。调查鸡群用药情况，了解用何种药物、用量、药物使用时间和方法，舍内是否有煤气，饲料是否发霉等。

五、病史和疫情

了解既往病史，了解畜禽场或养禽专业户的禽群，过去发生过什么重大疫情，有无类似疾病发生，其经过及结果如何等情况，借以分析本次发病和过去发病的关系。如过去发生大肠杆菌、新城疫，而未对禽舍进行彻底消毒，也未进行预防注射，可考虑旧病复发。调查附近的家禽养殖场的疫情是否有与本场相似的疫情，若有可考虑空气传播性传染病，如新城疫、流感、鸡传染性支气管炎等。若同一养殖场饲养有两种以上禽类，单一禽种发病，则提示为发病禽的特有传染病，若所有家禽都发病，则提示为家禽共患的传染病（如霍乱、流感等）。有许多疾病是引进种禽（蛋）传递的，如鸡白痢、霉形体病、禽脑脊髓炎等。进行引种情况调查，是诊断本地区疫病有价值的线索。若新进带菌、带病毒的种禽，与本场的鸡群混合饲养，常引起新的传染病暴发。了解发病前后采用何种免疫方法、使用何种疫苗。通过询问和调查，可获得许多对诊断有帮助的第一手资料，有利于作出正确诊断。

六、群体临床检查诊断技巧

在鸡舍内一角或外侧直接观察，也可以进入禽舍对整群进行检查。因为禽类是一个相对敏感的动物，特别是山鸡、鸡。因此进入禽舍应缓慢、自然地进入，以防惊扰禽群。检查群体时主要观察精神状态、运动状态、采食、饮水、粪便、呼吸以及生产性能等，可通过了解以下特殊症状以帮助准确诊断疾病。

1. 精神状态

病理状态下鸡群精神状态会出现兴奋、沉郁和嗜睡。兴奋的鸡群对外界轻微的刺激或没有刺激表现强烈的反应，引起惊群、乱飞、鸣叫，临床多表现为药物中毒、维生素缺乏等。沉郁的鸡群对外界刺激反应轻微，甚至没有任何反应，表现离群呆立、头颈蜷缩、两眼半闭、行动呆滞等。临床上许多疾病均会引起精神沉郁，如雏鸡沙门菌感染、霍乱、法氏囊炎、新城疫、禽流感、肾型传染性支气管炎、球虫病等。嗜睡的鸡群表现重度的萎靡、闭眼似睡、站立不动或卧地不起，给以强烈刺激才引起轻微反应甚至无反应，可见于许多疾病后期，往往预后不良。

2. 跛行

跛行是临床最常见的一种运动异常，临床表现为腿软、瘫痪、喜卧地，运动时明显跛行，临床多见钙、磷比例不当、维生素 D_3 缺乏、痛风、病毒性关节炎、滑液囊支原体、中毒。小鸡跛行多见于新城疫、脑脊髓炎、维生素 E 及亚硒酸钠缺乏。肉仔鸡跛行多见于大肠杆菌、葡萄球菌、铜绿假单胞菌感染。刚引进的雏鸡出现瘫痪，多见于小鸡腿部受寒或禽脑脊髓炎等。

3. 劈叉

青年鸡一腿伸向前，另一腿伸向后，形成劈叉姿势或两翅下垂，多见神经型马立克，小鸡出现劈叉多为肉仔鸡腿病。

4. 观星状

鸡的头部向后极度弯曲形成所谓的"观星状"姿势，兴奋时更为明显，多见于维生素 B_1 缺乏症。

5. 扭头

病鸡头部扭曲，在受惊后表现更为明显，临床多见新城疫后遗症。

6. 偏瘫

小鸡偏瘫在一侧，两腿后伸，头部出现震颤，多见于禽脑脊髓炎。

7. 肘部外翻

家禽运动时肘部外翻，关节变短、变粗，临床多见于锰缺乏症。

8. 企鹅状姿势

病禽腹部较大，运动时左右摇摆幅度较大，像企鹅一样运动，临床上肉鸡多见于腹水综合征；蛋鸡多见于早期传染性支气管炎或衣原体感染，导致输卵管永久性不可逆损伤而产生"大档鸡"，或大肠杆菌引起的严重输卵管炎（输卵管内有大量干酪样物）。

9. 趾曲内侧

两趾弯曲、蜷缩、趾曲于内侧，以肢关节着地，并展翅维持平衡，临床多见于维生素 B_2 缺乏症。

10. 两腿后伸

产蛋鸡两腿向后伸直，出现瘫痪，不能直立，个别鸡舍外运动后恢复，多为笼养鸡产蛋疲劳症。

11. 犬坐姿势

鸡呼吸困难时往往表现犬坐姿势，头部高抬，张口呼吸，跖部着地。小鸡多见于曲霉菌感染、肺型白痢，成年鸡多见于喉气管炎、白喉型鸡痘等。

12. 强迫采食

鸡出现头颈部不自主地盲目啄地，像采食一样，多见于强毒新城疫、球虫病、坏死性肠炎等。

13. 颈部麻痹

表现头颈部向前伸直，平铺于地面，不能抬起，又称"软颈"病，同时出现腿、翅麻痹，多见于肉毒素中毒病。

14. 采食异常

采食量减少是反映鸡病最敏感的一个现象，能最早反映鸡群健康状况。病理状态下采食量增减，直接反映鸡群健康状态。采食量减少，表现为加入料后，采食不积极，吃几口后退缩到一侧，料槽余量过多。比正常采食量下降，临床中许多病均能使采食量下降，如沙门菌病、霍乱、大肠杆菌病、败血型支原体病、新城疫、流感等。采食废绝，多见于鸡病后期，往往预后不良。采食增加多见于食盐过量，饲料能量偏低，或在疾病恢复过程中采食量会不断增加，反映疾病好转。

15. 粪便颜色异常

许多疾病均会引起家禽粪便变化和异常。因此，粪便检查具有重要意义。粪便检查应注意粪便性质、颜色和粪便内异物等情况。在排除上述影响粪便的生理因素、饲料因素、药物因素以外，若出现粪便异常多为病理状态，临床多见有粪便性质的变化、粪便颜色的变化、粪便异物等。粪便稀而发白如石灰水样，泄殖腔下羽毛被尿酸盐污染，呈石灰水渣样，临床多见于痛风、雏鸡白痢、钙磷比例不当、维生素D缺乏、法氏囊炎、肾型传染性支气管炎等。粪便呈鲜红色血液流出，临床多见于盲肠球虫、啄伤。粪便颜色发绿呈草绿色，临床多见于新城疫感染、伤寒和慢性消耗性疾病（马立克、淋巴白血病、大肠杆菌病引起输卵管内有大量干酪物）。当禽舍通风不好时，环境氨气含量过高，粪便亦呈绿色。粪便颜色发暗、发黑，呈煤焦油状，临床多见于小肠球虫、肌胃糜烂、出血性肠炎。粪便颜色呈黄绿带黏液，临床多见于坏死性肠炎、流感等。粪便内带有黏液，红色似西瓜瓤样或西红柿酱色，临床多见于小肠球虫、出血性肠炎或肠毒综合征。粪便上带有鲜红色血丝，临床多见于家禽前殖吸虫或啄伤。粪便比正常颜色变浅变淡，临床多见于肝脏疾病（如盲肠肝炎、包涵体肝炎等）。

16. 粪便性状异常

粪便呈水样，临床多见于食盐中毒、卡他性肠炎。粪便中有大量未消化的饲料（又称料粪），粪酸臭，临床多见于消化不良、肠毒综合征。粪便中带有黏液，多为肠上皮细胞脱落，粪便腥臭，临床多见于坏死性肠炎、流感、热应激等。粪便带有蛋清样分泌物，小鸡多见于法氏囊炎；成年鸡多见于输卵管炎、禽流感等。粪便带有黄色纤维素性干酪物结块，临床多见于因大肠杆菌感染而引起的输卵管炎症。粪便带有白色米粒大小结节，临床多见于绦虫病。若小鸡的粪便中带有大量泡沫，临床多见于小鸡受寒或加葡萄糖过量或饮用时间过长。粪便中带有纤维素、脱落肠段样假膜，临床多见于堆型球虫病、坏死性肠炎。粪便中带有大线虫，临床多见于线虫病。

17. 呼吸异常

临床上家禽呼吸系统疾病占 70% 左右，许多传染病均可引起呼吸道症状，因此呼吸系统检查意义重大。呼吸系统检查主要通过视诊、听诊来完成。视诊是观察呼吸频率、张嘴呼吸次数、是否甩血样黏条等。听诊主要听群体中呼吸道是否有杂音，在听诊时最好在夜间熄灯后慢慢进入鸡舍进行听诊。张嘴伸颈呼吸，表现为家禽呼吸困难，多由呼吸道狭窄引起，临床多见于传染性喉气管炎后期、白喉型鸡痘、支气管炎后期，小鸡出现张嘴伸颈呼吸多见于肺型白痢或霉菌感染。热应激时禽类也会出现张嘴呼吸，应注意区别。在走道、笼具、食槽等处发现有带黏液血条，临床多见于喉气管炎。当家禽喉头部气管内有异物时会发出怪声，临床多见于传染性喉气管炎、白喉型鸡痘等。

18. 生长发育及生产性能异常

肉仔鸡和育成鸡主要观察其生长速度、发育情况及鸡群整齐度。若鸡群生长速度正常、发育良好、整齐度基本一致而突然发病，临床多见于急性传染病或中毒性疾病；若鸡群发育差、生长慢、整齐度差，临床多见于慢性消耗性疾病，营养缺乏症或抵抗力差而继发的其他疾病。蛋鸡和种鸡主要观察产蛋率、蛋重、蛋壳质量、蛋品内部质量变化等。引起产蛋率下降的疾病很多，如减蛋综合征、禽脑脊髓炎、新城疫、禽流感、传染性支气管炎、传染性喉气管炎、大肠杆菌以及沙门菌感染等，但最常见的为禽流感。临床发现有大量薄壳蛋、软壳蛋，在粪道内有大量蛋清和蛋黄，临床多见于钙、磷缺乏或比例不当、维生素 D 缺乏、禽流感、传染性支气管炎、传染性喉气管炎以及输卵管炎等。褐壳蛋鸡出现白壳蛋增多，临床多见于钙磷比例不当、维生素 D 缺乏、禽流感、传染性支气管炎、传染性喉气管炎以及新城疫等。小蛋增多多见于输卵管炎、禽流感等。蛋清稀薄如水，临床多见于传染性支气管炎。

七、个体检查诊断技巧

通过群体检查，选出具有特征病变的个体进一步做个体检查。个体检查内容包括体温检查、冠部检查、眼部检查、鼻腔检查、脸部检查、口腔检查、嗉囊皮肤及羽毛检查、胸部检查、腹部检查、泄殖腔检查等。

1. 体温检查

体温变化是家禽发病的标志之一，可通过用手触摸鸡体或用体温计来检查。鸡正常体温41.5℃（40～42℃），雏鸡正常体温比成年鸡体温低3℃，保温能力弱，因此，低温期雏鸡易"打堆"取暖，所以必须做好育雏保温工作。当病鸡出现明显临床症状时，首先体温发生变化，临床体温变化有体温升高和体温下降两种病理状态。一般而言，急性病病鸡体温升高，呼吸时快时慢，心跳紊乱不规则。低致病性禽流感、新城疫等发病时，体温明显升高，饮水量增加，采食量下降，蛋鸡产蛋量明显下降，且软蛋增多，蛋壳发白。

2. 鸡冠、肉髯检查

正常状态下鸡冠和肉髯鲜红色，湿润有光泽，用手触诊有温热感觉。冠和肉髯出现肿胀，临床多见于禽霍乱、禽流感、严重大肠杆菌病和颈部皮下注射疫苗不当。冠和肉髯不萎缩，单纯性出现苍白，多见于白冠病、小鸡球虫病、弧菌性肝炎、啄伤等。冠和肉髯由大变小，出现萎缩，颜色发黄，冠和肉髯无光泽，临床多见于消耗性疾病（如马立克病、淋巴白血病、因大肠杆菌感染引起输卵管炎或其他病感染引起卵泡萎缩等）。冠和肉髯呈暗红色，多见于新城疫、禽霍乱、呼吸系统疾病等。冠和肉髯呈蓝紫色，临床多见于H5N1流感。冠和肉髯发黑，临床多见于盲肠球虫病（又称黑头病）。冠和肉髯出现痘斑，临床多见于禽痘。冠和肉髯有小米粒大小梭状出血和坏死，临床多见于卡氏白细胞原虫病。冠和肉髯出现皮屑、无光泽，临床多见于营养不良、维生素A缺乏、真菌感染和外寄生虫病。

3. 鼻腔检查

检查鼻腔时，检查者用左手固定家禽的头部，先看两鼻腔周围是否清洁，然后用右手拇指和食指用力挤压两鼻孔，观察鼻孔有无鼻液或异物，健康家禽鼻孔无鼻液。病理状态下出现有示病意义的鼻液，例如透明无色的浆液性鼻液，多见于卡他性鼻炎；黄绿色或黄色半黏液状、黏稠、混有血液、伴有恶臭气味的鼻液，多见于传染性鼻炎；鼻液量较多，常见于鸡传染性鼻炎、禽霍乱、禽流感、败血霉形体病等。此外，鸡新城疫、传染性支气管炎、传染性喉气管炎等亦有少量鼻液。当维生素A缺乏时，可挤出黄色干酪样渗出物。当鼻腔内有痘斑多见于禽痘。值得注意的是，凡伴有鼻液的呼吸道疾病，一般可发生不同程度的眶下窦炎，表现眶下窦肿胀。

4. 眼部检查

正常情况下家禽两眼有神，特别是鸡，两眼圆睁，瞳孔对光线刺激敏感，结膜潮红，角膜白色。在检查眼时注意观察角膜颜色、有无出血和水肿、角膜完整性和透明度、瞳孔情况和眼内分泌物情况。病理状态下眼半睁半闭，眼部变成条状，临床多见于传染性喉气管炎或环境中氨气、甲醛浓度过高。眼部出现流泪，严重时眼下羽毛被污染，临床多见于传染性眼炎、传染性鼻炎、传染性喉气管炎、鸡痘、支原体感染以及氨气、甲醛浓度过高。眼角膜充血、水肿、出血，临床多见于眼型鸡痘、禽曲霉病、禽大肠杆菌病、支原体病等。另外当环境尘土过多时也可以引起，应注意区别。眼部出现肿胀甚至肿胀严重时，上下眼睑结合在一起，内积大量黄色豆腐渣样干酪物，临床多见于传染性眼炎、支原体病、黏膜型鸡痘、维生素 A 缺乏、肉仔鸡大肠杆菌病、葡萄球菌病、铜绿假单胞菌病等。眼角膜发红，临床多见于副大肠杆菌病。角膜出现混浊，严重形成白斑和溃疡，临床多见于眼型马立克病。结膜形成痘斑，临床多见于黏膜型鸡痘。

5. 脸部检查

正常情况下家禽脸部红润，有光泽，特别是产蛋鸡更明显，脸部检查时注意脸部颜色是否出现肿胀和脸部皮屑情况。脸部出现肿胀，手触诊脸部出现发热、有波动感，临床多见于禽霍乱、传染性喉气管炎；用手触诊无波动感，多见于支原体感染、禽流感、大肠杆菌病；若两个眶下窦肿胀，多见于窦炎、支原体感染等。脸部有大量皮屑，临床多见于维生素 A 缺乏、营养不良和慢性消耗性疾病。

6. 口腔检查

用左手固定鸡的头部，右手大拇指向下扳开下喙，并按压舌头，然后左手中指从下腭间隙后方将喉头向上轻压，然后观察口腔。正常情况下家禽口腔内湿润有少量液体，有温热感。口腔检查时注意上腭腭裂、舌、口腔黏膜及食管、喉头、器官等变化。病理状态下口腔异常，在口腔黏膜上形成一层白色假膜，临床多见于念珠菌感染。口腔黏膜出现溃疡，口腔及食管乳头变大，临床多见于维生素 A 缺乏。上腭腭裂处形成干酪样物，临床多见于支原体感染、黏膜型鸡痘。口腔内积有大量酸臭绿色液体，临床多见于新城疫、嗉囊炎和返流性胃炎。口腔积有大量黏液，临床多见于禽流感、大肠杆菌、禽霍乱等。口腔积有泡沫液体，临床多见于呼吸系统疾病。口腔有血样黏条，临床多见于传染性喉气管炎。口腔积有稀薄血液，临床多见于卡氏白细胞原虫病、肺出血、弧菌性肝炎等。喉头出现水肿出血，临床多见于传染性喉气管炎、新城疫、禽流感等。喉头被黄色干酪样物栓子阻塞，临床多见于传染性喉气管炎后期。喉头、气管上形成痘斑，临床多见于黏膜型鸡痘。气管内有黄色块状或凝乳状干酪样物，临床多见于支原体感染、传染性支气管炎、新城疫、禽流感等。舌尖发黑，临床多见于药物引起或循环障碍性疾病。舌根部出现坏死，反复出现吞咽动作，临床多见于家禽食长草或绳头后缠绕，使舌部出现坏死。

7. 嗉囊检查

嗉囊位于食管颈段和胸段交界处，在锁骨前形成一个膨大盲囊，呈球形，弹性很强。鸡、火鸡的嗉囊比较发达，常用视诊和触诊的方法检查嗉囊。病理状态下嗉囊常有异常表现，例如软嗉囊，其特征是体积膨大，触诊发软、有波动，将鸡的头部倒垂，同时按压嗉囊可由口腔流出液体，并有酸败味，临床常见于某些传染病、中毒病；患新城疫时，嗉囊内有大量黏稠液体。鸡的运动减少，饮水不足，或喂单一干料，常发生硬嗉囊，按压时呈面团状。垂嗉囊是临床多见的嗉囊鸡病，尤其是散养鸡，嗉囊逐渐增大，总不空虚，内容物发酵有酸味，与饲喂大量粗饲料或冰冻饲料有关。嗉囊破溃，临床多见于误食石灰或火碱引起。用手触诊嗉囊壁增厚多见于念珠菌感染。

8. 皮肤及羽毛检查

正常情况下，成年家禽羽毛整齐光滑、发亮、排列匀称。皮肤因品种、颜色不同而有差异。病理状态下皮肤与羽毛也有异常表现，皮肤上形成肿瘤，临床多见于皮肤型马立克。皮肤形成溃疡，毛易脱，皮下出血，临床多见于葡萄球菌感染。皮下出现白色胶冻样渗出，临床多见于维生素 E 亚硒酸钠缺乏。皮下出现绿色胶冻样渗出，临床多见于铜绿假单胞菌感染。脐部愈合差，发黑，腹部较硬，临床多见于沙门菌、大肠杆菌、葡萄球菌、铜绿假单胞菌感染引起的脐炎。羽毛无光泽，容易脱落，临床多见于维生素 A 缺乏、营养不良、慢性消耗病或外寄生虫病。皮下出现脓肿，严重破溃、流脓，临床多见于外伤或注射疫苗感染引起（图 1）。皮下形成气肿，严重时禽类像被吹过的气球一样，临床多见于外伤引起气囊破裂进入皮下引起（图 2～图 4）。

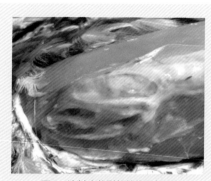

图1 注射疫苗引起的胸肌坏死

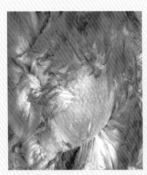

图2～图4　锁骨气囊破裂引起皮下气肿

9. 胸部检查

正常情况下胸部平直，胸部肌肉附着良好，因作用不一样，肌肉有差异。肉鸡胸肌发达，蛋禽胸部肌肉适中，肋骨隆起。在临床检查中注意胸骨平直情况、两侧肌肉发育情况以及是否出现囊肿等。胸骨出现弯曲，肋骨（软骨部分）出现凹陷，临床多见于钙、磷、维生素D缺乏，钙比例不当、氟中毒等。胸骨部分出现囊肿，临床多见于肉种鸡、仔鸡运动不足或垫料太硬引起。胸骨呈刀脊状，胸骨肌肉发育差，临床多见于一些慢性消耗性疾病（如马立克病、淋巴细胞白血病、大肠杆菌引起的腹膜炎、输卵管炎）。

10. 腹部检查

鸡的腹部是指胸骨和耻骨之间所形成的柔软的体腔部分。腹部检查的方法主要通过触诊来检查。正常情况下家禽腹部大小适中，相对比较丰满，特别是产蛋鸡，肉鸡用手触诊温暖柔软而有弹性，在腹部两侧后下方可触及肝脏后缘。腹部下方可触及较硬的肌胃（注意产蛋鸡的肌胃不应与鸡蛋相混淆）。在临床上应该注意观察腹部的大小、弹性、波动感等。腹部容积变小，临床多见于采食量下降和产蛋鸡的停产。若肉鸡腹部容积增大，触诊有波动感，临床多见于腹水综合征；若蛋鸡腹部较大，走路像企鹅，临床多见于早期感染传染性支气管炎、衣原体引起的输卵管不可逆病变，导致大量蛋黄或水在输卵管内或腹腔内聚集；若雏禽腹部较大，用手触摸较硬，临床多见于由大肠杆菌、沙门菌或早期温度过低引起卵黄吸收差所致。腹部触诊变硬，临床多见于鸡过肥、腹部脂肪过多聚集；若肉鸡腹部触诊较硬，临床多见于大肠杆菌感染；产蛋鸡瘦弱胸骨呈刀背状，腹部较硬且大，临床多见于大肠杆菌、沙门菌感染而引起输卵管内积有大量干酪样物所致。腹部感觉有软硬不均的小块状物体、腹部增温、触诊有痛感、腹腔穿刺有黄色或灰色带有腥臭味混浊的液体，多提示卵黄性腹膜炎。肝脏肿胀至耻骨前沿，临床多见于淋巴细胞白血病。

11. 泄殖腔检查

正常情况下，泄殖腔周围羽毛清洁。高产蛋鸡肛门呈椭圆形、湿润、松弛。检查时，检查者用手抓住鸡的两腿，把鸡倒悬起来，使肛门朝上用右手拇指和食指翻开肛门，观察肛道黏膜的色泽、完整性、紧张度、湿度和有无异物等。泄殖腔周围发红肿胀，并形成一种有韧性、黄白色干酪样假膜。将假膜剥离后，留下粗糙的出血面，临床常见于慢性泄殖腔炎（也称肛门淋）。肛门肿胀，周围覆盖多量黏液状灰白色分泌物，其中有少量石灰汁，常见于母鸡前殖吸虫病、大肠杆菌病等。肛门明显突出，甚至肛门外翻并且充血、肿胀、发红或发紫，是高产母鸡或难产母鸡不断努责而引起的脱肛症。泄殖腔黏膜发生出血、坏死，常见于外伤、鸡新城疫。

❧ 第二节 ❧
剖检方法及剖检诊断技巧

一、鸡的基本解剖结构

外观主要有头、颈、体躯。头部由喙、眼、鼻、耳、肉髯、冠组成。喙俗称鸡嘴，用于啄食。喙粗、短、略弯曲，颜色一般与胫一致。肉垂也称肉髯，即从下腭长出下垂的皮肤衍生物，左右组成一对，应大小相称，丰满、鲜红、肥润，可起到散热作用。鸡冠位于头顶，为皮肤衍生物，能显示性征，雄性比雌性大而厚，如为单冠，公鸡须直立，母鸡则可能倒向一侧，颜色多为红色，肥润、柔软、光滑者为强健鸡。鸡冠也可起到散热作用。常见的冠形有单冠、豆冠、玫瑰冠、草莓冠。单冠从喙基部至头顶后部，呈单片状。豆冠，由三叶小的单冠组成，中间一叶较高，又称三叶冠，有明显缺齿。玫瑰冠的表面有很多突起，前宽后尖，形成光滑的冠尾。草莓冠与玫瑰冠相似，但无冠尾，冠体小，似草莓。颈部由 13～14 节颈椎构成，蛋用鸡较长、细，肉用鸡较粗、短，但都要求灵活伸缩、转动，便于啄食、警戒或梳理、润泽羽毛等。鸡的胸深而广，胸骨长而直。

1. 运动系统

主要由头骨、脊柱、肋骨与胸骨、肩带与前肢骨、腰带与后肢骨组成。头骨广泛愈合，眼眶大，颅腔大；前颌骨、颌骨及鼻骨显著前伸构成喙，牙齿退化。脊柱由颈椎、胸椎、荐骨、尾椎与尾综骨组成。颈椎 14 枚，第 1 枚呈环状，称寰椎，与头骨相关节。第 2 枚称枢椎，其前面有一齿突，伸入寰椎。

其他颈椎椎体呈马鞍形。胸椎 5 枚，大部分愈合，其上生有肋骨。第 5 枚参与构成愈合荐骨。最后端是尾椎与尾综骨，尾椎 6 枚，能自由活动，其后由 4～6 枚尾椎愈合形成的尾综骨，为鸟类特有，其上着生尾羽。每一胸椎各具 1 对肋骨伸至胸骨。肋骨分为椎肋（背侧）和胸肋（腹侧）两部分，第 1～4 椎肋后缘具钩状突，压覆在后 1 条肋骨上。胸骨十分发达，其中央突起形成龙骨突。肩带由肩胛骨、乌喙骨和锁骨构成，连接脊柱与前肢。肱骨长而粗壮，构成上臂。尺骨与桡骨为次级飞羽的附着处，构成前臂。近端腕骨退化为 2 枚，远端腕骨与掌骨愈合为腕掌骨。指骨退化仅余第 2、第 3、第 4 指。腰带由髂骨、坐骨和耻骨 3 对骨愈合成薄而完整的骨架，左右耻骨腹面不愈合，形成开放型骨盆，连接脊柱与后肢。股骨短而粗壮。腓骨退化成一条短的细骨，位于胫跗骨后方。胫跗骨由胫骨与足部的近端跗骨愈合而成。跗跖骨由远端跗骨与跖骨愈合成的一杆状骨。趾骨具 4 趾，第 5 趾退化。拇趾朝后，其余 3 趾朝前。

2. 消化系统

由口咽、食管、嗉囊、肌胃、腺胃、小肠、大肠、泄殖腔、泄殖道以及消化腺肝脏、胰脏、脾脏组成。

（1）消化器官 由口咽、食管、嗉囊、肌胃、腺胃、小肠、大肠、泄殖腔、泄殖道组成。鸡无唇，具有角质化、锥形的喙，方便采食，采食细碎的粒状饲料比粉料容易。鸡口腔没有牙齿，无咀嚼作用。舌头味蕾的数量少，味觉能力差，寻找食物主要靠视觉和嗅觉。饲料在口腔内停留时间很短。唾液腺不发达，淀粉酶含量很少，消化作用不大，只能湿润饲料，以便吞咽。鸡无软腭和颊，饮水时靠仰头才能流进食管。口腔与咽腔直接相通，虽然没有软腭、唇、齿、颊，但有上下角质喙。食管管腔宽大，壁薄且与气管并行。嗉囊为食管中段膨大形成的袋状囊，位于胸前口，具有储存和软化食物的作用。胃分为腺胃和肌胃。腺胃呈纺锤形，在肝的两叶之间，黏膜有腺体，表面有许多乳头。肌胃也叫砂囊，呈椭圆形。肌胃胃壁厚，内有腺体，分泌物形成一层角质膜，在胃壁的内表面，叫鸡内金。对胃壁有保护作用。散养的鸡胃内常含有沙粒、小石子、玻璃碎片等，有机械消化作用。小肠主要包括十二指肠、空肠、回肠。十二指肠是由肌胃通出的呈"U"形弯曲的小肠。空肠呈肠袢形弯曲，为鸡最长的肠管。后段有卵黄蒂，即空肠中部一小突起，是胚胎时期卵黄囊柄的遗迹。回肠很短，回肠与盲肠等长，盲肠有两条，无结肠。大肠包括盲肠、直肠、粪道、泄殖腔、泄殖道。盲肠两条在基部有盲肠扁桃体。直肠短，也叫结直肠，后部扩大为泄殖腔。泄殖腔呈球形囊，是消化系统、泌尿系统、生殖系统的共同通道。粪道、泄殖腔包括粪道前部、泄殖道中部，其顶壁有输尿管、输精管或输卵管的开口、肛道后部，其顶壁有腔上囊的开口。

（2）消化腺　主要包括胰脏、肝脏、脾脏。胰脏位于十二指肠"U"形弯曲之间，呈淡黄色，分为背叶、腹叶、前叶。由腹叶发出两条、背叶发出一条胰管通入十二指肠。肝脏呈红褐色，位于心脏后方。分左右两叶，右叶有胆囊附着，两条胆管，通入十二指肠末端。肝脏分泌胆汁，储藏在胆囊，通过胆管注入十二指肠，中和食糜酸性、乳化脂肪并促进消化。脾脏在肝、胃之间的系膜上，呈紫红色、卵圆形，为造血器官。

3. 呼吸系统

主要有鼻腔、喉、气管和鸣管、肺、气囊组成。外鼻孔开口于喙基部。内鼻孔在"口顶"中央的纵沟内。鼻腔比较狭长，鼻中隔大部分由软骨构成，每侧鼻腔壁上有三个以软骨为支架的鼻甲。前鼻甲为略弯的薄板，与鼻孔相对，中鼻甲比较大，后鼻甲圆形或三角形小泡状，内腔开口于眶下窦，黏膜有嗅神经分布。喉位于舌根之后，中央纵裂为喉门。无声带，只有环状和勺状软骨。气管和鸣管由环状软骨环支撑，向后分为左、右支气管入肺。左、右支气管分叉处有一较膨大的鸣管，是鸟类特有的发声器。肺有左、右两叶，呈淡红色、海绵状，紧贴在胸腔脊柱两侧肋间隙内。气囊是禽类特有的器官，是支气管从肺出后形成的黏膜囊，外面仅被覆浆膜，有储存气体、满足代谢率高的需要，并有减轻体重、调节体温的作用。有9个气囊，即锁骨间气囊1个、颈气囊、胸前气囊、胸后气囊、腹气囊各一对。剖开体腔后，从"喉门"吹入空气后结扎气管，气囊及肺可胀大。鸡没有横膈膜，腹腔感染很容易传至胸部的器官。

4. 排泄系统

主要由肾脏、腔上囊、泄殖腔、输尿管等组成。肾脏呈紫褐色、长扁形，紧贴于体腔骨盆内壁两侧，各分3叶。输尿管由肾脏中部腹面发出，向后通入泄殖腔，鸡没有膀胱。泄殖腔是消化系统、生殖系统最后汇入的一个共同腔，由泄殖腔孔通向体外。腔上囊为泄殖腔背面的一个圆形盲囊，与泄殖腔相连，是鸟类特有的淋巴器官。

5. 生殖系统

雄性生殖器官主要由睾丸、输精管、储精囊、阴茎组成。睾丸呈椭圆形、乳白色，位于肾脏前叶的两腹侧。输精管睾丸后侧伸出，细长而弯曲，向后延伸与输尿管平行进入泄殖腔。阴茎极短，刚出壳的雏鸡，阴茎体明显，外翻用以鉴别雌雄。储精囊是输精管接近泄殖腔处的膨大部分。雌性生殖器官主要由卵巢和输卵管组成。卵巢位于肾脏前半部腹侧，呈黄色，表面的颗粒即是不同发育程度的卵细胞。右侧卵巢、输卵管退化。输卵管为卵巢后方的弯曲管道，其前端为喇叭口，靠近卵巢，后端通入泄殖腔。输送卵子，形成蛋的各种成分，是受精和暂时储存精子的场所。从前向后依次分为漏斗部（受精处）、膨大部（卵白分泌部）、峡部（形成鞘膜）、子宫部（形成卵鞘）、阴道部（形成卵外膜、透明）。

6. 心血管系统和淋巴系统

心脏位于躯体的中线上，体积很大。用镊子拉起心包膜，然后以小剪刀纵向剪开，除去心包膜，心脏即可露出。心脏被脂肪带分隔成前后两部分。前面褐红色的薄壁部分是左右心房，后面颜色较浅的壁厚部分是左右心室。有两条前腔静脉注入右心房。靠近心脏的基部，清理心包膜、结缔组织和脂肪，暴露出两条较大的灰白血管是无名动脉。鸡没有明显的淋巴结，主要的淋巴器官有胸腺、腔上囊、脾脏。淋巴组织在机体的免疫和抵抗疾病方面起着重要作用。家禽胸腺呈黄色或灰红色，分4叶，从颈前部到胸部沿着颈静脉延伸，链状分布，幼龄时体积增大，到接近性成熟时达到最高峰，随后逐渐退化，成年时仅留下残迹。鸡的脾脏呈球形、棕红色，位于腺胃与肌胃交界处的右背侧。脾脏的功能主要是造血、滤血、参与免疫反应等，无储血和调节血量的作用。腔上囊又称法氏囊，位于泄殖腔背侧，呈球形，白色，性成熟后逐渐退化。肠道黏膜固有层或黏膜下层内，具有弥散性淋巴集结，较大的有回肠淋巴集结、盲肠扁桃体两种。回肠淋巴集结存在于回肠后段，可见直径约1厘米的弥散性淋巴团。盲肠扁桃体在回肠—盲肠—直肠连接部的盲肠基部。

7. 内分泌系统

主要有肾上腺、甲状腺、甲状旁腺、腮后腺、脑垂体。肾上腺位于肾脏前叶内侧，左右各一枚。其皮质分泌皮质激素。调节体内蛋白质、脂肪、碳水化合物的代谢。髓质分泌肾上腺素，主要增强心血管系统功能，抑制内脏平滑肌，增加血糖含量。甲状腺位于胸腔入口处，气管两侧，左右各一枚，呈暗红色、卵圆形。其大小随个体生理状况和外界环境（年龄、性别、气温、饲料等）的不同而变化。甲状腺分泌的甲状腺素与生长、生殖、换羽有密切关系。甲状旁腺紧接甲状腺的后端，左右各一枚，黄色圆形。分泌甲状旁腺素，调节钙、磷代谢。腮后腺在颈基部两侧，甲状旁腺后，分泌降钙素。脑垂体位于脑底部，有前叶和后叶两部分，由一"结缔组织鞘"将其隔开。前叶主要分泌促卵泡激素（次级卵泡内卵泡生长、分泌雌激素，刺激公鸡睾丸细管生长、精子生成）、促黄体素（刺激睾丸分泌雄性激素，促进排卵）、促甲状腺素（调节甲状腺的功能）、催乳素（促进抱窝和换羽）、生长素（促进生长）。后叶又称神经垂体，分泌加压素（升高血压，减少尿液分泌）和催产素（刺激输卵管平滑肌收缩，促进排卵，促进子宫收缩，引起产蛋）。

8. 神经系统

主要有脑和脊髓，脊髓无马尾。脑无沟、回，小脑缺半球、只有蚓部。

二、病死鸡剖检的基本方法

1. 解剖前的准备工作

（1）病鸡准备　选择疾病症状明显的病鸡，单独隔离。

（2）地点选择　选择下风向的地点，最好远离生产区，大型养殖场应配有专门解剖地点，便于生物安全和消毒。

（3）器械准备　手术剪、镊子、托盘、病料采集袋等解剖过程中需要的器械，必要时需要图像采集和备份。

（4）人员准备　解剖人员需要做好个人防护，重点是手与口的防护，需要戴口罩和手套，穿好工作服或防护服，如果解剖人员手上有伤口，必须要求戴手套进行解剖。

2. 解剖时的注意事项

了解鸡群精神状况，这样在解剖时便于有针对性地查看病死鸡的病理变化。由静到动，有远及近，由整体到局部，观察有无腹泻、跛行、呼吸音等。剖检的鸡要有代表性，同一群鸡，如果症状类同，采集的病例样本越多，诊断依据就越可靠。剖检要认真细致，不要漏掉有价值的器官病变，尤其是有关韧带、大脑、神经的病变。没有解剖前不要轻易断定或怀疑是什么病，然后就直接去找这个病的病变。解剖的尸体不允许随处乱扔，或转卖给他人，可以采取焚烧、生物堆肥等无害化处理方法。注意解剖场地、人员、器械的消毒。如需要进一步做实验诊断，注意规范采集和保存病料，及时送往实验室。剖检后需要认真填写相关记录。

3. 病鸡外部的观察

（1）羽毛　全身毛色有无眼观异常，被毛有无明显蓬乱、污垢。

（2）皮肤　有无出血斑点、肿瘤、溃烂以及其他明显病变。

（3）天然孔　分泌物情况；眼结膜有无明显病变；泄殖腔周围羽毛有无粪便污染；粪便颜色形状；关节处有无明显病变。

4. 消毒和解剖步骤

用消毒水打湿全身羽毛，解剖剪刀插入口腔，然后沿一侧口腔依次将食管、嗉囊及其外部皮肤剪开。检查口腔、食管和嗉囊黏膜表面及嗉囊中食物的性状，检查颈部胸腺。由喉头部将剪刀的一端插进气管，然后剪开气管，并观察气管黏膜表面。剪断上喙、鼻孔和眼睛连线，使鼻腔和眼窝下窦暴露出来。挤压鼻腔上部，观察有无黏液或脓液流出，以确定是否有窦炎发生。再将眼窝下窦纵向剪开，并仔细地加以检查。将两腿间的腹部中线皮肤剪开，然后将裂痕撕剪至两腿部及胸、颈部，再将两腿向背部反压直到关节暴露出来为止，然后让鸡平躺，如此胸、腹、腿部肌肉均可暴露出来。以解剖刀或剪刀由腹部一侧沿腹背中线将腹肌、胸肌等向胸颈部方向剪去，直到把锁骨剪断为止，再以同样的方法将另一侧的腹肌、胸肌等剪开，将胸腹肌及骨头移开，暴露内脏，检查各脏器和气囊外观。移出腹腔、胸腔内各器官，最后再做消化道的检查，以免消化道内容物和粪便污染其他器官。有必要时检查坐骨和翼神经、骨端软骨、硬骨和骨髓以及脑内情况。雏鸡可采取撕裂法，将胸肌、胸骨、腹肌、胸腹皮肤和两翅膀全部撕开，这样内脏也可充分暴露出来，内脏被污染的机会也较少。这种撕裂的步骤为：以左手紧抓住家禽颈部和一边翅膀，右手紧抓住另一边翅膀，两手向两边拉，将一边的翅膀和胸肌拉开，再以左手紧抓住家禽颈部，右手紧抓住另一边翅膀，用力向两边拉，家禽的另一边翅膀、胸骨和胸肌也被拉开，内脏就能完全暴露出来。

5. 各解剖部位常见的病理变化

（1）头部　常见的病变主要有眼睑肿胀、肉髯肿大发绀、鸡冠苍白、鸡冠发绀等。如头部皮肤出现痘斑，早期在鸡冠、肉髯表面出现白色小突起，后出现溃疡或黑色结痂，黏膜型痘附着在眼睑黏膜，眼睑炎性肿胀，眼内有多量的炎性液体渗出物。

（2）鼻腔　常见有鼻黏膜水肿、出血、化脓性炎症等。

（3）气管　气管黏膜出血，气管环出血，泡沫状痰液，血痰，气管壁增厚，喉头出血，支气管栓塞，气管前部增生等。

（4）气囊　正常的气囊薄而透明，碰破后很容易缩成一条线。在这个部位出现的症状有气囊混浊，气囊上有黄白色结节，气囊内有干酪样物。

（5）心脏与心包　心脏冠状脂肪出血、心肌出血，心脏表面白色结节；心包积液，心包膜增厚，心包粘连。

（6）消化器官　常见的病变有口腔溃疡、出血；食管糜烂、嗉囊萎缩；腺胃乳头出血、腺胃壁肿胀、腺胃溃疡、腺胃与肌胃交界处出血；十二指肠出血、小肠出血、肠黏膜脱落、肠道坏死、肠道黏膜肿胀变厚、肠道有出血点；盲肠扁桃体肿大出血，盲肠出血、盲肠浆膜有肉芽增生；直肠和泄殖腔出血；肠系膜表面有白色结节等。

（7）肝脏　为体内一个较大的器官，有很多疾病都在这个器官上留下病变，主要有肝脏肿大、肝脏出血、肝脏变性、肝脏萎缩变硬、肝脏变黄、肝脏青铜色、肝脏包膜下出血、肝脏表面有针尖样坏死灶、肝脏表面有结节、肝脏被纤维素包裹、肝脏表面有圆形下陷的坏死灶。

（8）肾脏　泌尿系统的主要病变有肾脏苍白肿大、肾脏出血、肾脏肿大颜色变浅、肾脏表面有尿酸盐沉积；输尿管充盈有尿酸盐、输尿管内有结石等。

（9）免疫器官　胸腺肿大出血；法氏囊病变有法氏囊肿大、法氏囊出血、法氏囊外有浅黄色、胶冻样物质包裹。盲肠扁桃体出血、瘀血、肿大，脾脏肿大、脾脏表面有白色斑点、脾脏破裂。

（10）生殖器官　主要有卵泡发育不良、卵泡变性、卵泡出血、卵泡呈菜花样、卵泡破裂、卵泡化为浅黄色液体、卵黄破裂外流；输卵管萎缩、输卵管内有炎性物质等。

（11）肌肉　表面的病变有肌肉出血；肌肉内有白色结节或肿瘤等。

三、常见剖检病变及其诊断意义

1.肌肉病变

正常情况下肌肉丰满，颜色红润，表面有光泽。临床剖检诊断时应注意观察肌肉颜色、弹性等有无异常情况。病理状态下肌肉常有明显异常变化，例如肌肉脱水，表现肌肉无光泽，弹性差，严重者表现为"搓板状"，临床多见于肾脏疾病引起的盐类代谢紊乱而导致脱水或严重腹泻等。肌肉水煮样、颜色发白、表面有水分渗出、肌肉变性、肌肉弹性差，临床多见于热应激和坏死性肠炎。肌肉纤维间形成梭状坏死和小米粒大小出血，临床多见于卡氏白细胞原虫病。肌肉刷状出血，临床多见于法氏囊炎、磺胺类药物中毒。肌肉上有白色尿酸盐沉积，临床多见于痛风、肾型传染性支气管炎。肌肉形成黄色纤维素渗出物，腿肌、腹肌变性，有黄色纤维素渗出物，临床多见于严重大肠杆菌病。肌肉贫血、苍白，临床多见于严重出血、贫血、啄伤。肌肉形成肿瘤，临床多见于马立克病。肌肉溃烂、脓肿，临床多见于外伤或注射疫苗引起的感染。

2.肝脏病变

正常情况下，鸡肝脏颜色深红色，两侧对称，边缘较锐，在右侧肝脏腹面有大小适中的胆囊。刚出壳的小鸡，肝脏颜色呈黄色，采食后，颜色逐渐加深。在观察肝脏病变时，应注意肝脏颜色变化，被膜情况，是否肿胀、出血、坏死，是否有肿瘤。不同的疾病，肝脏会发生异常变化，如肝脏肿大、瘀血，肝脏薄膜下有针尖大小的坏死灶，临床多见于禽霍乱。肝脏肿大，在被膜下有大小不一的坏死灶，临床多见于鸡白痢等。肝脏肿大，呈铜锈色或青铜色，有大小不一的坏死灶，临床多见于伤寒。肝脏土黄色，临床多见于小鸡法氏囊感染、磺胺类药物中毒、产蛋鸡脂肪肝和弧菌肝炎。肝脏上有榆钱样坏死，边缘有出血，临床多见于盲肠肝炎。肝脏有星状坏死，临床多见于弧菌肝炎。肝脏肿大，出现出血和坏死相间，切面呈琥珀色，临床多见于包涵体肝炎。肝脏肿大延伸至耻骨前沿，临床多见于淋巴白血病。肝脏形成黄豆粒大小的肿瘤，临床多见于马立克病、淋巴白血病。肝脏出现萎缩、硬化，临床多见于肉鸡腹水症后期。肝脏薄膜上有黄色纤维素性渗出物包裹，临床多见于鸡的大肠杆菌。肝脏薄膜上有白色尿酸盐沉积，临床多见于痛风和肾型传染性支气管炎。肝脏薄膜上有一层白色胶冻样渗出物，临床多见于衣原体感染。

3. 气囊病变

气囊是禽类呼吸系统的特有器官，是极薄的膜性囊，气囊共9个，只有一个不对称，即单个的锁骨间气囊和成对的颈气囊、前胸气囊、后胸气囊和腹气囊，气囊与支气管相通，可作为空气的储存器，有加强气体交换的功能。观察气囊时注意气囊壁厚薄，有无结节、干酪样物、霉菌斑等。病理状态下气囊壁增厚，临床多见于大肠杆菌、支原体、霉菌感染。气囊上有黄色干酪物，临床多见于支原体、大肠杆菌感染。气囊形成小泡，在腹气囊中形成许多泡沫，临床多见于支原体感染。气囊形成霉菌斑，临床多见于霉菌感染。气囊形成黄白色硬干酪样物呈车轮状，临床多见于霉菌感染。气囊形成小米粒大小结节，临床多见于小鸡曲霉菌感染或卡氏白细胞原虫病。

4. 肾脏病变

家禽肾脏位于家禽腰背部，分左右两侧。每侧肾脏由前、后、中三叶组成，呈隆起状，颜色深红。两侧有输尿管，无膀胱和尿道，尿在肾中形成后沿输尿管输入泄殖腔与粪便混合一起排出体外。临床上注意观察肾脏有无肿瘤、出血、肿胀及尿酸盐沉积等。病理状态下肾脏实质出现肿大，临床多见于肾型传染性支气管炎、沙门菌感染及药物中毒。肾脏肿大有尿酸盐沉积形成花斑肾，临床多见于肾型传染性支气管炎、沙门菌感染、痛风、法氏囊炎、磺胺类药物中毒等。肾脏被膜下出血，临床多见于卡氏白细胞原虫、磺胺类药物中毒。肾脏形成肿瘤，临床多见于马立克病、淋巴白血病等。肾脏单侧出现自融，临床多见于输尿管阻塞。输尿管变粗、结石，临床多见于痛风、肾型传染性支气管炎、磺胺类药物中毒。

5. 卵巢、输卵管病变

母鸡生殖器官包括卵巢和输卵管，左侧发育正常，右侧已退化。成年母鸡卵巢如葡萄状，有发育程度不同、大小不一的卵泡。输卵管可分漏斗部、卵白分泌部、峡部、子宫部、阴道部5个部分组成。观察生殖系统时注意观察卵泡发育情况、输卵管水肿、瘀血、出血等病变。卵巢变成菜花样肿胀，临床多见于马立克病。卵巢出现萎缩，临床多见于沙门菌感染、新城疫、禽流感、减蛋综合征、禽脑脊髓炎、传染性支气管炎、传染性喉气管炎等。卵泡出现液化像蛋黄汤样，临床多见于禽流感、新城疫等。卵泡呈绿色并萎缩，临床多见于沙门菌感染。卵泡上有一层黄色纤维素性干酪样物、恶臭，临床多见于禽流感、严重的大肠杆菌病。卵泡出现出血，临床多见于热应激、禽霍乱、坏死性肠炎。输卵管内积大量黄色凝固样干酪样物、恶臭，临床多见于大肠杆菌引起的输卵管炎。输卵管内积有似凝固蛋清样分泌物，临床多见于禽流感。输卵管内出现水肿，像煮过一样，临床多见于热应激、坏死性肠炎。输卵管内像撒一层糠麸样，壁上形成小米粒大小红白相间结节，临床多见于卡氏白细胞原虫病。输卵管子宫部出现水肿，严重的形成水疱，多为减蛋综合征、传染性支气管炎等。输卵管发育不全，前部变薄积水或积有蛋黄，峡部出现阻塞，临床多见于小鸡感染性支气管炎、衣原体所致。输卵管系膜形成肿瘤，临床多见于马立克病、网状内皮组织增生的。

6. 消化器官病变

禽的消化系统较特殊，没有唇、齿及软腭。上下颌形成喙，口腔与咽相连，食物入口后不经咀嚼，借助吞咽经食管入嗉囊。嗉囊是食管入胸腔前扩大而成，主要功能是储存、湿润和软化食物，然后收缩将食物送入腺胃。腺胃体积小，呈纺锤形，可分泌胃液，含有蛋白酶和盐酸。肌胃紧接腺胃之后，肌层发达，内壁是坚韧的类角质膜，肌胃内有沙砾，对食物起机械研磨作用。禽类的直肠很短，泄殖腔是消化系统、泌尿系统和生殖系统的共同出口，最后以肛门开口于体外在泄殖道与肛道交界处的背侧有一腔上囊（又称法氏囊）。临床检查应注意观察消化系统的内脏是否出现水肿、出血、坏死、肿瘤等。如腺胃肿胀，浆膜外出现水肿变性，肿胀得像乒乓球一样，临床多见于腺胃炎、马立克病。腺胃变薄，严重时形成溃疡或穿孔，腺胃乳头变平，严重的形成蜂窝状，临床多见于坏死性肠炎、热应激、新城疫。腺胃乳头出血，临床多见于新城疫、禽流感、药物中毒。腺胃黏膜和乳头出现广泛性出血，临床多见于卡氏白细胞原虫病、药物中毒和肉仔鸡严重大肠杆菌病。腺胃与肌胃交接处出血，临床多见于新城疫、禽流感、法氏囊炎和药物中毒。腺胃、肌胃交界处出现腐蚀、糜烂，临床多见于药物中毒、霉菌感染。腺胃、肌胃交界处形成铁锈色，临床多见于药物中毒、肉仔鸡强度新城疫感染和低血糖综合征。腺胃、肌胃交界处角质层出现水肿、变性，临床多见于药物中毒。腺胃与食管交接处出现出血带，临床多见于传染性法氏囊炎、新城疫、禽流感。食管出现出血，临床多见于药物中毒、禽流感。食管形成一层白色假膜，临床多见于念珠菌感染和毛滴虫病。肌胃变软、无力，多见于霉菌感染、药物中毒。肌胃角质层糜烂，临床多见于药物中毒、霉菌感染。肌胃角质层下出血，临床多见于新城疫、禽流感、霉菌感染或药物中毒。小肠肿胀，浆膜外观察有点状出血或白色点，临床多见于小肠球虫病。小肠壁增厚，有白色条状坏死，严重时在小肠形成假膜，临床多见于球虫病或坏死性肠炎。小肠出现片状出血，临床多见于禽流感和药物中毒。小肠出现黏膜脱落，临床多见于坏死性肠炎、热应激或禽流感。十二指肠、盲肠扁桃体淋巴滤泡出现肿胀、出血，严重的形成纽扣样坏死，临床多见于新城疫感染。肠壁形成米粒样大小结节，临床多见于慢性沙门菌、大肠杆菌引起的肉芽肿，以直肠最为明显。盲肠内积红色血液、盲肠壁增厚、出血、盲肠体积增大，临床多见于盲肠球虫病。盲肠内积有黄色干酪样物，呈同心圆状，临床多见于盲肠肝炎、慢性沙门菌感染。胰脏出现肿胀、出血、坏死，临床多见于禽霍乱、沙门菌感染、大肠杆菌感染或禽流感。肠道形成肿瘤，临床多见于马立克病。

7. 呼吸器官病变

禽的呼吸系统由鼻、咽、喉、气管、支气管、肺和气囊等器官构成。病理状态下如见肺部呈樱桃红色，临床多见于一氧化碳中毒。肺部出现肉变，肺表面或实质有肿块或肿瘤，成年鸡临床多见于马立克病。肺部形成黄色米粒大小的结节，临床多见于禽白痢、曲霉菌感染。肺部出现水肿，临床多见于肉鸡腹水症。肺部形成黄白色较硬的豆腐渣样物，临床多见于禽结核、曲霉菌感染、马立克病。肺部出现霉菌斑和出血，临床多见于霉菌感染。支气管内积有大量干酪样物或黏液，临床多见于育雏前7天湿度过低、传染性支气管炎。支气管上端出血，临床多见于传染性支气管炎、新城疫、禽流感等。鼻黏膜出血，鼻腔内积有大量黏液，临床多见于传染性鼻炎、支原体等。喉头出现水肿，临床多见于传染性喉气管炎、新城疫、禽流感。气管内形成痘斑，临床多见于黏膜型鸡痘。气管内形成血样黏条，临床多见于传染性喉气管炎。喉头形成黄色栓塞，临床多见于传染性喉气管炎、黏膜型鸡痘、禽流感等。

8. 心脏、心包病变

鸡的心脏较大，为体重的4%～8%，呈圆锥形，位于胸腔的后下方，夹于两叶肝脏之间。心脏的壁是由心内膜、心肌和心外膜构成。心脏的瓣膜是由双层心内膜褶和结缔组织构成的，心脏的外面包一浆膜囊叫作心包。正常情况下，内含少量心包液，呈湿润状态，有减少心动摩擦的作用。但在病态情况下，常积有较多的液体，其含量多少，因病而异。正常和营养状况良好的鸡，心脏的冠状沟和纵沟上，有较多的脂肪组织。观察心脏的形态、脂肪、心内外膜、心包、心肌情况，有诊断意义。心脏冠状脂肪出血，多见于禽霍乱、新城疫、禽流感。心脏上形成米粒样大小结节，临床多见于慢性沙门菌、大肠杆菌或卡氏白细胞原虫病。心肌出现肿瘤，临床多见于马立克病。心包内形成黄色纤维素性渗出物，多见于大肠杆菌病。心包内积有大量白色尿酸盐，临床多见于痛风、肾型传染性支气管炎、磺胺类药物中毒等。心包积有大量黄色液体，临床多见于安卡拉病、一氧化碳中毒、肉鸡腹水症、大肠杆菌病、肺炎及心力衰竭。心脏代偿性肥大、心肌无力，临床多见于肉鸡腹水症。心脏出现条状变性，心内外膜出血，临床多见于禽流感、心肌炎、维生素 E 缺乏等。

❧⊱ 第三节 ⊰❧
常见鸡病的诊断方法及诊断技巧

一、鸡病临床诊断方法

鸡病种类繁多，症状复杂，临床上常有许多相似表现。加之一些并发症又有较复杂的病理变化，要想把每一种疾病一一诊断分明绝非易事。为了及时对病鸡进行救治，必须运用正确的诊断方法和技巧对疾病作出诊断。

1. 问、看、听、触诊断法

（1）问　就是向饲养员询问与发病有关的情况。即发病经过、产蛋、采食、饮水变化，发病数量和死亡情况、饲料质量等。问的目的在于发现问题。

（2）看　就是通过查看鸡群整体和个体状况从中发现问题，若群体废食则为大病征兆。若一侧或双侧眼睑肿胀、黏合，眼睛凸出呈"凸眼金鱼"样则为支原体病。若胸腹和两腿内侧皮下水肿呈青紫色则为葡萄球菌病。若病鸡蹲伏地面或栖架之上，头颈前伸用力张口吸气则为喉气管炎。其他如冠髯苍白、羽毛松乱、排稀便等几乎是所有病鸡都有的共同症状，诊断时不要将此作为诊断根据。

（3）听　就是用耳朵听鸡群的声音变化。如大蛋难产阻塞输卵管下部引起阵痛，常发出尖锐叫声；如患鸡新城疫常听到"咯咯"叫声或蛙鸣声。

（4）触　就是用手触摸病鸡的特定部位来感觉病之所在。如对一些老龄病鸡或长期冠、髯苍白的病鸡，用手触摸其腹部，常可触到腹腔有肿瘤存在。

2. 剖检诊断法

剖检诊断要做到剖一见百，就必须选择有典型临床症状的病鸡或死鸡数只进行剖检，才能帮助了解全群病鸡发病情况。不同的病原菌入侵机体之后，都可选择性地破坏某些器官的正常功能，并在其受害器官上表现出不同的病理变化。再结合临床特征进行跟踪追查更有助于确切诊断。如剖检见腺胃黏膜水肿、乳头顶端或乳头间出血或溃疡、坏死，盲肠扁桃体肿大出血坏死，又见生前常发"咯咯"叫声，即可怀疑为鸡新城疫。如剖检见肺、气囊、胸腹腔浆膜上有大小不等的霉菌结节，气囊膜变厚混浊，又见病前有喂发霉变质饲料，即可诊断为曲霉菌病等。

3. 流行病学诊断法

就是根据疾病发生过程、发病死亡情况，从中找出规律性的东西。如病原体毒力有强有弱，入侵机体后，其发病过程有急有缓，发病率和死亡率有高有低，往往区别明显。一般来说，病毒性疾病发病率和死亡率高、流行广。例如，鸡霍乱发病急，常在夜间突然死亡，在鸡群表现常为散发性；传染性法氏囊炎潜伏期短、传播速度快；鸡痘有明显季节性；鸡白痢主要发生在小鸡。

二、常见鸡病的诊断技巧

1. 几种肿瘤性疾病的诊断技巧

鸡的几种常见重要传染性肿瘤病包括白血病、网状内皮组织增生病、马立克病。肿瘤病的发病率越来越高，尤其在父母代种鸡场中较常见。肿瘤性疾病无论其发病原因是否相同，临床上都有一个共性，那就是肿瘤特征，在病理学上可根据其细胞的形态结构和发源的组织细胞特征，进行病理学鉴别诊断，亦可通过特异性病毒多抗或单抗，进行免疫组化染色，证实病变与病原的关系。这三种肿瘤病虽然各有特点，但临床鉴别诊断还是比较困难，容易出现误诊。临床只能根据流行病学、临床症状及剖检变化特点，对这三种疾病进行鉴别诊断。

（1）鸡马立克病　主要通过直接或间接接触传播。剖检时可看见一种或多种器官中发生肿瘤，其中以卵巢、肝脏、心脏、肾脏为多见。有的鸡臂神经或坐骨神经出现一侧性肿大，这些鸡可能出现肿瘤，但也可能看不到明显的肿瘤病变。发病鸡最典型而且特有的临床表现有单侧肢体麻痹、呈前后劈叉姿势等神经症状，有的还会出现虹膜褪色、法氏囊萎缩的病变，这些特有表现可与其他肿瘤性疾病相鉴别。

（2）鸡白血病　本病主要以垂直传播方式进行传播。J 亚群白血病则容易诱发肉鸡的骨髓样细胞瘤，多发生在开产前后，即 18 ～ 24 周龄，但也可在 5 周龄或50周龄见到这类肿瘤。白血病多诱发蛋鸡B-淋巴细胞肿瘤，与马立克病相似，肿瘤呈大、小不一的结节状或块状，也可呈弥漫型（如呈弥漫型肿瘤），患病脏器呈现不均匀的肿大。其他常会发生肿瘤的脏器还有肾、肺、性腺、心、骨髓等，在心、肾等脏器也可引起结节状或块状肿瘤。发生在肝脏及脾脏弥漫性的细小肿瘤结节，导致肝、脾极度肿大，有时还可在肋骨和胸骨的内表面或颅骨外表面形成肿瘤结节。除在肝脏、脾脏发生肿瘤以外，法氏囊也容易发生肿瘤，这一特征性病变可与马立克病相鉴别。

（3）鸡网状内皮组织增生病　疫苗污染尤其是禽痘疫苗和马立克疫苗污染是该病目前流行的重要途径。一般小日龄的鸡比较容易感染，特别是新孵出的雏鸡及胚胎，感染后引起严重的免疫抑制或免疫耐受。而高日龄的鸡免疫功能完善，感染后不出现或仅出现一过性病毒血症。鸡群早期感染后，生长迟缓和免疫抑制。若是B-淋巴细胞肿瘤，还易发生于法氏囊。如为T-淋巴细胞肿瘤，又可在胸腺出现肿瘤。肿瘤可呈现结节状或块状，也可呈弥漫性，使肝、脾肿大。肿瘤主要发生在肝脏、脾脏，尤其以腺胃肿大、出血溃疡为特征，不具有马立克病的神经症状。

2. 温和型禽流感与新城疫的诊断技巧

鸡新城疫、鸡温和型流感都是由病毒引起的具有高度传染性的疾病。两者的临床症状、部分病理变化较为相似，但其发病原因、防治方法却有很大差别。因此，只有准确诊断，才能有针对性地进行治疗，最大限度地减少养殖户的损失。临床可从各自流行病学、临床症状、病理变化等方面的不同特点进行鉴别，准确诊断，及时防治。

（1）禽流感　发生有明显的季节性，即冬春季多发。冬季过暖，春季过冷，流感就会发生。高致病性禽流感（H5N1）发病率可达100%，死亡率高达75%以上，甚至全群覆没。温和型禽流感（如H9N1、H9N3）发病率有的可达100%，但多数在80%以内，无继发感染，多在10%左右，死亡率相对较低，有的鸡群甚至不出现死亡。温和型禽流感初期只是腹泻，中后期拉黄色、绿色或黄绿色融合的粪便，后期有部分或少量的排橘黄色稀粪，而新城疫粪便内有草绿色的疙瘩粪，或夹带草绿色的黏液脓状物质。温和型禽流感发病鸡常有肿头、眼睑周围水肿，有的鸡冠和肉髯边缘呈暗紫色，肉髯可变厚、变硬，触之有热感，有时出血，腿部鳞片有出血斑等。对产蛋鸡的生产影响严重，产蛋下降10% ～ 50%。高致病性禽流感的潜伏期和病程一般比国内目前发生的新城疫要短，鸡群突然发病，病鸡高度抑郁，缩头卧状、呼吸困难、下痢；鸡冠、肉髯发紫或坏死，甚至肿头；脚鳞出血，呈暗紫红色，脚趾肿胀；食欲废绝，体温骤升并伴发高死亡率，死亡率有的高达100%。禽流感呼吸道症状会从鸡群的某个区域出现，逐渐蔓延，常规治疗多无效或轻微有效。如果没有混合感染新城疫，单纯低致病性禽流感一般不表现神经症状。温和型流感胰脏多有白色点状坏死、条状出血，有红黄白相间的肿胀，有人称之为"流感胰"。肠黏膜上有散在的像小米或绿豆大的出血斑叫"流感斑"，有渗血的感觉。温和型流感不引起或很少有盲肠扁桃体肿大和出血。肾脏肿大、出血，呈黑褐色，脚胫鳞片下出血等为流感独有的病理变化。纤维素性腹膜炎，腹腔呈黄色糊状。产蛋鸡病初只出现纤维素性腹膜炎，后期才出现卵黄性腹膜炎。

（2）新城疫　新城疫慢性经过时张口呼吸、嗜睡、嗉囊积液、粪便呈黄绿色，病程长的病鸡会出现神经症状。新城疫初期主要是咳嗽、呼噜、甩鼻，呼吸声很特别，俗称怪叫。新城疫鸡群内会陆续出现运动失调的鸡，扭头、角弓反张、一侧翅和腿瘫痪、翅膀不停扇动、异常兴奋以及前跑后退等现象。新城疫基本不出现腹膜炎，后期严重时偶有轻微的卵黄性腹膜炎。腺胃乳头点状出血，禽流感的病鸡腺胃乳头与乳头间出血，多呈片状或条状。新城疫十二指肠降祥、小肠黏膜尤其是卵黄蒂前后的黏膜有枣核形突起或不规则出血溃疡，盲肠扁桃体有明显肿大、出血和坏死。而流感卵黄蒂前后的黏膜一般没有枣核形突起或不规则出血溃疡，盲肠扁桃体少见肿大出血，可与之鉴别。新城疫一般不会出现肿头、眼睑水肿，也不会出现冠髯出血、腿部出血现象。

3. 喉、气管栓塞鸡病的诊断技巧

感染部分病毒后支气管内分泌物增多，气管内分泌物排出不畅，使分泌物在支气管内停留时间过久，机体发生高热反应，热灼黏液，逐渐形成干酪样栓塞物，在支气管内发生阻塞。属于继发病变或并发症。

（1）传染性喉气管炎　病鸡除头颈伸直、张口喘气等典型的呼吸困难表现外，最为特征的临床症状为口腔内甩出的黏液中带有血丝甚至完全甩出血块。发病早期，喉部黏膜上附着淡黄色凝固物，易剥离。后期喉头和气管均可能有黄白色松软的环状或条状干酪样附着物或暗红色的血液黏液凝固物，常将气管完全堵塞，但容易剥离。

（2）喉型鸡痘　呼吸及吞咽困难，窒息死亡；口腔及咽喉部黏膜出现痘疹和淡黄色假膜，有时堵死喉头或气管上段，不易剥离或剥离后留有溃疡瘢痕。喉型鸡痘多伴有口腔黏膜和眼结膜的痘斑。

（3）传染性支气管炎　传染性支气管炎主要感染对象是幼龄鸡，感染的雏鸡除张口喘息、咳嗽、打喷嚏、气管啰音等症状外，病鸡的气管、鼻道和鼻窦内有浆液性、卡他性或干酪样渗出物；气囊混浊或含有干酪样渗出物。在死亡鸡的气管下部或支气管内可见到条状或棒状干酪样物。

（4）禽流感　气管黏膜充血、出血，有时像红布样，死亡鸡气管内有大量黏

稠分泌物，甚至呈条状。少数病死鸡的器官或支气管内也会有黄色干酪样或血样栓子堵塞。禽流感死亡鸡均有内脏器官浆膜或黏膜出血，尤其以胰腺、卵巢、输卵管、睾丸、脂肪、腿胫鳞片下的出血为特征，可与之鉴别。

4. 肌肉出血鸡病的诊断技巧

出血为点状或斑状。常见鸡病有传染性法氏囊病、包涵体肝炎、葡萄球菌病。另外，磺胺类药物中毒、黄曲霉毒素中毒等也可见肌肉出血。

（1）法氏囊病　本病只可感染鸡，3～6周龄为发病高峰。除法氏囊出血、坏死、花斑肾、腺胃与肌胃交界处有出血带等特征性病变外，病死鸡胸腹部、大腿、颈部肌肉的条状、斑点状或刷状出血更具特征。

（2）内脏型葡萄球菌病　多发生于1～2月龄的雏鸡，剖检时虽然也可见胸腹部、大腿内侧等处肌肉有斑点状出血或条纹状出血，但同时肝脏质脆，表面及实质密布小米粒大小的黄白色病灶。

（3）包涵体肝炎　剖检可看到病鸡的胸肌、腿肌及全身皮下组织有弥漫性出血，同时肝脏脂肪变性，有点状或斑状出血，腺胃和脾脏肿大、出血。法氏囊萎缩。

（4）磺胺类药物中毒　服用过量磺胺类药物会发生急性中毒，剖检可看到皮下肌肉广泛性出血，尤其是胸腹部、腿部出血更为明显，但本病的肝、脾、心、肺、腺胃有出血点或白色小结节，肠管内有血液或血凝块，可与其他肌肉出血性疾病相鉴别。

（5）黄曲霉毒素中毒　发霉变质饲料引起的一种中毒病，雏鸡易发，发病率、死亡率与饲料霉变程度、饲喂时间和雏鸡日龄有关。剖检时可看到少数病例皮下肌肉有出血点，同时肝脏明显肿大、色淡、表面有出血斑。

（6）马杜拉霉素中毒　中毒鸡粪便从青灰色、浅绿色至胆绿色，呈蹲伏状，驱赶不动，甚至两脚瘫软，驱赶时跗关节着地，两翅拍动，口流黏液，观星状扭颈。腿、胸肌有少量出血点，嗉囊内存有多量食物。肝脏轻微肿大，有较多出血点。

（7）卡氏住白细胞原虫病　腿肌有出血斑点，并有灰白色或灰黄色小结节。但病鸡同时有贫血、下痢症状，血液稀薄、不凝固，肌肉、心肌苍白。

5. 眼肿鸡病的诊断技巧

临床上引起鸡眼炎的有细菌、病毒感染，也有营养缺乏和氨气刺激及寄生虫病等。鸡眼炎主要表现为眼结膜、角膜发炎或溃疡，眼睑和眼部肿胀，流浆液性、黏液性甚至脓性分泌物，严重时失明。

（1）传染性鼻炎　成年鸡最易感染。典型症状是初期流稀薄鼻液，逐渐浓稠，有臭味，变干后成为淡黄色鼻痂，附着于鼻孔内外，使呼吸不畅。眼结膜发炎，流泪，眼睑肿胀，脸和肉髯肿胀。剖检可见，鼻腔和鼻窦急性卡他性炎症，黏膜充血、潮红肿胀，有大量黏液和炎性渗出物凝块。严重时，鼻窦、眶下窦和眼结膜囊内有干酪样物。

（2）败血支原体病　各年龄鸡均可感染。病鸡流浆液性或黏液性鼻液，结膜发炎、充血、流泪，有呼吸道啰音，后期眼睑肿胀，眼部凸出，眼球萎缩，甚至失明。剖检可见鼻道和眶下窦黏膜水肿、充血、出血，窦腔内有黏液或干酪样渗出物。气囊壁增厚、混浊、附有豆渣样渗出物。

（3）眼型葡萄球菌病　多发于40～60日龄的中雏。病初病鸡一侧或两侧眼结膜发炎、红肿，流出淡黄色脓性黏液。不久眼睑肿胀，上下眼睑、眶下窦肿大，甚至脸部肿大，最终两眼失明。病鸡终因不能采食、饮水导致死亡。剖检可见眼睑皮下出血、瘀血，并且有明显血肿，周围有一层白膜。内脏器官无可见变化。

（4）大肠杆菌性全眼球炎　多发于雏鸡，常在大肠杆菌败血症恢复期出现。病鸡眼睑封闭，外观肿大，眼内蓄积多量白色不透明、表面有黄色米粒大的坏死灶，多为单侧病变，偶见两侧病变。

（5）黏膜型鸡痘　多发于夏秋季，主要侵害雏鸡和育成鸡。病鸡最初表现单侧或双侧眼睑红肿，有泡沫、流泪，继而有淡黄色脓性分泌物流出，使上下眼睑黏合而失明。

（6）曲霉菌病　病鸡呼吸困难，伸颈张口，后期下痢。眼结膜发炎，眼睑充血肿胀，眼球向外凸出，多在一侧眼的瞬膜下形成黄色干酪样物质，致使眼鼓起，严重者可见角膜中央形成溃疡。剖检可见肺、气囊有黄白色粟粒状或较大的霉斑结节，内含干酪样物。

（7）结膜型传染性喉气管炎　主要发生于成年鸡。特征为单侧性结膜炎，流泪，眶下窦肿胀，流鼻液，产蛋鸡产蛋量下降。眼分泌物从浆液性到黏脓性，致使眼睑粘连而失明。剖检见喉头、气管黏膜出血甚至形成栓塞，口腔、喉头有黏液。

（8）鸡眼线虫病和眼吸虫病　病鸡症状与虫体数量有关。表现为轻度结膜炎到严重的眼炎、失明和眼球的完全破坏。在眼内发现虫体即可确诊。眼线虫寄生于结膜囊中和鼻泪管中，引起结膜发炎、肿胀、流泪。虫体白色线状，细心检查时较易找到虫体。眼吸虫亦寄生于结膜囊，引起充血甚至糜烂，流出带血的泪液。

6.肿头、肿脸的诊断技巧

（1）肿头综合征　由禽肺病毒引起，头部、面部水肿，呼吸困难，咳嗽流涕。

具有传染性，肉仔鸡发病后死亡率增加，产蛋鸡发生时产蛋率下降15%左右。

（2）禽流感　脸部肿胀，肉髯肿胀，具有高度传染性。首先鸡群中发生严重的呼吸道症状，鸡张嘴呼吸，呼吸困难，发出怪叫声，并有急性死亡，鸡腿胫、跖部鳞片出血为其特征性表现。

（3）大肠杆菌病　肿头、肿脸，甚至眼睛不能睁开，呼吸困难，有呼吸道啰音。头部和脸部皮下有大量淡黄色、胶冻样渗出液及干酪样渗出物。

（4）禽霍乱　慢性经过病鸡肉髯肿胀，质部较硬。急性病例往往见不到该病变就已死亡。

（5）传染性鼻炎　鼻腔或鼻窦发炎，流鼻涕，打喷嚏，脸部肿胀，结膜炎，产蛋率下降，生长停滞。眶下窦内有大量干酪样渗出物。

7. 趾、腿疾病的诊断技巧

常见的病毒性趾、腿病主要是病毒性关节炎、鸡马立克病、鸡传染性法氏囊病、鸡新城疫等。部分细菌性病、滑液囊支原体病、营养代谢病也有典型的腿部症状和病变。

（1）马立克病　病鸡出现运动障碍，呈一侧性（或两侧性）麻痹，即呈一足伸向前方，另一足伸向后方的特征性劈叉姿势，有的病鸡还有两翅下垂、低头斜颈、步态拘谨等症状。剖检可见坐骨神经水肿、增粗、横纹消失，内脏瘤变，没有关节病变。

（2）病毒性关节炎　又称病毒性腱鞘炎，肉鸡在2周龄常见此病，3～4周龄出现明显症状。病鸡发育不良，跗关节明显肿胀，病鸡喜坐在关节上，驱赶时才跳动，患肢不能伸展和负重，严重的患肢向外扭转，步态蹒跚，多为双侧性跗关节与腓肠肌腱肿胀。关节腔积液呈草黄色或淡黄色，有时腓肠肌腱断裂、出血，外观病变部位呈青紫色。

（3）新城疫　病鸡无精神，呼吸困难，虚弱。表现为腹泻严重，不食呆立，衰竭；耐过鸡可出现阵发性痉挛、歪颈、转圈、颈扭转、角弓反张和腿麻痹，有的翅麻痹，剖检没有关节病变，死亡率可达90%以上。

（4）禽传染性脑脊髓炎　传染性脑脊髓炎亦称流行性震颤，急性经过。主要发生在5～25日龄雏鸡，呈垂直性和水平性传染。病初患鸡头部和颈部震颤，接着逐步出现共济失调，最后发生瘫痪，躺卧不起，两脚向一侧伸展，直到死亡。剖检病变主要在中枢神经系统内，几乎没有关节病变。

（5）滑液囊支原体病　鸡冠苍白，生长停止，多处关节特别是飞节和趾关节肿大，跛行，喜蹲下，跗关节或脚垫肿胀。滑液囊中有黏稠、灰黄色渗出物。病鸡鸡冠苍白、跛行、关节肿大，特别是飞节及趾关节滑膜、龙骨黏液囊和腱鞘有黏液性乳酪样灰色渗出物或干酪样物，跛行是最明显的症状，呼吸道症状不常见。

（6）细菌性关节炎 特点是腿部及关节有红、肿、热、痛炎性反应，病鸡跛行，蹲下不愿行动。主要有大肠杆菌感染、葡萄球菌感染、禽霍乱等。大肠杆菌感染病鸡腿麻痹，颈扭转，以飞节坐地，运动失调，身体震颤，排黄白色（有时带血）粪便。表现为趾、腿关节肿胀，关节滑膜发炎，脚垫发炎，跛行。剖检可见关节滑膜增厚，关节腔内有炎性分泌物。葡萄球菌病感染，不仅可引起败血症，也可引起水肿性皮炎、胸囊肿、关节炎、滑膜炎和脐炎等，其中关节炎和滑膜炎过程可见胫关节、跗关节及翅关节肿胀、跛行、不愿走动，剖检可见关节内有浆液或干酪样渗出物，腱鞘和滑膜增厚、水肿。慢性禽霍乱一般由急性病例转变而来，常见于流行后期，病鸡渐进性消瘦，冠和肉髯苍白、贫血、衰弱、腹泻、鼻窦肿大，有慢性肺炎症状，严重时出现慢性关节炎，腿和翅关节肿胀，跛行，甚至不能行走。有的关节肿胀处有脓肿，翅关节变形有化脓性渗出物或干酪样坏死物。

（7）营养代谢性腿病 鸡食入过量动物性蛋白质，蛋白质代谢产物尿酸盐排泄受阻，极可能引起腿部疾病。此外，造成肾功能障碍的因素都能引起本病。维生素 B_1 缺乏引起鸡多发性神经炎和外周神经麻痹，厌食，腿软无力，步伐不稳，趾向内蜷曲，刚开始，扬头高抬脚行走，随病情发展，跗关节着地移动，身体屈曲于腿上，重者两肢瘫痪，卧地不起，两腿伸直，头向后仰，呈"观星"姿态。缺乏维生素 B_2 的鸡，以一只脚行走或以跗关节着地行走，关节肿大，脚趾向内蜷曲，或一腿朝前另一腿向后，行走困难，行走时两翅展开维持身体平衡，剖检可见坐骨神经肿大。维生素 E 缺乏，病鸡行走困难，两腿麻痹，倒地侧卧，一侧性腿外伸，角弓反张，痉挛抽搐，不久死亡。胆碱缺乏可引起骨短粗病，跗关节增大，脚弯向旁边而产生滑腱症。雏鸡烟酸缺乏时，腿部关节肿大，趾、爪呈痉挛状；缺乏烟酸的生长鸡，生长停滞，关节肿大，骨短粗，腿弯曲，行走困难。烟酸缺乏时，跗关节肿胀，行走困难。生物素缺乏时，可引起脱腱症，足底和趾皮肤皲裂，出血，结痂，爪垫皮炎，这是生物素缺乏的典型症状。维生素 A 缺乏时，腿关节肿大，关节囊中有白色尿酸盐，行走困难。叶酸缺乏的病鸡生长不良，羽毛不正常，贫血和骨短粗，行走不正常。维生素 D_3 缺乏的病鸡腿极端无力，行走困难，身体呈蹲伏姿势，之后鸡嘴、脚爪和龙骨变软易弯曲。锌缺乏的病鸡表现两腿软弱，运动失调，长骨短粗，跗关节肿大，腿脚皮肤鳞片状，重者发生坏死性皮炎。当家禽缺锰时，引起胫关节粗大，胫骨远端和趾骨近端扭转或弯曲，最后从腓肠腱滑脱，行走困难。此外，抗球虫药物使用过量或长期使用拉沙里菌素，可引起蹲脚行走和进行性腿无力，共济失调和麻痹。红霉素或氯霉素、盐霉素、甲基盐霉素等任一种抗球虫药合用时，会引起腿无力和麻痹。肉毒素中毒的病鸡颈部肌肉麻痹，头颈软弱无力，向前伸头，翅、腿麻痹，行走困难。

8. 肝脏出血、坏死性疾病的诊断技巧

许多鸡病在肝脏有特征性病变，如大肠杆菌病、伤寒病、弧菌性肝炎、组织滴虫病、马立克病、淋巴细胞白血病等均会对肝脏造成各种各样的损害。在临床诊断上极易造成混淆。

（1）大肠杆菌病　肝脏、心脏周围形成一层灰白色或灰黄色纤维素性包膜炎，又称包心包肝，包膜肥厚、混浊，肝脏肿大呈土黄色或棕红色。

（2）白痢　雏鸡白痢和青年鸡白痢会造成肝脏病变。雏鸡感染后未治愈的病鸡，剖检可见心包增厚，心脏上常可见到有灰白色坏死小点或小结节，严重者使心脏变形。肺的背面有粟粒大至芝麻粒大的黄白色或灰白色结节。尤为明显的是肝脏肿大，覆盖1/2以上腹腔。肝脏肿大表面可见多量点状出血或灰白色或黄白色坏死点、坏死结节。感染沙门菌的青年鸡，突出的变化是肝脏肿大至正常的数倍，70%～80%的腹腔被肝脏覆盖，肝的质地极脆，一触即破。被膜上可见散在或较密集的小红点或小白点。腹腔充满血水或血块，心包膜呈黄色不透明。

（3）禽伤寒　最急性病例由于病禽迅速死亡，常见不到明显的病理变化。而在急性或慢性病例中可见肝脏变成淡绿棕色或古铜绿色。

（4）禽霍乱　肝肿大，色泽变淡，质地稍硬，表面散布针尖至针头大小的黄色或灰白色坏死点。

（5）弧菌性肝炎　弧菌性肝炎是由空肠弯杆菌感染发病，特征性的病变为肝肿大，在肝的表面和实质内有黄色、星芒状的小坏死灶或布满菜花状的大坏死区，肝被膜下出血或形成血肿。

（6）盲肠肝炎　本病的主要病变局限在盲肠和肝。典型的病例可见盲肠肿大，肠壁肥厚紧实，盲肠黏膜发炎出血，形成溃疡，表面附着干酪样坏死物质或形成硬的肠芯。同时肝肿大并出现特征性的坏死灶。肝体积增大，表面形成一种圆形或不规则的稍稍凹陷的溃疡灶，溃疡呈淡绿色或淡黄色，边缘稍隆起。病灶的大小和多少不一，自针尖、豆大至指头肚大不等，散在或密布整个肝表面，有时可互相连接起大片溃疡区。

（7）马立克病　内脏各器官广泛形成肿瘤灶，特别是肝脏比正常大3～5倍，表面和切面可见灰白色斑驳样肿瘤灶或肝表面形成灰白色隆起的肿瘤结节。

（8）淋巴细胞白血病　禽淋巴细胞白血病又称大肝病，临床上主要表现为患鸡消瘦，腹部膨胀，肝和法氏囊的肿大常可触及。剖检可见肝异常肿大覆盖整个腹腔，法氏囊形成弥漫性或结节性肿瘤病灶，肿瘤表面呈灰白色且光滑，肿瘤切面也呈灰白色。法氏囊内形成结节性肿瘤病灶，有的枣核样，甚至大如核桃，这

也是与内脏型马立克病的根本区别。

（9）禽流感　禽流感肝脏肿大出血，肿大的肝脏上有扇形分布的黄白条痕极为典型。质地极脆，一触即碎，似豆腐渣；同时伴有胰脏出血，肺出血；喉气管血痰多，卵泡出血、肾肿。并发大肠杆菌严重时会形成心包炎、肝周炎、卵黄性腹膜炎；输卵管发炎、分泌物多；继发魏氏梭菌感染时会出现坏死性肠炎，产蛋下降，蛋色变浅，软皮蛋、畸形蛋增多，死亡、淘汰率增加。

（10）包涵体肝炎　鸡包涵体肝炎是感染包涵体肝炎病毒引起的一种急性传染病，5～7周龄的肉仔鸡易感，产蛋鸡很少发病。病鸡出现贫血与黄疸，感染后3～4天突然出现死亡高峰，经3天后死亡减少或逐渐停止。典型的病变为肝脏肿胀褪色，呈淡褐色至黄色，并有凹凸不平之感，可见隆起的坏死灶。

（11）腹水综合征　腹腔中积液量可达100～500毫升，液体清亮呈淡黄绿色，腹腔中有纤维素性蛋白凝块，肝硬化缩小，边缘变得钝圆。

（12）脂肪肝综合征　发病和死亡的鸡大多过度肥胖，病死鸡的皮下、腹腔及肠系膜均有大量脂肪沉积，肝脏肿大，边缘钝圆，呈黄色油腻状，有出血点或血肿，质地极脆，易破碎如泥样。严重时肝脏破裂出血，在肝脏周围有多量血凝块将肝脏包裹。腹腔内及肝被膜下有凝血块或血液。腹腔有少量血水，并漂浮油滴。

（13）黄曲霉毒素中毒　因喂有含黄曲霉毒素的饲料而发病。病鸡表现食欲减少或废绝，共济失调、跛行、颈部痉挛，角弓反张。肝肿大，呈橘黄色或土黄色，且弥漫性出血和坏死。

9. 常见呼吸道病的诊断技巧

在养鸡生产中，鸡的呼吸道病是困扰养鸡生产的一个顽症，经常会遇到以呼吸困难、咳嗽、有喘鸣声等典型呼吸道症状为主要表现的鸡病，引起发病的病原包括病毒、细菌、支原体等，这些鸡病都表现有咳嗽、呼吸困难、流涕的症状，容易造成误诊。

（1）鸡传染性支气管炎　传染性支气管炎的特点是发病急、传播快。呼吸型传染性支气管炎发病后，以呼吸困难为特征，呈张嘴呼吸，病鸡精神、食欲很差。病后1～2天鸡开始死亡，并且死亡呈直线上升，约1周后死亡开始下降，剖检最为典型的病变是气管下半段和支气管出血，支气管内有黄色栓塞物。输卵管发育不良，黏膜水肿变薄，后期有时可发现一侧输卵管囊肿。成年鸡发病呼吸道症状不明显，但是产蛋明显下降，产出畸形蛋，蛋壳粗糙，蛋的质量差，特点为蛋黄与蛋清分离，蛋清稀薄如水。肾型传染性支气管炎以20日龄左右的鸡多发，发病鸡呼吸道症状不明显，或呈一过性。以拉灰白色黏性稀便为特征。死亡快且呈直线上升，死后变化以肾的变化最为明显，肾脏高度肿胀、苍白，由于尿酸盐沉积，呈"花斑肾"样。

（2）支原体病　特点是传播慢，病程长。在没有其他疾病发生时，只是由于气温的变化、饲养密度大、鸡舍通风不良时发生单纯性感染，精神、食欲变化不大，少数鸡呼吸音增强，夜间关灯后明显。鸡群中可以看到有些鸡的眼睛流泪呈泡沫状，甩鼻，眼睛流泪多为一侧性，少有双眼流泪的病鸡。如果治疗不及时转为慢性，眼内有干酪样渗出物，有的如豆子大小，严重时可造成眼睛失明。剖检可见气囊膜混浊、增厚，有黄色豆腐渣样物。以1～2月龄雏鸡最易感，感染后症状明显，成年鸡多呈隐性经过。

（3）鸡传染性鼻炎　颜面水肿、流泪、流水样鼻涕和打喷嚏为主要特征。病鸡流出多量水样鼻液，后期可转变成浆液性黏性分泌物，干燥后在鼻孔周围凝结成黄白色结痂。眼结膜发炎，眼睑肿胀，流泪，有的流出黏液性分泌物，上下眼睑黏合，失明；有的一侧或两侧颜面肿胀，有的可见到颌部或肉髯水肿。

（4）鸡传染性喉气管炎　其特征是咳嗽、呼吸困难、咯出带血的渗出物、喉头和气管黏膜肿胀、出血和糜烂。主要侵害成年鸡，传播迅速，发病率高，病程5～7天，长的可达1个月。鸡咳嗽和喘气，流鼻涕和呼吸时发出湿性啰音；病鸡常呈伏卧、犬坐姿势，呼吸时突然向上伸头张口，咳嗽时咯出带血的黏液和血凝块。病情轻的，喉头和气管黏膜呈卡他性炎症；病情重的，喉头和气管黏膜变性、出血、坏死，上面覆有纤维素性干酪样假膜，气管内有血性渗出物。

（5）鸡新城疫　发病率与死亡率在非免疫鸡群与免疫鸡群中差别较大。病鸡常发出呼噜声和甩头症状，力图把口腔中的分泌物甩掉；倒提病鸡会有酸水或黏液从口鼻流出来，同时鸡群中有一部分感染鸡有拉绿色稀粪的现象，后期有翅膀下垂、腿不能站立、伏地扭颈等神经症状。剖检可见肠黏膜淋巴滤泡肿胀、出血、坏死；腺胃黏膜水肿，其乳头有鲜明出血点或溃疡坏死，盲肠扁桃体严重肿胀、增生、出血。

10. 神经症状鸡病的诊断技巧

具有神经症状的鸡病最常见的主要是鸡马立克病、禽霍乱、禽传染性脑脊髓炎、硒与维生素 E 缺乏症、维生素 B_2 缺乏症。

（1）鸡马立克病　无论肢神经麻痹造成的腿的"劈叉"状或翅下垂，颈神经麻痹造成的低头、歪颈，还是内脏型的病鸡消瘦、衰竭、突然死亡，眼型病鸡的虹膜受损和眼肿胀、失明，皮肤型病鸡的体表肿瘤和结痂，都容易从临床表现上识别和诊断出来。

（2）禽传染性脑脊髓炎　共济失调、震颤、惊厥。不能站立，以飞节着地行走，但多有食欲，死于饥饿或被踩。

（3）硒与维生素E缺乏症　运动失调，身体失去平衡，头向后仰或向下挛缩，向一侧扭转，向后翻倒或向前冲，双腿急剧伸缩等。

（4）维生素B$_2$缺乏症　主要表现为趾爪内蜷、双腿不能站立，以飞节着地负重，以展翅保持平衡，后期两腿伸开铺地而卧，与前者几种病均截然不同。

11. 引起产蛋率下降的鸡病的诊断技巧

（1）减蛋综合征　发病时病鸡精神、采食、饮水、粪便基本正常，产蛋率突然下降，蛋壳颜色变浅或出现大量薄壳蛋、软皮蛋、无壳蛋及畸形蛋，一般在高峰期发病。一般产蛋下降持续3周左右，然后缓慢回升。

（2）传染性支气管炎　产蛋率突然下降，蛋壳异常，畸形蛋多，卵泡变性、出血、破裂，输卵管发炎、萎缩，后期小蛋多，蛋清稀薄如水，蛋黄不成形。

（3）H9亚型禽流感　很短时间内产蛋率即可下降30%～70%，甚至产蛋停止、畸形蛋、软壳蛋、沙壳蛋增多，蛋壳颜色变淡。采食量下降50%左右。上述这些症状可单独或几种同时出现。死亡鸡剖检变化主要表现为卵泡畸形、萎缩，卵黄膜严重出血、输卵管水肿、充血、出血。输卵管内渗出物增多，腺胃乳头周围出血。

（4）传染性脑脊髓炎　产蛋鸡群发病后，主要表现产蛋率下降和蛋壳变小。产蛋下降一般为7～10天，下降幅度为20%左右，恢复期一般为7天，且能恢复到原来水平。从产蛋下降到恢复期间，蛋壳质量、采食量、粪便、精神、死亡和淘汰率都没有任何变化。该病不需任何治疗，可自然康复。

（5）新城疫　免疫鸡群发病后主要表现为轻微的呼噜症状，呼吸道症状可持续5～7天或更长。一般在呼吸道症状出现后2～4天，采食量下降。采食量下降的同时出现产蛋波动和下降，产蛋率下降20%～40%，产蛋下降的多少与鸡群免疫状况和鸡的体质有很大关系。产蛋下降的同时，出现软皮蛋、白壳蛋、褪色蛋，一般经7～10天降到最低，回升极为缓慢。

（6）传染性鼻炎　采食量下降10%～20%，产蛋率下降10%～30%。多发于各种日龄的产蛋鸡群，同时甩鼻、咳嗽、流鼻液，病初鼻液清澈透明，后期变为黏稠甚至呈黄色干痂，堵塞鼻孔；肿脸流泪，但大多为单侧性肿脸，且以眼为中心的水肿。

12. 肾脏肿大鸡病的诊断技巧

（1）鸡传染性法氏囊病　排大量白色水样或米汤样便，肾脏肿大、输尿管内有白色尿酸盐沉积，外观呈典型的花斑肾。3～6周龄雏鸡多发，病程一般5～7天，呈典型的一过性特征，有明显的死亡高峰。发病鸡有瘫卧、震颤特点。法氏囊肿胀出血或内有果酱样物，胸部及腿部肌肉片状或条状出血。

（2）鸡肾型传染性支气管炎　排白色糊状稀便，肾肿大，颜色变浅，两侧肾脏均有肿胀，有多量尿酸盐沉积，严重时内脏器官浆膜面有多量尿酸盐沉积。多见于3～10周龄鸡，死亡率高。轻微甩鼻、呼噜、渴欲增加，饮水量比正常增加1～2倍。剖检病死鸡可见皮肤不易剥离，肌肉干燥，肾脏明显肿大，色淡，肾小管和输尿管充满尿酸盐，呈花斑肾，但腔上囊正常，肌肉无出血，可与鸡传染性法氏囊病鉴别。

（3）内脏型痛风　排水样白稀便，肾肿，呈一侧肾肿胀，颜色变黄，有大量尿酸盐沉积，一侧或两侧输尿管变粗，内有筷子粗的尿酸盐结石或白色糊状尿酸盐，同侧肾脏萎缩或完全消失。心外膜、心包膜、肝被膜均见多量的尿酸盐覆盖。病程很长，有时达数月之久。肾型传染性支气管炎的心、肝、肺等表面没有白粉样尿酸盐沉积，肾脏不出现结石。

（4）药物中毒　长期或过量使用磺胺类药能严重损害肾脏，造成肾脏肿大，使其功能失常。鸡群常表现抢水喝、排水样稀粪。病死鸡腿干枯、皮下干燥、肾脏肿大、肾小管有尿酸盐沉积。病鸡腿肌、胸肌及肾脏出血，且血液稀薄凝固不良。其特点为有长期或过量使用损害肾脏药物的发病史。

第五章

鸡病预防

第一节
消毒预防

一、消毒的概念

所谓消毒是指用物理、化学和生物的方法杀灭物体中及环境中的病原微生物，其目的是预防和防止疫病的传播和蔓延。为了减少禽舍中的有害病原菌，必须严格按照下列程序进行清洁和消毒，才能将新的雏鸡或后备仔母鸡引入禽舍。

二、消毒的种类

根据消毒的目的不同可分为以下三种。

1. 预防消毒

又称定期消毒，是为了预防传染病的发生，对鸡舍、环境、用具、饮水等所进行的定期消毒工作，是预防传染性鸡病的重要措施之一。

2. 紧急消毒

在疫情发生期间，对鸡场、鸡舍、排泄物、分泌物及污染的场所、用具等进行及时消毒。其目的是为了消灭由传染源排泄在外界环境中的病原体，切断传染途径，防止传染病的扩散蔓延，把传染病控制在最小范围。

3. 终末消毒

发生传染病后，待全部病禽痊愈或最后一只病禽死亡后，经过 2 周再没有新的病鸡出现，在疫区解除封锁之前，为了消灭疫区内可能残留的病原体所进行的全面彻底的消毒。

三、常用的消毒方法

鸡场常用的消毒方法主要有物理消毒法、生物热消毒法、化学消毒法等。

1. 物理消毒法

清扫、洗刷、日晒、通风、干燥及火焰消毒等是简单有效的物理消毒方法。清扫、洗刷等机械性清除则是鸡场使用最普通的一种消毒法，通过对鸡舍的地面和饲养场地的粪便、垫草及饲料残渣等的清除和洗刷，就能使污染环境中的大量病原体一同被清除掉，由此达到减少病原体对鸡群污染的机会。但机械性清除一般不能达到彻底消毒的目的，还必须配合其他消毒方法。太阳是天然的消毒剂，太阳射出的紫外线对病原体具有较强的杀灭作用，一般病毒和非芽孢性病原在阳光的直射下几分钟至几小时可被杀死，如供幼雏所需的垫草、垫料及洗刷的用具等使用前均要放在阳光下曝晒消毒，作为饲料用的谷物也要晒干以防霉变，因为阳光的灼热和蒸发水分引起的干燥也同样具有杀菌作用。通风亦具有消毒的意义。通风不良的鸡舍，最易发生呼吸道传染病，通风虽不能杀死病原体，但可以在短期内使鸡舍内空气交换、减少病原体的数量。

2. 生物热消毒法

生物热消毒也是鸡场常采用的一种消毒方法。生物热消毒主要用于处理污染的粪便及其垫草，将污染严重的垫草运到远离鸡舍的地方堆积，在堆积过程中利用微生物发酵产热，使其温度达 70℃以上，经过 25 ～ 30 天，就可以杀死病毒、病菌（芽孢除外）、寄生虫卵等病原体而达到消毒的目的，同时可以保持良好的肥效。对于鸡粪污染比较少，而潮湿度又比较大的地面，可直接撒草木灰、生石灰，起到消毒的作用。

3. 化学消毒法

直接用化学消毒剂进行消毒是养鸡场最常用的消毒方法，主要应用于鸡场内外环境、鸡舍、饲槽、各种物品表面及饮水消毒等。常用化学消毒法包括拌和、撒布、冲洗或清洗、涂搽、喷洒、熏蒸和气雾等方法。

四、影响消毒效果的因素

1. 消毒剂的性质、浓度和消毒时间

各种消毒剂的理化性质不同，对微生物的作用大小也有差异。例如表面活性剂对革兰阳性菌的灭菌效果比对革兰阴性菌好，龙胆紫对葡萄球菌的杀灭效果特别强。同一种消毒剂的浓度不同，其消毒效果也不一样。大多数消毒剂在高浓度时起杀菌作用，低浓度时则只有抑菌作用。一般消毒剂浓度与消毒效果成正比，但乙醇例外。消毒剂的作用时间与浓度有一定关系，浓度越高消毒时间越短。各种消毒剂应按其说明书的要求进行配制，一般情况下，浓度越高其消毒效果越好，但势必造成消毒成本提高，对消毒对象的破坏也严重，而且有些药物浓度提高，消毒效果反而下降。在一定浓度下，消毒剂对某种细菌的作用时间越长，其效果也越强。若温度升高，则化学物质的活化分子增多，分子运动速度增加使化学反应加速，消毒所需要的时间可以缩短。消毒剂需要一段时间，通常指24小时才能将微生物完全杀灭，还要注意大多数灵敏消毒剂在液相时才能有最大的杀菌作用，即被消毒的物体表面应保持一定的潮湿度。

2. 细菌的种类与生理状况

同一种消毒剂对不同微生物的杀灭效果不同，同时也与细菌的数量、细菌年龄和细菌有无芽孢有关。细菌芽孢抵抗力最强，幼龄细菌比老龄细菌敏感，细菌数量越多，所需消毒时间越长。一般良好的消毒剂在室温下10分钟内可杀死结核菌、溶血链球菌、大肠杆菌、白色念珠菌等。对养鸡业，消毒剂和消毒方法的选择应以家禽病原（如新城疫等病毒或引起慢性呼吸道病的支原体等）为目标。

3. 温度与酸碱度的影响

杀菌过程是一种化学反应，化学反应的速度随温度升高而加快，故温度高，杀菌效果好。温度升高可增加消毒杀菌率，大多数消毒剂的消毒作用在温度上升时有显著增加，尤其是戊二醛类。但易蒸发的卤素类的碘制剂与氯制剂除外，加温至70℃时会变得不稳定而降低消毒效果。许多常用温和消毒剂，冰点温度时毫无作用。在寒冷时，最好将消毒剂泡于50～60℃温水中使用，消毒效果会较佳。甲醛气体熏蒸消毒时，室温提高到20℃以上效果较好，这里的温度要求是指被消毒对象表面的温度，非空气的温度。酸碱度对消毒的效果也有影响。卤素类（如碘制剂与氯制剂等）、合成石炭酸类在酸性时的消毒效果较碱性时佳；阳离子表面活性剂则相反，碱性时的效果比酸性时佳。为对抗环境中不利于作用的pH，消毒剂产品的配方常含有缓冲剂。例如，季铵盐类化合物的戊二醛消毒剂，在碱性环境中杀灭微生物效果较好，酚类和次氯酸盐消毒剂则在酸性条件下杀灭

微生物的作用较强。

4. 环境因素的影响

细菌常与某些有机物混在一起，这些有机物对细菌有保护作用，并与消毒剂结合，影响杀菌效果。有机排泄物或分泌物存在时，所有消毒剂的作用都会大大减低甚至无效，其中以季铵盐类化合物、碘制剂、甲醛所受的影响较大，而石炭酸类与戊二醛类所受影响较小。有机物以粪尿、血、脓液、伤口坏死组织、黏液和其他分泌物等最为常见。因此，将欲消毒的器械等先清洁后再进行消毒，为消毒的最基本要求，鸡场的这类消毒可借助清洁剂与消毒剂的合剂来完成。

5. 表面干净度以及消毒用水

被消毒对象表面干净与否直接影响消毒剂的效果。污染程度越严重，消毒就越困难，因为微生物彼此重叠，加强了机械保护作用。所以在处理污染严重的物品时，必须加大消毒剂浓度，或延长消毒作用的时间。硬水配制消毒剂需提高药剂浓度，或先将水进行软化处理，否则消毒力会降低。石炭酸类消毒剂受硬水影响的程度，较碘制剂或季铵盐类化合物轻微，装药液的桶以塑胶制品为宜。

6. 化学拮抗物

阴离子表面活性剂可降低季铵盐类化合物和洗必泰的消毒作用，因此不能将新洁尔灭等消毒剂与肥皂、阴离子洗涤剂合用。次氯酸盐和过氧乙酸等能与硫代硫酸钠中和，金属离子的存在对消毒效果也有一定影响，可降低或增加消毒作用。

五、卫生消毒程序

1. 生活区消毒

鸡场的办公室、食堂、宿舍及其周围环境应做到每周一次大消毒。

2. 生产区消毒

鸡舍内操作间和鸡舍内过道，打扫干净后喷雾消毒，每天1次；鸡群带鸡消毒，每天1次，怀疑有疾病的鸡群应加强消毒，上午、下午各1次。公共场所、鸡舍外道路、空地等地方每周消毒2次。进入生产区的消毒池水，每周更换3次以上，鸡舍消毒池与洗手消毒用水每天更换一次，必须保持其有效浓度。

3. 车辆消毒

进入生产区的车辆，必须用高压喷枪进行消毒，随车人员消毒方法同生产人员一样，随车所有物品（包括蛋盘、装蛋箱等）必须严格消毒后才能进入。

4. 更衣室消毒

更衣室、工作服、便服每天紫外线消毒 3 次，工作服清洗时用消毒水消毒。

5. 人员消毒

任何人进出生产区必须更衣换鞋，脚踏消毒池，消毒盆内洗手，工作服只准许在生产区内穿，不准带出。

6. 鸡笼消毒

场内鸡笼每次使用前后必须严格消毒，外来鸡笼不能进场。

六、鸡场环境控制及生物安全措施

1. 全进全出制度

所谓"全进全出制"是指在同一栋鸡舍或全场同时间内只饲养同一日龄的雏鸡，如果雏鸡数量不够，不得已饲养两批鸡，日龄相差不超过 5～7 天者为全进。经过一个饲养期后，又在同一天或大致相同的时间内全部出栏为全出。出场后清洁消毒，相隔 1～2 周再养下一批鸡。这种饲养制度有利于切断病源的循环感染，有利于疾病控制，同时便于饲养管理，有利于机械化作业，提高劳动效率。"全进全出制"全出后鸡舍便于管理技术和防疫措施等的统一，也有利于新技术的实施。在第一批出售、下批尚未进雏的 1～2 周为休整期，鸡舍内的设备和用具可进行彻底打扫、清洗、消毒与维修，这样能有效地消灭舍内的病原体，切断病源的循环感染，使鸡群疫病减少，死亡率降低，同时也提高了鸡舍的利用率。这种"全进全出制"的饲养制度与在同一栋鸡舍里饲养几种不同日龄的鸡相比，具有增重快、耗料少、死亡率低的优点，适于广大肉鸡专业户采用。采用"全进全出制"，在生产实践中会出现全进较容易而全出较难，如肉仔鸡出场时发现鸡群生长不整齐，大小相差明显，体重达不到标准，此时只有分批出场，这样会影响鸡群的周转计划和经济效益。因此，在采用"全进全出制"时，首先要选择生长发育较整齐的鸡种，在饲养时要提供良好的饲料和足够的饲槽，公雏、母雏以及强雏、弱雏，要采取分群饲养，同时要加强疾病的预防和有效的管理措施，只有这样才能做到鸡群同期出场。

2. 出入人员管理

鸡场出入口处应设紫外线消毒间和消毒池。鸡场的饲养人员在进入生产区前，必须在消毒间更换工作衣、鞋、帽，穿戴整齐后进行紫外线消毒 10 分钟，经消毒池后进入饲养区内。育雏舍和育成舍门前出入口也应设消毒槽，门内放置消毒缸（盆）。饲养员在饲喂前，先将洗干净的双手放在盛有消毒液的消毒缸（盆）内浸泡消毒几分钟。消毒池和消毒槽内的消毒液，常用2%火碱水或20%石灰乳以及其他消毒剂配成的消毒液。浸泡双手的消毒液通常用0.1%新洁尔灭或0.05%百毒杀溶液。鸡场通往各鸡舍的道路也要每天用消毒药剂进行喷洒。各鸡舍应结合具体情况采用定期消毒和临时性消毒。鸡舍的用具必须固定在饲养人员各自管理的鸡舍内，不准相互通用，同时饲养人员也不能相互串舍。

3. 来往车辆管理制度

进入生产区的车辆，必须用高压喷枪进行车身消毒，随车人员消毒方法同生产人员一样，随车所有物品（如鸡笼、蛋托、装蛋箱等）必须严格消毒后才能进入。饲料、产品等的运输车辆，是鸡场经常出入的运输工具。这类车辆与出入的人员比较，不但面积大，而且所携带的病原微生物也多，因此对车辆更有必要进行消毒。为了便于消毒，大、中型养鸡场可在大门口设置与门等宽的自动化喷雾消毒装置。小型鸡场设喷雾消毒器，对出入车辆的车身和底盘进行喷雾消毒。消毒槽（池）内铺草垫浸以消毒液，供车辆通过时进行轮胎消毒。应该注意，在门口撒干石灰来代替消毒池消毒的方法，起不到消毒作用。车辆消毒应选用对车体涂层和金属部件无损伤的消毒剂，具有强酸性的消毒剂不适合用于车辆消毒。消毒槽（池）的消毒剂，最好选用耐有机物、耐日光、不易挥发、杀菌谱广、杀菌力强的消毒剂，并按时更换，以保持消毒效果。车辆喷雾消毒一般可使用百毒杀、强力消毒灵、优氯净、过氧乙酸、农福等。

4. 鸡场环境管理

鸡场房舍布局要合理，做到生产区与非生产区分开，非生产区和水源处于鸡场的上风向，脏道、净道分开，粪场位于鸡场的下风向。育雏舍与育成舍分开，育雏舍在鸡场的上风向。鸡场内每天清扫一次，每半个月全场消毒一次。鸡舍内及时清粪，并要每天带鸡消毒。带鸡消毒的消毒剂要慎重选用，使用时浓度配制要准确，既要达到消灭病原体的目的，又不能损害鸡体健康。用于环境消毒的消毒剂要选择杀伤力强的广谱消毒剂。不同特点的消毒剂交替使用，可以提高消毒质量。

5. 病鸡隔离措施

隔离患病鸡、疑似患病鸡、健康鸡，并分别饲养在符合动物防疫要求的相对独立的不同鸡舍，尤其注意将病鸡隔离于不易散布病原体而又便于诊疗和消毒的地方，以防疫病的传播和扩散。严禁工作人员在隔离区及非隔离区串行，必要时采取封锁措施，并对整个场区进行彻底清扫、消毒。

6. 死鸡处理方法

死鸡对任何一个鸡场来说都是不可避免的。正常的总死亡率在 2% ～ 5%，如饲养管理不当，其死亡率可达 15% 以上。因此，对死鸡的处理便成了生产中的一个重要问题。常规的处理方法通常是深埋和焚烧。

（1）深坑掩埋　是传统的处理方法之一，优点是挖土坑费用较低且不易产生较大气味。缺点是易造成土壤和地下水污染，尸体坑有可能散播病源。由于近年来，地下水污染越来越受到社会各界关注，有些地方已经规定"坑埋法"为违法行为。因此，死鸡不能随便埋入土壤中，应当建立规范的尸体坑，即用水泥板或砖块砌成的专用深坑。一般1万只蛋鸡需要13立方米的深坑，深埋死鸡时要撒入火碱或生石灰。

（2）焚烧处理　对死鸡进行焚烧处理是另一种传统的死鸡处理方法，以煤炭为燃料，在高温焚烧炉内将死鸡烧成灰烬，可以避免地下水及土壤的污染，不会与其他鸡产生交叉感染，并能彻底灭菌。但这种方法常常会产生大量臭气，易造成空气污染。许多地方制定了大气污染条例，限制焚烧炉的使用，而且消耗燃料较多，处理成本较高。因此，在选择焚烧炉时应注意其燃烧效率，而且最好有二次燃烧装置，以消除臭气。死鸡深埋和焚烧从防病的角度看是可取的，但从环境保护来看却存在许多问题。深埋可污染地下水，焚烧不仅价格昂贵而且也会污染空气。在现今环境保护意识逐渐增强的情况下，均会受到限制而不宜采用。

（3）堆肥法　通过嗜热菌对死鸡、鸡粪及垫料中氮和碳的利用，合成细菌性的生物物质。在堆制过程中不仅可使原料体积缩小35% ～ 45%，而且可使其内部的温度高达60 ～ 73.9℃。这个温度既可杀灭细菌，同时也不产生恶臭和虫害。一般经2 ～ 3周，死鸡的软组织即会全部分解而成为无臭的腐殖质。制作前应先准备两个"堆制室"或"堆制窖"，"堆制室"的地面应为水泥地面。制作时，先在第一"堆制室"的地面铺上30厘米厚的刨花或木屑、花生壳、谷壳、麦穗壳、旧垫料等，其上再加一层秸秆以利通气，然后按重量比例顺次放入1份死鸡（单层码放）、2份鸡粪、0.1份垫料和0.25份水。每天的死鸡均按此比例和顺序依次码放直到堆满为止。但应注意，最后一层死鸡上面必须加上鸡粪、垫料和水，然后进行封闭。经5 ～ 10天，其内温度可达54.4℃以上。这个温度足以使有机物质分解，并杀死病原微生物、草籽及蝇蛆。14天后，待温度下降时则转入第二"堆制室"。第二"堆制室"的地面也应先铺上一层锯木屑之类的垫料。转入后的混合堆制物会再次升温并继续杀灭细菌。在第二"堆制室"内经7 ～ 10天，即可利用。"堆制室"的大小可根据鸡场规模按死亡率进行估计确定，同时还应考虑生产处理周期有一定的周转室，以便每天的死鸡都能加以按时处理。

七、鸡舍消毒

1. 鸡舍内消毒

鸡群全部出栏后，清扫槽中的剩余饲料，尽可能搬出全部饲养设备，包括引水器和禽舍的其他设备，并用水浸泡。清扫鸡舍墙壁、天花板桁条、灯泡、风扇、机器护罩和楼梯等的灰尘和皮屑。清扫和铲除灰尘、多余的垫料或有机物碎屑，运到远离禽舍的地方，焚烧全部死鸡。使用高压喷雾器喷洒去污剂，以适当的浓度用喷雾器喷洒禽舍内部表面。有的地方应进行刮、铲，争取擦洗干净。用高压泵冲洗鸡舍内设备、屋顶、地面以及墙面、砖柱、窗户等。用清水泵抽取消毒水喷洒鸡舍内设备、墙面、屋顶以及地面，直到滴水珠为止，一般每100平方米鸡舍至少要喷150千克水。使用推荐的合格消毒剂，以适当的浓度用喷雾器喷洒禽舍内部表面。发生过传染病的鸡舍，要熏蒸消毒。鸡舍喷洒消毒药后要空置3～5天，让鸡舍自然晾干后，换一种消毒药水再次喷洒，常规操作还需熏蒸消毒。

2. 鸡舍外消毒

先把鸡舍四周的杂草、鸡粪清除。必要时可以采取措施控制蚊虫和鼠害。通过安全防护和隔离措施保持禽舍的清洁。病死鸡只集中填埋或焚烧后，用2%～3%烧碱水或20%生石灰乳泼洒。

八、带鸡消毒

带鸡消毒是指在鸡舍内有鸡的情况下，对鸡舍空气消毒，用低浓度无刺激性或刺激性小的消毒液进行喷雾消毒。带鸡消毒可杀死空气中或附于鸡毛上的病原微生物，还可增加鸡舍空气的湿度、降低灰尘，暑热天气时还可降温。

鸡体喷雾消毒可以杀死或减少鸡体和鸡舍内空气中的病原微生物，同时可以沉降空气中的尘埃，保持舍内空气清净。夏天采用鸡体喷雾消毒还可以起到防暑降温的作用，喷雾消毒对预防禽类的传染病能起到一定作用，尤其是可较好预防病毒性传染病和细菌性传染病（如鸡新城疫、传染性法氏囊病、大肠杆菌、沙门菌等）的发生。带鸡消毒应首先做好鸡舍环境卫生工作。消毒前应先清扫鸡舍污物，保证鸡棚、鸡笼、地面、墙壁及鸡舍用具的清洁卫生，以提高消毒效果和节省消毒液的用量。鸡舍环境中鸡体的排泄物、分泌物以及灰尘等会妨碍消毒药物与病原微生物的接触，直接影响消毒剂的作用效果，所以在消毒前要彻底清扫鸡舍环境，保证消毒效果。带鸡消毒时一般在晴天进行较好，鸡舍内的温度控制在 22～25℃为宜。一般选用市售的自动喷雾装置或农用小型背式喷雾器进行喷雾消毒，消毒药液要现用现配。消毒时喷口不能直射鸡群，喷头距鸡体 50 厘米左右为宜，边喷边匀速走动，消毒液呈雾状，雾粒大小 80～120 微米均匀散落于鸡体、地面、笼具等，以鸡的羽毛微湿为宜，防止呈水滴状。鸡舍温度较高时，可放慢喷雾速度，延长消毒时间，以降低舍内温度。温度较低时，应加快喷雾速度，缩短消毒时间，减少应激。一般按照"由上至下、由里向外"的顺序消毒，即先棚顶、墙壁、笼架，最后地面；鸡舍由里向外，从进风口到排风口方向，防止留有死角。及时换气、注意保温。由于喷雾使得鸡舍、鸡体更潮湿，消毒结束后要及时开窗通风，使其尽快干燥。此外，鸡舍要保持一定温度，特别是育雏阶段的喷雾，要将鸡舍温度提高 3～4℃，避免雏鸡受冷扎堆而被压死。注意鸡在接种活疫苗的当天和接种前后各 1 天应停止喷雾消毒。鸡舍内的通风换气，尤其是对 50 日龄以内的雏鸡（不低于 10 日龄），在通风不良的情况下不可喷雾，以免药物刺激呼吸系统引起炎症。消毒药液要现用现配，配制高浓度的、腐蚀性较大的消毒药液时要戴防护手套。在喷雾时要戴口罩，注意自我保护，以减少刺激。带鸡消毒，全年均可进行，一般情况下每周消毒 1～2 次，春秋季节疫情常发时可增至每周 3 次，发生疫病时可每天带鸡消毒 1～2 次，也可根据鸡舍污染情况而定。消毒前要先清扫鸡舍，喷雾消毒时鸡群密度不宜过高，以防挤压。喷雾消毒时若鸡群处于紧张、惊吓状态，可设法让鸡群逐渐适应，不可强行实施。

九、消毒效果的检查

1. 清洗程度的检查

检查地面、墙壁、设备及圈舍场地清扫的情况，要求干净、卫生、无死角。

2. 消毒药剂正确性的检查

查看消毒工作记录，了解选用消毒药剂的种类浓度及其用量。

3. 消毒对象的细菌学检查

将灭菌后的培养基暴露在鸡舍内 1 分钟，然后进行恒温培养，确定细菌的种类及数量，评定消毒效果。也可用消毒后的温棉签擦拭地面、墙壁 1～2 分钟，然后浸泡在 30 毫升的生理盐水中 5 分钟，检验菌落总数、大肠杆菌数和沙门菌数。

一、药物预防的主要疾病

虽然疫苗是防治鸡病的主要措施，但疾病种类太多、混合感染严重，单靠疫苗预防很难达到预期效果，而且过多的疫苗注射也会对鸡的生产带来非常不利的影响。家禽一旦感染疾病，体内组织器官的功能和完整性已受到很大的损害，药物治疗虽然能减少死亡损失，但病禽的生产性能有可能难以恢复正常水平，对于"快大型"肉鸡和高产蛋鸡来说更为明显。因此，药物预防也是养鸡场经常采用的防病措施之一，例如常用药物来预防雏鸡白痢病、鸡毒支原体、大肠杆菌病、球虫病等。又如球虫病等通过添加预防性药物，能有效防止疾病的发生，显然比等到发病时再投药好得多。因此，在养殖过程中，定期适当地添加药物，尤其是中草药制剂或生物制剂，针对性地预防相关疾病，对于健康养殖具有重要意义。

二、预防用药的选择及安全使用方法

准确诊断鸡病是合理选用预防用药的前提，一般来说鸡传染病的确诊，应在实验室分离到相应的病原。但广大农村甚至一般的中小型鸡场缺少禽病诊断实验室，不可能每次发病都通过实验诊断。临床兽医靠解剖、观察病变诊断的准确率又不高，结果造成用药混乱。因此，预防药物一般要首选能增强机体抵抗力的药物，如黄芪多糖、电解多维、复合维生素制剂等营养性药物。防止细菌感染时要针对性地选用抗菌类药物，如预防支原体选用泰乐菌素、多西环素、红霉素等，预防大肠杆菌时，选用土霉素、复方禽菌灵等。预防球虫时依次可选用氯苯胍、氨丙啉、地克珠利、磺胺氯吡嗪钠等。此外高温季节可选用小苏打、维生素C，大风降温时使用荆防败毒散、双黄连等。用药物预防疾病时，准确的用药量至关重要，当前市场上销售的兽药，说明书中均标有治疗用量，大部分厂家还加了一句"预防用量减半"。根据药理学规定，药物的剂量分"无效量""治疗量""极量"和"中毒量"，没有"预防用量"的说法，所以"预防用量减半"的规定并无理论依据。众所周知，药物的治疗量是根据药物进入机体内，在体内血液中起到有效杀（抑）菌浓度应投服的量，低于治疗量，在血液中就达不到有效杀菌浓度，属无效量。预防投药时机体尚无临床症状，这时体内可能无病原体或有病原体但还没有达到能致病的数量，但预防和治疗对药物在血液中达到的有效杀（抑）菌浓度的要求是一样的。"半量"投药属低浓度用药，病原体易产生耐药性而使药物失去疗效。从理论上讲，"半量"预防禽病是没有根据的。正确的预防投药，应该使用治疗量，只是疗程比治疗投药短而已。

三、常用的预防用药方案

1～7天主要预防雏鸡沙门菌（白痢）、大肠杆菌，可选用恩诺沙星，每5升水加药1克，连续饮水3～5天。这一阶段主要注意掌握好舍内的通风和温度，避免温度忽高忽低温差较大，导致疾病的发生。在第7天防疫时，防疫完要把温度提高到正常温度以上1～2℃。有利于雏鸡对疫苗的吸收，减少应激。免疫前后可以用多维葡萄糖粉或黄芪多糖饮水，提高免疫效果。9～11天以预防慢性呼吸道病和大肠杆菌病为主。根据具体情况，可以选用多西环素、泰乐菌素等药物，分上午、下午饮水。15～19天，法氏囊病免疫后，重点要预防支原体、大肠杆菌和球虫病。可以选用泰乐菌素、氟苯尼考、磺胺喹噁啉、氨丙啉等药物，按说明书标识的剂量饮水。24～27天，法氏囊病二免后，以提高机体自身免疫力为主，因此可选用电解多维或黄芪多糖饮水。35～60天，重点预防大肠杆菌病、球虫病、支原体病，要根据雏鸡的具体状况选用预防药物，一旦发病必须准确诊断，及时治疗。

四、雏鸡开口药的应用

"开口药"是指雏鸡未开始进食时，养殖户在饲料、饮水中添加的抗生素、抗菌类药物，其目的是通过药物作用，抑杀从母体或孵化场带来的致病菌，减少死亡，提高成活率，是药物预防疾病的主要方式。"开口药"产品有效成分复杂，而且含量标示不明确，养殖户往往依据感觉自行加倍或减量使用，甚至不注意配伍禁忌，造成滥用。由于开口药针对性不强，目标不明确，往往在抑制致病菌的同时，也影响了肠道正常菌群的建立，尤其是7日龄以内的雏鸡，体内的正常菌群尚未建立，使用广谱抗生素类开口药后，必然抑制正常菌群的形成，导致肠道菌群失衡，甚至后期出现长期腹泻、过料，用药也没有什么效果，最终出栏时料肉比高，利润低。目前抗生素类药物是应用比较广泛的雏禽开口药，如使用氟苯尼考、利福平、磺胺类、呋喃唑酮、土霉素、头孢类、硫酸庆大霉素针剂等作为雏禽的开口药，对雏禽具有较强的肾毒性、肝毒性甚至神经毒性，并会损害肠壁绒毛器官。雏鸡内脏器官尚未发育完善，再加上饮水量较小，药物浓度较大，其毒副作用就更大。选用营养性添加剂类、微生态制剂类作为开口药，即使长期使用对雏禽也无不良影响，用药时间长短应根据具体情况而定，并不需要规定具体疗程。而对于抗生素类及其复合制剂就必须要求用足剂量、用够疗程，用药时间一般3～5天为好。从目前市场上流行的开口药多采用低剂量、长疗程的投药方法，不仅起不到治疗作用，低剂量长期用药，是造成耐药菌株的原因之一。

五、雏鸡开口药的选择

当前越来越多的养殖户开始变得理性，选用开口药要根据雏鸡群的具体情况，科学和规范"开口"，坚持对症用药的原则。鸡苗健康的情况下，只要加强管理，选用营养性添加剂即可。根据鸡苗实际情况，选用多维电解质、氨基酸、多维葡萄糖等复合制剂来作为"开口药"，为幼雏补充一些能量和营养，防止脱水。还可以选择两种或两种以上的"开口药"混合使用，净化雏鸡肠道，提高免疫力。用微生态制剂开口，对雏鸡体内正常菌群体系的建立、整个生长周期的抗病能力、生长发育等都具有至关重要的影响。使用活菌微生态制剂（例如益生素等）能迅速建立起雏鸡肠道菌群，并尽快达到体液免疫和细胞免疫的平衡状态，从而提高自身免疫力，降低发病率。"低聚木糖"作为良好的"益生元"物质，适合雏鸡的消化吸收特点，有利于培养雏禽肠道有益菌群，改善消化功能。在雏鸡饮水、饲料中添加"低聚木糖"，可直接快速到达结肠，被肠道内的双歧杆菌、乳酸杆菌等有益菌所利用，促进有益菌的生长、繁殖，快速建立完善的肠道菌群，抑制病原菌在肠道内定殖，减少病原感染，降低腹泻率。"低聚木糖"的使用还可以增加雏鸡免疫力，增强抗应激能力及抗病力，为机体健康增加了强大保障。"低聚木糖"可以在整个养殖周期中持续使用，改善饲料利用率，提高家禽生产性能，获得更好的经济效益。"低聚木糖"作为开口饲喂营养物质，可以减轻雏禽因环境、长途运输、集约化亚健康养殖等各种应激，提高雏禽的抗病能力与成活率。抗菌药开口，对净化沙门菌病、支原体病等各种可垂直传播的细菌病具有重要作用，所以鸡苗不健康的情况下，可选用阿莫西林、恩诺沙星、头孢噻呋与恩诺沙星配合使用等。中药开口应选用比较平和的药物，例如甘草性平味甘，能解百毒，应用安全，无副作用，用甘草煎汁，令雏鸡频频饮服；或甘草红糖口服液清净肠道，排除胎毒，有利于雏鸡胃肠功能的建立。用甘草、黄连、大黄可去毒，有助于防止感染。此外也可用黄芪多糖制剂、紫锥菊制剂等，用以提高雏鸡的免疫力和抗病力。

第三节
免疫预防

疫苗免疫接种是控制鸡传染病最重要的手段之一，尤其是病毒性疫病，通过应用疫苗免疫的方法使鸡群获得针对某种传染病的特异性抵抗力，以达到控制疫病的目的。目前用于鸡免疫接种的疫苗种类繁多，实际生产中应根据当地疫病流行情况及本场实际制订免疫程序，确定免疫接种的疫苗种类，科学地使用，才能保证免疫接种效果。

一、免疫的概念

免疫是鸡体的一种生理功能，鸡体依靠这种功能识别"自己"的和"非己"的成分，从而破坏和排斥进入鸡体的抗原物质（如病毒、细菌等）或鸡体本身所产生的损伤细胞和肿瘤细胞等，以维持鸡体健康。抵抗或防止微生物或寄生物的感染或其他所不希望的生物入侵。免疫涉及特异性成分和非特异性成分。非特异性成分不需要事先暴露，可以立刻响应，可以有效地防止各种病原体的入侵。特异性免疫是在主体的寿命期内发展起来的，是专门针对某个病原体的免疫。特异性免疫又称获得性免疫或适应性免疫。这种免疫，只针对一种病原。是获得免疫经后天感染（病愈或无症状的感染）或人工预防接种（菌苗、疫苗、类毒素、免疫球蛋白等）而使机体获得抵抗感染能力，一般是在微生物等抗原物质刺激后才形成的（免疫球蛋白、免疫淋巴细胞），并能与该抗原起特异性反应。非特异性免疫又称天然免疫或固有免疫。它和特异性免疫一样都是动物在漫长进化过程中获得的一种遗传特性，但是非特异性免疫是动物一出生就具有，而特异性免疫需要经历一个过程才能获得。比如新城疫在鸡群中传播很快，但和人类无缘，这是因为人类天生就不会得这种病。固有免疫对各种入侵的病原微生物能快速反应，同时在特异性免疫的启动和效应过程也起着重要作用。一些中兽药，特别是补虚药和复方制剂，能够使动物机体产生非特异免疫功能，增强细胞和体液的免疫力。如党参、首乌、刺五加能升高外周白细胞和增强网状内皮系统吞噬功能。正常动物服用黄芪后，血液中的 IgE、IgM 含量显著增加。四君子汤、四物汤、六味地黄丸都对细胞免疫和抗体形成有促进作用。

二、疫苗及其种类

兽用疫苗是用病原微生物、寄生虫或其组分或代谢产物经加工制成的用于人工自动免疫的生物制品，可将疫苗分为以下类型。

1. 死疫苗

又称灭活疫苗，是指采用物理、化学方法将人工培养的完整病原微生物杀死制成的疫苗。如鸡新城疫油乳剂灭活疫苗、鸡传染性鼻炎灭活疫苗等。死疫苗又由于所用佐剂不同，可分为不溶性铝盐胶体佐剂（氢氧化铝胶、明矾等）灭活苗、油乳剂灭活苗、蜂胶佐剂灭活苗等。

2. 活疫苗

又称弱毒疫苗。是指应用毒力减弱或无毒力的、对被接种动物不致病、不发生剧烈的不良反应，并具有良好的免疫原性的病原微生物制成的疫苗。如鸡传染性法氏囊中等毒力活疫苗、鸡传染性喉气管炎活疫苗等。

3. 生物技术疫苗

是指利用生物技术制备的分子水平的疫苗。包括基因工程亚单位疫苗、基因工程活载体疫苗、合成肽疫苗、基因缺失疫苗、抗独特型疫苗及核酸疫苗（DNA疫苗和RNA疫苗）等。

4. 多价苗与联合苗

多价苗是指将同种而不同血清型的病原微生物混合制成的疫苗，如大肠杆菌多价苗、链球菌多价苗等。联合疫苗也称联苗，是指由两种以上的病原微生物联合制成的疫苗，一次免疫可达到预防几种疾病的目的，如鸡新城疫-传染性支气管炎-减蛋综合征三联灭活疫苗等。

三、免疫接种的基本原则及方法

1. 免疫接种的基本原则

使用疫苗最好在早晨，应避免在气候突变、过冷或过热的情况下免疫接种，在使用过程中应避免阳光照射和高温环境。使用冻干苗时要检查真空度，没有真空的冻干疫苗不能使用，灭活苗如有分离层也不能使用。疫苗瓶开启和稀释后要立即使用，一般弱毒疫苗应在2～4小时内用完；灭活苗从冰箱中取出后，不要当即注射，应将疫苗恢复至常温，使用前和使用过程中均应充分摇匀，当天用完，未使用完毕的疫苗应废弃，并进行无害化处理。使用活疫苗时，要特别注意防止散毒。在吸取疫苗排出注射器内空气及注射疫苗时，严防疫苗外溢，凡疫苗污染之处，均须进行严格消毒。兽用疫苗无标签、无批准文号、疫苗瓶破损或瓶塞松动、瓶内有异物、有腐败气味或已发霉、颜色改变等性状异常、超过有效期均应废弃。废弃灭活疫苗应倾倒于小口坑内，加上生石灰或注入消毒液，加土掩埋进行处理；未用完的活疫苗、用过的活疫苗瓶，应先采用高压蒸汽消毒或煮沸消毒方法消毒，然后再掩埋；凡被活疫苗污染的衣物、物品、用具等，应当高压蒸汽灭菌消毒和煮沸消毒；用过的酒精棉球、碘酊棉球等废弃物应收集后焚烧或深埋处理；污染的地方，应用消毒液喷洒消毒。

2. 常用的免疫接种方法

先认真查看疫苗名称、批准文号、生产日期、包装剂量、生产场址等，要符合《兽药标签和说明书管理办法》的规定。最好选用近期生产的新鲜疫苗，不要使用陈旧或过期疫苗或上批鸡未用完的疫苗。因停电等原因，疫苗被反复冻、融，会破坏疫苗质量，慎重选用。要准确计算疫苗使用量，饮水免疫时疫苗用量要酌情加大；点眼、滴鼻免疫的疫苗用量，按照标签说明用量，稀释浓度要根据饮水量多少、饮水时间长短，确实计算以达到所需要的剂量要求。一般在饮疫苗前要进行控水措施，一般夏季 2 小时，冬季 3 小时。要注意冻干苗的稀释方法，冻干苗的瓶盖是高压盖子，稀释的方法是应先用注射器将 5 毫升稀释液缓缓注入瓶内，注意检查是否真空，待瓶内疫苗溶解后再打开瓶塞倒入水中。避免真空的冻干苗瓶盖突然打开，瓶内压力会突然增大，使部分病毒受到冲击而灭活。稀释疫苗的水量要适宜，不可过多或过少，应参照疫苗使用说明和免疫鸡日龄大小、数量及当时的室温来确定。疫苗水应在 1～2 小时内饮完，但为了让每只鸡都能饮到足够量的疫苗，饮水时间又不应少于 1 小时。一般 1～2 周龄，每只 8～10 毫升；3～4 周龄，每只 15～20 毫升；5～6 周龄，每只 20～30 毫升；7～8 周龄，每只 30～40 毫升；9～10 周龄，每只 40～50 毫升。也可在用疫苗前 3 天连续记录鸡的饮水量，取其平均值以确定饮水量。

四、紧急接种及适宜紧急接种的疾病

什么样的情况能紧急接种，只能根据实践效果来选用。一般来说，对于非典型疾病、发病早期的疾病、已有基础免疫的鸡群，鸡体的器官损伤相对轻微，鸡群尚具有良好的免疫基础，能尽快产生抗体，可以紧急接种。一旦发病很快波及全群，发病快，器官损伤严重和普遍，这个时候不适合紧急接种。因此，紧急接种应建立在机体各免疫器官比较正常的情况下，能充分和鸡体上皮黏膜细胞发生反应的情况下才具有意义。比如，大群出现新城疫症状，但多数鸡的器官并未受到较大损伤，完全可以和疫苗充分地发生反应，那么这个时候就是具备了紧急接种的条件。比如传染性支气管炎、传染性法氏囊病一旦发生，会在 24 小时波及全群，如果法氏囊、肾脏、胸腺等免疫器官都损伤严重，紧急接种无疑是雪上加霜。但免疫过的鸡群，这些疾病的病变相对轻微，根据实际情况也可以紧急接种。临床实践中，发病严重的鸡群，有时采用紧急接种也能获得良好效果，主要看鸡群的日龄和病情状况。比如，发生典型的新城疫，死亡率很高，这个时候用药很难奏效，紧急接种是唯一的办法。最适合紧急接种的鸡病主要有喉气管炎和新城疫，但临床对病毒性关节炎、传染性法氏囊病、鸡痘、传染性支气管炎发病鸡群紧急接种，也能收到较好的效果。

五、免疫注意事项

　　饮水免疫是养鸡必须做好的一项工作，稍有一点疏忽，就会造成免疫失败，造成不可弥补的损失。疫苗一定要现用现取、现配，特别是夏季，购买疫苗时一定要加冰块降温，并且最好在饮疫苗的水中加上冰水饮用，还要避免阳光直射，才能保证疫苗效果。反复冻、融、变色、变质的冻干苗都应废弃。延长疫苗（病毒）的活力，可加入免疫增强剂，饮水免疫时可在每千克饮水中加2.4克脱脂奶粉，可阻止病毒粒子的聚合，有利于吸收和转化。没有奶粉时，可用白糖代替，不可用电解多维，因电解多维可分解和电离水溶液、凝固蛋白、破坏疫苗的效价。不要在疫苗稀释液中添加抗生素和电解多维。虽然抗生素能杀菌或抑菌，对病毒无效，在稀释液中加入抗生素后，可以防止接种过程中由于消毒不严而感染细菌病，但这样做不完全妥当，因为有些抗生素能改变稀释液的渗透压或pH，特别是电解多维，能加快疫苗、病毒的灭活，从而降低疫苗效价。油乳剂灭活疫苗一般不宜进行颈部皮下注射和腿部肌内注射。鸡颈部皮下组织非常疏松，且神经、血管丰富，胸腺也位于两侧，由于油乳剂疫苗很难吸收，注射后在颈部造成大面积水肿，并形成油滴结块，压迫和损害神经、血管、胸腺，引起不食、扭头、瘫痪、免疫力下降，甚至死亡。腿部肌内注射会引起瘸腿，油乳剂灭活疫苗应进行胸部肌内注射。油乳剂灭活疫苗不宜用作紧急预防免疫，由于油乳剂疫苗释放较慢，一般2～3周后才能到达较高的抗体水平。紧急预防注射起不到相应的预防效果，还会因免疫注射而激发疫病传播，应使用弱毒活疫苗进行紧急接种。病毒性油乳剂灭活疫苗最好与弱毒活疫苗结合使用，由于油乳剂灭活疫苗产生的免疫作用较慢，且不会产生局部外周免疫作用。在注射油乳剂疫苗的同时，或前后5天内结合使用弱毒活疫苗，可增强免疫反应，提高抗病能力。应用油乳剂灭活疫苗与应用弱毒活疫苗的免疫程序不同。油乳剂疫苗释放较慢，免疫期长，其下一次免疫时间应推后。但由于局部免疫作用差，也不能完全按抗体水平推算免疫接种时间。油乳剂灭活疫苗不能冷冻保存，应冷藏保存。如在存放过程中出现油水分离现象时，该疫苗不宜再使用。

六、免疫失败的常见原因

　　许多传染性鸡病虽然都有多种疫苗和多种相应的免疫方法，但是传染性鸡病在我国的发病率仍是居高不下，尤其是免疫鸡群也时有发病，疫苗免疫失败是引起传染病多发的主要原因，导致免疫失败的原因主要有以下几个方面。

1. 母源抗体的影响

　　雏鸡母源抗体高、离散度大的原因：一是由于种鸡群的年龄不同，免疫次数、方法和时间不一，以及不同批次种蛋同时入孵等，致使雏鸡群体和个体之间的母源抗体水平差异很大，从而影响免疫效果的一致性；二是被污染野毒的鸡群，母源抗体水平较高，离散性很大。若不考虑鸡群的具体情况就进行弱毒苗的免疫，则会有相当数量的鸡因母源抗体的干扰而不能达到预期免疫效果。克服母源抗体对雏鸡免疫效果影响的最好办法，是采用弱毒苗与灭活苗的同时免疫，其中活苗可刺激呼吸道黏膜产生局部免疫，灭活苗注射后则释放缓慢，可持续刺激机体免疫系统，产生最佳的体液免疫，使抗体水平高，维持时间长。因此，雏鸡 7～10日龄时用弱毒苗点眼，同时注射灭活苗。应该注意的是灭活苗产生抗体反应缓慢，通常需 3 周后才出现抗体。所以，可于 18～21 日龄进行第二次活苗点眼（鼻）或饮水（4 倍量）。

2. 免疫抑制因素的影响

免疫抑制是导致免疫失败的重要原因，包括免疫抑制病、其他疾病和不良环境因素或应激造成的机体免疫功能下降。免疫抑制病主要有马立克病、网状内皮组织增生病、禽白血病（J 亚群禽白血病病毒）、禽流感、传染性喉气管炎、鸡传染性贫血病、传染性法氏囊病等。网状内皮细胞增生病的亚临床感染在我国鸡群中相当普遍，特别是常与新城疫病毒、J 亚群禽白血病病毒和鸡传染性贫血病毒等混合感染，造成的免疫抑制更为严重，通过对禽流感病毒（H5、H9）及新城疫病毒免疫抗体检测发现，其抗体水平均表现低下，特别是网状内皮细胞增生病病毒与其他病毒共同感染时，均在免疫抑制效应上表现很强的协同抑制作用。

3. 疫苗间相互干扰的影响

将两种或两种以上无交叉反应的抗原同时接种时，机体对其中一种抗原的抗体应答显著降低，疫苗间的这种干扰现象就是抗原竞争。抗原竞争会严重影响疫苗的免疫质量，如传染性支气管炎疫苗和新城疫疫苗联合使用时，如果传染性支气管炎病毒量大，会干扰机体对新城疫病毒的免疫应答，导致新城疫免疫失败。疫苗间的干扰也是导致免疫失败不可忽视的原因，例如，传染性支气管炎病毒可对新城疫病毒繁殖产生干扰，用新城疫病毒接种鸡胚，HA 效价为 640。先接种传染性支气管炎病毒数小时后再接种新城疫病毒，HA 效价降为 40～80。传染性支气管炎疫苗如果先于新城疫疫苗免疫时，对新城疫活苗免疫效果也有干扰作用，因此新城疫活苗免疫应先于传染性支气管炎疫苗免疫 7 天以上，或用新城疫和传染性支气管炎联苗免疫。传染性法氏囊病疫苗对新城疫疫苗免疫效果的影响主要是强毒传染性法氏囊病活苗免疫后可造成法氏囊萎缩，从而影响新城疫疫苗的体液免疫，所以在进行传染性法氏囊疫苗免疫，应避免或少用强毒力的疫苗。

4. 免疫程序不合理或接种途径不当的影响

免疫程序不合理，不了解抗体水平而频繁免疫，可能造成免疫麻痹或盲目推迟免疫出现免疫空白，是导致免疫失败的重要原因之一。制订免疫程序时，必须要考虑弱毒活疫苗的局部免疫作用，仅用灭活疫苗免疫，会导致呼吸道、消化道黏膜和生殖道等局部免疫保护不足。在缺少局部免疫抗体时，机体需要有更高的循环抗体才能阻止病毒感染。所以新城疫的免疫，开产后的鸡群应每2～3个月应用活毒疫苗点眼（鼻）气雾或饮水一次，以提高呼吸道黏膜的局部免疫力；每隔3～4个月油苗免疫一次，以维持高水平抗体免疫。每种疫苗都有特定的免疫途径，不按要求进行就会引起免疫失败。例如滴鼻、点眼免疫时，疫苗未能进入眼内、鼻腔。肌内注射免疫时，出现"飞针"，疫苗根本没有注射进去或注入的疫苗从注射孔流出，造成疫苗注射量不足。

5. 免疫剂量不合格的影响

免疫稀释时如计算失误或稀释不匀会导致剂量不准确。免疫接种剂量过大，会造成免疫耐受或免疫麻痹。选用非正规厂家产品或在疫病严重流行时，仍用小剂量或常规剂量免疫接种，则会造成免疫水平过低。

6. 疫苗选择不当或野毒（包括超强毒）污染的影响

鸡群在不同日龄需要进行不同的疫苗接种，即使同一种疫病在不同日龄需要用不同毒力的疫苗进行免疫接种，如果用苗不准确，不但起不到免疫作用，相反会造成病毒毒力增强和扩散，导致免疫失败。在疫病流行重灾区仅选取安全性高但免疫力差的疫苗就会造成鸡群免疫麻痹，影响免疫效果。病原本身时刻都在变异，疫苗在制作、推广、使用上不可能跟上它的变异。在实际生产中，进行疫苗免疫接种后，往往免疫达不到理想的保护能力。原因之一就是抗原的变异导致病原（细菌、病毒）在繁殖过程中发生变异，原来针对此病毒的疫苗所生产的抗体不能够有效地杀死病原，从而造成部分或者全部免疫失败。另外，有些疾病的病原含有多个血清型，如果疫苗毒株（或菌株）的血清型不同，也会造成免疫失败。例如受新城疫感染的鸡群 HI 抗体水平偏高，且离散性较大，最好先监测 HI 抗体，免疫后再定期监测抗体，及时补防，以免新城疫再次感染。正常鸡群免疫后抗体可迅速上升，维持一段时间后再有规律地下降，而新城疫污染的鸡群 HI 抗体水平偏高，且离散性较大，用新城疫疫苗免疫后抗体水平往往不见上升或略有上升，但抗体的衰落较正常免疫的鸡群快，因此在作新城疫免疫时必须弄清被免鸡群的背景情况，对有呼噜声、产蛋下降或可疑鸡群，免疫时应慎重，最好先监测 HI 抗体，免疫后再定期监测抗体，及时补防，以免再次感染新城疫。

7. 疫苗过期或疫苗质量的影响

原则上过期的疫苗不能使用，因为使用过期疫苗不能产生理想的免疫力。另外疫苗质量不达标，如疫苗在制造过程中质量控制不严格，致使疫苗有效成分未达到标准的要求，冻干疫苗失去真空，油乳剂疫苗乳化不良而分层等，这些因素均会造成疫苗减效。如果疫苗在存放和运输过程中长时间处于4℃以上，或疫苗取出后在免疫接种前受到阳光的直接照射，或取出时间过长，或疫苗稀释液未经消毒、受污染，或疫苗稀释后未在规定时间内用完，均可影响疫苗的效价甚至导致无效。

8. 应激因素的影响

鸡群在饲养过程中，会因转群、换料、接种、限制饮水、使用药物等因素而发生应激反应，饲养密度过大和饲养环境不良也会引起机体的特异性应激反应，导致抗病能力降低。饲料中蛋白质等的供给及鸡体内蛋白质、氨基酸、维生素、微量元素等的代谢都对机体抗体的产生起重要作用，营养不良或过量均影响免疫系统的发育及功能的发挥，降低免疫力，导致免疫失败。在高温高湿季节，饲料中时常含有霉菌毒素，会严重干扰动物体的免疫系统，其中以黄曲霉菌最为常见，它能降低动物体的抗病力，导致免疫抑制。有许多药物能够干扰免疫应答，如某些肾上腺皮质激素、某些抗生素、消毒药等。抗生素、抗病毒药、消毒药可使活疫苗中的细菌或病毒灭活，使疫苗免疫接种失败。在免疫接种期，各种不良因素的影响或应激作用，均会减弱疫苗的免疫应答，甚至导致免疫失败。

9. 环境污染的影响

随着养鸡业的发展，养鸡数量猛增，饲养形式大多数属于规模化高密度饲养，对疾病防治措施和水平要求更高，一旦消毒制度不严格，病死鸡处理不科学，会严重污染鸡舍内外环境，鸡在有大量病原微生物的环境里生活，即使有良好的免疫程序，也很容易感染发病，造成免疫失败。例如，新建鸡场由于环境相对干净，防疫效果也很好，经2～3年后，如果消毒不严格，病原微生物的污染越来越严重，免疫失败也随之频频发生。

第六章

鸡的病毒病诊治技巧

第一节

新 城 疫

一、病原特点

鸡新城疫又称亚洲鸡瘟，俗称"鸡瘟"，是由新城疫病毒引起的一种急性、热性、败血性和高度接触性传染病。以高热、呼吸困难、下痢、神经紊乱、黏膜和浆膜出血为特征。本病毒只有一个血清型，但有Ⅰ～Ⅸ型9种基因型，毒株不同，毒力会有很大差别。速发嗜内脏型由某些速发嗜内脏型新城疫病毒毒株所引起，对各年龄的鸡都是急性致死，消化道出血是本病的主要病理学特征，死亡率可达100%。速发嗜神经型由某些速发嗜神经型新城疫毒株所引起，消化道没有明显变化，主要病理变化在呼吸道与神经系统，所以也称肺脑型新城疫。中发型由中发型新城疫毒株所引起，各年龄的鸡都可感染，但只有部分幼龄鸡有呼吸道和神经症状，少数雏鸡死亡，年龄较大的鸡很少死亡。缓发型由某些缓发型毒株所引起，各年龄的鸡都可感染，但都不发生死亡，仅在雏鸡可发生轻度的呼吸系统症状。无症状肠型由某些缓发型毒株所引起，没有可见的病理变化。习惯上将引起急性死亡，发病率和死亡率高，典型消化道及神经系统症状的新城疫称为典型新城疫，而发病率较低，症状不典型的新城疫称为非典型新城疫，后者主要发生于免疫鸡群。本病传播快，各日龄的鸡均有易感性，发病率与死亡率主要由鸡的免疫抵抗力和病毒的毒力所决定。新城疫病毒对乙醚、氯仿敏感，在60℃时30分钟失去活力，真空冻干病毒在30℃可保存30天，在阳光直射下病毒经 30 分钟死亡，在冷冻的尸体中可存活 6 个月以上。常用的消毒药（如 2% 的氢氧化钠、5% 的漂白粉、70% 的酒精）在 20 分钟可将病毒杀死。

二、临床症状

典型新城疫发病急，鸡群无先兆性发病，发病期间无典型临诊症状、死亡迅速。病鸡发热，体温 43 ～ 44℃，精神不振，闭目缩颈似昏睡，头下垂或伸入翅膀，翅、尾下垂。采食减少或废绝，排绿色或白色稀粪，嗉囊内充满酸臭黏液。病鸡张口呼吸，并发出"咯咯"喘鸣音或尖锐的叫声，鸡冠及肉髯呈红色或青紫色。泄殖腔外翻，有紫红色瘀血或出血斑，粪稀薄，呈黄绿色或黄白色，有时混有血液，有恶臭，后期排出蛋清样排泄物。病鸡群产蛋率迅速下降，蛋壳褪色、粗糙，出现畸形蛋、软皮蛋。病程长者常有神经症状，表现运动失调、转圈、扭颈、不能站立（图 5）。免疫鸡群中发生新城疫，往往表现亚临床症状或非典型症状，发病率较低，主要表现呼吸道症状和神经症状，呼吸道症状减轻时即趋于康复。幼龄鸡可发生死亡，成年免疫鸡群因有一定抵抗力，可出现呼吸系统症状，食欲下降，绿色稀粪，产蛋性能下降，有的表现神经症状，但死亡率很低。常和大肠杆菌、霉形体并发感染。该类型主要发生于免疫水平偏低或免疫力不整齐的鸡群，成年鸡群可出现产蛋率下降，经常发生零星死亡并持续较长时间，死亡率在 1% ～ 5%。

图 5　新城疫病鸡头颈扭转

三、剖检病变

腺胃乳头上可见数量不等的出血点，腺胃两端黏膜可见出血、溃疡。肌胃角质膜下常有条纹状出血。整个肠道发生卡他性炎症，肠腔内充满黏液，十二指肠近末端、空肠中部（卵黄遗迹后）、回肠起始部、盲肠扁桃体发生局部黏膜（淋巴组织集中部位）肿胀、充血、出血或出血性坏死。直肠点状、条纹状出血。气管黏膜发生卡他性或出血性卡他性炎症；气管内含有较多黏液或混有血液，黏膜增厚。心外膜和冠状脂肪有针尖大的出血点。产蛋鸡可见卵泡充血、出血，部分病鸡有卵泡破裂以致卵黄流入腹腔引起卵黄性腹膜炎。非典型性新城疫病死鸡的病理变化不典型而且轻微，仅见黏膜卡他性炎症，喉头和气管黏膜充血，腺胃乳头少见出血，但多剖检数只可见部分病鸡腺胃乳头有少量出血点。肠道和盲肠扁桃体的变化也不及典型性新城疫那样具有明显特征，但一经发现，则具有较高的诊断价值。直肠和泄殖腔黏膜出血（图6～图20）。

图6～图7　新城疫病鸡泄殖腔出血

图8～图9　新城疫病鸡腺胃乳头出血

鸡病巧诊治全彩图解

图 10　新城疫病鸡肌胃溃疡出血

图 11　新城疫病鸡淋巴滤泡肿胀出血

图 12　新城疫病鸡腺胃出血

图 13 ～ 图 15　新城疫病鸡小肠淋巴滤泡肿胀出血

图16～图18　新城疫病鸡小肠淋巴滤泡枣核状肿胀并出血

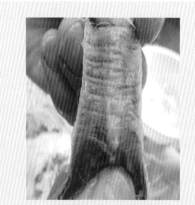

图19　新城疫病鸡盲肠扁桃体肿胀出血　　　　图20　新城疫病鸡气管黏膜增厚喉头出血

四、诊断技巧

　　凡是没有接种过鸡新城疫疫苗的鸡群，如果发现大量发病和死亡时，首先应当考虑到有典型性鸡新城疫发生。该病发病较急，病鸡呼吸困难，发出特殊的"咯咯"声或蛙鸣声，口和鼻中有多量黏液，粪便呈黄白色或绿色黏液稀便，病鸡出现一侧翅、腿瘫软，干扰性的扭颈旋转等神经症状。典型性新城疫病鸡的剖检变化特点是腺胃乳头、心冠、喉头黏膜出血，小肠出血坏死和形成溃疡，盲肠扁桃体肿胀、出血，盲肠和直肠及泄殖腔黏膜充血、出血。临床根据典型病变可以作出初步诊断。但非典型性新城疫主要表现为产蛋下降，蛋壳颜色变浅，软壳蛋增加，病鸡气喘甩头，有呼吸道啰音。部分成年鸡出现神经症状，翅下垂，两腿麻痹，歪头扭颈，站立不稳，转圈后退，呈间歇性发作。温和型禽流感、传染性脑脊髓炎、传染性支气管炎、传染性喉气管炎、支原体病临床表现上都有产蛋下降、呼吸困难等临床表现，应进行鉴别。温和型禽流感在没有任何临床症状情况下，可使产蛋率下降 50% 以上，非典型新城疫鸡群，虽然也有产蛋下降，但下降幅度相比要小，主要以蛋颜色发白、破软蛋增多为特点。禽脑脊髓炎主要发生于 3 周龄以内的雏鸡，有头颈震颤神经症状，和新城疫扭颈不同，病鸡呼吸系统和消化系统病变不显著。产蛋鸡感染多发生一过性产蛋率下降，下降幅度在 15%～40%，1～2周可恢复正常，非典型新城疫产蛋下降不能自行恢复，如果不进行有效治疗，产蛋下降和蛋品质下降持续发展。传染性支气管炎一般多引起 1～4 周龄的鸡发病，可引起肾脏肿大，支气管栓塞，蛋鸡感染则蛋清稀薄如水。传染性喉气管炎和新城疫两者都有喉头、气管出血，但传染性喉气管炎多发生在成年鸡，气管出血严重，喉头、气管内常有多量血性分泌物或凝血块，消化道无病变。支原体病病程长，发病缓慢，死亡较少，常在气囊、喉头、腹膜出现干酪样物质，用抗生素治疗有效，而新城疫在上述部位和气囊无干酪样物质，抗菌药治疗无效。

五、治疗技巧

鸡新城疫一旦发生，很难用药物进行有效治疗，紧急接种新城疫疫苗是最可靠和有效的方法。此外，小群鸡用高免卵黄抗体或高免血清治疗，对单纯性感染者疗效也很好。鸡群发生新城疫，可使用 3～4 倍剂量Ⅳ系疫苗点眼或滴鼻。接种后，第一天和第二天鸡群死亡数会增加，但从第三天起鸡的死亡数减少，到第四天以后，多数病鸡群停止死亡。紧急接种的做法，虽在大多数情况下有一定损失，但可以挽救大部分鸡群。没有进行首免或虽然已做过首免，但抗体尚未上升的鸡群不能进行紧急接种，应采用保守的治疗方法，采取对症治疗和控制继发细菌性感染的措施，可以选择含有黄芪多糖为主要成分的复方制剂和敏感抗生素联合用药，同时投喂多种维生素、氨基酸和电解质。紧急接种在鸡群发病早期效果明显，到发病后期应用效果不理想，故临床上对新城疫的正确诊断至关重要。鸡群发生新城疫时，早期注射新城疫卵黄抗体可以起到比较明显的效果，紧急注射卵黄抗体时，应注意卵黄抗体的剂量不能太小，如果剂量太小，含抗体数量有限，起不到治疗效果。其次新城疫卵黄抗体不被细菌、支原体和其他病毒污染，否则不但控制不了新城疫，反而会传染上其他疫病。合格的新城疫卵黄抗体的 HI 滴度应达到 1∶2048 以上。

1. 西兽药治疗

① 禽用猪白细胞干扰素 3 倍量饮水，每天 1 次，连续使用 2～3 天。

② 新城疫高免卵黄抗体，每千克体重每次 2 毫升，先注射无症状鸡。应用高免卵黄抗体 7 天后，需进行新城疫疫苗接种。

③ 新城疫Ⅰ系或新城疫克隆Ⅰ系苗，按 2～3 倍量进行全群紧急免疫接种，同时用黄芪多糖饮水，每天每只 200 毫克。

④ 三仪保康液 500 羽份、新城疫 N79 克隆株疫苗 500 羽份，混合滴鼻和点眼。

2. 中兽药治疗

① 清瘟败毒散（地黄、黄连、水牛角、栀子、石膏等）拌料，每天每千克体重 1～2 克，连用 5～7 天，同时还可在饮水中混入双黄连和板青颗粒。

② 蟾酥 4 克，雄黄 16 克，黄连 40 克，重楼 30 克，甘草 10 克，共研为细粉均匀拌料，每天每千克体重 0.5～1 克，连用 5～7 天。

③ 巴豆 10 克，罂粟壳 30 克，皂角 20 克，雄黄 3 克，香附 20 克，鸡胆子 50 克，重楼 30 克，血见愁 10 克，板蓝根 30 克，粉碎后按 0.5% 的比例混料投喂，连用 7 天。

④ 双黄连口服液每天每千克体重 1～2 毫升，黄芪多糖每天每千克体重 0.2～0.4 克，两种药同时混水饮服，连用 5～7 天。

六、预防措施

严格隔离消毒，切断传播途径，大中型鸡场应执行"全进全出"制度。预防接种是预防鸡新城疫最有效的措施，常用的疫苗有鸡新城疫Ⅰ系、Ⅱ系、L 系、克隆 30 等活疫苗和油乳剂灭活疫苗。疫苗使用应根据实际情况制订出自己的免疫程序和免疫途径。新城疫免疫程序的制订和实施受许多因素的影响，要根据本地和本场的实际情况来制订，然后在实践生产中进行补充和完善。免疫接种不仅要保证鸡群循环抗体水平，也要保证黏膜局部的免疫保护力，因此，弱毒疫苗和灭活疫苗联合使用，局部免疫和体液免疫互相配合，形成全方位的免疫保护。大型鸡场多采用气雾和饮水免疫，小型鸡场和农家养鸡可采用滴鼻和注射等方法。Ⅰ系苗是一种中等毒力的活苗，3～4 天产生免疫力，免疫期长，可达 1 年以上，但对雏鸡有一定的致病性，常用于经过弱毒力的疫苗免疫过的鸡或 2 月龄以上的鸡，多采用肌内注射的方法接种。Ⅱ系和 L 系、克隆 30 属弱毒苗，大、小鸡都可使用，多采用滴鼻、点眼、饮水及气雾等方法接种。油乳灭活疫苗对鸡安全，可产生持久的免疫力，另外不会通过疫苗扩散病原，注射后需 10～20 天才产生免疫力。

第二节
禽 流 感

一、病原特点

禽流感又称真性鸡瘟，病原为禽流感病毒，属正黏病毒科流感病毒的成员，是目前对养鸡业危害较大的一种传染病。根据致病性的不同，可将其分为高致病性、低致病性和非致病性三类。虽然禽流感病毒血清亚型很多，分离的毒株上千株，但致病性毒株占极少数，大多为无毒株。只有高致病性禽流感病毒才对养鸡业造成毁灭性的损失。中弱毒（低致病性）一般多发生于产蛋鸡群，且多以产蛋高峰期前后发病严重，当有继发和并发感染时，有较高的死亡率。强毒型（高致病性）可引起不同日龄的鸡大批死亡。病鸡可以从呼吸道、结膜和消化道排出病毒，通过相互接触或接触污染的各种物品等方式传播。由于粪便中大量排毒，使其污染的一切物品（如饲养管理器具、设备、授精工具、动物、饲料、饮水、衣物、运输车辆等）均可成为传播媒介而发生机械性传播，人员流动与消毒不严可能起着非常重要的传播作用。感染母鸡所产蛋带有病毒，可经过蛋垂直传播。种鸡感染发病后，引起受精率、出雏率降低，雏鸡早期死亡率升高。鸡流感病毒在一个鸡场的鸡群传播很快，而在另外鸡群可能传播很慢。有时鸡流感只限于局部地区发病，有时处于暂时"安静状态"（常见强毒），但鸡流感病毒并未消灭，当环境污染加重或有其他诱因时，鸡流感可能再次发病和流行。病毒感染后 3～4 天的种蛋都带毒，所以发病种鸡的种蛋不能留为种用（至少 1 个月以内）。发病和死亡的因素与鸡的种类、易感性、病毒毒株的毒力、鸡的年龄、性别、环境因素、饲料状况及疾病并发的情况密切相关。其中毒株毒力影响最为突出，高致病性禽流感潜伏期短，传播快，发病急，发病率高，死亡率高，但传播范围往往不大。高致病力毒株引起的死亡率和发病率可达 100%。低致病性禽流感潜伏期长，传播慢，病程长，发病率和死亡率低。一旦发病，如不采取积极措施，病毒很难在疫区被根除，疫情会逐渐向周边地区扩散，使疫区越来越大，而且病毒还有变成高致病性禽流感病毒的可能，低致病力毒株引起的死亡率一般为 0～15%。饲养管理不当、鸡群营养状况不良及环境应激因素都可以加重发病。当有并发感染时可使鸡群死亡率升高。禽流感是免疫抑制性疾病，发病鸡群抗病能力极差，往往并发或继发其他传染病。常见的并发病和继发病有大肠杆菌病、新城疫、传染性支气管炎、霉形体病等。发病康复的鸡群易复发，不少鸡群发病恢复期间或康复后 1～2 个月又发病。但同一鸡群第 2 次发病时，往往症状较轻，死亡率较低。

二、临床症状

禽流感的症状极为复杂，根据鸡的种类以及感染病毒亚型类别的不同，表现有各种各样的变化，有最急性、急性、亚急性及隐性感染等。潜伏期从几小时到几天不等。高致病性流感感染率病鸡精神极度沉郁，体温升高，采食量迅速下降或废绝，表现呼吸困难、咳嗽、喘气，时有尖叫声，有的鸡肿头、肿眼、流泪，头伸入翅膀内，散养鸡扎堆，饮食欲废绝，拉黄白色稀薄粪便，绿便相对较少，鸡冠和肉髯多发绀或萎缩发白，鸡冠和肉髯极度发绀或呈青紫色，腿部鳞片发红或发紫鸡较多,产蛋完全停止,致死率可达100%。在140～450日龄产蛋鸡发病时,全群鸡可能集中在1～3天全部死亡,或者仅剩下少量病残鸡,根本来不及进行治疗。蛋鸡、种鸡、强制换羽鸡和育成鸡发病后可能病程稍长一些,处理不当致死率也在95%以上。低致病性流感病鸡粪便呈黄绿色,有部分呈橘黄色稀便,蛋鸡表现更为明显。病鸡羽毛松乱,身体蜷缩,头、面部和下颌水肿,皮肤发绀,冠和肉髯肿胀、发紫,边缘出现紫黑色坏死斑点,腿部鳞片发紫(图21～图23)。产蛋率下降,2～3天或一周下降10%～50%,有的可以达到70%,同时,蛋壳质量变差,软壳蛋、畸形蛋、褪色蛋增多。病鸡咳嗽,打喷嚏,鼻窦肿大,鼻腔分泌物增多,流泪并伴有眼睛发炎。有的鸡群发病传播速度慢,先从鸡舍一端发病,病鸡一出现症状很快就死亡。以上症状可能单独出现,也可能几种同时出现。发生流感的鸡群多并发或继发大肠杆菌病、新城疫,加重鸡群的病情,而且临床表现多样化。

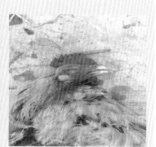

图21 禽流感病鸡面部水肿　图22 禽流感病鸡腿胫部鳞片下出血　图23 禽流感病死鸡冠、肉髯黑紫色

三、剖检病变

高致病性病死鸡的主要病理变化有腿肌和胸肌及皮下瘀血发红,肝脏肿大、瘀血,肾脏肿大出血或瘀血,有时有尿酸盐沉积,心肌出血,腹部脂肪和肌胃外脂肪出血,肠系膜出血,蛋鸡有卵黄性腹膜炎,育成鸡等有纤维素性腹膜炎,胸气囊和腹气囊混浊有黄白色干酪样物,胰腺肿大弥漫性出血或边缘出血,腺胃肿大,乳头或黏膜片状出血,乳头能刮出脓性分泌物。肌胃角质膜溃疡,易剥离,黏膜层出血。十二指肠和小肠、直肠及泄殖腔黏膜出血。产蛋鸡表现卵巢萎缩、变形、充血。输卵管多见水肿,内有白色脓性分泌物。气管黏膜充血、出血潮红、内有黏液。低致病性病死鸡,口腔内有黏液,嗉囊内有大量酸臭的液体。腿肌内侧脂肪出血,胸肌、腿肌条纹状出血。死亡鸡腿胫鳞片下出血。气管充血、出血,内有大量黏性分泌物。腺胃肿胀,腺胃乳头周围出血,有脓性分泌物,腺胃与肌胃、腺胃与食管交界处有带状出血,肠道黏膜出血。肝脏瘀血轻微肿大,表面有

鸡病巧诊治全彩图解

淡黄色条纹，胰脏色泽暗红瘀血，或出血坏死。心脏松软，心肌片状、刷状出血。肾脏肿大，有出血点。肺脏出血，严重时呈青铜色坏死，肺脏出血也是本病典型的病理变化。卵泡充血、出血，呈紫黑色，有的卵泡变形、破裂。卵黄液流入腹腔，造成卵黄性腹膜炎。输卵管暗红水肿，内有白色脓性分泌物或干酪样物。公鸡睾丸出血肿大。如继发大肠杆菌病，剖检时可见到肝周炎、心包炎、气囊炎等变化（图24～图37）。

图24　禽流感病鸡心肌点片状出血

图25　禽流感病鸡心肌出血

图26　禽流感病鸡肺脏出血

图27～图28　禽流感病鸡输卵管水肿内有乳白色胶冻状分泌物

图29　禽流感病鸡肌胃脂肪点状出血

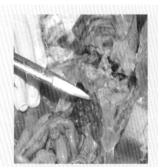

图30～图31　禽流感病鸡卵泡出血

图32　禽流感病鸡胰脏出血

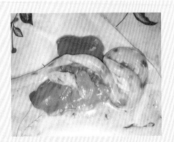
图33 禽流感病鸡小肠浆膜出血

图34 禽流感病鸡小肠黏膜出血

图35 禽流感病鸡卵泡液化变形

图36 禽流感病鸡腺胃出血

图37 禽流感病鸡气管出血

四、诊断技巧

临床上病禽表现腿部无毛处鳞片有数量不等的充血或出血，黄绿色蛋清样稀便，采食减少，产蛋逐日减少为主要特征。剖检可见卵泡充血、出血、变形或变性，甚至破裂形成卵黄性腹膜炎。输卵管水肿，黏膜潮红充血，管内有白色胶冻样或干酪样物。胰脏红白相间，边缘出血或透明状坏死灶。腿胫鳞片下出血。临床根据这些特征可以作出诊断。低致病性禽流感和新城疫、传染性喉气管炎都有相同或类似临床症状和病理变化，诊断时需要仔细鉴别。低致病性禽流感和鸡新城疫不同，没有或少有翅肢麻痹和运动失调、头颈弯曲、啄食不准等神经症状。低致病性禽流感腺胃乳头周围和腺胃肌肉层出血更为明显。新城疫死亡鸡的胰脏、输卵管、腿胫鳞片下几乎没有水肿、出血病变。新城疫死亡鸡的卵巢和卵黄囊出血比低致病性禽流感轻微。新城疫病鸡盲肠扁桃体明显肿大，有新鲜点状出血。低致病性禽流感有部分引起盲肠扁桃体轻微出血，少见盲肠扁桃体肿大。传染性喉气管炎具有和低致病性禽流感完全不同的特征性呼吸症状，每次吸气时头颈向上、向后张口尽力吸气，严重时痉挛咳嗽，咯出带血黏液或血块，溅于鸡身、料槽、墙壁。剖检可见气管内有含血黏液和血块。肿头型大肠杆菌病和低致病性禽流感的肿头，外观基本一样，但肿头型大肠杆菌病鸡一般饮食、产蛋率没有明显变化，内服、注射庆大霉素有明显效果。低致病性禽流感有时心脏、肝脏、腹膜出现严重的纤维素包裹，和败血型大肠杆菌病类似。除混合感染以外，剖开腹腔，低致病性禽流感没有大肠杆菌病引起的特殊臭味。低致病性禽流感鸡群的肿头、肿脸病鸡，与传染性鼻炎的肿头、肿脸临床也很难辨别，低致病性禽流感鸡群的肿头、肿脸在发病 2～3 天后还出现冠、髯萎缩，并发暗、发紫。一般肿头、肿脸症状的鸡死亡少，而鸡冠发暗、发紫的病鸡死亡较多。病理解剖主要症状为气囊急性渗出性炎症，表现为混浊、囊膜增厚，腹膜纤维素性渗出严重。最急性病例，腺胃乳头周围有出血点，十二指肠淋巴组织出血、肿大。产蛋鸡卵黄病变明显，小卵黄充血、坏死、大卵黄破裂，卵黄液可充满整个膜腔。抗菌药治疗无效果。传染性鼻炎临床症状表现发病轻，传播相对缓慢，主要病变在头、眼部肿胀和上呼吸道症状，病的后期才出现内脏的一些病变（如气囊混浊等），磺胺类药物配伍其他抗菌药物治疗效果明显。雏鸡感染是近年低致病性流感流行出现的特点之一，表现为发病日龄低，最早 8 日龄发病，死亡率高，甚至全群覆没。剖检可见腺胃肌层及乳头基部出血，肾脏肿胀、出血，容易和肾型传染性支气管炎混淆，临床诊断时应特别注意。

五、治疗技巧

禽流感的治疗，不论是中药还是西药，仅限于温和型禽流感，而对高致病性禽流感严禁治疗，以防病毒扩散而造成更大的损失。对低致病性禽流感的治疗，主要是对症治疗，通过缓解临床症状和改善病理变化，提高病鸡群非特异性免疫，增强鸡在流行过程中的抗病能力和继发病的发生。低致病性禽流感治疗效果越早越好，常用的对症治疗的中药主要有"双黄连口服液""清瘟败毒散""荆防败毒散"等，其剂量在应用时应该加大到 2～4 倍。该病能引起发烧、组织器官损伤，针对这些问题可以使用"卡巴匹林钙""安乃近""阿司匹林"等解热镇痛药。禽流感病毒感染后极易并发细菌感染，此外引起全身器官出血性变化，引起免疫抑制，所以临床除选用一些抗禽流感病毒效果好、能增强非特异免疫、有抗菌作用的中药外，还要根据继发病配合应用敏感抗菌类药物。低致病性禽流感常和新城疫、大肠杆菌病合并或继发感染，加重了低致病性禽流感的病情，要收到理想的临床效果，首先要准确诊断。即使疑似而不能确诊低致病性禽流感继发或合并感染新城疫，也首先要治疗低致病性禽流感，经过 5～7 天治疗，再进行紧急接种，绝不可首先用新城疫疫苗紧急接种，否则会加重病情，增加死亡率。如误将低致病性禽流感诊断为新城疫，用多倍量新城疫疫苗紧急免疫，往往在接种后第 2 天死亡急剧增多，尤其用 I 系苗接种后 1 周内，死亡更为严重。低致病性禽流感对生产的影响主要表现在对生殖功能的破坏，因此，治疗产蛋鸡低致病性禽流感，前期要中西医结合，对症选药，恢复呼吸、消化功能。后期注意补充营养，加强恢复产蛋药物的应用和产蛋性能的恢复。

1. 西兽药治疗

① 黄芪多糖每天每千克体重 0.2 克、阿莫西林每天每千克体重 50 毫克，混水分 2 次饮服，连续饮服 5 ～ 7 天。

② 治疗病鸡可选用黄芪多糖注射液每天每千克体重 2 毫升，柴胡注射液每天每千克体重 2 毫升，安乃近注射液每天每千克体重 10 毫克，肌内注射，每天 1 次，连续 5 天。

③ 黄芪多糖每天每千克体重 100 毫克；盐酸环丙沙星，每天每千克体重 30 毫克，混合分 2 次饮水，连续 7 天。

④ 干扰素用量为发病鸡群的 3 倍量、泰乐菌素每天每千克体重 80 毫克，连服 3 天，再用双黄连口服液每天每千克体重 1 毫升、多西环素每天每千克体重 50 毫克混合饮水，同时用清瘟败毒散、激蛋散拌料，每天每千克体重 1 ～ 2 克，连用 10 ～ 15 天。

⑤ 干扰素按说明 2 倍量、头孢噻呋每千克体重 5 毫克，混合肌内注射。同时用板青颗粒和双黄连口服液混合饮水，剂量分别为每天每千克体重 0.5 克和 1 毫升，连用 5 ～ 7 天。

2. 中兽药治疗

① 大青叶 400 克，连翘 300 克，黄芩 300 克，牛蒡子 300 克，百部 200 克，杏仁 200 克，黄檗 300 克，鱼腥草 400 克，野菊花 400 克，石膏 600 克，知母 300 克，山豆根 300 克。混合诸药，冷水浸泡 2 小时，煎煮 2 次，每次 2 ～ 3 小时，混合 2 次滤液，按每天每千克体重 2 ～ 4 克原生药量混合饮水，分 2 次饮服。

② 金银花 350 克，连翘 700 克，黄芩 350 克，板蓝根 300 克，贯众 150 克，鱼腥草 150 克。混合诸药，冷水浸泡 2 小时，煎煮 2 次，每次 2 小时，混合 2 次滤液，按每天每千克体重 2 克原生药混合饮水，分 2 次饮服。

③ 荆防败毒散混料每天每千克体重 2 克，连续 7 天。

④ 清瘟败毒散混料每天每千克体重 2 克，连续 7 天。

⑤ 板青颗粒每天每千克体重 0.5 ～ 1 克；双黄连口服液每天每千克体重 1 ～ 2 毫升。混合饮水，连续 7 天。清瘟败毒散拌料，每天每千克体重 1 ～ 2 克。

六、预防措施

高致病性禽流感一旦暴发，必须按规定立即逐级上报，并对疫区进行隔离、封锁，严禁禽类及其产品流通，对发病鸡群应严格采取扑杀措施。快速诊断，以发病鸡场为中心建立隔离检疫区，扑杀及处理感染鸡群。因治疗过程中排毒仍在进行，且病毒能通过发生突变而产生耐药性。因此不主张对发病鸡群进行治疗，以免疫情扩散。在流行过程中，一般不选择使用灭活苗紧急接种。低致病性禽流感在疫病流行过程中，应对发病鸡群及时确诊，以便立即实行严格的生物安全措施，尽量减少传播和扩散的可能性，对进出鸡场的人员和设备必须实行严格的消毒隔离措施。鸡蛋食用或出厂前，要进行水洗和消毒处理。对感染发病的阳性鸡群，要定期进行血清样品和环境的检测。疫苗接种是作为控制和扑灭禽流感的一种有效手段，在生产现场中应根据当地需要选择不同血清亚型的疫苗。推荐免疫程序为：5～7 日龄肉鸡，0.3 毫升皮下注射，保护整个生长期；7～10 日龄种鸡和蛋鸡，0.3～0.5 毫升皮下注射；20 周龄 0.5 毫升胸肌注射加强免疫；以后每 3 个月免疫一次。或者 2～4 周龄首次免疫，8～10 周龄第二次免疫，120～130 日龄第三次免疫，产蛋后每隔 3～4 个月免疫 1 次。

第三节
传染性法氏囊病

一、病原特点

传染性法氏囊病又称腔上囊炎、传染性囊病、甘保罗病，是由鸡传染性法氏囊病毒引起的以侵害幼龄鸡为主的一种急性、高度接触性传染病。已知传染性法氏囊病毒有 2 种血清型即 I 型和 II 型，两者有 70% 交叉保护，其中 I 型和 II 型变异毒株可使多种禽类致病，超强毒传染性法氏囊病毒死亡率可达 60%～70%。常规消毒药（如 0.5% 福尔马林、0.5% 过氧乙酸、2% 烧碱、1% 碳酸）1 小时可使传染性法氏囊病毒灭活。本病除可导致病鸡死亡外，还可引起鸡体免疫抑制。传染性法氏囊病主要以水平传播为主，3～6 周龄时最易感。蛋雏鸡比肉仔鸡病情严重，死亡率更高。

二、临床症状

本病的急性感染以突然发生为特征，病程一般为 1 周左右，呈"一过性"发生。雏鸡感染后突然大批发病，早期有病鸡啄自己泄殖腔的现象，食欲废绝，精神不振，缩颈昏睡，饮水量剧增。发病后，病鸡下痢，排浅白色或淡绿色稀粪，腹泻物中常含有尿酸盐，肛门周围的羽毛被粪污染或泥土玷污。随着病情的发展，饮欲、食欲减退，并逐渐消瘦、畏寒、颈部躯干震颤，步态不稳，走路摇摆，体温正常或在疾病末期体温低于正常，精神委顿，头下垂，眼睑闭合，羽毛逆立无光泽，蓬松脱水，眼窝凹陷，最后极度衰竭而死。发病后 3～4 天死亡达到高峰，死亡数很快又减少，死亡曲线呈尖峰状，一般在 8 天左右死亡基本停止。病愈的雏鸡贫血、消瘦、生长缓慢。传统Ⅰ型毒株及超强毒株在初次发生的鸡场，多呈显性感染，症状典型。一旦暴发流行后，多转入不显任何症状的亚临床型，但引起的免疫抑制严重，影响新城疫、马立克病、传染性支气管炎、传染性喉气管炎等常规疫苗的免疫效果。

三、剖检病变

胸部、腿部、颈部皮下肌肉散布点状、菱形或条纹状出血，腺胃和肌胃交界处有条状出血。法氏囊肿大变硬，浆膜面有淡黄色、胶冻样水肿，法氏囊充血潮红或因出血呈紫黑色，外观看呈紫黑色似紫葡萄状，切开法氏囊，发现腔内有凝乳样渗出物或充满紫黑色血液，黏膜肿胀、充血、出血并有黄白色坏死点，后期法氏囊萎缩，灰色无光，内有干酪样渗出物。肾脏肿大、苍白，尿酸盐沉积呈花斑样肾，俗称"花斑肾"，肾小管和输尿管扩张，内有尿酸盐潴留。脾脏轻度肿胀，表面有弥散性的灰色点状坏死灶（图38～图45）。

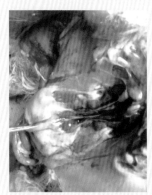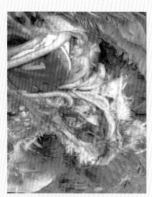

图38～图40　法氏囊病鸡法氏囊呈紫黑色

图41～图42　法氏囊病鸡腺肌胃交界处带状出血

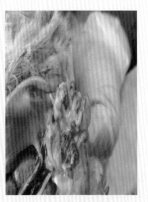

图43 法氏囊病鸡肾脏大理石样肿胀　图44 法氏囊病鸡腿部肌肉出血　图45 法氏囊病鸡黏膜出血

四、诊断技巧

根据流行特点、临床症状和法氏囊的典型病理变化可以进行临床初步诊断。鉴别诊断应注意与新城疫相区别，鸡传染性法氏囊病与鸡新城疫都有可能出现腺胃及其他器官出血，但鸡新城疫病程长，腺胃黏膜出血点多在腺胃乳头上，有呼吸道和神经症状，没有肌肉出血，也无肾肿大和法氏囊出血病变。肾型传染性支气管炎肾病变型病雏鸡常见肾肿大，有时有尿酸盐沉积，有时法氏囊充血和轻度出血，和法氏囊病极为相似。但肾型传染性支气管炎病鸡法氏囊不见黄色胶冻样水肿，腺胃、肌胃交界处、胸腿部肌肉也没有出血病变，耐过鸡不出现法氏囊萎缩。磺胺类药物中毒也有内脏器官、皮下组织、肌肉出血，肾苍白、肿大，但磺胺类药物中毒有使用磺胺类药物的历史，停喂磺胺类药物后病情好转。磺胺类药物中毒的鸡，多表现为兴奋、呼吸急促、冠髯青紫、痉挛甚至麻痹。霉菌毒素中毒虽然也有肌肉出血，但无法氏囊的特征性病变，而且有饲喂发霉饲料的病史。住白细胞原虫病，除胸肌、腿部肌肉出血外，内脏器官和肾脏出血，尤其是肝脏出血，嗉囊内有血液，胸肌、心肌等部位有小白色结节或血肿，结肠上有小的囊肿，肌肉上有白色结节，血液检查可见到裂殖体或配子体。鸡传染性贫血多发生于1～3周龄的雏鸡，病鸡骨髓黄染，翅膀或腹部皮下出血，胸腺、法氏囊萎缩。

五、治疗技巧

一旦发病，应对环境和鸡舍进行彻底消毒，再用中等毒力活疫苗对全群鸡进行肌内注射或饮水免疫紧急接种，可减少死亡。在饮水中加5%的葡萄糖或0.1%的盐，保证足够的饮水，防止病鸡脱水，对进一步采取治疗措施大有裨益。治疗本病时可采用高免卵黄抗体、中药、抗菌药联合应用，提高治愈率。防治继发病时避免使用磺胺类、喹乙醇等毒性较大的药物以及庆大霉素、卡那霉素、链霉素等嗜肾脏药物，应选用多种维生素，添加保肾药饮水。由于抗体对法氏囊病毒抗原有针对性作用，特异性高，注射后可在第一时间中和已经感染的血液中的病原，大大减缓疾病发展，效果比较显著，因此，临床上经常通过注射高免卵黄抗体来进行治疗。黄芪多糖、许多中药制剂治疗传染性法氏囊病都有显著效果，但传染性法氏囊病具有一过性特点，病程一般比较短，发病后感染鸡群反应严重，精神昏聩，食欲废绝，所以在治疗时，选用药物混水饮服的方法，同时配合采用高免卵黄、干扰素注射或饮水，而且尽早治疗，才能减少死亡。传染性法氏囊病是典型的免疫抑制性疾病，影响最大的疾病就是新城疫，可以使新城疫疫苗的效力下降30%～40%，不能产生足够保护机体不受新城疫病毒侵害的抗体滴度。因此，传染性法氏囊病愈后，要尽快补充免疫新城疫疫苗。

1. 西兽药治疗

① 高免卵黄抗体注射，鸡发病后及时注射高免卵黄抗体，每只鸡每次0.5～1毫升，连用2～3天，或按说明使用。高免血清，3～7周龄每只鸡肌内注射0.4毫升，成年鸡注射0.6毫升，注射一次即可。

② 补液盐饮水，可按说明稀释成1%浓度，连续饮用至病愈。

③ 黄芪多糖每天每千克体重0.4～0.6克、阿莫西林每天每千克体重50毫克，混合分2次饮水，连续应用至病愈。

2. 中兽药治疗

① 黄芪、党参各150克，黄连、生地黄、大青叶、白头翁、白术各70克，板蓝根、蒲公英、千里光、金银花各50克，甘草150克。水煎2次过滤药液成2000毫升，再混入5%白糖或多维葡萄糖，每天每只鸡1～2毫升（按药液算），分2次混水饮服，病情严重的鸡每次灌服2～4毫升药液。

② 扶正解毒散混料，成年鸡每天每只0.5～1.5克，连续5～7天。

③ 芪蓝囊病饮混水饮服，每天每千克体重1～2毫升。分2次混水饮服，连续3～5天。

④ 板蓝根500克，大青叶400克，金银花400克，黄芩200克，黄檗200克，藿香150克，地榆150克，白芍200克，甘草150克，诸药混合，冷水浸泡2小时，煎煮2次，每次2～3小时，混合滤液，按每天每千克体重1～2克原生药量，混水分2次饮服，连续5天。

⑤ 速效囊病宁每天每千克体重4～6毫升，分2次混水饮服，连续5～7天。

⑥ 板蓝根1000克，黄芩750克，连翘750克，白头翁500克，党参500克，

黄芪 500 克，炒白术 500 克，茯苓 500 克。将以上各味药混合粉碎，按每天每千克体重 2 克的剂量拌料饲喂，连用 7 天。

六、预防措施

该病流行的严重程度及死亡率的高低与预防接种有密切关系，因此，必须重视雏鸡的预防接种，制订合理的免疫程序。对无母源抗体雏鸡可分别在 5 ～ 8 日龄、15 ～ 18 日龄、25 ～ 30 日龄进行活苗免疫。有母源抗体的雏鸡可在 12 ～ 14 日龄、20 ～ 25 日龄进行两次活苗免疫。种鸡应在 18 ～ 20 周龄及 40 ～ 42 周龄进行两次油乳剂灭活苗免疫，使子代在出壳后保持高而整齐的母源抗体，在 3 ～ 4 周内得到保护。另一方面应适时地调整免疫程序，同一鸡场长期使用一个免疫程序对生产没有积极意义，必须适时进行免疫程序调整。病鸡是该病的主要传染源，主要通过饲料、饮水、用具及人员、车辆等媒介物接触传染，因此应严格消毒和隔离。对有发病史的鸡舍，除对空舍消毒外，在雏鸡入舍前 1 周，再用福尔马林 2 ～ 3 倍量进行熏蒸消毒，对鸡舍周围环境用 0.2% 过氧乙酸喷洒消毒。

第四节
传染性支气管炎

一、病原特点

鸡传染性支气管炎是由鸡传染性支气管炎病毒引起的一种急性、高度接触性呼吸道传染病。鸡传染性支气管炎病毒属冠状病毒科冠状病毒属病毒，主要存在于病鸡呼吸道渗出物中，肝、脾、肾和法氏囊中也能发现病毒，在肾和法氏囊内停留的时间可能比在肺和气管中还要长，病毒对一般消毒剂敏感。各年龄鸡都可以发生，不仅引起呼吸道症状，而且对生殖道也造成严重损害。5 周龄以内的鸡，症状比较明显，出现呼吸道症状，甚至引起死亡，同时可引起生殖系统受损伤，造成输卵管永久性退化，导致生产力下降。由于传染性支气管炎病毒毒株具有高度易变异和多血清型的特点，可引起不同日龄的鸡发病而不感染其他家禽，表现出广泛的组织嗜性和高度的遗传变异性。不同的鸡传染性支气管炎病毒具有不同的组织嗜性，因此该病的免疫和防治具有很大困难，免疫失败的现象时有发生。本病毒对热敏感，多数传染性支气管炎病毒毒株经 56℃ 15 分钟及 45℃ 90 分钟被灭活。对一般的消毒液抵抗力不强，1% 来苏儿、0.01% 高锰酸钾、70% 酒精、1% 福尔马林等 3 分钟内可将其杀死。

二、临床症状

鸡传染性支气管炎分型比较多，临床症状比较复杂，常见的主要有呼吸型、肾型、生殖型等。呼吸型主要表现呼吸道症状，30 日龄以内的雏鸡、130 ～ 250 日龄的产蛋鸡均易发病。30 日龄以内蛋雏鸡发病，主要表现甩鼻、咳嗽、少量的呼噜，病的发展速度较快，一般 24 小时之内发展到全群，然后出现少数抬头张口、伸颈喘气，鸡群怕冷、扎堆。用抗生素治疗基本无效，病程一般 7 ～ 10 天。产蛋鸡除表现呼噜、干咳为主的呼吸道症状外，还表现产蛋量急剧下降、畸形蛋、软壳蛋、沙皮蛋增多，蛋白稀薄如水，蛋黄与蛋白分离。肾型传染性支气管炎发病初期主要表现甩鼻、咳嗽，少量有呼吸啰音，传播速度较快。12 小时后能很快波及全群，但吃食和饮水基本正常，粪便正常，精神状态无明显变化。3 ～ 4 天后，鸡群饮水量会突然增加，开始出现水样稀粪，呼吸道症状会明显减轻，但同时会出现采食量下降，部分病鸡开始打蔫、缩脖，出现零星死亡，如果病情得不到及时控制，很快鸡群精神沉郁，羽毛蓬乱，喜卧嗜睡，反应迟钝，频频排泄水样或乳白色稀便，病鸡机体迅速脱水失重，致腿、趾干瘪如棒，死亡逐渐增多或大批死亡。感染可发生输卵管持久性损伤而导致性成熟后产蛋量永久性降低，日龄越小，损伤越严重。生殖型主要影响蛋鸡生殖器官的发育和产蛋鸡的产蛋，育雏早期感染后，临床上发病不明显，死亡率也很低。然而到成年时，外观看似健康，鸡冠发红，有的腹部肿胀下垂，但没有产蛋高峰。

三、剖检病变

呼吸型传染性支气管炎主要病变表现为气管环出血，尤其是支气管黏膜出血严重，支气管管腔中有黄色或黑黄色栓塞物。幼雏鼻腔、鼻窦黏膜充血，鼻腔中有黏稠分泌物，肺脏水肿或出血，气囊变厚、混浊。输卵管发育受阻，变细、变短或呈囊状，产蛋鸡的卵泡变形，甚至破裂。肾型传染性支气管炎病死鸡鼻腔有黏液，喉头、气管及支气管黏膜水肿增厚，可见轻度出血。脱水严重，肌肉发绀，皮肤发干，皮肤与肌肉不易分离。肾颜色变淡、肿胀，较正常的大 1 ～ 2 倍，肾小管和输尿管扩张并有尿酸盐沉着而呈斑驳状，称为"花斑肾"，泄殖腔内稀薄粪便中夹杂白色尿酸盐泡状物。重症病例可见心、肝、脾、气囊有尿酸盐附着、泄殖腔黏膜条状充血、出血。生殖型传染性支气管炎，主要影响鸡输卵管的发育，后期鸡群产蛋没有高峰，一般能达七成左右，不产蛋的鸡冠较红，体较壮，输卵管发育不良、短小，输卵管有透明液体渗出物，导致输卵管堵塞，还可见输卵管前端萎缩或发育不全，导致成熟卵泡无法进入输卵管而形成蛋坠落到腹腔中，造成产蛋障碍综合征，即所谓的"假母鸡"。180 天后剖检会有输卵管囊肿，病鸡输卵管中的水疱大小不一，透明、无色、清亮。部分病鸡输卵管内不出现积水情况，但会发现输卵管狭窄，卵巢上虽然有大量卵泡，而且卵泡发育正常，和输卵管囊肿病变一样影响正常产蛋功能（图46～图54）。

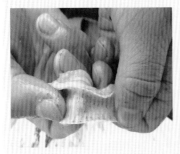

图46～图48　传染性支气管炎病鸡气管环出血

图49～图50　传染性支气管炎病鸡支气管内干酪样物

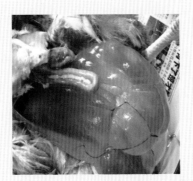

图51～图52　传染性支气管炎病鸡输卵管囊肿

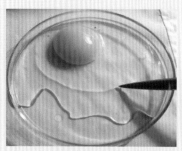

图 53 传染性支气管炎病鸡蛋清呈水样

图 54 肾型传染性支气管炎病鸡肾脏大理石样肿胀输尿管内尿酸盐沉积

四、诊断技巧

临床诊断呼吸型传染性支气管炎时，首先观察鸡群有无咳嗽、打喷嚏症状，夜间环境比较安静时更为明显，6周龄以下小鸡感染多有流鼻涕、流眼泪的症状。6周龄以上的鸡，面部肿胀，输卵管管壁变薄，出现不同程度的积水。蛋鸡产蛋量不断下降，蛋壳畸形，或者出现软壳蛋，蛋清水样稀薄，水样腹泻。感染肾型传染性支气管炎时，粪便米汤状，鸡的精神沉郁，羽毛松散蓬乱，腿和趾脱水干枯，肾脏特征性肿大，输尿管有大量尿酸盐沉积。生殖型传染性支气管炎输卵管会出现不同程度的损害，输卵管发育障碍或输卵管薄膜样病变、囊肿或积液，产蛋鸡没有产蛋高峰。临床根据不同型传染性支气管炎的特征性临床表现和剖检病变一般可以作出诊断。传染性支气管炎和新城疫都有咳喘、痰声噜噜、伸颈呼吸、产蛋率下降、蛋壳质量异常等临床表现，但新城疫一般要比传染性支气管炎病情严重，临床和剖检时，可见腺胃乳头出血及肠道淋巴滤泡枣核状出血或坏死，直肠黏膜条索状出血，嗉囊充满酸臭味的稀薄液体和气体，产蛋率下降幅度大，腿、翅瘫痪，扭颈旋转等特有临床表现和病理变化。产蛋下降综合征所致的产蛋率下降和蛋壳质量问题与传染性支气管炎相似，但其以无壳蛋急剧增多为主要特征，不影响蛋的内部质量，且无明显呼吸道症状。呼吸型传染性支气管炎和鸡传染性喉气管炎都有流泪、流鼻液、张口呼吸、咳嗽等症状，区别是鸡传染性喉气管炎病鸡有特征性的呼吸症状，呼吸时发出湿性啰音，伴有喘鸣声，且每次吸气时头颈向上、向后仰起，并张口用力吸气，严重时会发生痉挛性咳嗽，常能在垫草、墙壁、鸡身、鸡笼、料槽等地方发现咳出的血痰或者血块。剖检喉头出血、有干酪样物，气管黏膜上形成干酪样假膜。传染性喉气管炎的气管栓塞在喉头和气管前半段，传染性支气管炎的栓塞在气管下半段，更常见的在支气管。败血型支原体病发展缓慢、病情轻微，精神、饮食基本正常，病久则流浆液或黏性鼻液，喷嚏、咳嗽、呼吸困难、出现啰音。后期眼睑肿胀、眼部凸出，眼球萎缩，甚至失明。剖检见气囊膜变厚和混浊，表面有结节性病灶，内含干酪样物。传染性鼻炎病鸡常见面部肿胀，传播迅速，鼻、眼分泌物增多，支气管正常，雏鸡较少发生。肾型传染性支气管炎和传染性法氏囊病都有肾肿大、尿酸盐沉积的病理变化，临床诊断很容易混淆，鉴别点在传染性法氏囊病鸡排大量黄白色水样稀粪，腿肌、胸肌有条状、斑点状出血点或出血斑，腺胃与肌胃交界处多出现出血带，发病 2～3 天的病鸡，法氏囊肿大、出血。肾型传染性支气管炎不具有这些特征性病变。

五、治疗技巧

发病初期，用复合型传染性支气管炎疫苗 2～3 倍量进行紧急免疫，同时用生物制剂转移因子 2～3 倍量饮水以增强疫苗效果，并减轻疫苗反应。采用止咳化痰、平喘类中药进行对症治疗，同时配合抗生素、抗菌类药物治疗，对于防治此类疾病以及避免继发感染有着重要的作用。治疗呼吸型、生殖型传染性支气管炎病鸡可考虑使用干扰素配合抗生素、抗病毒药物、中草药、电解多维等对症治疗的综合防治措施。治疗呼吸型传染性支气管炎引起的支气管堵塞，40 日龄以内的病鸡群，用 2～3 倍量 La Sota 株 +H120 株滴鼻、点眼，55～60 日龄以上的鸡用 2～3 倍量 La Sota 株 +H52 株疫苗滴鼻、点眼，然后再使用双黄连口服液、麻杏石甘口服液。治疗肾型传染性支气管炎病鸡，要注意调整饲料中蛋白质含量，适当添加补液盐，维持体内电解质平衡，尽早使用肾宝或肾肿解毒药促进尿酸盐排泄，能有效减少死亡。

1. 西兽药治疗

① 多西环素每天每千克体重 50 毫克；复方甘草口服液每天每千克体重 0.5～1.0 毫升。同时混合饮水，分 2 次饮服，连续 5 天。可用于呼吸型传染性支气管炎的治疗。

② 替米考星每天每千克体重 50 毫克，双黄连口服液每天每千克体重 1～2 毫升，两种药物同时混水分 2 次饮服，连续应用 5～7 天。可用于呼吸型传染性支气管炎的治疗。

③ 红霉素每天每千克体重 20 毫克，黄芪多糖每天每千克体重 0.2～0.4 克，混合分 2 次饮水，连用 5～7 天。

④ 氨茶碱片每天每千克体重 0.5～1 克分 2 次口服，青霉素钠盐每千克体重 2.5 万～5 万国际单位、链霉素每千克体重 5 万～10 万国际单位，混合肌内注射。连续使用 3～5 天。

⑤ 龙达三肽肌内注射，每千克体重每次 0.5～1 毫升，如继发细菌病，可配合敏感药物一起使用。

⑥ 碳酸氢钠按 0.5% 或肾肿解毒药按说明饮水，连用 5 天。可用于肾型传染性支气管炎的治疗。

⑦ 维生素 E、鱼肝油按说明剂量拌料，恢复产蛋期连续应用 15 ～ 30 天，可明显恢复产蛋和改善蛋的品质。可用于生殖型传染性支气管炎的治疗。或用双黄连口服液每天每千克体重 0.5 ～ 1 毫升、阿莫西林钠盐每天每千克体重 50 毫克、甲硝唑每天每千克体重 50 毫克，混合混水分 2 次饮服，连用 5 ～ 7 天。

2. 中兽药治疗

① 射干地龙颗粒每天每千克体重 1 ～ 2 克，分 2 次混水饮服，连续 7 ～ 10 天。

② 麻黄 60 克，大青叶 40 克，石膏 30 克，半夏 20 克，连翘 30 克，黄连、黄芩、蒲公英、桑皮、桔梗、麦冬各 20 克，甘草 10 克，混合粉碎，按每千克饲料 10 克剂量，与饲料均匀混合饲喂，连续应用 7 天。

③ 黄芩 50 克，麻黄 30 克，紫苏 30 克，鱼腥草 50 克，黄檗 35 克，蒲公英 15 克，金银花 45 克，板蓝根、大青叶、甘草各 50 克。诸药混合，冷水浸泡 2 ～ 3 小时，煎煮 2 次，每次 2 小时，混合滤液，按每天每千克体重 1 ～ 2 克原生药量，分 2 次混水饮服，连用 5 ～ 7 天。

④ 麻杏石甘散每天每千克体重 1 ～ 2 克，煎煮 2 次，每次 1 ～ 2 小时，混合滤液待凉后，再加入多西环素，每天每千克体重 50 毫克，混水分 2 次饮用，连续使用 7 天。

六、预防措施

疫苗免疫接种是目前预防该病的主要措施，但由于该病的血清型众多，所以有时免疫效果不很理想。传染性支气管炎病毒变异很快，所以用疫苗前必须了解当地流行的传染性支气管炎病毒血清型，使用的疫苗血清型应与流行病病毒血清型一致，这样才能达到有效的保护作用。对传染性支气管炎弱毒疫苗新毒株和变异株的引进应十分慎重，因一旦引入，就可能会面临疫苗毒和野毒重组产生新的血清型致病毒株，造成更大危害。一般认为，Mass 株的 M120 型疫苗对其他型病毒株有交叉免疫作用，常用的弱毒苗有 H120 株和 H52 株及其灭活油剂苗。H120 毒力较弱，对雏鸡安全，H52 毒力较强，适用于 50 日龄以上的鸡。一般免疫程序为 5 ～ 7 日龄用 H120 首免，50 日龄时用 H52 二免。以后每 2 ～ 3 个月可使用 H52 加强免疫 1 次，种鸡还应于 120 ～ 140 日龄时用油苗加强免疫 1 次。使用弱毒苗应与新城疫弱毒苗同时或间隔 10 天使用，以免发生干扰作用。国内主要流行毒株以 QX-like 毒株为主，占到临床分离毒株的

80% 以上，这类毒株在全国分布较为广泛，将 Mass-like 相关疫苗（如 H120、Ma5 等）和国内主要流行株疫苗（QX-like 毒株）联用是最理想的免疫接种选择。在免疫程序的安排上，可将两种类型的疫苗（H120+QX 或 4/91）联合用于早期接种免疫，增强机体的局部防护能力，在一定程度上减少早期感染的发生。

第五节
传染性鼻气管炎

一、病原特点

鸡的传染性鼻气管炎，是由禽偏肺病毒（禽肺病毒）引起的肉鸡、肉种鸡、产蛋鸡的一种传染病，属于副黏病毒科、肺炎病毒亚科、禽偏肺病毒属。对乙醚敏感，pH3 ～ 9 时稳定，对热敏感，无血细胞凝集素和神经氨酸酶活性。以打喷嚏、头部肿胀、眼鼻有分泌物等上呼吸道症状为特征。易感染大肠杆菌、新城疫、流感等，给养鸡业造成很大损失。早在 20 世纪 70 年代初，南非就发现此病，我国自 1998 年首次分离到该病毒后，先后在不同地区分离到病毒，其已经在我国许多地区鸡群中广泛流行。鸡的传染性鼻气管炎病毒只有一个血清型，可分为 A、B、C、D 四个亚群。水平方式传播，接触传染，发病突然，传播迅速，在很短的时间内能引起各年龄的肉用鸡或肉种鸡发病，产蛋鸡也发生此病，但症状较轻。曾经认为，禽偏肺病毒是引起肉鸡肿头综合征的病因之一，能造成 30 日龄左右商品肉鸡或 30 周龄左右的种鸡发病。雏鸡发病日龄为 4 ～ 7 周龄，高峰为 5 ～ 6 周龄，种鸡 24 ～ 25 周龄，产蛋鸡在产蛋高峰期易发。在不采取治疗的情况下，病程一般为 10 ～ 14 天，但应用抗生素和加强鸡舍排风后，一般可缩短到 3 ～ 5 天，死亡率一般为 1% ～ 2%，有的甚至可达 30%。死亡多发生于两个时期：第一时期是刚开始出现症状，在鸡舍传播后，未及时淘汰病鸡，造成很高的死亡率；第二时期是继发感染新城疫、霉形体、禽流感、大肠杆菌等病后，病情加重，引起死亡。本病的易感动物主要是火鸡、鸡、珍珠鸡、雉鸡。

二、临床症状

最初打喷嚏、发出水泡音和咯咯声，也有人描述为吸气音和啰音、鼻腔咔嗒声。病鸡精神沉郁，行动迟缓，症状很快发展为泪腺肿胀和结膜变红，

12～24小时即出现头部皮下水肿，眼睑、眼周围、下颌部及肉髯肿胀，鼻腔有脓性分泌物，眼、耳也流出污物。早期患病的肉鸡常用爪抓挠面部，此阶段能够引起鸡的死亡。有的病鸡羽毛蓬乱，粪便呈绿色并发出恶臭，可能出现斜颈、摇头、转圈、角弓反张、共济失调等症状，最后由于饮食困难而导致死亡。产蛋鸡患病后，食欲减退，产蛋率严重下降，薄壳蛋或无壳蛋、畸形蛋和不规则鸡蛋增多。肉鸡感染后，表现为"肿头综合征"的典型症状，肉用仔鸡感染后引起的呼吸症状较严重，发病率和死亡率都极高。

三、剖检病变

结膜炎，眼内充满泡沫状水样物，单侧或双侧性鼻窦肿胀。头部、面部和喉周围皮下组织严重水肿甚或化脓，腭裂及气管下部有小点出血，死鸡有卵黄性腹膜炎，早期病变的卵巢出现分泌物，其后表现为带有大量卵黄碎片的腹膜炎性病变。头部皮肤隆起，随后可见胶状液和脓液。剖检可见呼吸道有干酪样病灶，这些病灶通常很小，鼻黏膜上有细小的斑点，严重时可发展到由红到紫的黏膜变色。上呼吸道有轻微水肿。

四、诊断技巧

病变限于上呼吸道，临床表现为咳嗽、喷嚏、鼻腔有分泌物、结膜炎、眶下窦肿胀等。鼻腔和气管的分泌物最初为浆液性，后为黏液性，含有纤维蛋白，鼻腔和气管黏膜充血。在独立病例中，可看到紧接喉部的气管背部严重地折入管腔。家禽感染"禽偏肺病毒"后，临床症状具有一定的诊断意义，但这些临床症状并不是传染性鼻气管炎感染后所特有的表现，"禽偏肺病毒"感染症状易与鸡传染性鼻炎、支原体、温和型流感、新城疫等病相混淆，需加以区别。鸡传染性鼻炎、支原体都有肿脸、流鼻液症状，但没有神经症状。新城疫后期有神经症状，但没有肿脸、流鼻液症状，从解剖病变上看，有新城疫特有病变，能与本病相区分。本病与温和型流感从症状上不好区分，都有肿脸、肉髯肿、流鼻液以及神经症状，但从解剖病变上看，流感一般有腺胃乳头基部出血、胰脏坏死出血、输卵管水肿等特征性病变，而本病没有。

五、治疗技巧

对于已经感染的鸡，病情严重时常常伴有鸡大肠杆菌病的发生，首先要应用不同的抗生素降低继发感染和发病程度，同时选用能改善上呼吸道症状、缓解生殖系统病理变化的相关中药制剂或生物制剂进行辅助治疗，有助于该病的恢复。鸡群出现应激时，及时添加维生素C、电解多维、黄芪多糖、玉屏风散或玉屏风颗粒等提高机体抗病力。对于发病鸡群，紧急接种能够缓解鸡传染性鼻气管炎感染后引起的临床症状和有效降低死亡率。

1. 西兽药治疗

① 阿莫西林钠每天每千克体重 50 毫克，黄芪多糖每天每千克体重 0.4 克，混合溶水口服，每天 2 次，连续 5 ～ 7 天。

② 环丙沙星每天每千克体重 25 毫克，玉屏风颗粒每天每千克体重 0.5 ～ 1 克，混合溶水口服，每天 2 次，连续 5 ～ 7 天。

2. 中兽药治疗

① 虎杖 250 克，板蓝根 300 克，牡丹皮 200 克，赤芍 100 克，蝉蜕 100 克，甘草 50 克。诸药混合冷水浸泡 2 ～ 3 小时，煎煮 2 次，每次 2 小时，混合 2 次滤液，按每天每千克体重 0.5 ～ 1 克原生药量混水饮服。

② 麻黄 60 克，杏仁 20 克，大青叶 40 克，石膏 30 克，半夏 20 克，连翘 30 克，金银花、黄芩、蒲公英、桑皮、桔梗各 20 克，甘草 20 克，混合粉碎，按每千克饲料 10 克剂量，与饲料均匀混合饲喂，连续应用 7 天。也可煎煮后混水饮服。

六、预防措施

管理因素对鸡传染性鼻气管炎病具有重要意义，管理不善易使鸡群感染传染性鼻气管炎，例如，通风不良、温度失控、饲养密度过高、卫生条件差、不同日龄混养和继发感染病原的出现等。该病的死亡率主要取决于如大肠杆菌、巴氏杆菌、霉形体等继发感染的严重程度，被污染的水源、设备、人员均与该病的暴发有关。而通风不良、过于拥挤引起的应激等也会加剧病情的发展。为了控制继发性细菌感染，早期使用抗生素治疗可以减轻继发感染所致的损害，降低死亡率。严格的生物安全对控制该病毒在群与群之间以及各养殖场之间的传播也起着重要的作用。野禽有可能是病毒的携带者，好的生物安全措施是防止传入禽场的基本保证，对接触家禽的人员、器械和饲养用具都要进行定期消毒。疫苗接种可大大降低患病的严重性以及由此产生的经济损失。商品性的 A 型和 B 型弱毒活疫苗和灭活疫苗，已在一些地方广泛使用。活疫苗接种通常在 1 日龄时进行，亦可稍迟一些接种。在疫苗保护试验中发现，接种疫苗后 11 周时对免疫火鸡进行攻毒，虽然可获得保护而不表现临诊症状，但也能从攻毒火鸡中检出攻击病毒。这就说明，疫苗免疫过的鸡体内仍可能有野毒的存在和增殖。因此在制订安全防制措施时，应对此给予充分的注意。

第六节

传染性喉气管炎

一、病原特点

鸡传染性喉气管炎是由喉气管炎病毒引起的急性呼吸道传染病，主要通过空气经呼吸道感染，受侵害的气管黏膜肿胀、出血、糜烂，以呼吸困难、气喘、咯出血样渗出物或黄白色假膜为特征，成年鸡的表现最明显。传染性喉气管炎病毒对外界环境的抵抗力强，对脂溶剂、热以及各种消毒剂均敏感。经乙醚处理24小时后，即失去传染性。阳光直射下6～8小时即可被灭活，不耐高温，煮沸即可被杀死。55℃存活10～15分钟，但在低温条件下可长期存活。气管渗出物中的病毒，用5%石炭酸1分钟、3%的来苏儿或1%氢氧化钠30秒可灭活。本病一旦进入鸡群，则迅速传播，感染率可达90%以上，死亡率因饲养条件、鸡群状况、继发感染情况不同而异。病鸡、康复鸡或接种过弱毒疫苗的鸡可能成为带毒鸡，是主要的传染源。密度大、通风不良、饲养管理不好、维生素缺乏等，可促进本病的发生和传播。

二、临床症状

有急性型与温和型两种表现。急性型发病初期突然有数只鸡死亡，传播迅速，短期内全群感染。病鸡精神沉郁、缩头、呆立、羽毛松乱，鸡冠发绀，肉髯苍白，食欲明显减少或废绝。病初，流浆液性或黏液性泡沫状鼻液，气味恶臭。眼角积聚泡沫性分泌物，流泪。随后表现为特征性的呼吸道症状，病鸡蹲伏，每次吸气时头和颈部向前向上伸展、张口、甩头、尽力吸气，并有喘鸣声，呼吸时发出湿性啰音，强咳时咯出的分泌物常混有血凝块及脱落的上皮组织。一侧或两侧颜面肿胀，眼睛轻度充血，眼结膜发炎，眼睑肿胀和粘连。严重病例高度呼吸困难、痉挛、咳嗽、咯出带血黏液，污染喙角、颜面及头部羽毛。排灰白色、绿色粪便。濒死鸡或死亡鸡口腔、喉头内有泡沫状液体或干酪样分泌物，喉头出血且喉头被血液或纤维蛋白凝块堵塞，若堵塞物不能咯出则可能窒息死亡。产蛋量下降，蛋形不整、蛋壳褪色，多产软壳蛋、波纹蛋、畸形蛋，外层蛋白稀薄如水，扩散面增大。感染鸡发病末期常出现下痢，鸡冠、肉髯变为紫红色或紫黑色，鸡体逐渐衰竭，发病鸡最后因呼吸困难发生窒息而死亡。温和型主要发生在30～40日龄鸡群。病鸡眼结膜发炎，眼睛轻度充血，眼睑红肿，流泪，眼角积聚泡沫性分泌物，上下眼睑肿胀、粘连，不断用爪抓眼；部分鸡眼睑内有黄白色干酪样分泌物，多数鸡一侧眼睛发病，个别鸡两侧眼睛发病，有的半侧颜面肿胀。后期角膜混浊、溃疡，鼻腔有分泌物，严重的失明。病鸡生长迟缓，偶见呼吸困难，病程持续时间较长，可达 2～3 个月，病鸡死亡率较低。

三、剖检病变

病理变化主要表现为喉头、气管黏膜肿胀、充血、出血，甚至坏死，表面常覆有多量浓稠黏液或黄白色假膜或黄白色豆腐渣样渗出物，并常有血液凝块。气管的病变在靠近喉头处最重，往下稍轻。病鸡的眼结膜和眶下窦充血和水肿，鼻腔都有黏液。由于剧烈咳嗽和痉挛性呼吸，咯出分泌物、混血凝块以及脱落的上皮组织。严重时炎症也可波及支气管、肺和气囊等，甚至上行至鼻腔和眶下窦。一般肺脏正常，偶有肺充血及小区域的炎症变化；肠道出血；盲肠扁桃体出血；鼻腔、眶下窦、喉头、气管黏膜为急性卡他性炎症。温和型病例一般只出现眼结膜和眶下窦上皮组织水肿和充血，有时角膜混浊，眶下窦肿胀有干酪样物质（图 55～图 58）。

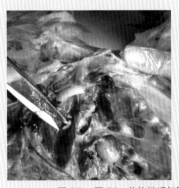

图 55～图 56　传染性喉气管炎病鸡喉气管出血，气管干酪样栓塞

图 57　传染性喉气管炎病鸡喉气管干酪样栓塞　　图 58　传染性喉气管炎病鸡气管内血痰

四、诊断技巧

急性病例根据病史、症状和严重的气管病变可以作出初步诊断。由于鸡传染性喉气管炎的临床症状、病理变化同鸡新城疫、呼吸型传染性支气管炎、传染性鼻炎等呼吸道传染病较为相似，容易发生误诊，为此临床上还要做好该病与此类疾病的鉴别诊断工作。鸡新城疫病鸡也有呼吸困难，但病情要比传染性喉气管炎轻微，临床上多有神经症状，剖检可见腺胃乳头、十二指肠淋巴滤泡、盲肠扁桃体肿胀出血，而传染性喉气管炎没有或很少有这些临床症状和病理变化。禽流感主要导致病鸡气管发生充血，气管内存在黏液和血液而形成黏液性内容物，导致下呼吸道发生严重的炎症反应，同时有消化道出血、卵巢、睾丸出血、输卵管水肿等病变，而传染性喉气管炎主要是导致病鸡喉头和气管中上部发生比较严重的出血，且里面存在血性渗出物，一般没有其他脏器病变。鸡呼吸型传染性支气管炎多见支气管出血，甚至有干酪样栓塞，呼吸道症状不如喉气管炎严重，气管黏膜很少有出血性变化。黏膜型鸡痘传播慢，也有伸颈张口呼吸，但不发声，而传染性喉气管炎伸颈张口呼吸时，有特殊的声音而且常伴有甩头。鸡痘病变主要是喉头或气管内有痘疹，不易剥离，剥离后气管黏膜溃疡、出血。而传染性喉气管炎喉头或气管内的干酪样物易剥离，剥离后不出血。鸡传染性鼻炎眼睑肿胀，一侧或两侧颜面肿胀，有豆腐渣样渗出物，生长缓慢。剖检可见鼻腔、眶下窦有炎症，其他内脏无变化。支原体病鸡，表现为打喷嚏，一侧或两侧眶下窦发炎肿胀，鼻孔被黏稠的鼻液堵塞。剖检可见鼻孔、鼻窦、气管、肺有较多黏性和浆性分泌物。有关节炎时关节肿胀。临床诊断时，要注意近年来传染性喉气管炎流行症状发生了一些变化，呼吸困难的症状不如前几年那么典型，以前一般是14周龄以后的蛋鸡发病，现在青年鸡发病率比较高，有的甚至在 50～60 日龄发病。

五、治疗技巧

本病对气囊和内脏器官不会有影响，因此，即使感染本病后有部分鸡继发感染其他病原，但不影响本病的诊治。病早期如果能够确诊，发病初期用传染性喉气管炎弱毒疫苗紧急预防，可控制疫情。紧急预防用的疫苗最好是毒力较强的疫苗，免疫的最佳方式是涂肛，即用硬质毛刷擦拭肛门黏膜。临诊要根据发病鸡群的具体病情，使用抗生素类药物预防继发感染，同时用黄芪多糖提升免疫力，对重病鸡还要用激素类药物来缓解呼吸困难，防止鸡呼吸道堵塞而死亡，减少死亡率，临床上常使用地塞米松对喉气管进行喷雾。传染性喉气管炎弱毒疫苗具有一定毒力，部分鸡免疫后会出现疫苗反应，如肿眼和流泪，若鸡群抵抗力不强，环境不良，还会导致鸡群出现瞎眼病鸡，因此许多养鸡场不免疫传染性喉气管炎弱毒疫苗。采用传染性喉气管炎弱毒疫苗免疫时，建议在疫苗稀释液中适量添加青霉素、链霉素。免疫接种前还要对鸡群进行支原体感染检查，鸡群如有支原体感染，必须先净化支原体，再进行疫苗接种，否则免疫后将会产生严重的不良反应。

1. 西兽药治疗

① 治疗病情严重、呼吸困难的病鸡，可取氢化可的松 2 毫升、青霉素 80 万单位、链霉素 100 万单位，加生理盐水至 20 毫升，每只鸡 0.5 ～ 1 毫升，口腔喷雾给药。

② 饲料加倍添加多种维生素、浓缩型鱼肝油，也可用水溶性多维素饮水。

③ 氯化铵每天每千克体重 0.2 克；替米考星每天每千克体重 50 毫克，混水分 2 次饮服，连用 3 ～ 5 天。

④ 多西环素每天每千克体重 50 毫克，干扰素 1 ～ 1.5 羽份，混合饮水，连续 3 ～ 5 天。替米考星每千克体重 50 毫克，混水饮服，连续 5 天。

⑤ 对严重病鸡，取兽用卡那霉素 1 支、地塞米松磷酸钠一支，用生理盐水稀释至 30 ～ 40 毫升，用小喷雾器喷喉，每天 1 ～ 2 次。

2. 中兽药治疗

① 双黄连口服液每天每千克体重 1 ～ 2 毫升；板青颗粒每天每千克体重 0.5 ～ 1 克。两种药物混合溶水饮服，每天 2 次，连续 5 天。

② 严重病鸡或小群发病鸡可用中药喉症丸或六神丸，每天每千克体重 5 ～ 10 粒，连用 3 ～ 5 天。

③ 喉炎净散按 0.05% ～ 0.1% 拌料，连续 7 天。对病重的鸡，每只鸡灌服喉症丸 10 粒，每天 2 次，连续 5 天。

④ 麻杏石甘口服液每千克体重 1 ～ 2 毫升，双黄连每千克体重 0.5 ～ 1 毫升，同时混水分 2 次饮服，连续 7 天。

⑤ 麻黄 300 克，板蓝根 300 克，生石膏 250 克，射干 200 克，连翘 200 克，金银花 200 克，蒲公英 150 克，黄芩 250 克，杏仁 250 克，桑白皮 150 克，桔梗 100 克，甘草 100 克。诸药混合，冷水浸泡 2 ～ 3 小时，水煎取汁，混合两次滤液，按每天每千克体重 1 克原生药量，混水饮服，连用 5 ～ 7 天。

⑥ 金银花、连翘、板蓝根、黄连、黄芩、穿心莲、前胡、百部、枇杷叶、瓜蒌、桔梗、杏仁、陈皮、甘草各等量。诸药混合冷水浸泡，然后文火煎煮 2 次，每次 2 ～ 3 小时，滤渣取汁，加红糖少许，每天每千克体重 1 ～ 2 克（按生药计），混水饮服，连续 5 ～ 7 天。

⑦ 牛蒡子 400 克，生地黄 400 克，射干 200 克，黄连 100 克，白矾 100 克，紫草 200 克，龙胆 200 克，鱼腥草 400 克。诸药混合，冷水浸泡，然后文火煎煮 2 次，每次 2 ～ 3 小时，滤渣取汁，混合两次滤液，按每千克体重 2 克原生药量，

混水饮服，连续 7 天。病情严重的鸡群，可连续服用 10 ～ 15 天。

六、预防措施

接种弱毒疫苗可获满意的保护效果。40 日龄首次免疫时，用弱毒苗点眼或滴鼻，或强毒苗涂搽泄殖腔黏膜，14 天后产生抗体；90 日龄时二免，也可在开产前再进行第三次免疫接种。由于弱毒疫苗还有一定毒力，被免疫的鸡可能长期带毒，所以只有在本病流行的地区才可使用。常用的免疫途径是点眼，接种后有少部分鸡的眼睛可能出现炎症反应。也可饮水免疫，但效果稍差，应加大剂量。一个鸡舍从发病到蔓延一般需要 1 周，从而为紧急接种提供了可利用的时间，疫苗接种 5 ～ 6 天即可产生完全的免疫力。因此，在鸡场内某一鸡群发生该病时，其他鸡群若能立即采取疫苗接种措施，可控制该病的蔓延。目前使用的疫苗主要有弱毒疫苗和强毒疫苗，接种弱毒疫苗的方法是滴鼻、点眼，疫苗接种后，少数鸡有轻微的呼吸道反应，结膜潮红、流泪或有呼吸道症状，若无其他病原微生物的混合感染，疫苗反应在 1 ～ 2 天内即可消失，接种鸡可获得良好的免疫力。强毒疫苗只能作擦肛用，绝不能将疫苗接种到眼、鼻、口等部位。擦肛后 3 ～ 4 天，泄殖腔黏膜出现水肿和出血性炎症，表示接种成功，此时便可抵御病毒的攻击。1 月龄以内幼雏接种时免疫期持续的时间较短，在 2 ～ 3 月龄时须再接种 1 次，保护力可达 9 个月以上。在 2 ～ 3 月龄进行 1 次免疫时，免疫期可达 6 个月以上。自然感染的鸡可维持 1 年以上或终生免疫。未发生过传染性喉气管炎病或从未用过传染性喉气管炎疫苗的地方，应尽量避免免疫，以免扩散病毒污染环境。

❈❈ 第七节 ❈❈
传染性脑脊髓炎

一、病原特点

鸡传染性脑脊髓炎是由鸡脑脊髓炎病毒引起的以侵害幼龄鸡中枢神经系统为主要特征的传染病，其临床特征为病鸡共济失调，快速震颤，特别是头颈部的震颤明显，故又称为"流行性震颤"。鸡传染性脑脊髓炎病毒在环境中有较强的抵抗力，在垫料中可存活 4 周以上，对氯仿、乙醚、酸、胰酶、胃蛋白酶有抵抗力，所有鸡脑脊髓炎病毒不同分离株属同一血清型，但各毒株的致病性和对组织的亲嗜性不同，自然病毒株有嗜肠的特性；Van Roc-kel 株有高度嗜神经性，其特点是以侵害鸡的神经系统为主，致使病鸡出现神经症状。不同品种、性别和日龄的鸡均易感，其中以3周龄以内的低龄雏鸡最易感、症状最严重。带病种鸡或被污染种蛋可造成垂直传播，是本病的主要传播方式。产蛋鸡感染3周内所产的蛋都带有病毒。一些严重感染的胚蛋，在孵化后期死亡。大部分感染的鸡胚可以孵化出壳，但出壳的雏禽在出壳后数天内陆续出现典型的临床症状。垂直传播发病的雏鸡，潜伏期为1～7天，接触传播感染潜伏期相对长一些，最短为11天，故一般认为1～7日龄出现脑脊髓炎症状由病毒垂直传播而来，11～16日龄雏鸡出现症状则由水平传播所致。成年鸡感染，无明显的临床症状，主要表现为产蛋鸡一过性产蛋率、孵化率下降，经1～2周后逐渐恢复。

二、临床症状

病雏鸡不愿走动易受惊吓，呈半蹲状态。有的鸡一条腿麻痹向外侧伸，靠单腿行走。进一步发展为共济失调、头颈震颤、脚趾蜷曲、翅膀着地。严重者侧卧瘫痪在地。部分雏鸡出现头颈部震颤，个别雏鸡翅、尾震颤，用手刺激病雏鸡头部时震颤更为明显。有的病雏鸡颈歪斜，眼斜视，一侧眼晶状体混浊失明或褪色成为浅蓝色。最后病雏鸡由于失明，采食不成或被其他雏鸡践踏致死或被淘汰。感染病毒的种母鸡通过卵垂直传染给雏鸡，出壳后即有一定数量的弱雏，潜伏期仅1～3天即出现症状。随着雏鸡日龄的增长，对水平传的病毒抵抗力逐渐增强，4～5周龄的鸡感染，症状不明显。部分病雏鸡耐过后生长发育迟缓，在育成阶段，出现一侧或两侧眼球的晶状体混浊或呈蓝色，内有絮状物，瞳孔反射弱。眼球增大、失明。成年母鸡感染后无明显症状，唯一的表现是产蛋量暂时轻微下降，持续1～2周，下降幅度5%～15%，严重达20%。蛋变小，孵化率下降，后期死胚增多。

三、剖检病变

脑组织水肿，脑膜下有水样透明感，脑膜上有出血点或出血斑，跗关节红肿，腿部皮下有胶冻样渗出液。心室壁和肝切面有白斑，偶尔可见病雏鸡腺胃肌层有散在的灰白区。肝、肾等其他脏器一般无明显变化。

四、诊断技巧

根据病初多表现出不同程度的神经症状，如共济失调和头颈肌肉间歇性震颤，成年母鸡近期产蛋量普遍下降，雏禽出壳后陆续出现瘫痪、剖检病死鸡见典型的神经系统病变，1～3周龄发病较多，追踪到其种鸡有短暂的产蛋下降，且某段时间内孵出的多批小鸡分发到不同地方饲养，但均出现麻痹、震颤和死亡等情况，即可作出初步诊断。注意与病毒性关节炎、维生素E-硒缺乏症、维生素B_2缺乏等进行鉴别。病毒性关节炎自然感染多发于 4～7 周龄鸡，病鸡跛行，跗关节肿胀，鸡群中有部分鸡呈现发育迟缓、嘴和脚苍白、羽毛生长不良等。维生素 E- 硒缺乏症，肉眼可见病鸡脑软化，小脑充血、出血、肿胀等病变。硒缺乏症可见腹部皮下有多量液体积聚，有时呈蓝紫色，有些鸡肌肉苍白，胸肌有白线状坏死的肌纤维。补充维生素 E、硒合剂能控制病情。维生素 B_2 缺乏，常发生于 2 周龄雏鸡。雏鸡脚趾向内弯曲，腿麻痹，行走困难，剖检时见坐骨神经比正常肿大 3～4 倍。幼雏维生素 B_2 缺乏是由种鸡群维生素 B_2 缺乏引起的，喂服维生素 B_2 可得到改善。维生素 B_1 缺乏、烟酸缺乏、维生素 D_3 缺乏也会引起脚弱症状，适当地补充能控制病情、改善症状。药物中毒时，如莫能霉素或盐霉素与红霉素、氯霉素、支原净等同时使用，会使雏鸡脚软，共济失调。另外使用含氟过高的磷酸氢钙而造成的氟中毒，雏鸡腿无力，走路不稳，严重时出现跛行或瘫痪，剖检见鸡胸骨发育与日龄不符，腿骨松软，易折而不断，主要原因是高氟进入机体后与血钙结合成不溶性氧化物使血钙降低，为补充血钙，不断释放骨钙而导致骨钙化不全。产蛋鸡发病应该与产蛋下降综合征、传染性支气管炎、非典型新城疫等进行鉴别。产蛋下降综合征，持续时间长，恢复后产蛋很难达到原来水平，且蛋壳变白色，产无壳蛋、软壳蛋或畸形蛋。传染性支气管炎有呼吸性症状，产蛋下降，畸形蛋增加，蛋的品质变化明显，蛋清稀薄如水。非典型新城疫只有产蛋下降，无或少有其他明显的临床症状。

五、治疗技巧

鉴于该病的强传染性和高危害性，务必坚持以防为主，不推荐临床采取药物治疗，尤其是确诊后的种鸡群，应果断淘汰，做无害化处置或商品化"全出"处置。对于中大鸡群（商品鸡群），发现疑似病例应立即隔离饲养，对症治疗，原发病舍宜采取整群防治，可用黄芪多糖、多西环素混合饮水。任何日龄的鸡都可能感染传染性脑脊髓炎，但 4 周龄之前小鸡感染才有典型神经症状。活疫苗具有一定毒力，可通过自然扩散感染易感鸡群，故小于 8 周龄、处于产蛋期的鸡群不能接种，以免引发该病，70 日龄种鸡接种活疫苗较为安全。灭活疫苗安全性相对较好，适用于无传染性脑脊髓炎病史的鸡群，开产前 1 个月肌内注射。笼养育雏的饲养方式，主要采用饮水的方法进行疫苗免疫接种；地面饲养的鸡群，接种可采用嗉囊注射的方法，即将疫苗从鸡的嗉囊注入，全群只需注射 10% 的鸡即可。也可选用禽脑脊髓炎、鸡痘弱毒二联疫苗，开产前 4～8 周进行翼膜刺种。接种或自然感染后 4 周内所产的蛋不宜孵化，以防雏鸡由于垂直传播而发病。

1. 西兽药治疗

① 发病鸡群可用传染性脑脊髓炎卵黄抗体肌内注射，每只雏鸡 0.5～1.0 毫

升，每天1次，连用2天。也可肌内注射禽脑脊髓炎高免血清或康复鸡血清，每只0.2～0.5毫升，每天1次，连续使用2～3天。

② 饲料中加入倍量维生素E、B族维生素、维生素AD粉等，以保护神经和改善症状，增强机体抗病能力。

③ 干扰素饮水，每天1～2羽份，连续使用3天。

④ 土霉素混料，按饲料的0.2%添加，连用5～7天。

2. 中兽药治疗

① 板青颗粒饮水，每天每千克体重0.5～1.0克，连用5～7天。

② 黄芪多糖每天每千克体重0.3克，双黄连口服液每天每千克体重0.5～1.0毫升，混水饮服，连续5～7天。

六、预防措施

坚持疫苗接种，常用的疫苗有禽脑脊髓炎canekll4株弱毒活疫苗或禽脑脊髓炎油乳剂灭活疫苗，后备种鸡于12周龄时以1～2羽份首次免疫，或用弱毒活疫苗饮水免疫。16周龄时，再以同样方法加强免疫1次。规模化养鸡场要做到"勤监测、早发现、早诊断、早隔离治疗"。经监测发现带病鸡或重症鸡，尤其是种鸡，务必果断淘汰，以免造成垂直传播。对感染鸡群做好隔离饲养，加强消毒。鸡舍、孵化室及用具用0.3%过氧乙酸消毒，室外用2%火碱喷洒，每天1次，连续10天。将轻症鸡隔离饲养，投以抗生素预防细菌感染，维生素E、维生素B_1、谷维素等药物可保护神经和改善症状。感染鸡群3周内所产的蛋含有病毒，不能用于孵化。完全康复后的鸡群所产的蛋可用于孵化，并可使雏鸡获得母源抗体。死鸡要按照规定做焚烧、深埋、消毒等无害化处理，环境用3%火碱液，每天消毒1次，连续3天。

❧ 第八节 ❧
包涵体肝炎贫血综合征

一、病原特点

包涵体肝炎贫血综合征又称鸡包涵体肝炎、贫血综合征。是鸡腺病毒引起的一种急性传染病，以病鸡死亡突然增多、贫血、黄疸、肌肉出血、肝脏出血，并有坏死灶、肝细胞中形成核内包涵体为特征。该病多发于3～15周龄的鸡，其中以3～9周龄的鸡最常见。在种鸡群或成年鸡群中往往不能察觉其临床症状，主要表现为隐性感染，种蛋孵化率低和雏鸡的死亡率增加。鸡包涵体肝炎病毒为Ⅰ亚群禽腺病毒。目前从禽类已分离出 5 种 12 个血清型的禽腺病毒。病毒蛋白在感染细胞的胞浆内合成后迅速移入核内，病毒粒子在核内装配，故病毒复制所在细胞内常可见到核内包涵体。本病有垂直传播和水平传播两个传播途径，有时种鸡并没有明显的病理症状，仅表现轻度的产蛋率下降，但其带毒的种蛋经孵化出壳的小鸡早期死亡率明显升高，并出现典型的包涵体肝炎症状，垂直传播是最主要的传播途径。该病主要经呼吸道、消化道及眼结膜等感染。还可以通过接触病鸡和被病鸡污染的鸡舍、垫料、粉尘、饲料和饮水等经消化道感染。病鸡通过气管黏液、尿液和精液等向外排毒，但最多的病毒含在粪便中，4 ～ 12 周龄感染鸡群，无论有无临诊症状，直肠的病毒分离率均较高，因此，感染鸡群的粪便是主要的传染源。自然条件下，一般肉鸡多发本病，但蛋鸡也有发生。该病潜伏期很短，一般不超过 4 天，往往是在生长良好的鸡群中发病迅速，常常突然出现死亡。最初 3 ～ 5 天死亡率上升，持续 3 ～ 5 天后逐渐停止。也有流行期能持续 3 ～ 4 周。发病率可高达 100%，但死亡率不高，一般 2% ～ 10%，但是个别病鸡群死亡率可达 50%。鸡包涵体肝炎病程发生在 6 ～ 12 日龄时，具有发病急、死亡速度快、"尖式"死亡高峰的特点。种鸡发病后，种蛋带毒时间 3 ～ 6 周，如商品代肉鸡发现本病，应淘汰种鸡 8 周内所产种蛋，禁止孵化。感染腺病毒的种鸡和蛋鸡卵巢发育迟缓、开产期推迟、产蛋量下降。

二、临床症状

本病的潜伏期较短，一般感染后 3 ～ 4 天突然出现死亡高峰，通常第 5 天停止，也有持续 2 ～ 3 周的。病鸡症状仅在死亡前几个小时才表现出来，病鸡精神沉郁，羽毛蓬乱无光泽，食欲减退或消失，蹲伏于地，有白色水样腹泻，呈严重贫血或黄疸症状，冠、肉髯苍白或黄染，发病率低，死亡率在 10% ～ 30%。成年病鸡产蛋量或蛋壳质量轻微下降。自然感染的潜伏期为 1 ～ 2 天，暴发常见于肉鸡，蛋鸡和其他家禽偶尔发病，发病多在 3 ～ 7 周，一般死亡率在 10% 以下。早期感染时往往无明显症状，死亡率急剧上升，在感染 3 天后出现死亡高峰，持续 6 ～ 7 天后，死亡率逐渐减少到正常范围内。

三、剖检病变

血液稀薄如水，胸部及腿部肌肉、皮下组织、内脏脂肪及肠壁浆膜面明显出血。皮下组织和肌膜黄染。发病初期肝脏肿大、呈紫红色，剪开肝脏可见点状、界限分明的出血点；发病后期肝脏肿大，呈土黄色，质脆易碎，表面有大小不一和程度不等的出血斑点，有时可见到弥漫性黄白色坏死灶，稍凸出于脏器表面。有时坏死灶和出血混合存在。病程长的则肝脏表现萎缩，体积明显缩小，呈淡褐色或黄色，有时边缘可见黄白色梗死（图59～图62）。脾呈土黄色、易碎。严重病例，肾脏肿大，呈淡褐色，有时由于尿酸盐沉着可见清晰白色条纹，皮质部有时出血。心包积液外膜有灰白色斑块。脾脏轻度肿大，有白色斑点状或环状病灶。骨髓褪色呈黄色或灰白色，或呈胶冻状。法氏囊萎缩，体积变小，黏膜菲薄。胸腺萎缩，出血。产蛋母鸡卵巢发育不良或不发育。

图59～图60　包涵体肝炎病鸡肝脏萎缩，有出血斑点

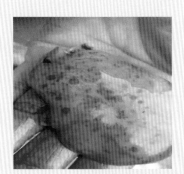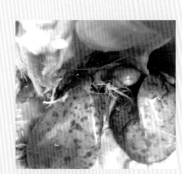

图61～图62　包涵体肝炎病鸡肝脏肿大有出血斑点

四、诊断技巧

本病主要侵害5周龄左右的肉用仔鸡。病鸡拉黄色或硫黄色稀粪，剖解肝脏发黄，并有大小不一的出血点或出血斑，死亡规律呈尖峰式，发病后3～5天为死亡高峰，6～8天发病基本停止，一般鸡群来源于同一种鸡场的同一批鸡。贫血和骨髓苍白是包涵体肝炎的一个特点。根据流行特点、临床症状、剖检变化，尤其是根据肝脏的特征病变和病史记录可得出初步诊断。本病的病变与鸡传染性法氏囊炎有相似之处，同时与鸡盲肠肝炎和鸡弧菌性肝炎及鸡沙门菌病也有相似

之处，临诊需要仔细鉴别。传染性法氏囊炎的病鸡法氏囊肿胀、出血、坏死，胸肌、腿肌出血，腺胃、肌胃交界处条状出血。盲肠肝炎的病鸡盲肠肿大坚硬，肝脏呈紫褐色，有大量坏死灶，病鸡头部呈紫黑色。弧菌性肝炎的病鸡肝脏出血，腹腔内常积聚大量血水。沙门菌感染的病鸡表现为腹泻及呼吸困难。

五、治疗技巧

　　鸡包涵体肝炎尚无有效的治疗方法和理想的疫苗用于预防，防治本病须采取综合的防疫措施。感染本病后，多数鸡不出现症状，因此，应注意卫生管理，消除应激因素，如寒冷、过热、贼风以及断喙应激等。发生本病的鸡场，在饲料中加入复合维生素和微量元素。但在发病期间禁止使用增加肝肾代谢及伤害肝肾的药物及大剂量使用维生素及氨基酸。有包涵体肝炎可疑鸡蛋孵出的雏鸡，应与其他家禽隔离饲养。在其可能暴发本病之前 2～3 天，应连续用抗生素治疗 4～5 天。接着再喂 3～5 天的微量元素铁、铜和钴的合剂补血。

1. 西兽药治疗

　　① 饮水中添加 2.5% 的碘伏，使其终浓度达 0.07%～0.1%，可有效缩短病程，降低死亡率。

　　② 饲料中添加维生素 K、维生素 C、鱼肝油及微量元素（如铁、铜、钴等），也可同时用阿莫西林、黄芪多糖混合饮水。

　　③ 维生素 C 每天每千克体重 10.0 毫克，维生素 K 每天每千克体重 40.0 毫克，多维葡萄糖每天每千克体重 5 克，连续饮水 5 天。

　　④ 按 1000 毫升水中混入维生素 C 针剂 2 毫升（0.1 毫克）、维生素 K_3 针剂 1 毫升（4 毫克）、庆大霉素 4 万单位，让病禽自由饮用，连饮 5 天。

2. 中兽药治疗

　　① 治疗可用黄芪多糖饮水，每天每千克体重 0.2～0.4 克，连续 7 天。

　　② 茵陈 600 克，龙胆 400 克，白芍 600 克，栀子 300 克，甘草 100 克，混合诸药，冷水浸泡 2 小时，煎煮 2 次，每次 2 小时，混合过滤药液，按每天每千克体重 1～1.5 克原生药量，混水饮服，连续 5～7 天。

　　③ 熟地、当归、白菊花、枸杞子各 150 克，茺蔚子、柴胡、车前、草决明、黄芩各 100 克，混合诸药，冷水浸泡 2～3 小时，煎煮 2 次，每次 2 小时，混合过滤药液，按每天每千克体重 1～2 克原生药量，混水饮服，连续 7 天。

　　④ 白术 80 克，白芍 100 克，萹蓄 90 克，山栀子 80 克，大蓟、小蓟各 100 克，仙鹤草 80 克，香附 80 克，墨旱莲 90 克，甘草 500 克，茵陈 100 克。混合诸药，冷水浸泡 3 小时，煎煮 2 次，每次 2 小时，混合过滤药液，按每天每千克体重 1～2

克原生药量，混水饮服，连续 7 天。

六、预防措施

该病病原的血清型较多，因此，目前尚无良好的疫苗用于预防。腺病毒广泛存在于鸡群中，所以多数鸡群污染有鸡的腺病毒，但在一般情况下很少发病，只有在免疫抑制时才发生疾病。因此，本病的预防，应以控制鸡场生物安全为主，应注意加强鸡舍环境、日常饲养管理和兽医卫生措施的管理，预防其他传染源的混合感染，特别注意对传染性法氏囊病及传染性贫血病的预防工作。还应加强通风、注意湿度，并要注意防止或消除一些应激因素，如寒冷、过热、饲料配比不合理、断喙过度等。为杜绝该病的发生，应尽量从无该病污染的种鸡场引进鸡苗和种蛋；每批鸡舍消毒时要严格，应尽可能选择醛类和有机碘等消毒剂；另外空舍的时间不应少于 1 个月。发生该病的鸡场，在饲料中可添加复合维生素或维生素 C 和维生素 K 以增强鸡的抵抗力。也可使用抗生素以防止并发或继发细菌感染。还可添加葡萄糖、电解多维和微量元素铁、铜、钴的合剂，以补血。对感染鸡群发现得越早，诊断和处置得越及时，损失就会越小。消毒用甲醛、碘制剂及有机氯制剂等效果较好。

∽☽ 第九节 ☾∽

心包积液肝坏死综合征

一、病原特点

禽腺病毒是引起心包积液肝坏死综合征的主要病原，属于 Ⅰ 亚群禽腺病毒 C 种血清型 4 型，和包涵体肝炎贫血综合征同属禽腺病毒科，但不是同一个病毒。一般感染 3 ～ 5 周龄的肉鸡，鸡日龄愈小，病情愈严重，10 ～ 20 周龄的蛋鸡和种鸡也偶有发生。平均死亡率 30% 左右。心包积液肝坏死综合征在某些诱发因素存在情况下既可垂直传播，也可水平传播，但水平传播是其感染鸡群的主要方式。病毒可存在于粪便、气管和鼻黏膜以及肾脏中，可经各种排泄物传播，种鸡可通过种公鸡精液传播。貌似健康的肉鸡常突然发病，死亡前无临床表现，死亡常常是本病的第一个征兆，病程通常为 1 ～ 14 天。腺病毒抵抗力比较强，一般消毒液不能将其杀灭，但醛类消毒剂对该病毒有效。

二、临床症状

各品种鸡群均可感染发病，主要感染 20 ～ 30 日龄的肉鸡，自然发病日龄最小的为 3 ～ 7 日龄。发病后 4 ～ 8 天为死亡高峰，病程 8 ～ 15 天，死亡率达 20% ～ 30%，严重时死亡率能够超过 50%。发病日龄越小，死亡率越高。鸡死亡前采食正常，无明显临床表现，常常突然出现明显的腹式呼吸，呼吸加速，很快瘫痪倒地，两腿呈划水样运动，出现症状后 24 小时内死亡。病鸡排出黄绿色稀便，有时会在临死前表现出精神萎靡或神经症状，部分鸡群内只能够看到有死鸡出现但很难发现病鸡。病死鸡通常具有较好的体况，往往观察不到明显的脱水，但由于贫血造成死鸡的冠、腿、脚皮肤呈黄白色，而且富有光泽。

三、剖检病变

心包积液肝坏死综合征最显著的病变是心肌柔软、心包腔有清亮、水样或胶冻样液体，液体遇冷可凝固；肝脏肿胀，边缘钝圆，质地变脆，苍白或发黄，出现灰白色坏死灶。肺脏瘀血、水肿。临床约有 20% 的病死鸡脾脏肿胀、出血。腺胃与肌胃交界处有出血斑或出血带。肾脏肿胀出血，肾小管有尿酸盐沉积。腿肌有少量出血斑，法氏囊萎缩，内有黏性或干酪样渗出物（图 63 ～图 71）。

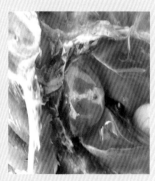

图 63 ～图 65　心包积液肝坏死综合征病鸡心包积液

图 66　心包积液肝坏死
综合征病鸡肾脏肿大

图 67 ～图 68　心包积液肝坏死综合征病鸡腺胃出血

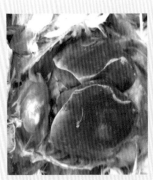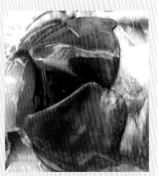

图 69 ~ 图 71　心包积液肝坏死综合征病鸡肝脏肿大、黄白色边缘钝圆

四、诊断技巧

　　心包积液肝坏死综合征有两个典型的特征，心包积液和肝脏变黄、肿胀、出血或肝脏点状坏死。诊断过程中，应多剖检几只鸡，不能以一只鸡或少数鸡有心包积液病变，就诊断为心包积液肝坏死综合征。还应特别注意，发病初期病鸡心包积液病变可能并不明显，也许濒死或死亡后，心包积液才比较典型。因为包涵体肝炎贫血综合征偶尔也会表现心包积液的症状，所以，临床上必须是大多数鸡在易发日龄表现典型病变，才能作出准确诊断。该病与传染性法氏囊炎极为相似，应加以鉴别。两种病都有腺肌胃交界处出血、肾脏肿大等相似病变，但传染性法氏囊炎发病远比心包积液肝坏死综合征迅速，而且病情严重，几乎多数鸡都有症状，呈现一过性尖峰式死亡；剖检病鸡胸腿肌有条状出血，法氏囊肿大出血。几乎没有心包积液肝坏死综合征的心包积液病变。

五、治疗技巧

　　心包积液肝坏死综合征没有特效疗法，抗病毒药几乎无效果，甚至还会增加死亡，抗体治疗是当前唯一最有效的治疗措施，可尽早应用。7～10日龄首次接种Ⅰ亚群禽腺病毒灭活疫苗，半个月后加强免疫一次，可对鸡群产生较好保护。本病会对肝脏、心脏和肾脏等实质脏器造成损害。因此，在针对病因进行治疗的同时，采用保肝利胆、强心利尿和控制继发感染等对症治疗措施显得尤为重要。例如，对发病鸡群投放葡萄糖、维生素C、扶正解毒散等有利于恢复肝肾功能，可促进病鸡快速恢复。大剂量使用多维葡萄糖、维生素C配合应用龙胆泻肝散等保肝通肾药品有一定缓解作用，但慎用碳酸氢钠类通肾药品。使用ATP、肌苷、辅酶A等能量合剂，可补充机体能量，增强抗病能力。为防止继发感染，可按照产品说明书标注的剂量，在饲料或饮水中加入对肝、肾损害较小的抗生素可溶性粉剂。没有细菌病混合感染时，慎重使用抗生素类药品，尤其是对肝、肾损伤较大的药物，盲目使用抗生素和磺胺类药物会加剧病鸡肝脏和肾脏的损伤，结果会导致死亡率增加。

1. 西兽药治疗

① 早期使用C分支4亚型病毒生产的卵黄抗体治疗，剂量为2周龄以内的鸡每只0.5～1毫升，每日1次，连用1～2次；2周龄以上的肉鸡每千克体重每次1～2毫升，每日1次，连用1～2次。

② 多维葡萄糖按5%比例混水饮服，黄芪多糖按每天每千克体重0.4克混水饮服，连续7～10天。

2. 中兽药治疗

① 板蓝根250克，黄芩200克，茵陈250克，龙胆150克，茯苓200克，桂枝100克，金钱草350克，白芍150克，甘草150克，车前200克。诸药混合，冷水浸泡3小时，煎煮2次，每次2～3小时，混合滤液，按每天每千克体重1～2克原生药量，分上午、下午2次混水饮服，连续7～10天。

② 板青颗粒每天每千克体重0.5～1克；阿莫西林每天每千克体重0.05克，混合饮水，连续5～7天。

③ 清瘟败毒饮按每天每千克体重1～2克原生药量，分2次饮水，连续使用7～10天。同时可在饮水中加入多维葡萄糖和维生素C。

六、预防措施

加强饲养管理和日常消毒等工作，防止和消除各种不良应激，如寒冷、过热、断喙、换料、转群、长途运输等。确保舍内清洁卫生，及时清粪和日常消毒；确保空气质量，保持有效通风；确保饲料质量，防止发霉饲料，保护好肝脏，提高鸡只机体抵抗力；确保合理的养殖密度，对发病鸡群适当降低养殖密度，保证需氧量；确保封闭式管理，切断传播途径；确保供给营养水平适宜的饲料，添加足够的维生素、矿物质，增强鸡群抗应激能力以及抗病能力。鸡舍要及时清扫，保持舍内干净、卫生，并定期使用醛类消毒剂进行消毒。禁止饲料中含有黄曲霉毒素。发病鸡群紧急免疫接种C4病毒制作的卵黄抗体，具有良好的效果。疫区主要采取接种疫苗来有效预防和控制发病，以及净化鸡群。鸡群可在15～30日龄免疫接种自制肝脏组织灭活苗，每只注射0.3毫升，在开产前还要再进行1次补种，每只接种剂量可增加至0.5～0.8毫升。

❧ 第十节 ❧
产蛋下降综合征

一、病原特点

产蛋下降综合征又称"减蛋综合征"，是感染禽腺病毒引起的以产蛋量下降、产畸形蛋、软壳蛋和无壳蛋为主要特征的传染性疾病。本病可使产蛋鸡群产蛋下降 20%～40%，蛋破损率达 38%～40%，无壳蛋可达 15%。26～35 周龄的所有品系的鸡均易感，褐壳蛋鸡最敏感，白壳蛋鸡发病率较低，35 周龄以上的鸡较少发病。产蛋下降综合征病毒属于禽腺病毒 III 群，只有一个血清型，对鸡、火鸡、鸭的红细胞有凝集性，这与其他腺病毒只能凝集哺乳动物血红细胞有所不同。0.1% 甲醛 48 小时、0.3% 甲醛 24 小时可使病毒灭活；胰蛋白酶、脲和吡啶也可使其灭活。本病毒传播途径主要是卵垂直传播，也可水平传播，水平传播的速度较慢，且无连续性，往往一栋鸡舍发病后，另一鸡舍并不感染发病。被病毒污染的种蛋和精液是垂直传播的主要方式，垂直传播感染的雏鸡多数不表现任何症状，在鸡群产蛋率为 50% 至产蛋高峰时才排毒并迅速传播。感染鸡还可通过泄殖腔、鼻腔排出病毒或者带有病毒的鸡蛋污染蛋盘，从而引起本病传播。此外，家养或野生鸭、鹅或其他野生鸡类的粪便污染饮水，也可将病毒传给母鸡。

二、临床症状

感染鸡在性成熟前不表现临床症状，鸡群在产蛋率达到 50% 至高峰时，病鸡在短期内产生大量薄壳蛋和壳上好像铺有一层白灰似的软壳蛋。棕色的蛋壳则失去色素。产蛋下降幅度在 10%～50%，一般在 30% 左右，可持续 4～10 周。开始发病时出现壳色变白，产蛋量减少，逐渐下降 20%～40%，同时出现大量薄壳、软壳、无壳和畸形蛋，蛋壳表面粗糙呈砂纸样，蛋清黏性下降。大多病鸡食欲、精神、呼吸、粪便均正常，个别鸡有精神差、厌食、贫血和腹泻等表现。产蛋病后可以缓慢恢复，但很难达到正常水平。

三、剖检病变

剖检时常无明显的器官肉眼病变，感染鸡的子宫和输卵管黏膜有卡他性炎症，子宫和输卵管管壁明显增厚、水肿、充血、发炎、糜烂甚至形成输卵管囊肿，表面有大量白色渗出物或干酪样分泌物。卵巢萎缩、变小或出血以及纤维化。可发现肝脏肿大，胆囊明显增大充满淡绿色胆汁，病程稍长，死亡者肝脏发黄萎缩，胆囊也萎缩。卵泡充血、变形，卵巢萎缩、出血。

四、诊断技巧

最为特征的临床表现为无壳蛋、薄壳蛋、软壳蛋及褪色蛋增多。褪色蛋、薄壳蛋、脆壳蛋的发生多在产蛋减少前 24～48 小时，这一特征症状有助于区别于其他病因引起的产蛋减少症。由于该病症在许多方面与传染性支气管炎、新城疫、禽脑脊髓炎症状相似，必须作鉴别诊断。传染性支气管炎引起产蛋下降的同时有呼吸道症状，如气管啰音、喘息、咳嗽等。而产蛋下降综合征产薄壳蛋、软壳蛋和无壳蛋，基本没有呼吸道症状，易于区别。非典型新城疫则在产蛋减少的同时有消化道症状，如下痢、全群采食减少，有个别死亡现象，剖检死鸡，喉头气管黏膜、腺胃乳头、盲肠扁桃体、直肠及泄殖腔等处黏膜出血，产出的蛋颜色异常的居多，软壳蛋、无壳蛋较少。禽脑脊髓炎产蛋率下降幅度和产蛋下降综合征类似，但蛋品质正常，可见个别病鸡蹲伏笼内，眼球晶状体混浊失明，被驱赶时用跗关节走路。

五、治疗技巧

本病无特异性治疗方法，只能对症治疗，可适当添加微量元素和维生素，同时尽量采用中药制剂，可促进其产蛋恢复。对发病鸡群，应紧急接种油佐剂灭活苗，每只鸡 1.5 毫升，可缩短产蛋下降时间，减少产蛋下降幅度并尽快恢复。

1. 西兽药治疗

① 复合维生素 B 粉混料，每 50 克拌料 25 千克，连用 5～7 天。

② 黄芪多糖饮水，按每千克体重 0.3 克混水饮服，连续 5～7 天。

③ 可用 EDS-76 高免卵黄注射液，给每只病鸡肌内注射或皮下注射 2 毫升，同时配合补充维生素、钙、葡萄糖等，有一定的治疗效果，尤其早期使用，效果更佳。

2. 中兽药治疗

① 激蛋散开始可按饲料量的 1.0% 连续添加饲喂 5～7 天，其后再按饲料量的 0.25%～0.5% 连续饲喂 10～15 天。

② 牡蛎 60 克，黄芪 100 克，蒺藜、山药、枸杞子各 30 克，女贞子、菟丝子各 20 克，龙骨、五味子各 15 克。搅拌均匀，混合粉碎，按日粮的 1%～2% 混料，连用 3～5 天，喂后给予充足饮水。

③ 当归 50 克，黄芪 100 克，白芍 100 克，山药 100 克，陈皮 50 克，蒲公英 100 克，败酱草 100 克，桑寄生 50 克，淫羊藿 100 克，菟丝子 100 克，牡蛎 150 克，混合诸药，用原生药 8 倍量冷水浸泡 2 小时，煎煮 2 次，每次 2～3 小时，混合滤液，按每天每千克体重 1～2 克原生药量分 2 次混水饮服，连续 7～10 天。

④ 金银花 100 克，大青叶 150 克，山药 150 克，黄芪 100 克，黄檗 100 克、麦芽 150 克、蒲公英 150 克、绿豆 100 克，混合粉碎，按 0.5%～1.0% 混料饲喂，连续 10 天。

六、预防措施

商品蛋鸡 16～18 周龄时用鸡产蛋下降综合征灭活苗，如果使用新、支、减、流四联苗或新、支、减、法四联苗，建议间隔 3 周加强免疫一次。种鸡应在 35 周龄时再接种一次。一般注射疫苗 15 天后产生抗体。

第十一节
病毒性关节炎

一、病原特点

鸡病毒性关节炎也称病毒性腱鞘炎，由禽呼肠孤病毒引起的一种急性或慢性传染病，以关节肿胀、腱鞘发炎继而腓肠腱断裂为特征，多发生于肉鸡。鸡病毒性关节炎病毒广泛存在于自然界，病毒在鸡群中的传播有两种方式，即水平传播和垂直传播，但水平传播是该病的主要传染途径。因此，带毒鸡是重要的传染源，病鸡排出的粪便中含有病毒，健康鸡采食被病毒污染的饮水和饲料，病毒开始时在呼吸道和消化道内进行复制，接着随血液循环不断扩散。病鸡产出的种蛋也带有病毒，孵化后很快就会导致雏鸡发病。主要感染 4～16 周龄的肉鸡，尤其是 4～6 周龄的肉仔鸡，感染率达 6%～100%，发病率 4%～25%，死亡率为 1%～3%，公鸡比母鸡更易感。随着日龄的增长，对病毒的敏感性不断降低，2 月龄后则很少发病。如果成年鸡感染，除了会出现腱鞘炎外，有时还会引发败血症，因败血症导致的死亡率，比腱鞘炎导致的死亡率要高。2%～3% 的氢氧化钠溶液、70% 的酒精、0.5% 的有机碘可以灭活该病毒。

二、临床症状

雏鸡感染后多在4～6周龄发病，症状因毒株而异，有的幼雏发生肠炎而下痢，有的引起轻微呼吸道症状。初期步态稍见异常，逐渐发展出现跛行，跗关节肿胀，病鸡喜坐在关节上，驱赶时跳动行走，患肢不能伸展，不敢负重。趾屈曲，患肢向外扭转，步态蹒跚。病鸡发育不良，长期不能恢复（图72～图75）。

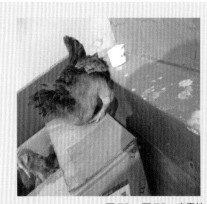

图72～图73　病毒性关节炎病鸡关节肿胀、跗关节外翻

图74　病毒性关节炎病鸡跗关节着地　　　　图75　病毒性关节炎病鸡肌腱出血

三、剖检病变

剖检可见跗关节周围肿胀，曲趾腱和腓肠腱周围水肿，切开皮肤充满淡红色滑膜液，如混合细菌感染，有脓样渗出物。腱断裂的病鸡局部组织可见到明显的血液浸润。慢性病鸡（主要为成年鸡）腓肠腱增厚、硬化和周围组织粘着，失去活动性，关节腔有脓样、干酪样渗出物。还可见心肌炎、心包积液。肝脏充血或

出血，脾脏肿大。肾脏有变性和坏死变化。

四、诊断技巧

主要病变为跗关节肿胀、关节囊及腱鞘水肿、充血或点状出血，关节内含有少量淡黄色或带血的渗出物，少数病例有脓性分泌物存在。慢性病例，关节腔渗出物减少，关节硬固、变形，皮肤呈紫褐色，甚至发生溃疡。从跗关节上部的触诊能明显感觉到跖伸肌腱的肿胀，拔掉羽毛后容易观察到这种病变。切开皮肤可见跗关节含有少量草黄色、血样渗出物，跗关节内滑膜常有点状出血。感染早期跗关节和跖关节腱鞘有明显水肿。患病毒性关节炎的鸡群中，常见有部分鸡呈现发育不良综合征现象，病鸡苍白，骨钙化不全，羽毛生长异常，生长迟缓或生长停止。根据临床症状和病理变化可进行初步诊断。临床诊断上应与滑液囊支原体引起的滑膜炎、细菌性关节炎、胆碱缺乏症、痛风等相区别。传染性滑膜炎是由滑液囊支原体感染引起，特征是受害鸡跛行，蹲于地上，关节和腱鞘肿胀，感染早期病鸡的关节滑液囊膜及腱鞘上有浓稠的乳白色渗出物，随着病程的发展，渗出物变成干酪样物，胸骨肿胀化脓有时有干酪样物，无腓肠肌腱坏死及断裂，不出现关节扭转弯曲。葡萄球菌病引起的关节炎多发生于2～4周龄的鸡，滑液混浊呈脓性，早期注射青霉素有效。胆碱缺乏症关节肿大，步态不稳，产蛋率下降，骨粗短，跗关节轻度肿胀，并有针尖状出血，后期跗关节变平，跟腱与髁骨滑脱，肝肿大，色变黄，表面有出血点，质脆，有的肝破裂，腹腔有凝血块。痛风病鸡排白色半黏液状稀粪，含有多量尿酸盐，内脏表面及胸腹膜有石灰样白色尿酸盐结晶薄膜，关节也有白色结晶。无腓肠肌腱肿胀、断裂现象。

五、治疗技巧

由于肉鸡病毒性关节炎在自然界中普遍存在，而在当前集约化养殖条件下，要有效控制该病的传播还具有一定难度。因此，要坚持预防为主、治疗为辅的原则。对假定健康的鸡群立即进行紧急接种病毒性关节炎活苗，或每只鸡肌内注射病毒性关节炎油乳剂灭活苗 0.5 毫升。同时，料中加 0.3% 鱼肝油和适量的维生素 B_2、维生素 AD。发病鸡群最好尽早注射病毒性关节炎卵黄抗体治疗，能有效控制病情发展。

1. 西兽药治疗

① 阿莫西林每天每千克体重 50 毫克，黄芪多糖每天每千克体重 0.4 克，混合分 2 次饮水，连续 5 ～ 7 天。再用电解多维和维生素 C 按说明饮水，连

用 5 ～ 7 天。

②发生病毒性关节炎的鸡群，可立即用卵黄抗体治疗，治愈率达 90% 以上。

③布洛芬每天每千克体重 30 ～ 50 毫克，黄芪多糖每天每千克体重 0.2 ～ 0.4 克，硫氰酸红霉素每天每千克体重 20 毫克，混合分 2 次饮水，连续 5 天。

④干扰素 2 ～ 3 倍量饮水，黄芪多糖每天每千克体重 0.4 克，混合饮水，连续 4 ～ 5 天。

2. 中兽药治疗

①淫羊藿 100 克，威灵仙 150 克，乌梢蛇 50 克，土牛膝 100 克，木瓜 150 克，白芍 100 克，甘草 50 克，葛根 150 克，姜黄 50 克，补骨脂 100 克。混合诸药，用原生药总量的 8 ～ 10 倍量冷水浸泡 2 小时，煎煮 2 次，每次 2 ～ 3 小时，混合滤液，按每天每千克体重 2 克原生药量分 2 次混水饮服，连续 7 ～ 10 天。

②川牛膝 300 克，桂枝 200 克，苍术 300 克，秦艽 300 克，桑寄生 300 克，板蓝根 300 克，穿心莲 300 克。混合诸药，用原生药总量的 5 ～ 8 倍量冷水浸泡 2 小时，煎煮 2 次，每次 3 小时，混合滤液，按每天每千克体重 2 克原生药量分 2 次混水饮服，连续 7 ～ 10 天。

③清解合剂，每天每千克体重 2 ～ 4 毫升。分 2 次混水饮服，连续 7 天。

六、预防措施

用 2% ～ 3% 烧碱溶液对鸡舍彻底清洗消毒，对鸡舍和发病鸡群可用 0.5% 的有机碘消毒液喷雾消毒，每天 1 次。免疫接种是预防传染性关节炎病的有效措施，目前临床广泛应用的疫苗有弱毒苗和灭活疫苗，1 ～ 20 日龄是本病的易感期，1 日龄接种弱毒疫苗可有效预防感染，但将影响马立克病疫苗的免疫效果。用灭活苗免疫种鸡，其传给子代的母源抗体可保护初生雏鸡避免感染。一般在高度污染地区，8 ～ 12 日龄皮下注射病毒性关节炎活苗或饮水免疫，8 ～ 14 周龄第二次活苗免疫，开产前 2 ～ 3 周用病毒性关节炎油佐剂苗免疫。用病毒性关节炎活苗免疫时，应与马立克病、传染性法氏囊炎弱毒苗的免疫间隔 5 天以上，以免发生干扰现象。同时，还要确保营养供给的均衡性，给予肉鸡蛋白、维生素及矿物质元素等必需的物质，以保证肉雏鸡的生长营养需求，进一步增强鸡群的抗病能力。同时，还可以在饲料内添加适当的抗生素类药物，并在饮水中加入浓缩鱼肝油粉。

❧❧ 第十二节 ❧❧
马立克病

一、病原特点

马立克病是鸡的一种淋巴组织增生性肿瘤病，其特征为外周神经淋巴样细胞浸润和增大，引起肢、翅麻痹，以及性腺、虹膜、各种脏器、肌肉和皮肤肿瘤病灶。本病是一种世界性疾病，目前是危害养鸡业健康发展的主要疫病之一，引起鸡群较高的发病率和死亡率。其病原为乙型疱疹病毒，属于疱疹病毒的 B 亚群（细胞结合毒），共有三个血清型：血清 I 型，致病致瘤，主要毒株有超强毒 Md5、强毒 JW、GA、京 1 等；血清 II 型，对鸡无致病性，主要毒株有 SB/1 和 301B/1 等；血清 III 型，对鸡无致病性，但可使鸡有良好的抵抗力。完整病毒，即带囊膜的病毒，主要存在于鸡羽毛囊上皮细胞，抵抗力很强，可随脱落的羽毛囊上皮细胞散播于外界，是造成本病传播的主要因素。主要通过空气经呼吸道进入体内传染，污染的饲料、饮水和人员也可带毒传播，污染的孵化器能使刚出壳雏鸡的感染率明显增加，主要危害鸡。1 日龄雏鸡易感性高，雏鸡感染后，往往几个月后才表现症状，诱发高致死率。最早发病的日龄是 3 周龄，但多数在 2～5 月龄，发病率为 5%～60%，大群鸡发病率最高。养殖密度越大，发病率越高。母鸡较公鸡易感。不同品种的鸡，此病易感性有差异。流行过程中经常出现变异毒株，其共同特点是毒力比一般毒株强，有极强的肿瘤性，用 HVT 免疫的鸡不能阻止其致瘤性。常用 3% 来苏儿、2% 氢氧化钠等消毒 10 分钟可将其灭活。

二、临床症状

根据临床表现分为神经型、内脏型、眼型和皮肤型等。以坐骨神经和臂神经最易受侵害。当坐骨神经受损时病鸡一侧腿、翅发生不全或完全麻痹，站立不稳，两腿前后伸展，呈"劈叉"姿势，为典型症状。臂神经受损时，表现为受侵害那侧的翅膀下垂，支配颈部肌肉的神经受损时病鸡低头或斜颈，迷走神经受损的鸡失声、呼吸困难、嗉囊麻痹或膨大，食物不能下行。当腹神经受侵害时，则表现为腹泻症状。病鸡精神尚好，并有食欲，但因被其他鸡践踏，采食困难，导致饥饿、脱水，逐渐消瘦，最后衰竭死亡。内脏型常见于 50～70 日龄的鸡，多呈现急性暴发，发病快，病鸡精神委顿，食欲减退，羽毛松乱，鸡冠苍白、皱缩。黄白色或黄绿色下痢，迅速消瘦，胸骨似刀锋，触诊腹部能摸到硬块。病鸡脱水、昏迷，最后死亡。眼型侵害单眼或者双眼，病鸡的视力会下降；病鸡表现瞳孔缩小，严重时仅有针尖大小；虹膜边缘不整齐，呈环状或斑点状，严重时瞳孔变小仅有针尖大小，颜色由正常的橘红色变为弥漫性的灰白色，呈"鱼眼状"；轻者表现对光线强度的反应迟钝，重者对光线失去调节能力，最终失明。皮肤型多和其他型混合发生，临床较少见，主要表现为毛囊肿大或皮肤、肌肉出现黄豆大的肿瘤结节，用手触有坚实感，外观会不断增大，不会自行脱落，也不会消失，临床症状不明显，一般在屠宰时才可发现鸡患有该病。

三、剖检病变

神经病理变化多见于腰荐神经、坐骨神经的横纹消失，变成灰色或黄色，或增粗、水肿，比正常的大2～3倍，有时更大，多侵害一侧神经，有时双侧神经均受侵害。内脏型主要表现内脏多种器官出现肿瘤，肿瘤多呈结节性，为圆形或近似圆形，数量不一、大小不等，略凸出于脏器表面，灰白色，切面呈脂肪样。常侵害的脏器有肝脏、脾脏、性腺、肾脏、心脏、肺脏、腺胃等。有的病例肝脏上不具有结节性肿瘤，但肝脏异常肿大，比正常大5～6倍，正常肝小叶结构消失，表面呈粗糙或颗粒性外观。性腺肿瘤比较常见，甚至整个卵巢被肿瘤组织代替，呈菜花样肿大，腺胃外观有的变长，有的变圆，胃壁明显增厚或薄厚不均，切开后可见腺胃乳头消失、黏膜出血、坏死。法氏囊萎缩（图76～图81）。

图76 马立克病鸡劈叉姿势

图77 马立克病鸡肝脏肿瘤

图78 马立克病鸡肺脏肿瘤

图79 马立克病鸡心肌肿瘤

图80 马立克病鸡胸肌肿瘤

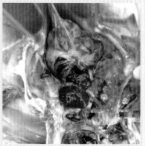
图81 马立克病鸡多器官肿瘤

四、诊断技巧

根据病鸡特殊姿势以及体表和内脏出现不同程度的肿瘤，可作出初步诊断，临床还要与禽淋巴细胞白血病、禽网状内皮组织增殖病、禽脑脊髓炎等疾病鉴别。鸡马立克病主要以水平方式传播，在 18 周龄以前出现临床症状，肿瘤可出现在各个器官上，如肝脏、脾脏、肾脏、心脏、肺脏、腺胃、睾丸、卵巢等器官，而且皮肤上也有肿瘤，法氏囊常萎缩，而不形成肿瘤。禽淋巴细胞白血病主要是垂直传播，一般发生于体成熟或性成熟（16 周龄以上）的鸡群，没有神经症状及眼病变，皮肤、肌肉、神经很少有病变，仅有内脏尤其是卵巢病变，肝、肾、脾有肿瘤病变，脾脏肿大，是正常体积 2 ～ 3 倍，肿瘤平滑、质地柔软，法氏囊肿大有肿瘤结节，可与马立克病区别。禽网状内皮组织增生病病鸡生长停止，身瘦矮小，羽毛发育不正常，躯干部位羽小支紧贴羽干，肝脏和脾脏肿大，结节或弥漫性肿瘤，心脏、肾脏、小肠、性腺可见肿瘤；胸腺萎缩、充血、出血及水肿，法氏囊萎缩；尤以腺胃肿大、出血、溃疡更为特征。禽脑脊髓炎通常是 1 ～ 2 周龄雏鸡发病，病初期，精神不振，随后出现共济失调，站立不稳，行走不能控制，侧卧或跌倒，常以遗传或胫关节着地走路，有的病鸡两脚开叉，翅膀着地，随病情进一步发展，出现头颈部震颤，尤其是手扶着病鸡时震颤更为明显，脑血管充血、出血，中枢神经元变性、肿大，眼球晶状体混浊，失明。

五、治疗技巧

本病目前尚无特效药物治疗，发病后要及时诊断，发病早期可尝试用马立克病疫苗对受威胁鸡进行紧急接种，同时用大剂量黄芪多糖或"紫锥菊"制剂饮水，饲料中添加敏感抗菌药物，防止继发感染。对发病鸡舍、饲养管理用具等进行全面消毒，并定期检查鸡群，淘汰病死鸡，减少传染源。二次免疫可提高保护效果，虽然缺少足够的试验结果支持，但大量生产实践表明有一定的实际效果，而且两次免疫在欧洲和世界其他一些国家都有广泛采用。二次免疫可于 7 ～ 10 日龄或 18 ～ 21 日龄进行，可以防止母源抗体干扰，弥补 1 日龄免疫缺陷，此法在近几年生产实践中取得良好成效。在实际生产中还要根据鸡场具体情况选用二价苗或三价苗，加强免疫保护效果。

1. 西兽药治疗

① 吗啉胍每天每千克体重 50 毫克、维生素 B_1 每天每千克体重 5 毫克、维生素 B_2 每天每千克体重 10 毫克，混合分 2 次饮水，连续 7 天为一个疗程，停 3 ～ 5 天后再重复 2 ～ 3 个疗程。

② 对发病鸡群可尝试选用马立克疫苗常规免疫剂量的三倍量紧急接种一次，

同时黄芪多糖每天每千克体重 0.4 克剂量分 2 次饮水，连续 5 ～ 7 天。

③ 鸡干扰素、白细胞介素 -2，混合肌内注射。

2. 中兽药治疗

① 黄芪多糖每天每千克体重 0.4 克，女贞子 2000 克，煎煮两次，每次 1 小时，混合滤液，按每天每千克体重 1 克原生药量，和黄芪多糖混合后，分 2 次饮水，连续 7 ～ 10 天。

② 扶正解毒散每天每千克体重 1 克剂量拌料，同时 5% 多维葡萄糖饮水，连用 7 天。

③ 早期可联合应用黄芪多糖、灵芝多糖、紫锥菊等注射液，每只鸡胸肌注射 2 ～ 3 毫升，注射 1 ～ 2 次。

六、预防措施

鸡马立克病属肿瘤疾病，目前还没有有效的药物治疗，鸡群一旦感染此病，将给养殖户特别是养殖专业户造成严重的经济损失。因此，做好预防控制措施尤为重要。对于发病鸡群及时扑杀症状明显或极度瘦弱的病鸡，并深埋处理，一方面可减少饲料浪费，节省饲料成本；另一方面可减少病鸡排泄物对鸡场的污染，便于做好鸡场的消毒工作。对病鸡要加强消毒，多种消毒药轮流交替进行带鸡消毒，每天 1 ～ 2 次，尤其对孵化器与育雏舍的消毒，防止雏鸡早期感染，这是非常重要的，否则即使出壳后即刻免疫有效疫苗，也难以防止发病。免疫接种是预防马立克病的唯一有效措施，种鸡场或孵化场严格按照疫苗要求，在出壳后 24 小时内规范接种疫苗。马立克病疫苗采取肌内注射的免疫效果要比皮下注射好，能够明显提高保护率，因此要重视接种方式。为避免母源抗体受到干扰，可交替使用不同疫苗。雏鸡还需要适时进行二免，由此可弥补首次免疫的不足。正常情况下，雏鸡通常在 3 日龄左右母源抗体处于最高水平，而大约在 20 日龄消失，因此适宜选择在 7 ～ 10 日龄进行二免或 3 ～ 4 周龄进行二免。雏鸡接种疫苗后最少需 1 周以上才能产生免疫力，因此育雏室要严格消毒，确保饲养环境清洁。育雏室应远离鸡群饲养场，育雏前及雏鸡出壳后应严格清扫及消毒，严禁闲杂人等出入育雏室。加强饲养管理以及预防其他疾病尤其是免疫抑制性病毒的感染，也是预防该病及提高疫苗免疫力的有效方法之一。该病毒为水平传播，传播途径主要是病死鸡的羽毛碎屑，不同批次的鸡群要隔离饲养，以防发病鸡群的排泄物传染，鸡场最好采取全进全出制。初生雏鸡在有马立克病毒污染的环境中几乎在 1 周内即疫苗产生免疫力之前已感染上了自然强毒，因而失去或降低了疫苗效力。一般来说，免疫接种不能 100% 防止发病，因此加强综合防控措施是十分必要的。马立克疫苗有多种，主要是进口疫苗和国内生产的疫苗，这些疫苗均不能抗感染，但可防止发病。目前市场上常见的有两种马立克病疫苗，一种是冻干疫苗，火鸡疱疹病毒（Ⅲ型）马立克病疫苗；另一种是液氮冻结苗，有火鸡疱疹病毒Ⅲ型冻结苗，马立克病Ⅰ型 CVI988/Rispens 冻结苗（原苗）和Ⅰ型加Ⅲ型冻结苗。血清Ⅰ型疫苗主要包括减弱弱毒力株 CVI988 疫苗和 814 疫苗；血清Ⅱ型疫苗主要包括 SB-1、Z4 株血，其免疫效果较血清Ⅰ型低，还可能造成淋巴细胞白血病的发病率增加，出于安全考虑，该血清型毒株已经能单独使用，主要用于制备多价苗；血清Ⅲ型疫苗是火鸡疱疹病毒 HVT－FC126 疫苗。根据疫苗使用的毒株种类，可分成单价苗、二价苗、三价苗。但由于有超强毒株出现，使用单价苗会发生免疫失败，因此推荐使用多价苗。血清Ⅰ型、Ⅱ型和Ⅲ型马立克疫苗单用时都不能抵抗超强毒的感染，但二价或三价疫苗显示出协同作用，从而提供充分的保护力。这些疫苗都必须使用与疫苗配套的专用稀释液，疫苗稀释和注射的全过程必须严格按疫苗使用说明书的要求进行。

第十三节
白 血 病

一、病原特点

鸡白血病是一种慢性淋巴样肿瘤性传染病，由禽白血病病毒、肉瘤病毒群中的病毒所致。有多种病型，其中淋巴细胞白血病是一种较为常见的病型，本病在多数情况下会在性成熟期的鸡上发生，特征是淋巴细胞瘤化，呈现异常增殖，并在发病过程中会在肝、脾、肾、法氏囊等器官内产生肿瘤，以产生淋巴样肿瘤和产蛋量下降为特征。根据临床症状，鸡白血病可分为 4 种类型，即淋巴细胞性白血病、成红细胞性白血病、成髓细胞性白血病、骨髓细胞瘤病。除上述 4 种类型外，当前也将由病毒引起的肉瘤及良胜肿瘤包含在内，并将其称为"白血病或肉瘤群"，其中包括鸡纤维肉瘤、肾母细胞瘤、骨化病、血管瘤等。大多数肿瘤与造血系统有关，少数侵害其他组织。鸡白血病最为常见的一种类型是淋巴细胞性白血病，较少出现成红细胞白血病，至于肾母细胞瘤、骨石病、骨髓细胞瘤、血管瘤、肉瘤和肉皮瘤等几种类型更为少见，该类鸡病通常情况下没有非常明显的特征性症状。根据鸡白血病病毒与宿主细胞特异性相关的囊膜蛋白的抗原性，鸡白血病可分为 A、B、C、D、E、F、G、H、I 和 J 10 个亚群。但自然感染鸡群的还只有 A、B、C、D、E 和 J 6 个亚群。其中 J 亚群致病性和传染性最强，而 E 亚群是非致病性的或者致病性很弱。鸡白血病主要通过垂直传播，感染率高，但临床发病者很少，多呈散发。禽白血病病毒的抵抗力不强，普通的消毒剂即可将其杀灭，且该病毒对热敏感，高温下极易灭活。潜伏期长，自然发病鸡在 14 周龄以上，性成熟期发病率最高。我国在 1999 年从市场上的商品代肉鸡中分离检测到 J 亚群禽白血病病毒，可感染 4～9 周龄的鸡而发生肿瘤或死亡，目前该病毒在我国已广泛分布。一种以蛋鸡皮肤表面特别是颈部、胸部剑状软骨处、鸡脚趾间出现血管瘤、内脏组织器官表现骨髓细胞瘤、血管瘤、纤维瘤、脂肪肉瘤等多种肿瘤类型为病理特征的疾病，经 J 亚群禽白血病病毒特异性 PCR 检测均与 J 亚群禽白血病病毒有关。血管瘤禽白血病，是 J 亚群禽白血病的症状之一，属于内皮性肿瘤，多由血管内皮细胞增生形成。血管瘤易发于鸡皮肤或内脏器官的表面，血管瘤破裂后引起流血不止，病鸡常死于大量失血。白血病不仅仅表现为内脏肿瘤或体表皮肤血管瘤，更多地表现为产蛋下降、免疫抑制或生长迟缓。实际上，感染禽白血病病毒后的亚临床病理作用带来的经济损失可能大于临床上显示肿瘤性死亡带来的损失。

二、临床症状

鸡白血病的类型不同临床症状也各异，发生在肝、脾、肾及法氏囊的肿瘤，通常称为大肝病，发生血液型白血病可见鸡冠、肉髯苍白或浅白色，发生在长骨的肿瘤又叫骨石化病，可见骨畸形、变厚，腿呈弓形，步态不稳，病程慢性经过。病鸡全身衰弱无力、嗜睡、毛囊出血。患病鸡日渐消瘦，鸡冠苍白或发绀，皱缩，偶有发绀、食欲下降、下痢、排绿色粪便。产蛋鸡产蛋量下降、腹部膨大，似腹水症，行走时呈企鹅状，病鸡最后衰竭死亡。腿骨跗关节往往有增粗的表现，有的胸部和肋骨异常隆起，只能爬行移动，极少数瘫痪。死亡率不高，一般在 1%～3%。有时可在体表摸到肿大的肝脏，头部、背部、胸部、腿部及翅膀可见 1.2～2.5 厘米的血疱，呈褐紫色，质地柔软有一定弹性，与周围皮肤界限分明，血疱破裂后流血不止，血疱周边的羽毛被大片血迹污染。发病公鸡睾丸萎缩，甚至成年公鸡睾丸只有豌豆大小。

三、剖检病变

皮肤有多处血疱或出血斑，胴体消瘦，肌肉苍白，血液异常，稀薄呈水样、粉红色，血液凝固不良或不凝固。肝脏、脾脏显著肿大，在肝脏、脾脏中有大小不等灰白色肿瘤结节（图82），有时看不到肿瘤结节，而是肝、脾等器官弥漫性肿大，色泽变淡。肾脏显著肿大，质地变脆，有的表面有白色结节状病灶。腺胃表面有土豆大小的肿瘤结节；卵巢变性，呈现菜花样外观。有时病死鸡胸腔、腹腔内充满血液，法氏囊肿大。部分鸡全身性骨瘤，其中胸骨、肋骨、胸椎、腰椎、腿骨、蹄骨、趾骨、翅骨等处骨髓呈淡黄色凝胶样，骨髓腔出现大量淡黄色菜花样结节物，质较硬，似软骨。

图82　白血病病鸡肝脏肿瘤

四、诊断技巧

对大多数现场肿瘤病例来说，要完成一个准确的鉴别诊断是一项技术性很强的事情，只有在专门化的诊断实验室才能完成这种鉴别诊断。但是，对于鸡场来说，鉴别诊断的目的完全是为了改进预防措施。因此，即使不能对肿瘤细胞的类型作出准确判断，只要知道主要存在什么病毒感染就足够了。因此，最实用的诊断方法，是对肿瘤发病鸡群中一定数量的疑似病鸡做病毒学分离鉴定，对分离检出率比较高的一种或两种病毒加强预防措施。病鸡内脏器官的肿瘤病变与鸡马立克病相似，主要不同在于淋巴细胞性白血病病鸡的法氏囊常因肿瘤细胞侵害显著肿大，皮肤、外周神经、眼部及胸肌一般不见马立克病样的肿瘤病变。鸡马立克病临床上有一肢或多肢不对称、进行性不全麻痹或完全瘫痪，剖检时可见外周神经变化，有的可见病鸡虹膜褪色，瞳孔变成针尖大小的孔。J亚群禽白血病病毒，可感染4～9周龄的鸡而发生肿瘤或死亡，因此，发病日龄已不能成为两病的鉴别诊断因素。网状内皮组织增生病垂直传播、水平传播率不高，疫苗（尤其是禽痘疫苗和马立克疫苗）污染是该病目前流行的重要途径。一般感染鸡的日龄小，特别是新孵出的雏鸡及胚胎，感染后引起严重的免疫抑制或免疫耐受。而大日龄的鸡被感染后不出现或仅出现一过性病毒血症。鸡群早期感染后、出现肿瘤病变前，鸡群常呈现生长迟缓和免疫抑制。在感染禽网状内皮组织增生病后，随毒株和鸡的遗传背景不同，可发生急性B淋巴细胞肿瘤或慢性T淋巴细胞肿瘤，还能引起以网状内皮细胞或低分化的间充质细胞样的肿瘤。肿瘤主要发生在肝脏、脾脏，有的可见腺胃肿大。若是 B 淋巴细胞肿瘤，还易发生于法氏囊。如为 T 淋巴细胞肿瘤，又可在胸腺出现肿瘤。肿瘤可呈现结节状或块状，也可呈弥漫性，使肝、脾肿大。

五、治疗技巧

禽白血病主要为垂直传播，病毒各型间交叉免疫力很低，雏鸡容易出现免疫耐受，对疫苗不产生免疫应答，因此尚无可行的疫苗降低禽白血病肿瘤的发生率和死亡率。鸡群感染该病后，也没有切实可行的治疗方法和有效药物。防控本病最好的有效控制措施是建立严格的生物安全防控体系，除加强种鸡净化、孵化环境和育雏环境卫生防疫消毒措施之外，尤其要防止医源性传播，对所用疫苗严格检测，确保疫苗不含禽白血病病毒，这也是预防白血病最为实际和有效的措施之一。鸡群一旦发病后，临床上常采取一些对症措施，应用香菇多糖、党参多糖、人参多糖、黄芪多糖、紫锥菊制剂、肿瘤坏死因子、鸡转移因子等作为免疫增强剂进行预防。也可用板蓝根、鱼腥草、穿心莲、金银花、大青叶、黄连等中药用于病鸡群，对增强抵抗力、缓解症状、缩短病程具有重要作用。

1. 西兽药治疗

① 干扰素每天每只 2 羽份，黄芪多糖每天每千克体重 200 ～ 400 毫克，维生素 K_3 每天每千克体重 40 毫克，混合饮水，连续 3 ～ 5 天。

② 黄芪多糖每天每千克体重 200 ～ 400 毫克，增益素每天每千克体重 15 毫克，混合饮水，连续 7 ～ 10 天。

2. 中兽药治疗

① 板蓝根 200 克，黄芪 200 克，白芍 150 克，女贞子 150 克，淫羊藿 100 克，旱莲草 100 克、甘草 100 克，水煎 2 次成 2000 毫升，每天每只鸡 2 毫升，连续 7 天。

② 龙胆泻肝散，按每天每千克体重 1 ～ 2 克拌料饲喂，连续 7 ～ 10 天。

③ 人工牛黄 50 克，雄黄 500 克，石膏 2000 克，大黄 2000 克，黄芩 1500 克，桔梗 1000 克，冰片 250 克，甘草 500 克，诸药混合，研为细粉，按每天每千克体重 0.5 ～ 1.0 克混料饲喂，连续 7 ～ 10 天。

六、预防措施

白血病的控制主要通过种群的净化实现。通过原种鸡场的自我净化，严格监控弱毒疫苗中外源性白血病病毒的污染，祖代、父母代和商品代鸡都需要选择白血病病毒洁净度好的种源。由于白血病病毒在外界的抵抗力不强，在生产各环节建立严格的消毒制度，严格控制横向传播，特别是孵化厅传播，具有重要意义。鸡场要制订合理的免疫程序和免疫监测系统，尤其重视免疫抑制性疾病的预防工作，如马立克病、传染性法氏囊病等，以防因此引起免疫抑制，增加白血病病毒的感染概率。鸡场的死鸡必须进行无害化处理，对鸡粪也要实行消毒加工，减少病死鸡和鸡粪的污染，切断传染源。应激会抑制免疫功能，必要时可加喂多维和电解质等。为避免交叉传染，应实行公母分群和全进全出的饲养管理制度。垂直感染的雏鸡出壳后就可排毒，若孵化厅或运输箱内雏鸡密度很高，一只感染鸡在运输期间可使同箱内 20% ～ 30% 的接触鸡感染。因此，要对孵化厅和运输箱进行严格消毒，避免不同来源的雏鸡在同一鸡场混养或共用孵化厅。严格选用优质弱毒活疫苗，因为弱毒疫苗污染是蛋鸡中传播白血病病毒最可能的因素之一，尤其要重视马立克病疫苗污染导致传播白血病病毒的问题。政府部门应加强对弱毒疫苗的定期检测力度，按照 GMP 要求，生产弱毒疫苗时必须用 SPF 鸡胚，确保疫苗的有效安全。

第十四节
网状内皮组织增生病

一、病原特点

网状内皮组织增生病是由网状内皮组织增生病病毒引起的一组症状不同的综合征。包括免疫抑制、致死性网状细胞瘤、生长抑制综合征（矮小综合征）以及淋巴组织和其他组织的慢性肿瘤。网状内皮组织增生病病毒属反转录病毒科禽 C 型逆转录病毒。本病毒可分为复制缺陷型（不完全复制型）和非复制缺陷型（完全复制型）。只有非复制缺陷型病毒可以引起矮小综合征和慢性淋巴瘤。病毒对乙醚敏感，对热敏感。37℃下 20 分钟可失活 50%。目前证明只有一个血清型，但是分离到的毒株抗原性有一定差异，根据这些差异可分为 1、2、3 三个亚型。主要通过水平传播，病鸡的排泄物和分泌物携带病毒，经口感染。新生雏鸡可能由于接种带毒的马立克病疫苗或者通过针头而感染，特别是带毒的马立克病疫苗和鸡痘疫苗成为本病重要的传播方式而备受关注。近几年来我国鸡群中该病毒的感染已相当普遍，几乎 90% 以上鸡群都不同程度地感染了该病毒，淘汰率和死亡率不断升高。感染网状内皮组织增生病病毒不仅能引起矮小综合征和慢性肿瘤，还可引起感染鸡的胸腺、法氏囊等免疫器官萎缩，机体免疫功能下降甚至丧失，导致严重的免疫抑制，同时还不断干扰禽病疫苗的免疫疗效，使有些疾病的疫苗免疫效果几乎接近零，使感染鸡极易继发感染其他病毒病和细菌病。

二、临床症状

容易感染小日龄鸡，超过3周龄的鸡感染，对其生长发育影响不明显，急性病例很少表现明显症状。30～90日龄的雏鸡多发，成年鸡零星发病。病鸡主要表现为生长发育受阻，个体差异极大，个别仅为正常家禽体重的80%，食欲不振，导致机体消瘦，羽毛凌乱无光泽，鸡冠苍白，流泪，肿眼，呼吸困难，排白色或绿色稀粪。慢性型表现为矮小综合征，生长发育迟缓或停滞，精神沉郁，羽毛稀少，严重贫血、鸡冠苍白，个别病鸡运动失调、肢体麻痹等。

三、剖检病变

本病主要侵害肝、脾、心、胸腺、法氏囊、腺胃等。法氏囊严重萎缩，重量减轻。胸腺萎缩、充血、出血和水肿。最早出现病变的是肝、脾肿大，肝脏、肌肉、肠道等组织器官中有大小不等的肿瘤结节。腺胃肿大如球，呈乳白色，可见灰白色格状外观，切开腺胃壁，轻轻一按可流出浆液性液体，腺胃乳头肿胀、出血、糜烂，乳头融合。肌胃萎缩，肌肉松软，肌胃黏膜糜烂。肠道表现黏膜脱离，出血症状。个别病鸡肾脏肿大，有尿酸盐沉积。盲肠扁桃体肿大、出血，十二指肠黏膜增厚、出血，空肠、直肠和泄殖腔有不同程度的出血。

四、诊断技巧

根据临床症状和剖检病变可进行初步诊断。网状内皮组织增生病和禽白血病都有脾、肝、胸腺、法氏囊、胰腺结节增生。区别是白血病病鸡腹部膨大，手指直肠检查可触及法氏囊肿大，剖检可见肝、肾、卵巢、法氏囊有肿瘤，脾、肝增大3～4倍，肝灰白、质脆，肿瘤外观平滑、柔软，成红细胞白血病时脾、肝、肾鲜红色，贫血型则呈苍白色。网状内皮组织增生病和鸡马立克病发病年龄相似，发病高峰均在2～6月龄。剖检内脏可见一些结节状增生或肿瘤。不同处是马立克病在同一发病鸡群中，可同时见有神经型、内脏型、眼型、皮肤型存在，也有共济失调、单肢或双肢麻痹。疾病发生后病鸡逐渐死亡，且一般持续4～10周，随着日龄增长，发病率和死亡率都下降，临床可见有的病鸡有劈叉姿势，皮肤上可发现肿瘤，而网状内皮组织增生病没有这些变化。

五、治疗技巧

目前没有治疗网状内皮组织增生病的特效方法，没有疫苗可供使用，也没有有效药物可控制发病。临床多采用净化鸡群、加强消毒、防止继发病以及增强免疫力、减轻免疫抑制等方式进行综合防控。一旦发现该病的疑似病例，应

鸡病巧诊治全彩图解

立即隔离、消毒，通过临床检查、检测诊断及时淘汰污染鸡，并对环境和用具进行彻底消毒，使用抗生素防止继发感染，加强饲养管理，保持营养水平，添加维生素以提高鸡的抵抗力。鸡一旦感染网状内皮组织增生病病毒后，除了生长发育障碍和发病死亡，最严重的是导致免疫抑制，影响其他疫苗的免疫效果，继发或并发其他疫病。因此，在平时应高度重视，对鸡群采取严格的综合性生物安全措施十分重要。

1. 西兽药治疗

① 0.05% 硫酸铜溶液，黄芪多糖每天每千克体重 0.4 克，混合饮水，连续 7 ～ 10 天。

② 西咪替丁每天每千克体重 0.05 ～ 0.1 克，阿莫西林每天每千克体重 0.1 克，甲硝唑每天每千克体重 0.05 ～ 0.1 克，复合维生素 B 粉每升水 0.5 克，混合饮水，连用 5 ～ 7 天。

③ 饲料添加大蒜素，每千克饲料 0.6 ～ 1.0 克，可连续添加 15 ～ 30 天。

2. 中兽药治疗

① 黄芪 200 克，女贞子 200 克，白芍 150 克，淫羊藿 150 克，旱莲草 200 克，甘草 100 克，水煎 2 次，混合滤液，按每天每只鸡 1.5 ～ 3 克原生药量混水饮服，连续 7 ～ 14 天。

② 紫锥菊口服液每升水 2 ～ 4 毫升，黄芪多糖每升水 2 ～ 4 克，混合饮水，连续 10 ～ 15 天。

六、预防措施

网状内皮组织增生病的发病原因较为复杂，除感染病毒外，非传染性因素和其他传染病的作用下发病更为严重，包括饲料营养不平衡、霉菌及其毒素、部分垂直传播的病原或污染了特殊病原的马立克病疫苗等。本病的预防重在加强饲养管理，严格防疫制度和引种制度。要保证鸡群营养水平，添加足量维生素以提高鸡的抵抗力。一旦发现该病的疑似病例，应立即隔离、消毒，通过检测及时淘汰污染鸡，建立净化鸡群以减小本病带来的损失，使用无白血病病毒污染的疫苗也是预防此病发生的重要措施。引种尽量选择正规大公司选育的通过严格网状内皮组织增生病净化的祖代或父母代作种鸡，要求提供检疫证明（包括上代种鸡）。引进商品鸡时，必须选择没有网状内皮组织增生病流行地区的鸡场购买。尽量选用国外或国内一流疫苗厂家生产的疫苗。同时，疫苗特别是马立克病液氮苗和鸡痘疫苗在使用前要进行检测，无其他病原污染时方可使用，接种时也要注意防止污染。

第十五节
鸡 痘

一、病原特点

  鸡痘是由鸡痘病毒引起的鸡的一种高度接触性传染病。特征是在体表出现散在的结节状的增生性病灶，黏膜上出现溃疡性病灶，或在喉头部、上呼吸道、口腔和食管部出现黄色纤维素性栓塞。临床根据痘疹发生部位常将其分为皮肤型、黏膜型（眼型和喉型）、内脏型，也可表现为混合型。各种年龄、性别和品种的鸡都能感染鸡痘病毒，但以雏鸡的死亡率最高，一般秋季和冬初发生皮肤型鸡痘较多，冬季则黏膜型鸡痘多发。病鸡脱落的痘痂、皮屑、粪便都是重要的传染源。打架、啄伤、拥挤、通风不良以及体外寄生虫等均可促使该病发生和病情加剧，其中蚊虫叮咬是重要的传播方式。感染鸡痘病毒常并发或继发新城疫、腺胃炎、葡萄球菌病等，导致病情加重，死亡率增加。鸡痘的发病率主要取决于病毒的强弱、饲养管理条件和防治措施。一般青年鸡死亡率约为5%，而雏鸡可达10%以上，混合型鸡痘最严重时死亡率可达60%以上。鸡痘病毒具有非常强的抵抗外界环境的能力，如在60℃下也需要大约30分钟才能够使其灭活，在干燥的痂皮中能够生存长达6～8个月。普通化学消毒药物，在常规消毒浓度下作用10分钟能使其灭活。直射日光或紫外线可迅速灭活病毒。0.5%福尔马林、3%石炭酸、0.01%碘溶液都可在数分钟内使病毒失去感染力。

二、临床症状

  鸡痘的潜伏期一般是4～10天，根据症状、病变以及病毒侵害机体部位的不同，分为皮肤型、黏膜型（白喉型、眼鼻型）、混合型、内脏型等。皮肤型特征是在身体的无羽毛部位，如冠、肉髯、嘴角、眼皮、耳球、腿、脚、泄殖腔及翅的内侧等部位形成灰白色的小痘疹，随后小痘疹体积迅速增大，形成如豌豆大、褐色或灰黄色的结节，结节凹凸不平、坚硬而干燥。如果痘痂发生在眼部，可使眼睑完全闭合；若发生在口角，则影响鸡的采食。皮肤型鸡痘一般无明显的全身症状，但感染严重的病例或体质衰弱者，则表现食欲不振，精神萎靡，生长受阻，体重减轻，产蛋下降。黏膜型病变发生在喉气管的鸡痘也叫白喉型鸡痘，病鸡频频张口呼吸，发出"嘎嘎"声，严重时，脱落的破碎小块痂皮掉进喉和气管，进一步引起呼吸困难，甚至窒息死亡。眼鼻型病鸡表现为精神不振、厌食，鼻孔和眼中流出的液体由浆液性变为淡黄色脓液，眼内积存豆腐渣样物质，导致眼睑明显肿胀，严重时甚至造成失明。同时发生皮肤型和黏膜型鸡痘，就称为混合型，病鸡表现严重的全身症状，随后发生肠炎，病鸡可迅速死亡，或急性症状消失后，转为慢性肠炎，腹泻致死。内脏型病鸡少见，若发生则以严重的全身症状开始，继而发生肠炎，机体贫血，日渐消瘦，呼吸极度困难等，最终由于多个器官衰竭而死。

三、剖检病变

皮肤型鸡痘初期冠、髯或少毛的皮肤处有小的白色病灶，很快变大、变黄，形成结节。接着是水疱期，并形成广泛的结痂，结痂持续 1～2 周，随后脱落。自然脱落后，可见到光滑的皮肤。若早期取出痂皮，可见到湿润、浆液性、脓性渗出物覆盖的颗粒状出血表面。眼型鸡痘病鸡结膜红肿，黏膜有扁豆状大小的痘疹，严重病鸡眼睑肿胀、流脓性分泌物，眼球塌陷，鼻黏膜有炎性分泌物。白喉型鸡痘在气管黏膜表面有微微隆起、白色透明的结节，常被干酪样物堆积覆盖或栓塞，不易剥离，强行剥离后气管黏膜可见出血性糜烂。口腔、舌、食管有黄色痂膜，剥离后黏膜面溃烂。内脏型鸡痘初期在食管、肠黏膜的表面出现水疱样的点状肿，严重时充血红肿，随后出血溃疡，溃疡面愈合后，仍可留下白色疤痕，个别严重的病鸡在整个内脏出现痘斑，肝脏表面有出血点，治疗恢复的肝脏表面凹凸不平；肾脏肿大，表面有出血点，肾脏内纤维素性渗出，肾脏的颜色发黄，纤维素堵塞输尿管，导致尿酸盐沉积，表现为花斑肾，严重的内脏表面有尿酸盐沉积；有的在气囊出现痘斑，气囊有纤维素渗出，混浊，后期气囊被黄色的荚膜覆盖。黏膜型和内脏型混合发病的鸡，喉头有针尖大小的出血点，严重的出现溃疡灶，喉头、气管内有黏液，气管充血或出血；腺胃乳头出血、凹陷、溃疡；肌胃角质膜易剥离，膜下有痘斑水疱样肿胀、出血、溃疡；十二指肠、小肠黏膜有点状、独立的出血点和溃疡灶；直肠黏膜的水疱样肿、出血、溃疡病变最为典型和常见（图 83～图 91）。

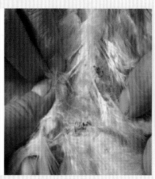

图 83～图 84　皮肤型鸡痘病鸡皮肤痘斑

图85 眼型鸡痘病鸡结膜痘斑　　图86 眼型鸡痘病鸡眼睑黏合　　图87 眼型鸡痘病鸡眼睑痘斑

图88 白喉型鸡痘病鸡口腔痘斑　　　　图89 白喉型鸡痘病鸡喉头痘斑

图90~图91 皮肤型鸡痘病鸡冠、髯痘斑

四、诊断技巧

鸡痘在临床上由于有特征性病变，一旦发病根据临床特征和病理剖检很容易诊断和确诊。皮肤型鸡痘病鸡常见口角、鸡冠、翅下等少毛或无毛处皮肤痘疹，临床容易诊断。注意鸡颈部及胸部无毛处的皮肤型鸡痘，往往因为临床少见，所以很容易被误诊或漏诊。雏鸡和青年鸡发病主要是眼型，通常在20日龄后开始发病，20日龄之前也偶有发病。多数在开始时很难发现，最初发病与支原体的症状很相似，只是以出现个别鸡流泪为特征，4～5天之后开始大面积感染，眼内有大小不一的黄白色泡沫，眼结膜潮红，有的上下眼睑闭合，覆盖黄色痂膜，严重的病鸡眼睛肿胀、怕光，甚至失明。从眼内能挤出黄白色干酪样物质，病鸡常用爪挠眼睛。白喉型鸡痘病鸡在口腔和咽喉部黏膜发生坏死性炎症，形成伪膜，病鸡呼吸困难，张口伸颈喘息，嘴角、眼角及鼻孔处有痘斑，掰开口腔在口腔黏膜及喉头黏膜上有黄色痂膜、溃疡灶，病鸡常窒息死亡。临床上还要和马立克病、传染性喉气管炎、败血支原体、传染性鼻炎等病鉴别。皮肤型鸡痘和皮肤型马立克病的区别是皮肤型马立克病的肿瘤以皮肤的羽毛囊为中心，形成半球形隆起，其表面有时可见鳞片状棕色痂皮。最初病变见于颈部、胸部皮肤，以后病变遍及全身皮肤。大面积增生时可发生真皮脱落，形成溃疡。传染性喉气管炎病鸡表现高度呼吸困难、咳嗽、气喘，吸气时头颈向上方伸直，眼鼻有泡沫状分泌物；喉头周围有黄色干酪样伪膜覆盖，并形成栓塞伸入气管，剧烈咳嗽、痰中带血，常咯出血痰，喉头和气管被比较疏松的干酪样渗出物充塞，干酪物易剥离。黏膜型鸡痘病鸡喉头和气管上覆盖的伪膜，呈串珠状，不易剥离，很少有血痰咯出。败血支原体以单侧眼睛流泪、喷嚏、咳嗽和呼吸道啰音为主要临床症状，并伴有气囊混浊、气管浆液性或干酪样分泌物增多为主要特征。鸡痘呼吸道症状和病变远比支原体病轻微，但鸡群中张口呼吸的病鸡要比支原体病鸡群数量多而且严重，鸡痘病鸡的口腔和脚蹼或喉头以及气管黏膜上总会发现数量不等的痘斑。传染性鼻炎以鼻炎、鼻窦炎、流鼻涕、喷嚏、脸肿胀以及眼睛流泪为主要特征，传染快发病率高。病初可见鼻流稀薄的水样液体，随后成浓稠黏液，并有难闻的臭味，干燥后在鼻孔周围结痂，此后面部发生水肿，上下眼睑黏合在一起，并发生结膜炎，随之开始流泪。鸡痘病鸡不见或少有鼻腔分泌物，眼结膜上多有痘状增生，而且本病在发病一开始即可见到一侧或两侧眼睛流泪。

五、治疗技巧

鸡群发病后，轻者治疗，重者淘汰，死者深埋或焚烧，污染场所要严格消毒，同群假定健康鸡尽早用鸡痘鹌鹑化弱毒疫苗3～5倍量紧急刺种，或二倍量接种鸡痘单苗，采用浅部肌内注射方式，一只鸡换一针头。紧急接种时一定要先接种健康鸡，再接种病鸡，疫苗尽可能在2小时以内用完。目前尚无特效治疗药物，临床主要采用对症治疗，以减轻病鸡的症状和防止并发症。防止继发感染可给鸡群添加阿莫西林、红霉素等抗生素类药物，继发葡萄球菌病时，选用敏感的庆大霉素、红霉素等，剂量要大，疗程要足，否则效果不一定理想。为减少渗出和气管黄色干酪样栓塞的形成，可大剂量使用大环内酯类药物，能有效防止窒息的发生。治疗个别病鸡群继发葡萄球菌病口服药物效果不佳时，可尝试进行肌内注射。中药制剂治疗鸡痘有明显效果，但兽药市场销售的治疗鸡痘的中成药制剂效果甚微，临床应根据发病鸡群具体情况辨证处方用药，而且要保证足够的剂量和疗程，才能获得有效治疗。鸡群一旦感染了鸡痘，病程长，免疫力下降，易诱发鸡群继发感染葡萄球菌病、腺胃炎及其他疾病。根据临床观察，发生鸡痘特别是眼型鸡痘的鸡群，葡萄球菌病和腺胃炎发病比例相对很高，尤其是腺胃炎高达30%左右。因此，临床治疗时可以根据感染鸡群具体情况，配合应用黄芪多糖、紫锥菊口服液等增强免疫的药物。鸡群在发生黏膜型鸡痘时，采用大剂量接种新城疫疫苗可干扰痘病毒复制，但谨记，如果并发禽流感，新城疫疫苗可加快红细胞凝集，可能会加速死亡，结果会导致病鸡群死亡大幅增加，甚至全群覆灭，因此不可盲目使用新城疫疫苗治疗鸡痘，尤其是Ⅰ系疫苗。临床还要注意，新城疫和鸡痘同时混合感染，两种疫苗不能同时接种，因为新城疫疫苗会对鸡痘疫苗产生严重的干扰，应先接种新城疫，1周以后再接种鸡痘疫苗。

1. 西兽药治疗

① 口腔、咽喉黏膜上的病灶，可用镊子将假膜轻轻剥离，用高锰酸钾溶液冲洗，再用碘甘油涂搽口腔。病鸡眼部发生肿胀时，可将眼内的干酪样物挤出，然后用2%硼酸溶液冲洗，再滴入5%的蛋白银溶液。用3%的碘酊涂抹病鸡的冠、肉髯、耳等患部，至结一层黑痂后涂碘酊。本方法仅适用于小群发病鸡或家养发病鸡，规模养殖场采取上述个体疗法很不现实，必须采取群防群治的方法。

② 黄芪多糖每天每千克体重0.2克，硫氰酸红霉素每天每千克体重20毫克（按有效成分计），混合饮水，连用5～7天。

③ 鸡Ⅰ系苗100倍稀释液肌内注射，每只鸡1毫升；或用干扰素两羽份注射。混合型鸡痘还应同时采取相应的其他措施，例如人工剥离口腔和喉头处的假膜、挤出眼部肿胀部位的干酪样物、服用中西药物等。

④ 轻症病鸡可采用鱼腥草注射液肌内注射，每只鸡每次注射1～2毫升，

每天 1 次，连用 3 天。

⑤ 0.2% 的龙胆紫溶液，药店销售的龙胆紫溶液 10 倍稀释后，即可让鸡自由饮服，连用 10 天。

2. 中兽药治疗

① 连翘 200 克，金银花 100 克，薄荷 150 克，蝉蜕 150 克，黄檗 150 克，栀子 150 克，甘草 100 克，混合诸药，冷水浸泡 1 ～ 2 小时，煎煮 2 次（第一次 1 小时，第二次 2 小时），混合滤液，按每天每千克体重 1 ～ 2 克原生药量，混水饮服，连续 7 天。

② 栀子 100 克，牡丹皮 50 克，黄芩、黄檗各 80 克，金银花、板蓝根 90 克，豆根、苦参、白芷、防风、皂角刺各 50 克，甘草 80 克，混合粉碎，每天每千克体重 1 ～ 2 克混料，连续 5 ～ 7 天。

③ 板青颗粒每天每千克体重 1 克，双黄连口服液每天每千克体重 1 毫升，混合饮水，连续 7 天。

④ 板蓝根 1000 克，牛蒡子 500 克，金银花 500 克，连翘 600 克，栀子 500 克，赤芍 300 克，车前 400 克。

⑤ 饲料中按 1% ～ 2% 添加鸡痘散，连续 7 ～ 10 天，或按每天每千克体重 1 克剂量称取鸡痘散，用温火煎熬 2 小时，取上清液兑水，分两次饮用，药渣拌料，连用 7 天。红霉素按每天每千克体重 20 毫克分两次饮水。

⑥ 紫草 100 克，鱼腥草 140 克，金银花 50 克，连翘 50 克，龙胆 60 克，明矾 100 克，诸药混合，粉碎成细粉，按 2% 添加于饲料中饲喂，连续 7 ～ 10 天。或先将紫草在清水中浸泡 1 ～ 2 小时，然后文火煎 1 小时，加入鱼腥草、龙胆、明矾，再煎 1 小时,过滤药液备用。按每天每千克体重 1.5 ～ 2 克原生药量混水饮服，连续 7 天。本方还可配伍中药叶下珠同用，效果更好。

⑦ 对于家养小群鸡，发生白喉型鸡痘，可选用喉症丸治疗，每天每只鸡 6 ～ 10 粒，分 2 次喂服，连服 3 ～ 5 天。病鸡数量较大时，可拌入饲料中投服。

⑧ 鱼腥草 70%，紫草 10%，荆芥、防风、蒲公英、牛蒡子各 5%，诸药混合，加 10 倍量水，浸泡 2 小时后煎煮 2 小时，滤出药液，再加 5 倍量水煎煮 2 小时，滤出药液与第一次药液混合备用。按每天每千克体重 1.5 ～ 2 克原生药量混水饮服，连续 7 ～ 10 天。

六、预防措施

防制本病最有效的方法是接种鸡痘疫苗，可在 2 ～ 4 周龄时进行首免，剂量为 1 羽份。12 周龄左右进行二免，剂量为 2 羽份。疫苗的接种方法可采用翼膜刺种法，组织培养弱毒疫苗还可供饮水免疫。用专用的稀释液或灭菌的生理盐水稀释，稀释的比例一般每千羽10毫升，翼膜刺种法是用消毒的"刺种针"，蘸取疫苗，刺入翅膀内侧皮下无血管处。接种7天后，在针刺的部位出现痘斑，表示接种成功，否则应予补免。一般情况下，疫苗接种后2～3周产生免疫力，免疫期可持续4～5个月。防制鸡群发生鸡痘病，除按程序免疫接种鸡痘疫苗之外，还必须加强饲养管理，消灭和减少蚊蝇等吸血昆虫，防止蚊蝇进入鸡舍，可减少昆虫传播鸡痘。规模化养鸡场应尽量降低鸡的饲养密度，保持鸡舍通风换气良好。勤打扫鸡舍，加强消毒，保持鸡舍清洁、卫生、干燥。每批鸡出笼后，应将舍内的垫料、粪便等杂物全部清除，并彻底打扫干净，再用常规消毒药剂喷洒消毒灭菌，饲养用具也要反复消毒。

第十六节

传染性贫血

一、病原特点

传染性贫血由传染性贫血病毒感染所引起，临床以再生障碍性贫血、全身淋巴组织萎缩、皮下和肌肉出血为特征，鸡是传染性贫血病毒的唯一宿主。不同品种、各年龄的鸡均可感染，日龄越小，易感性越强，成年鸡大多耐过，1月龄之内的鸡发病率最高，7日龄雏鸡就能够感染该病，但不会发生死亡，自然感染常见于2～4周龄的雏鸡。随着日龄增加，易感性迅速下降，肉鸡比蛋鸡更易感。传染性贫血病毒既可垂直传播也可水平传播，垂直传播认为是本病的最重要的传播方式，水平传播途径主要是口腔、消化道和呼吸道。病毒对外界的抵抗力较强，耐高温，即使在沸水中也能保持15分钟而毒力不减，60℃条件下能耐1小时以上，环境中的病毒有时甚至能存活数周甚至数月。病毒对酸不敏感，大多数消毒剂对其无杀灭作用，临床多用氯制剂和福尔马林消毒。传染性贫血不仅可干扰其他禽病疫苗的免疫效应，导致免疫失败，还能引发传染性法氏囊病、鸡马立克病、淋巴白血病感染，鸡贫血病毒造成的免疫抑制可加剧大肠杆菌病、包涵体肝炎、腺病毒等的感染。

二、临床症状

本病的唯一特征性症状是贫血，贫血可在鸡冠、眼睑、腿部等无羽毛处观察。一般在感染后10天发病，14～16天达到高峰。病鸡表现为精神沉郁、虚弱、行动迟缓，喙、肉髯、面部皮肤和可视黏膜苍白，翅下皮肤出血，有的出血点在皮下，出血严重的可继发局部坏疽性皮炎，病变部皮肤由于瘀血而呈蓝色，有时破溃而流出血样分泌物，若继发细菌感染，可导致生长不良，体重下降，临死前还可见到腹泻。死亡率受病毒、细菌、宿主和环境等许多因素影响，实验感染的死亡率不超过30%，无并发症，水平传播的不会引起高死亡率。感染后20～28天存活的鸡可逐渐恢复正常。

三、剖检病变

病鸡贫血、消瘦，肌肉与内脏器官苍白、贫血。肝脏和肾脏肿大、褪色或淡黄色，血液稀薄，凝血时间延长。有的肺实变，心肌出血。剖检最特征性的病变是骨髓萎缩，大腿骨的骨髓呈脂肪色、淡黄色或粉红色，有些病例骨髓的颜色呈暗红色。胸腺萎缩是最常见的病变，呈深红褐色，可能导致其完全退化，随着病鸡的生长，抵抗力的提高，胸腺萎缩比骨髓病变更容易观察到。法氏囊萎缩不很明显，有的病例法氏囊体积有缩小，法氏囊外壁呈半透明状，可见到内部的皱襞。有时可见到腺胃黏膜出血和皮下与肌肉出血。若继发细菌感染，可见到坏疽性皮炎，肝脏肿大呈斑驳状。

四、诊断技巧

本病主要发生于2～3周龄的鸡。发病初期，病鸡表现出精神萎靡，增重缓慢，冠、髯苍白，部分病鸡周身皮肤变成蓝紫色；有30%～60%的鸡头颈部、腿部以及胸部皮肤发生出血，胸部和翅膀出现大面积渗出性出血，且翅尖部毛囊也会发生出血，这对早期诊断该病具有实际意义。随着病情发展，部分病鸡出现共济失调，驱赶时会以翅膀着地，后期发生麻痹，头颈震颤，卧地不起，部分甚至出现失明。临床具有贫血症状的疾病较多，临诊注意该病与球虫病、住白细胞原虫病、磺胺类药物与真菌毒素中毒、缺乏B族维生素、禽弓形虫病等进行区分。与球虫病的区别是患有传染性贫血的病鸡不会排出混杂血液的粪便，且肠道不存在点状出血。住白细胞原虫病通常在吸血昆虫旺盛活动的季节发生，可引起贫血、鸡冠苍白，血液质地稀薄，较难凝固，但不会导致骨髓和免疫器官发生病变，且使用药物能够有效治疗。磺胺类药物与真菌毒素中毒可引起再生障碍性贫血，但肌肉与肠道有点状出血，鸡群有使用磺胺类药物的历史。缺乏B族维生素会造成产蛋减少、蛋形变小、种蛋受精率下降、鸡胚死亡。禽弓形虫病和传染性贫血病鸡都会发生贫血，体质瘦弱，鸡冠呈苍白色，伴有腹泻，但患有弓形虫病的蛋鸡会排出白色稀粪，共济失调，歪头，角弓反张，心包膜形成圆形结节，小肠也有结节。

五、治疗技巧

鸡群一旦感染传染性贫血病，没有特效药能够彻底治愈，只能通过加强营养和使用补益气血药物或具有增强非特异免疫功能的中兽药来缓解病情，缩短病程，促进恢复。由于病毒感染后可引发免疫器官萎缩，长期影响免疫细胞的生成和成熟，最终导致机体免疫力下降，进而发生继发感染，因此，如果鸡场发生了本病，可在饲料中添加广谱抗生素来防止细菌、支原体等病原的入侵。除此之外，在饲料中添加复合多维、矿物质元素和氨基酸等物质有利于造血功能的恢复和症状的缓解，从而降低死亡率，减少经济损失。

1. 西兽药治疗

① 饮水中按说明剂量加入速补 14 或电解多维，同时饮水中按每天每千克体重 0.4 ～ 0.5 克剂量，加入黄芪多糖，连续 10 天。

② 饲料中按每天每千克体重加入 25 毫克左旋咪唑，同时每升饮水中加入阿莫西林克拉维酸钾 0.5 克，防止继发感染细菌病，连续 7 天。

③ 黄芪多糖每天每千克体重 0.4 ～ 0.8 克，乳酸环丙沙星每天每千克体重 25 毫克，多维葡萄糖每升水 3 ～ 5 克，诸药混合，分 2 次混水饮服，连续 10 ～ 15 天。

2. 中兽药治疗

① 生黄芪、仙鹤草、丹参、益母草各 400 克，仙茅 200 克，黄精、淫羊藿、鸡血藤、当归各 150 克，黄芩、补骨脂、赤芍、白芍、川芎各 120 克。诸药混合，加 10 倍量冷水，浸泡 2 小时后煎煮 2 次，每次 2 小时，分别过滤药液，混合。按每天每千克体重 2 克原生药量混水饮服，连续 10 ～ 15 天。

② 黄芪 360 克，党参 100 克，当归 60 克，丹参 120 克，牡丹皮 160 克，板蓝根 100 克，金银花 100 克，诸药混合，加 8 ～ 10 倍量水，浸泡 2 小时后煎煮 2 小时，滤出药液，再加 5 倍量水煎煮 2 小时，滤出药液，与第一次药液混合备用。按每天每千克体重 2 ～ 3 克原生药量混水饮服，连续 10 ～ 15 天。

③ 黄芪 300 克，女贞子 300 克，刺五加 200 克，五味子 200 克，混合诸药，加 5 倍量冷水，浸泡 2 小时后煎煮 2 小时，滤出药液，再加 5 倍量水煎煮 2 小时，过滤药液，与第一次药液混合备用。按每天每千克体重 2 ～ 3 克原生药量混水饮服，连续 10 ～ 15 天。

六、预防措施

加强对种鸡的检疫，在引进种鸡前进行传染性贫血抗体检查，防止引入带毒鸡，种蛋孵化前也要进行严格消毒。做好鸡舍的日常清洁和消毒工作，鸡舍保持良好通风，发病鸡场用烧碱等喷洒消毒，舍内可用氯制剂、5% 双链季铵盐类化合物等消毒药，每天带鸡喷雾消毒 1 次。严格人员、车辆、饲养工具等进出鸡场或鸡舍管理室，防止携带病原的传播媒介污染养殖环境。通过种鸡群的普查，掌握病毒分布、隐性感染和带毒状况，淘汰阳性种鸡群，切断传染性贫血的垂直传播源。免疫接种是预防该病最有效的措施，通常用英特威或德国罗曼动物保健有限公司生产的 Cux-1 株 CIA 活疫苗，种鸡 13 ～ 15 周龄饮水免疫，也可皮下或肌内注射，免疫后 4 ～ 6 周，产生坚实的免疫力，并能持续到 60 ～ 65 周龄。免疫期内种鸡所产的种蛋母源抗体高，可有效地保护雏鸡免受鸡传染性贫血病毒的感染。疫苗接种只用于该病疫区，如果后备种鸡群血清学检查本病呈阳性反应，则不宜再进行免疫接种。

第七章

鸡的细菌病诊治技巧

第一节
鸡 白 痢

一、病原特点

鸡白痢的病原是鸡白痢沙门菌。病鸡的内脏中都有病菌，以肝、肺、卵黄囊、睾丸和心血中最多。沙门菌属肠杆菌科，革兰阴性，在自然环境的粪便中可存活1～2个月，最适繁殖温度为37℃，在20℃以上即能大量繁殖。鸡舍内的病菌可以生存到第二年，在栖木上可以存活10～105天，在木饲槽上温度为-3～8℃、湿度为65%～75%时可以存活62天。此菌对热的抵抗力不强，污染的鸡蛋，煮沸5分钟可杀死该菌，70℃经过20分钟也可以使之死亡，一般消毒药都能迅速杀死该菌。感染沙门菌的人或带菌者的粪便污染食品，可使人发生食物中毒。在世界各国的细菌性食物中毒中，沙门菌引起的食物中毒位列榜首，我国内陆地区沙门菌污染的食物中毒亦位列首位。

二、临床症状

雏鸡2～3日龄发病，7～10日龄是死亡高峰，一般2周后死亡逐渐减少。病鸡表现精神不振、怕冷、寒战、羽毛逆立、呆立尖叫、食欲废绝。排白色黏稠粪便，肛门周围羽毛被石灰样粪便玷污，甚则糊肛或肛门堵塞。有的不见下痢症状，因肺炎病变而出现呼吸困难，伸颈张口呼吸。患病鸡群死亡率为10%～25%，耐过鸡生长缓慢、消瘦、腹部膨大。病雏鸡有时表现关节肿胀、跛行、不愿活动。有时还可能有神经症状，以仰头、偏头转圈、喙触地等运动功能障碍为特征，死亡率在 10% 左右。育成鸡白痢主要发生于 40～80 日龄的鸡，多为病雏鸡未彻底治愈，转为慢性，或由育雏期感染所致。鸡群中不断出现精神不振、食欲差和下痢的鸡。病鸡常突然死亡，持续不断，可延续 20～30 天。成年鸡不表现急性感染的特征，常为无症状感染。病菌污染较重的鸡群，产蛋率、受精率和孵化率均处于低水平。鸡群的死亡率、淘汰率，明显比正常鸡群高。

三、剖检病变

雏鸡病死鸡脱水，眼睛下陷，脚趾干枯。肝肿大、充血，较大雏鸡的肝脏可见许多黄白色小坏死点。胆囊扩张充满胆汁，卵黄吸收不良，呈黄绿色液化状，未吸收的卵黄干枯呈棕黄色奶酪样。肺呈灰褐色，肺内有黄白色大小不等的坏死灶（白痢结节）。盲肠膨大，肠内有奶酪样凝结物。病程较长时，在心肌、肌胃、肠管等部位可见隆起的白色白痢结节。育成鸡肝脏显著肿大，质脆易碎，被膜下散在或密布出血点或灰白色坏死灶。心脏可见肿瘤样黄白色白痢结节，严重时可见心脏变形。白痢结节也可见于肌胃和肠管，脾脏肿大，质脆易碎。成年病鸡一般表现卵巢炎，可见卵泡萎缩、变形、变色，呈三角形、梨形、不规则形，呈黄绿色、灰色、黄灰色、灰黑色等，有的卵泡内容物呈水样、油状或干酪样。由于卵巢的变化与输卵管炎的影响，常形成卵黄性腹膜炎。输卵管阻塞、膨大，内有凝固的卵黄样物。病公鸡睾丸发炎，萎缩变硬、变小（图 92～图 97）。

图 92～图 93　白痢病鸡糊肛

图94　白痢病鸡肝脏有黄色坏死点

图95　白痢病雏鸡卵黄囊液化

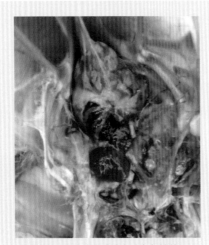

图96　白痢病育成鸡心脏白色结节

图97　白痢病雏鸡输尿管尿酸盐沉积

四、诊断技巧

根据雏鸡排白色黏稠粪便，肛门周围羽毛被石灰样粪便玷污，甚则糊肛或肛门堵塞、闭眼呆立、伸颈张口、大声尖叫等特征性临床症状和肝脏肿大、充血，肝脏表面大量黄白色小坏死点，胆囊极度充盈、肺内有黄白色大小不等坏死灶（白痢结节）等典型病理变化，可初步作出诊断。雏鸡白痢和曲霉菌或其他霉菌病与本病在发病日龄、死亡情况、临床症状和病理变化等方面都很相似，在诊断中易混淆。曲霉菌病雏鸡无白色、糨糊状黏稀粪，肛门周围绒毛干净，排粪便时无痛苦的尖叫声。剖检病鸡，曲霉菌病心肌上无白色结节病灶，肺部结节虽颜色同本病相同，但结节明显凸出于肺表面，大小悬殊，形态多样，柔软有弹性，结节里呈干酪样。曲霉菌病雏鸡气囊和胸腹膜可见小结节或成团的霉菌斑点，而本病则无。使用某些磺胺类药和抗生素防治本病效果较佳，而对曲霉菌病无效。育成鸡感染本病，发病年龄及某些病理变化易与马立克病相混淆，但两病的结节外观和组织学变化显著不同，马立克病的肿瘤结节是灰白色、脂肪样，在肝脏上不会是小的坏死灶和有小红点出现。本病病原的某些菌株对关节和腱鞘组织有特殊的嗜性，不少感染雏鸡有局限于关节和腱鞘及囊内容物的病变，这与滑液囊支原体及其他病原菌在该处所发生的肿胀、跛行等病变相似。成年带菌者中的局限性感染，尤其是在心包囊与卵巢，有时与大肠杆菌以及其他沙门菌所致的病变完全一样，均须作出鉴别诊断。

五、治疗技巧

抗生素是控制商品鸡群发生鸡白痢沙门菌病的有效手段，但因其对抗生素的耐药性逐渐增强，雏鸡一旦感染发病，应及时进行敏感药物的筛选，并交替、间歇使用敏感药物。治疗鸡白痢沙门菌病，最好避免盲目用药，这对于减少或有效防治鸡白痢沙门菌感染具有一定的积极意义。虽然敏感抗生素的应用能减少白痢死亡率，但不能消除带菌鸡和控制本病传播。因此，对种鸡有计划地进行白痢检疫，淘汰阳性鸡，培育无白痢种鸡群，切断垂直传播途径，是控制鸡白痢沙门菌病的根本方法。此外，种蛋在孵化前进行消毒，对控制鸡白痢沙门菌病有较好的效果。在鸡白痢病防治中，使用青霉素、土霉素将无法获得有效作用。用敏感抗菌药物防治雏鸡白痢4～5天最为适宜，不能长期仅使用一种药物，更不能为了达到防治目的，随意加大药物的使用剂量和延长用药疗程。使用微生物制剂防治雏鸡白痢也能获得良好的防治效果。防治育成鸡白痢病，最关键的是及时诊断和用药，连续5天用药后，隔2～3天后再用药3～5天，这样不仅能有效控制新发病，也能防止病情蔓延。

1. 西兽药治疗

① 恩诺沙星可溶性粉，10升水加1克（按恩诺沙星计），连用5天。

② 头孢噻呋钠肌内注射，每千克体重3～5毫克，每天1次，连用3天。

③ 链霉素按每千克体重10万单位混水饮服，连用5天。

④ 庆大霉素按每天每千克体重15毫克混合饮水，连用3～5天。

⑤ 磺胺嘧啶、磺胺甲基嘧啶或磺胺二甲基嘧啶，饲料中按0.5%添加，也可按0.1%～0.2%混水饮用，连续使用5天后，停药3天，再继续使用2～

3 天。

2. 中兽药治疗

①雏痢净（白头翁、黄连、黄檗、马齿苋、乌梅、诃子、木香、苍术、苦参）雏鸡 0.3 ～ 0.5 克，连用 5 ～ 7 天。

②鸡痢灵散（雄黄、藿香、白头翁、滑石、诃子、马齿苋、马尾连、黄檗）雏鸡 0.5 克，连用 5 ～ 7 天。

③黄连 5 克，黄芩 20 克，马齿苋 20 克，白头翁 10 克，紫皮蒜 50 克，胆草 20 克，黄檗 10 克，穿心莲 10 克，诸药混合，冷水浸泡 2 小时，煎煮 2 次，每次 2 小时，混合滤液，按每天每千克体重 2 克原生药量混水分 2 次饮服，或粉碎拌喂，连续 7 天。

④黄檗 15 克，凤尾草 20 克，野菊花 30 克，白头翁 30 克，马齿苋 30 克，辣蓼 20 克，穿心莲 20 克，五倍子 15 克，垂盆草 20 克，山楂 25 克，混合粉碎成细粉，按 1% 拌料，喂 4 ～ 5 天即可。或煎煮 2 次，每次 2 小时，混合滤液，按每天每千克体重 2 克原生药量混水分 2 次饮服。

⑤白头翁、黄连、黄芩、黄檗、苍术各 20 克，诃子肉、秦皮、神曲、山楂各 25 克，诸药混合，冷水浸泡 2 小时，煎煮 2 次，每次 2 ～ 3 小时，混合 2 次滤液，按每天每千克体重 2 克原生药量混水分 2 次饮服。也可混合粉碎，按 1% ～ 2% 混饲，连喂 3 ～ 5 天。

⑥血见愁 700 克，马齿苋 600 克，地锦草 300 克，墨旱莲 400 克，诸药混合，煎煮 2 次，每次 2 小时，过滤药液，按每天每千克体重 2 克原生药量混水饮服，连服 5 天。

六、预防措施

鸡白痢可通过种蛋垂直传播，种鸡场净化是根除鸡白痢的核心，应在掌握鸡白痢感染情况的基础上，通过多次检测，严格淘汰阳性鸡。为控制传染源、切断传播途径和保护易感鸡群，必须实施严格的入场检疫，把病原排除于场外。规范饲养流程，严格控制场内人员、物品、鼠类、鸟类等媒介的流通。对孵化环节进行严格控制，尤其是全方位的消毒制度，减少垂直传播，防止将鸡群暴露于鸡白痢风险中。并通过饲料、营养、微环境控制等多方面的改善，提高个体抗病力。严格消毒制度，种蛋应取自无病鸡群，2 小时内用 0.1% 新洁尔灭喷洒消毒，或用 0.5% 高锰酸钾浸泡 1 分钟，再用福尔马林熏蒸消毒 30 分钟。孵化器、孵化室及其他用具在使用前都要进行彻底清扫、冲洗和严格消毒。

第二节
鸡副伤寒

一、病原特点

　　鸡副伤寒沙门菌是革兰阴性菌，不产生芽孢。和鸡白痢沙门菌和伤寒沙门菌不同，鸡副伤寒沙门菌正常带有周鞭毛，能运动，自然条件下也可碰到带或不带鞭毛的不运动的变种。本菌为兼性厌氧菌，易于在普通肉汤或琼脂上生长，最佳培养温度为37℃。鸡副伤寒沙门菌的菌体和鞭毛抗原结构差异很大，在全世界范围内已分离到鸡副伤寒沙门菌有90个血清型之多。本菌对热和其他大多数消毒药很敏感，60℃5分钟可杀死鸡肉中的鼠伤寒沙门菌，但在速冻鸡肉中可存活很长时间。酸液、碱液和石炭酸复合物是鸡舍常用的消毒药，甲醛也是广泛使用的消毒剂，特别是用于种蛋、孵化器、孵化室和鸡舍的熏蒸消毒。甲醛和含甲醛化合物对消除土壤中和用具上的沙门菌也很有效。旧垫料中含有水分和溶于水的氨，使pH升高而不利于沙门菌的存活。沙门菌在饲料中和灰尘中存活的时间较长，温度越低存活的时间越长。本菌在粪便和孵化室的羽毛屑中可长期存活，在土壤中可存活几个月，在含有机物的土壤中存活最好。

二、临床症状

　　临床症状与鸡白痢、鸡伤寒极为相似，临床区别困难。多见于2周龄以内的雏鸡，病情严重者于发病后5天左右死亡。病雏鸡具有精神不振、羽毛逆立、嗜睡、头下垂等一般症状，而以白色水样腹泻为其特征性症状。有时出现关节炎和结膜炎，严重时失明。成年鸡感染多不发病，但长期带菌。

三、剖检病变

　　雏鸡可见肝脏显著肿大，有时呈古铜色，表面有条纹状或针尖状出血和灰白色坏死点，胆囊扩张、胆汁充盈。盲肠内形成干酪样物，直肠肿大并有出血斑点。心包炎、心外膜炎及心肌炎，心包液增多呈黄色，心包膜和心外膜发生粘连。皮下有出血斑（包括腿部、胸部、颈部），胸部肌肉斑状出血，有时颈部皮下有蚕豆大黄白色结节。慢性感染的成年鸡特别是肠道带菌者，常无明显的病变。

四、诊断技巧

　　2周龄雏鸡感染多呈急性经过，日龄稍大的呈亚急性经过。不同饲养环境，对感染程度、病程长短等都会产生较大的影响。经种蛋带菌感染的，多呈败血性经过，在没有任何症状的前提下迅速死亡。常见的典型症状为呆立、嗜睡、羽毛松乱、食欲废绝、口渴下痢、怕冷扎堆等。有的可在饮水后急性猝死，由此又被称之为"猝倒病"，这些特点可作为临诊的参考要点。雏鸡白痢和副伤寒在发病日龄、临床表现、病理变化方面雷同，很难区别，临床诊断时注意到患白痢的雏鸡群排黏稠白色糊状粪便，部分严重糊肛，泄殖腔积有大量白色糊状物，副伤寒病鸡一般排水样粪便，没有糊肛雏鸡。鸡副伤寒病鸡的盲肠内常有淡黄色豆腐渣样物堵塞，小肠有出血性炎症，而鸡白痢则无。鸡白痢病鸡的心肌、肺脏上有坏死结节，而鸡副伤寒则无。鸡白痢几乎没有皮下出血斑、胸部肌肉斑状出血等病变。临床可根据上述不同临床表现和病理变化进行鉴别诊断。鸡副伤寒和鸡伤寒均有减食、困倦、腹泻症状。成年鸡有厌食、饮水多、腹泻、肛门周围粪污、精神委顿、翅膀下垂等临床症状，并有心包炎症、肝脏肿大等剖检病变。特别是鸡伤寒特征性病变是肝脏呈古铜色，肝脏表面及心肌上有粟粒状坏死灶。而鸡副伤寒的肝脏、脾脏充血并有条纹状或针尖状出血和坏死灶。鸡副伤寒与鸡铜绿假单胞菌病均多发于雏鸡，均有精神不振、排水样粪便、眼睑水肿、呼吸困难等临床症状，并均有内脏充血、出血等剖检病变。铜绿假单胞菌病鸡，其粪便呈黄绿色水样，有时带血；眼周、颈部、腿内侧皮下水肿，水肿破裂后则流出黄色液体。

五、治疗技巧

药物治疗可以降低鸡副伤寒的病死率，控制本病的发展和扩散。治疗方法与鸡白痢相同。用喹诺酮类药物、磺胺类药物治疗均可减少带菌者。临床治愈后的鸡长期带菌，因此不能留作种用。严重发病鸡群可选用甲砜霉素或氟苯尼考，但要注意，甲砜霉素和氟苯尼考有抑制免疫的作用，所以用该类药物时，最好配合黄芪多糖一类免疫增强剂同时使用。

1. 西兽药治疗

① 恩诺沙星每千克水 50 ～ 100 毫克混水饮服，连续使用 7 天。

② 环丙沙星每千克水 50 ～ 100 毫克混水饮服，连续使用 7 天。

③ 氟苯尼考每千克体重 30 毫克，多西环素每千克体重 50 毫克，两种药物混合饮水，连续使用 5 天。

④ 硫酸新霉素每升水 75 毫克混水饮用，连续使用 5 ～ 7 天。

2. 中兽药治疗

① 马齿苋 30 克，地锦草、蒲公英各 20 克，车前、金银花、凤尾草各 10 克，

煎煮滤汁，每天每千克体重 2 克原生药量，分 2 次混水饮服，或拌入饲料中喂服，每天每只鸡 0.5 ～ 1 克，连服 5 ～ 7 天。

②甘草、黄连、黄芩、黄檗各 115 克，艾叶、陈皮、桂枝各 80 克，金银花、焦山楂、车前各 100 克，诸药混合水煎 2 次，过滤药液，按每天每千克体重 1 克原生药量混水饮服，连续 7 天。

③黄芩、黄连、黄檗、甘草、五倍子、金银花、前胡、白头翁、栀子、肉豆蔻各 80 克，焦山楂、马齿苋、秦皮、陈皮各 50 克，诸药混合水煎 2 次，过滤药液，按每天每千克体重 0.5 ～ 1 克原生药量混水饮服，连续 7 天。

六、预防措施

目前尚无有效菌苗可利用，故预防本病重在严格实施一般性的卫生消毒和隔离检疫措施。鸡副伤寒的传播方式主要是经带菌卵感染或出壳雏鸡在孵化器感染病菌，常呈败血症经过。孵化场及养鸡场对种蛋、孵化器具等必须进行严格的消毒与管理，防止致病菌侵入，以此阻断传染，防止副伤寒病的发生。

第三节
鸡 伤 寒

一、病原特点

鸡伤寒的病原为鸡沙门菌，该菌呈短粗杆状，大小为（1.0 ～ 2.0）微米 ×1.5 微米，常单个散在，偶尔成对存在。革兰染色为阴性，不形成芽孢，无荚膜，无鞭毛。易在 pH7.2 的牛肉膏琼脂、牛肉浸液琼脂及其他营养培养基上生长，需氧、兼性厌氧，在 37℃ 条件下生长最佳。本菌在硒酸盐和四磺酸肉汤等选择培养基上能够生长，在麦康凯、亚硫酸铋、SS、去氧胆酸盐、去氧胆酸盐枸橼酸乳糖蔗糖和亮绿琼脂等鉴别培养基上都能生长。在肉汤中生长形成絮状沉淀。本菌在加热 60℃ 10 分钟、日光直射下几分钟即被杀死。0.1% 石炭酸和 1% 高锰酸钾能在 3 分钟内将其杀死。2% 的甲醛溶液可在 1 分钟内将其杀死。在某些条件下该菌可存活较长时间，如在黑暗处的水中可存活 20 天。死于鸡伤寒的鸡，3 个月后还能在其骨髓中分离到强毒力的鸡沙门菌。

二、临床症状

鸡伤寒常被认为是一种成年鸡的疾病，6月龄以下更为常见。成年鸡伤寒排出淡黄色或黄绿色泡沫状粪便，多有严重溶血性贫血，可见冠、髯苍白皱缩。病鸡无法站立，体温升高至43～44℃，常在5～10天内死亡。种鸡群如有鸡伤寒阳性鸡，像鸡白痢一样，死亡可从出壳时开始，1～6月龄可造成严重损失。与鸡白痢不同的是，鸡伤寒的死亡可持续到产蛋年龄，即使从没有本病的鸡场引进鸡，在鸡伤寒污染的环境中很容易被感染。幼龄鸡的鸡伤寒在病变上很难与鸡白痢相区别。

三、剖检病变

亚急性和慢性阶段肝脏肿大并呈棕绿色或古铜色。肝和心肌中有粟粒样灰白色小灶，心包炎，卵黄性腹膜炎，卵黄出血、变形和变色，肠道卡他性炎症。幼龄鸡肝、脾、肾肿大和变红最为常见。幼雏伤寒与鸡白痢一样，肺、心和肌胃有时也可看到灰白色小灶。公鸡感染后睾丸有灶性损害，脾脏肿大有出血斑、坏死点（图98～图105）。

图98　伤寒病鸡小肠贫血状

图99　伤寒病鸡卵黄变形

图100　伤寒病鸡肝脏肿大发红

图101～图102　伤寒病鸡肝脏点状坏死

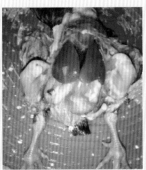

图103～图105　伤寒病鸡肝脏古铜色

四、诊断技巧

　　鸡伤寒多发生在3周龄以上的青年鸡群或成年鸡群，病鸡贫血，冠及肉髯苍白，排黄绿色稀粪，肝、脾肿大2～4倍，肝脏呈古铜色。这些特点和鸡白痢病、鸡副伤寒不同，临床诊断时应该仔细观察。

五、治疗技巧

　　治疗同鸡白痢、鸡副伤寒，临床根据药敏试验，选用最敏感药物。一般磺胺类药物有良好疗效，磺胺嘧啶及磺胺二甲基嘧啶最为有效。

1. 西兽药治疗

　　① 磺胺嘧啶在粉料中按0.5%拌料，连喂5～7天，可显著降低该病死亡率。

　　② 多西环素每天每千克体重50毫克，分2次饮水，病情缓解后，可继续用

多西环素饮水 4 ～ 5 天。

③链霉素每天每千克体重 10 万单位，分 2 次饮水，连续 5 天。

2. 中兽药治疗

白头翁 50 克，黄檗 20 克，黄连 20 克，秦皮 25 克，乌梅 15 克，马齿苋 50 克，白芍 20 克，混合诸药，水煎 2 次，混合滤液，按每天每千克体重 2 克原生药量，混水分 2 次饮服。也可混合粉碎，按每天每千克体重 1.5 ～ 2 克拌料饲喂，连续 7 天。病重不能采食者，可灌服或喂服。

六、预防措施

应从无鸡伤寒沙门菌的种鸡场引进鸡苗。种鸡根据情况全群检疫，及时淘汰阳性鸡。孵化场要对蛋库、孵化器、出雏器及所有器具严格消毒。育雏阶段，要定期清洗水槽、食槽及用具，并对其进行消毒。及时清除粪便，集中无害化处理，做好带鸡消毒。育成阶段，尽量减少应激。发病时隔离病鸡单独治疗，对病鸡排泄物和死鸡焚烧或深埋，禽舍以及用具和运动场要严格消毒，严防飞禽和老鼠等进入。

❧❀❧ 第四节 ❧❀❧

霍 乱

一、病原特点

病原为多杀性巴氏杆菌。多杀性巴氏杆菌为两端钝圆、中央微凸的革兰阴性需氧兼性厌氧菌，不形成芽孢，无鞭毛，无运动性。新分离的强毒菌株具有荚膜。菌体多呈卵圆形，两端着色深，中央部分着色较浅，很像并列的两个球菌，所以又叫两极杆菌。本菌在添加血清或血液的培养基上生长良好。在血琼脂上生长良好，为灰白色、湿润、透明、边缘整齐的露珠状菌落，菌落周围不溶血。在普通琼脂上形成细小透明的露珠状菌落。在普通肉汤中，起初均匀混浊，以后形成黏性沉淀和菲薄的附壁菌膜。明胶穿刺培养，沿穿刺孔呈线状生长，上粗下细。本菌对外界抵抗力不强。阳光照射、干燥、加热、一般消毒药容易将其杀死。普通消毒药常用浓度对本菌都有良好的消毒力，1% ～ 3% 石炭酸、1% 漂白粉、5% 石灰乳、0.02% 升汞液在数分钟内均可将其杀死。

二、临床症状

急性发病时无明显的临床症状即可突然死亡，蛋鸡死于产蛋箱内，或采食和饮水时突然发生强直性抽搐而死亡。慢性型以肉髯水肿、关节肿胀、跛行等为主要特征。呼吸时发出"咯咯"声，有严重的下痢症状，鸡冠、肉髯发紫并张口呼吸，不断摇头，故本病又有"摇头瘟"之称。死亡鸡通常肥胖，鸡冠发绀。

三、剖检病变

皮下、腹部脂肪有出血点，心包内有不透明黄色胶冻样渗出物，肠黏膜和肠浆膜有出血点，尤其是十二指肠最明显。肺瘀血和出血，肾脏和脾脏充血、肿大，肝肿大、质地变脆，呈黄色，表面布满多量的针尖或粟粒大小的黄白色或灰白色坏死灶，纵面切开，坏死灶内大外小，呈扫把状。产蛋鸡卵黄膜呈紫红色，血管怒张，有的卵黄破裂形成卵黄性腹膜炎，有的子宫中有成熟的软壳蛋或在近泄殖腔处有一硬壳蛋。

四、诊断技巧

新城疫与禽霍乱在症状和病理变化上有很多相似之处，两者极易混淆。均表现为精神不振，羽毛松乱，离群独处，鸡冠和肉髯呈暗红色。口鼻有黏液流出，呼吸困难，咳嗽，伸颈，张口呼吸，并发出"咯咯"喘鸣音及尖锐的叫声。粪便呈灰黄色或黄绿色。剖检均可见肠道黏膜广泛性出血，以十二指肠为重。心脏冠状脂肪有洒水样出血。腹膜、皮下组织、肠系膜脂肪、肠黏膜有出血点或出血斑。盲肠扁桃体肿大，出血，坏死等。临床诊断应从以下几方面仔细区别，新城疫表现为十二指肠末端、卵黄蒂下端空肠及两盲肠之间的回肠黏膜上有枣核状或岛屿状肿胀或轻度出血，而禽霍乱多为龙骨内侧浆膜、肠浆膜、腹膜有出血点，十二指肠弥漫性出血，黏膜肿胀呈紫红色，内容物血样等特征。此外，新城疫病鸡嗉囊内有积液，倒提病鸡有多量黏液或浆液从口流出呈"吊线"状，粪便蛋清样，有神经症状，剖检见腺胃黏膜、腺胃乳头水肿或出血，气管环出血，有黏液渗出；而禽霍乱多有黄色心包积液，心脏冠状脂肪出血的同时，还有心外膜出血，肝脏肿大，肝脏表面尤其是边缘有灰白色针尖大的坏死点。

五、治疗技巧

对已发病的禽群，可选用增效磺胺、喹诺酮类药物口服，或用丁胺卡拉、链霉素等肌内注射，均有良好疗效。禽霍乱是鸡的一种常见急性传染病，药物治疗和预防虽有明显效果，但停药后往往容易复发，反复用药又易产生耐药性。因此，治疗禽霍乱必须采取中西药结合的方法，效果更加显著，可获得事半功倍的治疗效果。对于蛋鸡或肉鸡，采用纯中药制剂对其蛋品和肉品均无影响。多种药物都可用于治疗本病，并且都有一定治疗效果，疗效的好坏取决于治疗是否及时和药物是否应用得当，有条件的地方应通过药敏试验选择敏感有效药物。治疗药物剂量要足，疗程要合理，当病鸡死亡率明显减少后，应继续投2～3天，以巩固疗效防止复发。

1. 西兽药治疗

① 盐酸多西环素每天每千克体重50毫克（以盐酸多西环素计），混饮，连用5天。

② 可溶性磺胺嘧啶或磺胺二甲基嘧啶，0.2%饮水，每天2次。

③ 链霉素肌内注射，每千克体重0.1克，每天1～2次，连用3天。

④ 氟苯尼考每天每千克体重30毫克，恩诺沙星每天每千克体重20毫克，清瘟败毒散每天每千克体重1克，氟苯尼考、恩诺沙星混合分2次饮水，清瘟败毒散分上午、下午两次拌料给药，连续5～7天。

⑤ 阿米卡星肌内注射，每千克体重每次15毫克，每天2次，连用3天。同时全群用环丙沙星饮水，每天每千克体重20毫克，分两次混水饮服，连服5天。

⑥ 磺胺二甲基嘧啶按0.2%～0.5%的用量混饲3天。或用磺胺二甲基嘧啶钠，按0.1%～0.2%用量混水，饮用3天。

⑦ 土霉素按饲料的0.2%添加，或每天每千克体重口服0.15～0.2克，连用5～7天。

2. 中兽药治疗

① 复方禽菌灵按0.7%～1.0%饲料添加，连续7天；生地黄150克，茵陈、半枝莲、大青叶各100克，白花蛇舌草、藿香、当归、车前、赤芍、甘草各50克，水煎取汁，按每天每千克体重2克原生药量混水饮服，连续7天。

② 柴胡、防风、黄连、金银花、栀子、大青叶、苦参、黄药子、甘草、雄黄、明矾等份，粉碎成细粉，每千克体重2克，每日2次，连用5～7天。也可煎煮2次，每次2～3小时，混合2次滤液，按每天每千克体重2克原生药量混水，分2次饮服。

③ 黄连150克，黄芩200克，大黄80克，龙胆200克，板蓝根200克，银花叶250克，穿心莲250克。混合诸药，冷水浸泡2小时，煎煮2次，每次2～3小时，混合2次滤液，按每天每千克体重2克原生药量混水，

分 2 次饮服。

④ 禽瘟王每天每千克体重 1 克，混入饲料给药，连续 5 ～ 7 天。

六、预防措施

免疫接种仍是预防禽霍乱最为根本的方法。禽霍乱油乳剂灭活苗，免疫效力和效能稍好，保护力为 70% ～ 80%，免疫期为半年；"禽霍乱蜂胶灭活苗"免疫效能和效力最好，但是有一定毒副作用，免疫期在半年以上，保护率可高达 90% 以上。接种弱毒苗、灭活苗，在鸡产蛋前执行，并保证免疫时间维持 6 个月，但对于种鸡来说，要将其维持在 4 个月或者 5 个月。也可以用 731 禽霍乱弱毒菌苗，但在使用期间要注意该疫苗只能在禽霍乱区域内接种，禁止在非疫区使用。如果在非疫区进行疫苗接种，要利用灭活苗混合氢氧化铝胶液，这样不仅能缓解吸收速度，还能增强其免疫力。同时还要加强饲养管理，保持鸡场以及鸡舍内的环境卫生，及时清理粪污，定期进行消毒，保持鸡群内适宜的饲养密度，做好通风换气工作，保持舍内合适的温度和湿度，提供适宜的饲养环境。发现该病要及时隔离饲养，将病死鸡进行无害化处理，以消灭传染源。

∽⊱ 第五节 ⊰∾
败血支原体病

一、病原特点

鸡的败血支原体病又名败血霉形体病、慢性呼吸道病，是感染"鸡毒支原体"所致的鸡病，"败血"一词是一种习惯叫法，实际上并不一定能引起败血症状。支原体是一类介于细菌和病毒之间的原核微生物，无细胞壁，具有多形性，可通过细胞滤器。是目前能独立生活的最小、最原始的生物体，革兰染色为弱阴性。对理化因素的抵抗力不强，对紫外线敏感，阳光直射便迅速丧失活力，一般常用的化学消毒剂均能迅速将其杀死。病原体存在于病鸡和带菌鸡的呼吸道、卵巢、输卵管和精液中，公鸡可通过交配将病传遍全群。一旦感染了败血支原体，将难以在鸡群中根除。应激因子及其他呼吸道病原微生物以及鸡新城疫弱毒株的协同作用，可使症状明显、病情恶化。大肠杆菌继发感染时，可引起特征性的肝包膜炎、心包炎和气囊炎。经过呼吸飞沫传播，也可以经种蛋传播给子代。

二、临床症状

自然发病的败血支原体鸡群，最常见的症状是呼吸道啰音、甩头、咳嗽，有的流鼻涕、流眼泪，泪中混有气泡，严重者眼睑肿胀、粘连，有的整个眼球凸起呈球状，内有黄白色干酪样物。干酪样物堵塞眶下窦时，病鸡出现张口呼吸，采食量开始减少。雏鸡和育成鸡比成年鸡症状更为严重，生长缓慢，发育不全。产蛋鸡则产蛋率下降，壳色变淡，出现白壳蛋。鸡群单纯感染败血支原体病一般不会引起死亡，或死亡很少，但产蛋维持低水平状态。有些商品蛋鸡，往往在开产前发病，出现啰音等呼吸道症状，虽然死亡很少，若不尽快控制病情，会推迟开产，产蛋率上升很慢，且始终达不到高产（图106～图111）。

 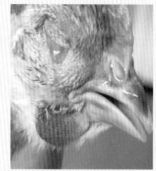 

图106 败血支原体病鸡眼睛肿胀　　　图107～图108 败血支原体病鸡眼内泡沫样分泌物

 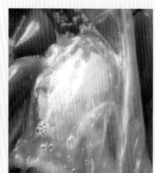 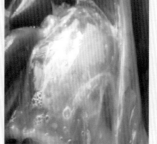

图109～图110 败血支原体病鸡气囊混浊，内有泡沫状分泌物　　图111 败血支原体病鸡气囊被覆干酪样物

三、剖检病变

鼻腔、气管、肺和气囊中有炎性渗出物，气管壁水肿；气囊膜混浊，气囊壁上有黄白色豆渣样渗出物，初如珠状，严重时成块成堆。肺中有黏性液体或卡他

性分泌物。与大肠杆菌病并发时，会出现严重的气囊炎，表现气囊上有很多黄白色干酪样物，并出现肝周炎，肝肿大，表面有白色胶冻状物覆盖并可剥离。重症者出现腹膜炎，整个腹腔肠系膜粘连在一起，并见有气泡。

四、诊断技巧

病初有呼吸道啰音、流泪、流鼻涕等症状，但病鸡或感染鸡群饮食、精神等临床表现并无大的变化。严重时如见有眼睑肿胀、粘连，有的整个眼球凸起呈球状，内有黄白色干酪样物，病鸡出现张口呼吸，气囊混浊、内有泡沫状液体，甚至有黄白色干酪样物，根据这些特征性病理变化可作出临床诊断。需注意与传染性鼻炎、传染性支气管炎、传染性喉气管炎进行鉴别诊断。鸡传染性鼻炎的发病日龄和症状与慢性呼吸道病相似，但通常无明显的气囊病变及呼吸道啰音。鸡传染性支气管炎发病比较急，传播速度快，输卵管有特征性病变，常伴有肾脏病变，成年鸡产蛋量大幅度下降并出现严重畸形蛋。传染性喉气管炎鸡群发病急，传染快，病鸡尖叫、怪叫、伸颈，部分病鸡呼吸困难，并咯出带血黏液，很快出现死亡。

五、治疗技巧

败血支原体可感染气囊并形成干酪样物，治疗药物很难到达病变部位。这一特性决定支原体可长期在体内存活，且容易复发。所以药物治疗时要坚持长期用药、轮换或联合用药的原则。败血支原体单纯感染的病鸡群，病死率较低，并发感染大肠杆菌病，可使病情加重，久治不愈。早期用药物治疗效果明显，但继发大肠杆菌感染时治疗效果较差，所以初次用药就要配合使用抗大肠杆菌病的药物。治疗时还必须确保足够的药量，如果用量过小很难收到良好的治疗效果，如果用量过大则具有较大的毒副作用。其次确保疗程足够，即使用药后症状有所缓解，仍然需要继续用药巩固疗效，通常1个疗程为5～7天，至少治疗1～2个疗程为好。由于败血支原体对抗生素极易产生耐药性，临床应用抗生素治疗时，要注意几种敏感药物轮换交替使用，以提高治疗效果，采用中西药联合治疗，常能收到事半功倍的效果。临床治疗首选药物主要有泰万菌素、泰乐菌素、泰妙菌素、替米考星、环丙沙星、恩诺沙星、红霉素、多西环素、链霉素和北里霉素等。支原体对青霉素、磺胺类药物有抵抗，防治效果不佳，应避免使用。当鸡群中存在其他病原菌与支原体混合感染时，建议联合应用抗菌药物进行治疗，同时注意用够疗程，防止复发。在联合用药时，可选用泰妙菌素配合盐酸多西环素、酒石酸泰乐菌素或酒石酸泰万菌素配合盐酸多西环素、盐酸恩诺沙星配合盐酸林可霉素的联合用药方式。有发热症状，需配合清热解毒的中药制剂辅助治疗，若病情严重，还可在应用中药制剂的同时，配合卡巴匹林钙制剂。饲料中如果添加了莫能菌素，不能使用延胡索酸泰妙菌素治疗支原体，容易引发中毒。

1. 西兽药治疗

① 泰乐菌素，常用治疗量为每升饮水 500 ～ 800 毫克；同时土霉素拌料，每千克饲料 2 克，连用 5 ～ 7 天。

② 支原净每升饮水 250 毫克，连续使用 5 ～ 7 天。

③ 红霉素每天每千克体重 20 毫克，分 2 次饮用，连续 5 ～ 7 天。

④ 多西环素每天每千克体重 50 毫克，分 2 次饮用，连续 5 ～ 7 天。

⑤ 恩诺沙星每天每千克体重 25 ～ 30 毫克，连续 5 ～ 7 天。

⑥ 替米考星可溶性粉每升水 200 ～ 300 毫克（按替米考星计）混饮，每天 2 次，连用 5 天。

⑦ 牧乐星可溶性粉每升水 75 ～ 100 毫克（按乙酰异戊酰泰乐菌素计），混水饮服，连续 5 ～ 7 天。

2. 中兽药治疗

① 麻黄鱼腥草散（麻黄、黄芩、鱼腥草、穿心莲、板蓝根）每千克饲料 15 ～ 20 克，连用 7 天。

② 金银花 350 克，鱼腥草 300 克，黄芩 350 克，连翘 700 克，桔梗 200 克，甘草 100 克，诸药混合，冷水浸泡 2 小时，煎煮 2 次，每次 2 小时，混合滤液，按每天每千克体重 1 ～ 2 克原生药量混水，分 2 次饮服，连续 7 ～ 10 天。

③ 金荞麦散（鸡乐），混饲给药时每千克饲料 2 克，重症病鸡每次内服 0.2 克，每天 1 次，连用 7 ～ 10 天。

④ 麻黄 200 克，杏仁 150 克，石膏 400 克，甘草 150 克，桔梗、黄芩、连翘、鱼腥草、金银花、金荞麦、菊花、牛蒡子、穿心莲各 100 克，混合粉碎，每天每千克体重 1 ～ 2 克，连续 7 天。

⑤ 麻黄 60 克，苏子 100 克，半夏 150 克，前胡 150 克，桑白皮 200 克，杏仁 100 克，厚朴 60 克，木香 60 克，陈皮 60 克，甘草 60 克，诸药混合，冷水浸泡 2 小时，煎煮 2 次，每次 2 小时，混合滤液，按每天每千克体重 1 ～ 2 克原生药量混水，分 2 次饮服，连续 7 ～ 10 天。

六、预防措施

可选用检疫淘汰阳性鸡进行净化、抗生素预防和治疗、疫苗免疫等方法控制本病。如果种鸡场支原体感染阳性率较高，完全淘汰阳性种鸡成本高，可采取抗生素防治结合疫苗免疫，是比较可行的办法。单纯应用药物，会增强耐药性，应用药物只能减少病原的数量和减轻症状，并不能改变垂直感染。常用的活疫苗有

F36 株、F（MGF）株、TS-11 株和灭活苗，对鸡安全，无副作用，接种新城疫、传染性支气管炎弱毒疫苗不增强它的毒力。用法为点眼，也可作为饮水免疫，但不宜滴鼻。蛋鸡和种鸡可于 2 ～ 3 周龄和开产前各接种 1 次。油乳剂灭活苗，雏鸡 3 ～ 4 周龄肌内注射 1 次，开产前再注射 1 次。支原体活苗不受母源抗体影响，可以用于早期免疫。免疫后，疫苗毒会定殖于呼吸道和气囊上，并不断刺激机体产生细胞免疫和局部免疫，从而保护鸡的呼吸道和气囊黏膜的完整性。当鸡群发病以后再使用支原体活苗免疫效果不理想。此外，要加强饲养管理，减少应激，坚持不从阳性鸡场引进雏鸡和种蛋。预防和减少其他传染病的发生，如大肠杆菌病、传染性鼻炎、新城疫、传染性支气管炎、传染性喉气管炎等。

❈❀ 第六节 ❀❈
滑液囊支原体病

一、病原特点

鸡滑液囊支原体病分布于全世界，且近几年在我国有增多趋势，有些地区发病还相当严重。鸡滑液囊支原体病是由鸡滑液囊支原体引起的一种传染病，可以感染各日龄的鸡，但是主要危害 4 ～ 8 周龄的雏鸡及青年鸡。滑液囊支原体具有一般支原体的特征，但相比败血支原体稍小，营养要求更高，在 pH6.9 以下时不稳定，对 39℃以上的温度敏感。多在 20 日龄左右表现出症状，垂直传播时发病早，6 日龄极有可能发病。主要传染源是病鸡和隐性感染的蛋鸡，种母鸡感染后，生殖道持续排毒 14 ～ 40 天。主要传播方式为通过种蛋进行垂直传播，即种蛋污染病原后会导致孵出的雏鸡发生感染，也能在雏鸡群中进行水平传播，野鸟、工作人员、垫料、饮水等是直接或者间接造成水平传播的主要传播媒介。通过呼吸道的水平传播感染率一般能够达到 100%。虽然呼吸道是该病的重要水平传播途径，但呼吸症状并不明显，发病后鸡群会持续出现病鸡。

二、临床症状

病鸡表现行走困难，跛行，逐渐站立困难，卧地不起。病鸡的关节肿胀，跗关节、趾关节、翅关节病变最常见。食欲减少，生长不良，鸡冠苍白，后期发生腹泻，排出绿色稀粪。如果将病鸡放在饲料处仍然会采食，随着发展，病鸡逐渐消瘦，成年鸡产蛋量达不到标准。呼吸型多呈现轻微呼吸道症状，如打喷嚏、咳嗽、流鼻涕，呼吸道症状常在活苗免疫后或其他应激后出现。由于不能正常采食或饮水，许多病鸡最终失水而极度消瘦（图112～图115）。

图112　滑液囊支原体病鸡跗关节肿大

图113　滑液囊支原体病鸡脚垫肿胀

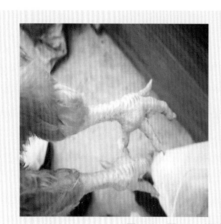

图114～图115　滑液囊支原体病鸡趾关节肿大

三、病理剖检

滑液囊支原体病原侵害鸡的跗关节、脚掌、翅关节等部位的滑液囊、关节腔，龙骨处也常受侵害。病变关节处的滑液囊内或关节腔内可见到多量炎性渗出物，早期为清亮并逐渐变为混浊的黏液，最后变成干酪样或黏液内混有干酪样物。严重病例甚至在头顶和颈上方出现干酪样物，有时关节软骨出现糜烂。慢性病例的病变关节的表面常呈橘黄色。有的胸部出现囊肿，内有透明的黏稠胶水样液体或黄白色干酪样物。本病的最明显特征是脾肿大和肝脏呈绿色，呼吸器官一般没有病变，少见气囊炎的变化。产蛋鸡发病没有特殊的内脏变化，仅仅卵泡、输卵管发育不良（图 116～图 122）。

图 116～图 118　滑液囊支原体病鸡关节囊内脓状分泌物

图 119～图 122　滑液囊支原体病鸡胸骨囊肿

四、诊断技巧

胸骨滑液囊形成水疱，跗关节、爪垫出现肿胀，以上病变先后出现。其中胸骨滑液囊较早发生病变，通常在 20～30 日龄出现，用手指捏一捏鸡的胸部龙骨，当感觉到龙骨外面的皮肤增厚、肿胀，可能已经感染滑液囊支原体病了。跗关节和爪垫较晚发生病变，通常在 70～80 日龄出现。在胸骨形成水疱后，往往由于上面覆盖羽毛而容易被忽视。如果病鸡没有在幼龄阶段被及早发现或者及时治疗，鸡群中会不断出现极度消瘦、站立困难甚至伏卧笼内的病鸡，此为临床典型特征，对临床诊断具有重要意义。本病在临床诊断时还应注意同钙磷缺乏症、病毒性关节炎、关节型大肠杆菌病、关节型葡萄球菌病、关节型沙门菌病等进行区别。滑液囊支原体病变在关节，用大环内酯类药物治疗有效。钙磷缺乏症通过添加鱼肝油和晒太阳可得到缓解或治愈。病毒性关节炎用以上方法治疗无效。病毒性关节炎肉鸡易感，往往从 4 周龄开始发病，主要表现在一腿呈"直角"外拐，病鸡由于腓肌腱发生断裂而出现跛行，甚至发生瘫痪，但很少发生死亡，且不会表现出明显的全身症状，病变部位有出血点和出血斑，其他部位无症状，该病治愈难度大。葡萄球菌关节炎也会出现关节肿胀和跛行的现象，但通常存在趾瘤，且有些病鸡的体表呈紫色，发生溃烂，并能够从病变皮肤处采集的病料中镜检发现或者分离出葡萄球菌。大肠杆菌病、鸡白痢、伤寒导致的关节炎多发生于鸡病发展的后期。大肠杆菌病常会伴有内脏的纤维素性渗出或伪膜。鸡白痢感染早期有肝脏坏死点的典型病变，且经常出现白色稀便，后期可能引起内脏出现白色小结节。鸡伤寒时，肝脏会呈现古铜色。

五、治疗技巧

治疗滑液囊支原体病，坚持选择敏感药物，疗程一定要足。滑液囊支原体容易产生耐药性，所以临床必须间歇用药和轮换用药结合。恩诺沙星与土霉素配伍临床治疗效果突出，卡那霉素、林可霉素、链霉素也有较好的疗效。恩诺沙星分别与替米考星、泰乐菌素、吉他霉素、林可霉素的联合应用对滑液囊支原体表现为相加作用。鸡滑液囊支原体对药物的敏感性与败血支原体不完全一致，在应用其他抗生素产生耐药性时，可以尝试用此联合用药方式治疗鸡滑液囊支原体病。而且多数鸡群中存在支原体与其他病原菌混合感染的情况，联合应用抗菌药物，会起到更好的防治效果。大环内酯类、氟喹诺酮类、四环素类等药物，虽然都有一定疗效，但无法彻底根除病原，采取抗生素与中药联合应用的方法进行治疗，可获得标本兼治的效果。

1. 西兽药治疗

① 发病严重的鸡，肌内注射拜有利，每千克体重 0.2 ～ 0.3 毫升，有明显的治疗效果。

② 多西环素按每天每千克体重 80 毫克，泰妙菌素每天每千克体重 125 毫克，混水饮服，每天 1 次，连用 4 ～ 6 天。

③ 恩诺沙星（5%）肌内注射，每千克体重 0.2 毫升；20% 替米考星拌料，每 100 千克饲料 100 克；多西环素可溶性粉每天每千克体重 100 毫克（按多西环计）溶入饮水中饮服，连续 7 天，治疗效果显著。

④ 每千克饮水中加入泰乐菌素 1 克，连续饮用 3 ～ 5 天，同时每千克饲料中加入氟苯尼考 1 克，连续饲喂 3 ～ 5 天，病情会有明显好转。

⑤ 链霉素饮水，每天每千克体重 10 万单位，连续饮用 5 天。

2. 中兽药治疗

① 苍术 120 克，川牛膝 150 克，黄檗 90 克，牡丹皮 90 克，五加皮 120 克，赤小豆 300 克，丹参 300 克，炒白术 120 克，车前 120 克，泽泻 120 克，茯苓 150 克，薏苡仁 300 克，苦地丁 180 克，蒲公英 300 克，金银花 300 克，炙甘草 60 克，诸药混合，冷水浸泡 2 小时，煎煮 2 次（第一次 3 小时，第二次 2 小时），混合滤液，按每天每千克体重 1 ～ 2 克原生药量混水饮服，连续 7 ～ 10 天。

② 桂枝 100 克，白芍 150 克，知母 150 克，白术 150 克，防风 100 克，麻黄 50 克，干姜 150 克，制附片 300 克，柴胡 150 克，黄芩 100 克，生地黄 150 克，川牛膝 150 克，土鳖虫 100 克，甘草 100 克，诸药混合，冷水浸泡 2 小时，煎煮 2 次（第一次 2 小时，第二次 1 小时），混合滤液，按每天每千克体重 1 克原生药量混水饮服，连续 7 ～ 10 天。

③ 麻黄、芍药、黄芪、炙甘草各 100 克，川乌 40 克，诸药混合，冷水浸泡 2 小时，煎煮 2 次（第一次 3 小时，第二次 2 小时），混合滤液，按每天每千克体重 1 克原生药量混水饮服，连续 7 ～ 10 天。

六、预防措施

加强对种鸡的饲养管理和卫生消毒工作，确定合理的滑液囊支原体病的免疫程序，对鸡群进行净化。种鸡开产前全部检测，只有全部阴性才能作种用，以后还要再进行几次支原体检测。种蛋消毒主要有药物浸泡法和入孵时的高温处理法，不同群的种蛋分开孵化，种鸡从出壳后就用药物预防，留种蛋前 1 个月也要使用敏感药进行预防，阴性鸡群最好也要自产前开始按疗程用药，直到淘汰。对特别易感的品种，尤其要加强药物预防。滑液囊支原体的水平传播以呼吸道途径为主，气管是主要的靶组织，用碘制剂和菌毒清带鸡喷雾消毒，每天 1 次，有助于减少发病。最根本的预防措施是接种滑液囊支原体弱毒疫苗，进口的 MS-H 株弱毒活疫苗是目前最为有效的弱毒苗，种鸡和蛋鸡 7 ～ 15 日龄首次免疫，开产前 4 周加强免疫。肉鸡 7 ～ 15 日龄免疫一次。用 MS-H 株弱毒活疫苗，3 ～ 7 周龄时点眼，接种 1 次也可。

第七节
曲霉菌病

一、病原特点

该病病原常见的为曲霉菌属中的烟曲霉菌和黄曲霉菌等，烟曲霉菌致病力最强。黄曲霉菌能产生毒素，其毒素（B_1）可以引起组织坏死，发生肺病变、肝硬化和诱发肝癌。曲霉菌孢子对外界环境理化因素的抵抗力很强，干热120℃、煮沸 5 分钟才能将其杀死。对化学药品也有较强的抵抗力。在一般消毒药物中，如 2.5% 福尔马林、水杨酸、碘酊等，需经 1 ～ 3 小时才能灭活。

二、临床症状

1 ～ 20 日龄雏鸡常呈急性经过，开始减食或不食，精神不振，不爱走动，翅膀下垂，羽毛松乱，呆立一隅，嗜睡，对外界反应淡漠，接着就出现呼吸困难，呼吸次数增加，喘气，病鸡头颈直伸，张口呼吸。如将小鸡放于耳旁，可听到沙哑的水泡声响，有时摇头、甩鼻、打喷嚏，有时发出"咯咯"声。少数病鸡，还从眼、鼻流出分泌物。后期还可出现下痢症状。最后倒地，头向后弯曲，昏睡死亡。病程在 1 周左右。发病严重时，死亡率可达 50% 以上。户外放养的鸡，对曲霉菌病的抵抗力很强。烟曲霉菌主要表现为食欲减退或不食，羽毛松乱、嗜睡、口渴、呼吸加深加快，有的病鸡下痢，鼻孔中流出黏液性分泌物。黄曲霉菌可引起鸡体发生营养吸收障碍和消化功能受阻，可导致公鸡精液稀薄，受精率下降，母鸡产蛋率下降，蛋壳质量变差，法氏囊、胸腺和脾脏萎缩从而发生免疫抑制，还会引起贫血、痛风等疾病。

三、剖检病变

主要见于肺和气囊的变化。肺脏上出现典型的霉菌结节，从粟粒到绿豆大小不等，结节呈灰白色、黄白色或淡黄色，散在或均匀地分布在整个肺脏组织，结节被暗红色浸润带所包围，稍柔软，有弹性，切开时内容物呈干酪样，似有层状结构，有少数可互相融合成稍大的团块，可使肺组织质地变硬，弹性消失。时间较长时，可形成钙化的结节。最初可见气囊壁点状或局灶性混浊，后气囊膜混浊、变厚，气囊膜上有数量不等、大小不一的霉菌结节，有时可见较肥厚隆起的霉菌斑，呈圆形，中心稍凹陷似碟状，烟绿色或深褐色。腹腔浆膜上的霉菌结节或霉菌斑与气囊上所见大致相似。皮下、肌肉、气管、支气管、消化道、心脏、内脏器官和神经系统也可能见到病变。

四、诊断技巧

现场调查是诊断本病的基本方法，了解有无接触发霉垫料和喂给霉败饲料。幼龄禽和急性病例症状较明显，慢性或霉菌毒素中毒病例的临诊表现较不典型，病程也长。在肺部、气囊上甚至腹腔可见到大小不一、数量不等的霉菌结节。有条件的鸡场，取肺或气囊上的霉菌结节病灶，置载玻片上，加生理盐水1滴或加15%～20%氢氧化钠（或15%～20%苛性钾）少许，用针划破病料，加盖玻片后用显微镜检查，肺部结节中心可见曲霉菌菌丝。气囊、支气管病变等接触空气的病料，可见到分隔菌丝特征的分生孢子柄和孢子。或将病料接种到培养基上，作霉菌分离培养，观察菌落形态、颜色及结构，进行检查和鉴定。

五、治疗技巧

根据病鸡群临床表现，在应用西兽药治疗的同时，可针对性地选用不同的中兽药治疗，有助于提高疗效和缩短疗程。疾病暴发时，应用制霉菌素治疗本病，可使病情很快得到控制，如果同时饮用硫酸铜溶液，效果更显著。但要注意用药剂量，并且拌料要均匀，否则易发生中毒。中西兽药治疗的同时还可以根据鸡群情况，选用阿莫西林饮水或土霉素拌料以防止继发感染。

1. 西兽药治疗

① 制霉菌素片每千克饲料3片，拌料。

② 0.5%硫酸铜饮水，制霉菌素片每千克饲料3片，拌料。两药并用5～7天，再单用硫酸铜饮水5～7天。

③ 克霉唑每100只鸡1克，拌料，每天2次，连用3～5天。

④ 每升饮水加利高霉素30毫克，连用2～3天。

⑤ 每吨饲料可加龙胆紫10克，0.5%硫酸铜饮水，连续应用5～7天。

2. 中兽药治疗

① 连翘500克，炒莱菔子300克，牡丹皮、黄芩、柴胡各200克，知母、桑皮、枇杷叶、甘草各150克，诸药混合，冷水浸泡2小时，煎煮2次，每次2～3小时，混合滤液，按每天每千克体重12克原生药量混水饮服，连续5～7天。

② 蒲公英、连翘、鱼腥草、桔梗、桑皮、黄芩、苏叶、葶苈子、苦参等份，混合粉碎，每天每千克体重1～2克，拌料，连续5天。

③ 鱼腥草50克，蒲公英30克，黄芩20克，桔梗20克，山海螺10克，穿心莲20克，金银花30克，龙胆20克，大黄20克，黄檗20克，甘草20克，混合粉碎，按0.5%～1%比例拌料，连续5～7天。

六、预防措施

曲霉菌可通过多种途径感染，并且可以穿透蛋壳进入蛋内，引起胚胎死亡或雏鸡感染，此外还可以通过呼吸道、注射以及伤口等途径感染本病。预防应首先做好种蛋和孵化器的消毒，每立方米可用28毫升福尔马林熏蒸消毒20分钟。孵化器上蛋、育雏室引入小鸡前，均要用福尔马林熏蒸或用0.4%过氧乙酸、5%石炭酸喷雾消毒，完全通风。同时做好孵化环境和用具的消毒，加强孵化室和出雏室的通风换气。育雏室禁止使用储存时间过长、发霉变质的垫料，使用垫料前需在太阳下曝晒。育雏期间要及时清除粪便和污染的垫草，防止垫料发霉、发酵。储存饲料要干燥通风，防止霉变。饲料库房要经常检查温度、湿度，决不能用发霉的饲料喂鸡，保证饲料新鲜。鸡群一旦发病，及时淘汰严重病鸡，紧急清除潮湿霉变垫料，更换为干燥消毒过的新垫料，用硫酸铜溶液对鸡舍以及场地进行喷洒消毒。

⟞⟡ 第八节 ⟡⟝

大肠杆菌病

一、病原特点

本病的病原是大肠杆菌某些血清型所引起的一类疾病的总称，为革兰阴性的短小杆菌，不形成芽孢，有的有荚膜。本菌对外界环境因素的抵抗力属中等，对物理和化学因素较敏感，55℃1小时或60℃20分钟即可被杀死，120℃高压消毒立即死亡。在畜禽舍内，大肠杆菌在水、粪便和尘埃中可存活数周或数月之久。

甲醛溶液和漂白水均可快速杀灭大肠杆菌，但存在黏液等物质便很难杀灭大肠杆菌。石炭酸和甲酚等均可迅速杀灭大肠杆菌，粪便和黏液也同样会降低它们的效力。大肠杆菌分布极广，凡是有禽类活动的环境，其空气、水源和土壤中均有本菌存在的可能。大肠杆菌的血清型极多，禽类中最常见的血清型是 O_1、O_2 和 O_{78}。按致病力大小可将其划分为致病性、非致病性和条件性 3 种类型。不同地区有不同的血清型，同一地区不同鸡场有不同血清型，甚至同一鸡场同一鸡群可以同时存在多个血清型。

二、临床症状

不同日龄的鸡感染大肠杆菌病的临床症状也不完全相同，其共有症状为病死鸡的冠、髯、皮肤呈暗紫色，口腔多有大量黏痰。常继发多种呼吸道和消化道疾病，病鸡咳嗽和呼吸困难，排白色、黄绿色或绿色稀便，肛门周围羽毛被污染。产蛋鸡多见有卵黄性腹膜炎。急性败血症多见于 6～10 周龄肉鸡，病鸡精神不振、体温升高、衰竭、排白色或黄色粪便，突然死亡。死胚、弱雏、脐炎型见于产蛋母鸡患大肠杆菌性输卵管炎或卵巢炎，继而卵被污染而未能很好地消毒所致。其特征是"爆蛋"和后期胚胎死亡明显增多，弱雏鸡增多，弱雏鸡腹部膨大，体表潮湿、脐孔开张、红、肿，有炎性渗出物或形成"钉脐"。浆膜炎型常见于 5～8 周龄的肉鸡，主要发生于冬季或继发于新城疫、法氏囊病、慢性呼吸道病。有腹水症表现，临床表现呼吸困难，最后衰竭死亡，一般无治疗价值。输卵管炎及卵黄性腹膜炎型主要见于管理不善的产蛋鸡，鸡冠逐渐萎缩、苍白、消瘦、最后衰竭死亡。病死鸡腹部膨大、变绿。关节炎型病鸡，跗关节和趾关节肿大，关节腔有黏稠的、混浊的浆液，或纤维素性、脓性炎性渗出物，滑膜肿胀、增厚。眼球炎型病鸡，单侧或双侧眼肿胀，有干酪样渗出物，眼结膜潮红，病情严重者可失明。鸡大肠杆菌肉芽肿，是较罕见的一种病型，病鸡消瘦，无特定症状，在肠浆膜、肠系膜、心外膜等部位可见黄白色、大小不等的结核结节样肉芽肿病灶。

三、剖检病变

幼雏脐孔闭合不全、周围皮肤红肿，卵黄吸收不良，囊壁充血、出血。5～12 周龄的幼鸡，多以心包炎、肝周炎、气囊炎为主要特征。气囊膜增厚，内有黄白色或灰白色干酪样渗出物，肝表面和心外膜有黄白色或灰白色纤维素性渗出物，上述变化大多同时存在。有时可见母鸡输卵管膨大，内有干酪样渗出物。产蛋禽卵巢感染发炎，卵泡变形、破裂，腹腔充满卵黄液并引起腹膜炎，致使肠粘连，稍后卵黄凝固，腹腔内易发生腐败，肠壁、腹壁变绿，气味恶臭。产蛋母鸡的输卵管明显膨大，内积干酪样渗出物，有时输卵管内有软皮蛋，其内容物腐败、变色。皮下结缔组织、肌肉、肺和肠系膜等部位常见黄白色肉芽肿。肉鸡以腹部蜂窝织炎为其特点，病变见于腹中线和大腿之间，皮肤发红、破损、变硬，皮下有黄白色干酪样坏死物，肝脏肿胀、瘀血，纤维素性肝周炎、心包炎。大肠杆菌还可引起肺炎，肺充血、出血、气肿（图123～图127）。

图123　大肠杆菌病鸡纤维素样心包膜炎

图124　大肠杆菌病鸡纤维素样肝包膜炎

图125　大肠杆菌病鸡腹腔干酪样物

图126～图127　大肠杆菌病鸡纤维素样肝包膜炎

四、诊断技巧

雏鸡以脐炎最为特征，脐孔周围发黑，腹部胀满，腹泻，排白色稀便，精神不振，虚弱。育成鸡和成年鸡多呈急性败血型，除一般症状外，排白色石灰水样或水样粪便，呼吸困难，剖检最典型的病理变化为心包炎、肝周炎、气囊炎以及卵黄性腹膜炎、卡他性肠炎。除此以外，剖检败血型大肠杆菌病鸡，剖开腹腔有特殊腐败恶臭味，在继发或并发感染的诊断中有一定价值。原发性大肠杆菌病的心包炎、肝周炎、气囊炎或腹膜炎病变比较典型，而且没有或很少伴有其他病变，一旦伴有明显的其他病变一定要考虑继发病或并发病的存在。

五、治疗技巧

大肠杆菌病不仅血清型极多，而且耐药严重。因此，治疗前要询问调查鸡群的用药史，进行药敏试验，有助于有效治疗。临床除原发性大肠杆菌以外，继发或混合感染临床也常有发生，因此用药时要考虑联合用药的方案。治疗时不能因病情减轻就停药，一般要在病症消失后继续给药 2～3 天以巩固疗效。为了达到更好的效果，在治疗时最好采取中西药结合、拌料和饮水并用的方法。

1. 西兽药治疗

① 庆大霉素每天每千克体重 10～15 毫克，连续饮水 5 天。

② 环丙沙星或恩诺沙星，每 10 升水加药 1 克（按有效成分计）饮水，连用 5 天。

③ 氟苯尼考每天每千克体重 40 毫克，饮水或拌料，连用 5 天。

④ 磺胺 -5- 甲氧嘧啶每天每千克体重 70～100 毫克拌料（按磺胺 -5- 甲氧嘧啶计），也可选用其钠盐饮水，连用 5～7 天。

2. 中兽药治疗

① 黄檗 100 克，黄连 100 克，大黄 50 克，穿心莲 50 克，诸药均匀混合，冷水浸泡 1～2 小时，微火煎煮 2 次，每次 2 小时，混合 2 次过滤药液，按每天每千克体重 1～2 克原生药量混水，分 2 次饮服，连用 7 天。

② 黄连 10 克，黄芩 50 克，地榆 60 克，赤芍 50 克，牡丹皮 30 克，栀子 30 克，木通 40 克，知母 20 克，黄檗 30 克，板蓝根 20 克，紫花地丁 50 克，诸药混合，冷水浸泡 2～3 小时，微火煎煮 2 次（每次 2～3 小时），混合 2 次过滤药液，按每天每千克体重 1～2 克原生药量混水，分 2 次饮服，连用 5～7 天。

③ 黄芩 30 克，紫花地丁 50 克，板蓝根 50 克，白头翁 20 克，藿香 10 克，延胡索 20 克，雄黄 3 克，穿心莲 20 克，金银花 30 克，甘草 20 克，混合粉碎，按 1% 比例混饲，连续 2～3 天。也可煎水饮服。

六、预防措施

排除诱因，改善鸡舍的通风条件和环境卫生，饲养密度要符合育雏饲养规范要求。定期用高效强力畜禽消毒灭菌剂进行鸡舍消毒，保持合适的育雏舍温度，防止空气、饲料及饮水污染，从而消除各种发病诱因。种蛋一旦被粪便污染就成为鸡群间致病性大肠杆菌相互传播的重要途径，因此在种蛋产下后 2 小时内应进行熏蒸消毒，淘汰破损或明显有粪迹污染的种蛋。对出壳后 3～5 日龄的雏鸡及 4～6 日龄的雏鸡，分别给予 2 个疗程的抗生素用药，可收到较好的预防效果。

大肠杆菌血清型较多，有条件的最好用自家苗（或优势菌株）多价灭活佐剂苗。种鸡在开产前接种菌苗后，大肠杆菌病的发病明显减少，种蛋受精率、孵化率、健雏率有所提高。一般免疫程序为 7 ～ 15 日龄、25 ～ 35 日龄、120 ～ 140 日龄，各免疫 1 次。

❀ 第九节 ❀

传染性鼻炎

一、病原特点

鸡传染性鼻炎是由副鸡禽杆菌引起的一种鸡的急性上呼吸道传染病。1932年 初次分离到了该病的病原体，最初命名为鸡嗜血红蛋白鼻炎芽孢杆菌，后来很长一段时期内，被称为"副鸡嗜血杆菌"，2005 年将其重新命名为"副鸡禽杆菌"。副鸡禽杆菌是细小的革兰阴性杆菌。在临床病料及固体培养基上的细菌菌体形态较规则，呈明显的小杆状，而在液体培养基或老龄培养物中会发生形态上的变异。我国先后分离到引起鸡传染性鼻炎的致病菌为 A 型、C 型、B 型的副鸡禽杆菌，多数为 B 型的副鸡禽杆菌。

二、临床症状

发病初期，鸡群中可见流鼻涕、呆立的鸡，精神颓废、脸部肿胀，不时用爪搔鼻喙部。数天后波及鸡群，很快鼻液变为黏性或脓性分泌物，眼结膜发炎，眼睑肿胀或水肿，常因粉状饲料黏附在鼻道上，形成结痂，影响呼吸，出现甩头等症状，上下眼睑黏合在一起，可引起暂时性失明。发病后期，因病鸡采食、饮水困难，逐渐消瘦，产蛋量显著下降，最终衰竭而亡。

三、剖检病变

鼻腔、眶下窦有白色渗出液，继而转为干酪样物，且出现卡他性炎症；喉头、气管黏膜潮红，呈卡他性炎症；眼结膜肿胀、充血；产蛋鸡卵泡血肿，卵巢萎缩，卵黄性腹膜炎；内脏器官往往无显著病变。用手挤压鼻腔，有干酪样物溢出，脸部及肉髯皮下水肿。眼结膜充血、发炎。严重时喉头和气管黏膜发红，并附着黏液。产蛋母鸡可见卵泡变软或血肿，卵巢萎缩，卵黄性腹膜炎，其他内脏器官基本没有明显变化。若继发新城疫、禽流感等疾病，则会出现相应疾病的病理变化

（图 128 ～图 131）。

图 128 传染性鼻炎病鸡鼻液黄色　　　图 129 ～图 130 传染性鼻炎病鸡眼睛肿胀

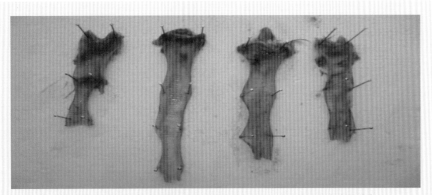

图 131 传染性鼻炎病鸡喉头和气管黏膜充血肿胀，潮红表面覆有大量黏液

四、诊断技巧

　　根据本病的特征性症状、病变及流行病学特点，即面部水肿、流鼻液、发病急、传播快、死亡率不高等表现即可作出初步诊断。临床上能引起鸡传染性鼻炎类似症状和病变的因素有很多，例如鸡的支原体病、传染性支气管炎、传染性喉气管炎、鼻气管鸟疫杆菌感染等。鸡的支原体病不同日龄的鸡均可感染，多发生于 1 ～ 2 月龄的雏鸡，呈慢性经过，可长达 1 个月以上，可经种蛋垂直传播，引起鸡站立不稳、关节炎，呼吸时有水泡音，剖检气囊混浊，常有黄色、灰白色干酪样渗出物，还可见纤维素性肝被膜炎和心包炎。鸡传染性喉气管炎不仅咳嗽，而且呼吸时发出湿性啰音，每次吸气时，头和颈部向前向上，张口吸气，

有喘鸣声，严重时咯出带血黏液，污染垫草、鸡笼、羽毛及墙壁等。剖检可见喉气管有出血和坏死，有黄白色干酪样纤维素性假膜。雏鸡感染传染性支气管炎，表现闭眼张口呼吸，也可能同时伴有肾脏病变（即"花斑肾"）。产蛋鸡感染传染性支气管炎后，产软壳蛋、畸形蛋或蛋壳粗糙，并且蛋品质也发生变化，蛋清稀薄如水样，蛋清和蛋黄分离以及蛋清粘连在蛋壳膜上。鸡鼻气管鸟疫杆菌感染时，单侧或双侧支气管炎，肺炎，胸膜表面有多量纤维素性渗出物，有纤维素性气囊炎、心包炎和腹膜炎。鸡传染性鼻炎一般没有上述临床症状和病理变化。

五、治疗技巧

对发病鸡群，可结合临床敏感药物，选用适宜的疫苗，采用紧急免疫接种的方式补救防疫，可在一定程度上控制鸡群发病，是发病后治疗的最佳方案。药物与疫苗联合应用，也能防止疾病反复。对于体况良好或发病鸡数尚少的鸡群，在用药的同时注射相应的灭活疫苗，这样在治疗结束后鸡群可产生坚强持久的抗病力。临床常选择水质佐剂的鸡传染性鼻炎灭活疫苗，将敏感抗生素溶解于接近中性或弱碱性的水中，加入疫苗中免疫鸡群，可起到紧急治疗的效果。若鸡群体况欠佳，则待其体况有所好转时或在治疗过程中及时注射灭活疫苗。这样就可防止疾病的缠绵和反复。副鸡禽杆菌对多种抗生素敏感，但因菌株的不同对抗生素的敏感性也有差异。因此，临床上应选择敏感的抗生素 2 ～ 3 种联合应用，以增加治疗效果。被病原菌污染的饮水可作为传播途径，考虑使用药物饮水的方法对鸡传染性鼻炎进行治疗，会收到良好效果。通常是药物饮水效果好于拌料，而拌料又好于肌内注射。治疗选用高度敏感的药物，达到最佳疗效，不仅要注意用药的剂量和疗程，而且也注重高敏药物的联合使用，最大限度避免耐药性产生。

1. 西兽药治疗

① 氟苯尼考 0.05% ～ 0.1% 拌入饲料投喂，恩诺沙星可溶性粉每升水 50 毫克饮水服用，连用 5 ～ 7 天，发病早期治疗效果好。

② 罗红霉素每克加 2 千克饮水，连用 3 ～ 5 天，间隔 2 天后可再用药 3 ～ 5 天，效果良好。

③ 饲料中按 0.5% 的比例拌入磺胺二甲基嘧啶，连用 5 天，间隔 3 ～ 5 天，重复 1 个疗程。

④ 环丙沙星或恩诺沙星每天每千克体重 20 毫克，混水，分 2 次饮服；链霉素每天每千克体重 0.1 克，混水饮服，连用 3 ～ 4 天。

2. 中兽药治疗

① 白芷 100 克，防风 100 克，乌梅 100 克，猪苓 100 克，诃子 100 克，泽泻 100 克，辛夷、苍耳子、桔梗、黄芩、半夏、生姜、葶苈子、甘草各 80 克，诸药混合，冷水浸泡 2～3 小时，微火煎煮 2 次（每次 2～3 小时），混合 2 次过滤药液，按每天每千克体重 1～2 克原生药量，分 2 次混水饮服，连用 5～7 天。

② 辛夷、苍耳子、白芷、薄荷、菊花、金银花、连翘、荆芥、桔梗各 500 克，川芎、细辛、甘草各 300 克，诸药混合，冷水浸泡 2 小时，微火煎煮 2 次（每次 1～2 小时），混合 2 次过滤药液，按每天每千克体重 1～2 克原生药量，分 2 次混水饮服，连用 5～7 天。也可粉碎成细粉拌料，每天每千克体重 1～2 克，连用 7～9 天。

③ 金银花 9 克，连翘 12 克，辛夷 3 克，山栀 3 克，黄芩 3 克，桑叶 9 克，荆芥 6 克，薄荷 3 克，桔梗 6 克，生甘草 3 克，丝瓜藤 10 克，诸药混合，冷水浸泡 2 小时，微火煎煮 2 次（每次 1～2 小时），混合 2 次过滤药液，按每天每千克体重 1～2 克原生药量，分 2 次混水饮服，连用 7 天。也可粉碎成细粉，按 3% 比例拌料。同时用磺胺间二甲氧嘧啶，以 0.05% 比例溶于加有小苏打的饮水中，连用 7 天。

六、预防措施

大型规模化鸡场暴发此病后，整个鸡群的发病时间前后不一，药物应用时间过长，细菌可产生抗药性，停止使用时本病可能会复发，使治疗效果受到了一定限制。因此，采取综合性的生物安全措施，对减少本病的发生和损失具有重要意义。预防可从三个方面着手，即加强饲养管理和卫生防疫措施、药物预防和疫苗接种。药物预防就是当鸡群中出现病鸡时，要应用敏感药物预防健康鸡发病，药物治疗通常用于短期预防。饲养管理方面要坚持全进全出制度，每批鸡育雏开始后，中途不混养其他日龄鸡，到出售日龄时要全部出售，并对鸡舍严格消毒，禁止从疫区引进鸡苗，从育雏开始就不可混养不同品种和不同日龄的鸡。良好的鸡群饲养管理和鸡舍卫生条件，可在较大程度上避免传染性鼻炎的发生。及时清除鸡舍中的粪便和污物，采用高效低毒的消毒药对鸡舍、用具等彻底消毒。给鸡群提供充足洁净的饮水，保持饲养密度合理，避免应激因素，能有效预防本病的发生和流行。接种疫苗的鸡群能最大限度降低感染发病率，但需要对当地流行的血清型做好流行病学调查。疫苗菌株和流行株血清型的良好匹配，是疫苗产生有效保护的前提。传统的鼻炎二价或三价灭活疫苗仍是目前使用最广泛的类型，保护效果因菌株是否对型及免疫原性的好坏而存在差异，全价且免疫原性良好的流行菌株疫苗保护效果明显要好。国际上普遍使用的灭活的副鸡禽杆菌疫苗绝大多数都包含了血清型 A 和 C，影响较大的几个疫苗公司开始提供包含 A、B、C 3 种血清型的三价疫苗。一般 6 周龄时，皮下或肌内注射鸡传染性鼻炎灭活疫苗每只 0.5 毫升，第二次免疫可选择 120 日龄时。腿肌注射好于胸肌注射。

第十节
弧菌性肝炎

一、病原特点

鸡弧菌性肝炎是主要由空肠弯曲杆菌引起的各年龄鸡的一种传染病，其临床特征为肝脏肿大、充血坏死，又被称为烂肝病。空肠弯曲杆菌呈螺旋形或弧形菌或 S 形，革兰阴性，无芽孢和荚膜，有单极鞭毛，菌体纤细。对热敏感，一般消毒药可杀灭。弯曲杆菌对外界无抵抗力，日光、干燥能够将其快速灭活，本菌在蛋壳上存活的时间不超过 16 小时，弯曲杆菌在蛋壳表面多因干燥而亡。本菌对各种消毒药剂较为敏感，0.15% 的有机酸、0.25% 的甲醛溶液都能够在数分钟内将其杀死。

二、临床症状

本病的病程较长，呈慢性经过，可在数月内不间断出现鸡死亡，通常不能引起饲养人员的注意。病鸡体瘦，精神倦怠、沉郁，鸡冠萎缩和苍白，皮肤干燥有皮屑，腹部明显膨大，粪便呈水样稀粪。死后多为伏卧，翅膀下垂，头颈弯曲。

三、剖检病变

病变主要在肝脏和卵巢。腹部明显膨大者，在其腹部只剪开一个小口时，即有血水突然喷射而出，腹腔内有大量红色透明的腹水，病鸡血液凝固不全。肝脏肿大、瘀血，边缘钝圆，质脆易碎，表面散布多量黄白色、星芒状坏死灶，与周围正常肝组织界限分明，肝脏包膜下有较大的血肿，有时肝脏表面覆盖整块血凝块，剥离血凝块，可看到肝脏的破裂出血疤。由于出血，肝苍白或呈土黄色，少数病鸡肝脏体积缩小，边缘较锐利，肝实质脆弱或硬化，其表面的星芒状坏死灶相互连接，呈网格状，从切面处可见坏死灶布满整个肝实质内，也呈网格状坏死，呈明显的灰白色至灰黄色（图132～图137）。卵巢的变化表现为卵泡萎缩、瘪塌、坏死，有的卵泡完全退化。此外，还可见小肠黏膜斑点状出血，心肌变性，心脏扩张。脾肿大，个别有出血点或黄白色坏死灶，外观斑驳状。腺胃、肌胃浆膜下有条纹状或斑块状瘀血。盲肠扩张，充盈大量气体。

图132 弧菌性肝炎病鸡肝脏坏死点　　　　图133～图134 弧菌性肝炎病鸡肝脏出血点

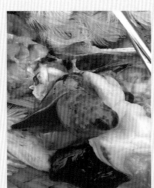

图135～图137 弧菌性肝炎病鸡肝脏被膜出血囊袋

四、诊断技巧

根据流行病学、临床症状、剖检病变可以进行初步诊断，但要注意本病的肝脏病变同沙门菌病、禽霍乱、脂肪肝出血综合征、包涵体肝炎等疾病的肝脏病变极为相似，临床应进行仔细鉴别。脂肪肝出血综合征主要发生于高产鸡群，鸡冠苍白，常突然死亡。剖检可见尸体肥胖，皮下脂肪厚，腹内脂肪大量沉积，肝脏肿大色淡，质脆，有油腻感，肝破裂者，腹腔内充满血凝块但不是血水。弧菌型肝炎肝破裂后，腹腔内有乌黑色血水，注意是血水而不是血凝块，这是一个典型特征。包涵体肝炎病易引起鸡肝脏发炎、肝肿大发黄、表面有点状或斑状出血或相间坏死灶，表面凸凹不平。严重贫血、黄疸，皮肤略微发黄，类似于人的黄疸型肝炎。住白细胞虫病，鸡冠苍白，血液稀薄，骨髓变黄，胸肌、腿肌、心肌等部位有小的白色结节或血肿，脂肪上有小的血囊肿。弧菌性肝炎和沙门菌病、禽霍乱病鸡肝脏都有坏死点，但沙门菌病为散在或密集的大小不等的白色坏死点，而坏死点是以规则的圆形点为主。禽霍乱病鸡肝脏密布大量针尖大的圆形灰白色坏死点，且在肝脏表面浅层。弧菌性肝炎病鸡肝脏的坏死点多呈星状、"S"弧形，有的中间还有分叉，形状不规则，坏死点凸出肝脏表面。弧菌性肝炎病鸡肝脏的特征性病变，并非在所有病死鸡上都能肉眼见到，所以，有条件应多剖检，综合各种病变进行诊断。

五、治疗技巧

本病的防治在合理选用敏感抗菌药的同时，要注重保肝中药、黄芪多糖和维生素C的应用。鸡弧菌性肝炎易复发，治疗时用药疗程可延至10天，应坚持多用几个疗程。鸡群恢复后要防止饮水和饲料的污染，否则会出现治愈后，隔段时间又复发的情况。整个鸡群要使用刺激性小的消毒剂（如百毒杀等）进行带鸡喷雾消毒，发病过程中每天1次，恢复健康后每3～5天进行1次，注意大风或者阴雨天气要暂停带鸡消毒。

1. 西兽药治疗

①重症病鸡，可采用链霉素或庆大霉素进行肌内注射，每天2次，连用3～5天。同时，采用治疗弧菌性肝炎的中药制剂，可选用龙胆泻肝散，每千克体重1～2克，饲料中添加，连续饲喂7～10天。

②按饲料的0.2%添加土霉素饲喂，连续7天。雏鸡用土霉素和链霉素各1个疗程，土霉素适用于1～3周龄，链霉素适用于4～6周龄。

③硫酸黏菌素每天每千克体重60毫克，多西环素每天每千克体重50毫克，分2次饮用。

2. 中兽药治疗

①龙胆泻肝散每天每只鸡1～1.5克拌料，连用7天。

②茵陈300克，栀子300克，虎杖、柴胡、黄芩、甘草各100克。煎煮2次，混合两次过滤药液，按每天每千克体重0.5～1克原生药量，混水饮服。

③龙胆20克，茵陈30克，广郁金20克，木香10克，大腹皮10克，炙甘草10克，煎汤去渣，按每天每千克体重1～2克原生药量，加水饮用。

六、预防措施

弧菌性肝炎主要存在于病鸡的盲肠和小肠的内容物中，因此传播途径主要是口腔传播和粪便污染。所以对病死鸡深埋做无害化处理就切断了传播途径，同时对鸡笼、蛋箱、场地彻底消毒。

第十一节
坏死性肠炎

一、病原特点

坏死性肠炎又称梭状芽孢杆菌肠炎菌群失调症或小肠细菌生长过度症，产气荚膜梭菌（又称魏氏杆菌或魏氏梭菌）是引起该病的主要病原。坏死性肠炎主要由 A 型或 C 型产气荚膜梭菌产生，引起肠黏膜坏死等特征性病变，但 C 型不普遍。A 型和 C 型产气荚膜梭菌产生 α 毒素，C 型产气荚膜梭菌产生 β 毒素。产气荚膜梭菌是厌氧、革兰阳性菌，通过 IV 型菌毛运动。它是脊椎动物肠道共栖菌，可从粪便污染的环境中分离到，也是环境中分布广泛的病原菌。它可产生至少 17 种毒素或潜在毒性的外源蛋白。

二、临床症状

排黄白色稀粪，有的排黄褐色糊状臭粪，有的排红色乃至黑褐色煤焦油样粪便，有的粪便混有血液和肠黏膜组织。8 ～ 12 日龄的病雏鸡，主要表现腹泻，排出尚未完全消化的饲料，就是俗称的"过料"，粪便中多含有气泡。病鸡消瘦、脱水、发育缓慢，比正常鸡要小，短时间内出现脱水现象和神经症状，有的病鸡出现明显的"乱窜"神经症状，双翅麻痹，颤抖，无法正常站立。

三、剖检病变

病死鸡呈严重脱水状态，打开死鸡腹腔即可闻到尸腐臭味。主要病变集中在小肠，尤其是空肠和回肠。小肠显著肿大至正常的2 ～ 3 倍，肠管扩张，粗细不均，剪开肠管、切面外翻，肠腔内充满气体和带血的内容物，有的肠内有脓样渗出物。肠管变短，肠道表面呈污秽黑色，肠壁变薄，肠腔内充盈灰白色或黄白色渗出物，肠黏膜上附有黄色或绿色伪膜，剥去坏死伪膜后，可见腹腔有粪臭味，肠腔内有未消化的饲料。肠黏膜有出血点和溃疡灶，有的穿孔形成腹膜炎，肠黏膜呈严重纤维素性坏死。少数病例肝肿大，肝表面有散在性黄白色出血坏死灶

（图138～图145）。

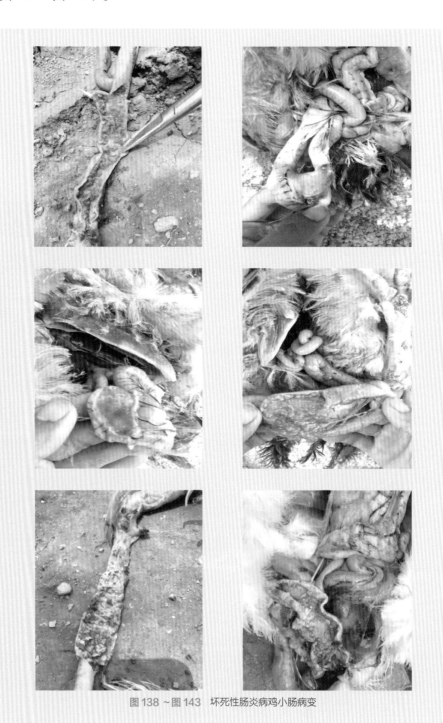

图138～图143 坏死性肠炎病鸡小肠病变

图 144 ～图 145　坏死性肠炎病鸡粪便

四、诊断技巧

本病与溃疡性肠炎和小肠球虫病临床症状较为相似，应注意区分。溃疡性肠炎特征性剖检病变为小肠远端及盲肠上有多处坏死灶和溃疡灶，肝也有坏死灶；坏死性肠炎的病变为前期肠道充气扩张，中后期广泛性黏膜坏死，仅局限于空肠和回肠，不累及盲肠，脾不肿大，盲肠、肝脏几乎无病变；小肠球虫病特征在于肠腔内充满血凝块或黏液，黏膜增厚，通过镜检可发现处于不同发育期的虫体。有的发病鸡与小肠球虫合并感染时，除可见到上述病变外，在小肠浆膜表面还可见到大量针尖大小的出血点和灰白色小点，肠壁明显增厚，剪开病变肠段出现自动外翻，肠内充满黑红色样内容物，黏膜呈现更为严重的坏死。

五、治疗技巧

鸡的坏死性肠炎发病突然，传播迅速，发病后应果断采取措施，及时治疗。加强环境和带鸡消毒，肉用鸡还需更换污染垫料。该病极易复发，病鸡群经治疗康复后，还应考虑选择另一种药物继续治疗，以巩固疗效。小肠球虫病常与该病并发，加重该病病情，因此，在选用临床治疗药物时，注重选择对魏氏梭菌和小肠球虫均有作用的药物，或在选用治疗坏死性肠炎敏感药物的同时，加入抗球虫药。

1. 西兽药治疗

① 青霉素，雏鸡每只每次 2000 单位，成年鸡每千克体重每次 3 万～5 万单位，混入饮水中 2 小时内服完，每天 2 次，连续服用 5 ～ 7 天。

②阿莫西林每天每千克体重 50 毫克，混水分 2 次饮服，连续 5 天。

③硫氰酸红霉素每天每千克体重 20 毫克，分 2 次混水饮服，连续 5 天。

④庆大霉素每天每千克体重 15 毫克，分早晚 2 次混水饮服，连续 5 天，同时甲硝唑按 0.1% 比例拌料饲喂，连用 5 天。

2. 中兽药治疗

① 当归 60 克，葛根 200 克，黄芩 120 克，黄连 100 克，槐花 200 克，侧柏叶 150 克，炙甘草 50 克，苍术、厚朴、陈皮、枳壳各 300 克，生地黄、地榆炭各 300 克，炒白芍 180 克，诸药混合，冷水浸泡 2 小时，微火煎煮 2 次（每次 2 小时），混合 2 次过滤药液，按每天每千克体重 1 ～ 2 克原生药量，分 2 次混水饮服，连用 7 ～ 10 天。

② 乌梅 15 克，诃子 15 克，茯苓 10 克，苍术 20 克，厚朴 20 克，青皮 10 克，黄芩 15 克，黄连 15 克，柴胡 10 克，黄芪 20 克，白术 20 克，葛根 20 克，甘草 10 克，先将中草药浸泡于 8 倍的水中 2 小时，再用文火煎煮 2 次（每次 2 小时），分别过滤取汁，每天每千克体重 1 ～ 2 克原生药量，加水饮用，连用 7 天。

六、预防措施

加强饲养管理，减少诱发因素。首先要禁止使用腐败变质的动物性饲料，如果是由使用动物性饲料所致，应立即停止饲喂该饲料。同时，搞好环境卫生，避免舍内湿度过大，注意加强通风换气，可在饲料中添加一些维生素、矿物质以及微量元素等，以增加机体抵抗力。

第十二节

葡萄球菌病

一、病原特点

葡萄球菌是一种革兰阳性菌，呈卵圆形或者圆形，往往单个散在、成对或者呈葡萄状排列。自然界中广泛分布金黄色葡萄球菌，如在土壤、空气、饮水、饲料以及动物体表面等，另外健康禽类的皮肤、羽毛、眼睑、黏膜和肠道以及孵化、饲养、加工环境中也常常存在葡萄球菌。本菌对外界环境的抵抗力较强，自然条件下能存活数月之久，在 80℃条件下 30 分钟才能被杀死。不形成芽孢，外周无荚膜，普通培养基上即能良好生长，兼性厌氧，凝固酶呈阳性，一般不运动，有发酵作用。金黄色葡萄球菌可以产生毒素和破坏性酶，所以致病性很强。

二、临床症状

本病发生后有多种症状群出现，其中比较常见的有急性败血症型、慢性关节炎型以及肺型等。急性败血症型以败血症、皮肤溃烂为特征，鸡在发生急性败血症后，多数都会排出黄绿色粪便，同时在胸腹部有比较明显的水肿症状，个别鸡颈、胸、腹、腿内侧等处皮肤出现广泛性水肿，外观呈紫黑色，内含血样渗出物，皮肤脱毛、坏死。病鸡羽毛松散，触之即落。若皮肤溃烂破损，会有褐色或紫红色的液体流出。脐炎型葡萄球菌病主要发生于新生雏鸡，病鸡精神沉郁，体弱怕冷，不爱活动，常常挤在有热源的地方，发出"吱吱"的叫声。病鸡腹部膨大，脐孔闭锁不全，脐孔及周围组织发炎、肿胀或形成坏死灶，俗称"大肚脐"。病鸡表现为体弱，手握时松软无弹性，一般在 2～5 天内死亡。慢性关节炎型则多个关节发生炎性肿胀，尤其是胫关节、跖关节和趾关节，局部紫红色或黑紫色，破溃后形成黑色痂皮。关节炎型多呈慢性经过，病鸡不能站立，卧地不起，趾关节肿胀，皮肤坏死呈紫黑色，严重者趾尖干枯脱落。眼型一般在败血症型的发病中期出现，病鸡表现为上眼睑肿胀，闭眼，有脓性分泌物粘连眼睑。结膜红肿，眼角内有大量分泌物，有肉芽肿。病程较长的病鸡眼球内陷，眼眶下窦肿突，最后会失明，多因饥饿、衰竭而死。肺型多见于中雏，主要表现全身症状及呼吸障碍（图 146）。

图 146　葡萄球菌病鸡烂膀子

三、剖检病变

急性败血症型，胸腹部的皮下充血、溶血，呈弥漫性紫红色或黑红色，有大量胶冻状积液。另外，大腿两侧、后腹、嗉囊周围都发生水肿，并有出斑点，肝脏和脾脏肿大，均有坏死灶和出血点。腹部脂肪、心脏冠状脂肪和心外膜有出血点，心包积液，内有黄红色透明液体，心外膜有出血点。脐炎型雏鸡脐孔发炎肿大，为紫红色或紫黑色，卵黄吸收不全，有时脐部有暗红色或黄色液体，其中混有絮状物，病程长的则变成干涸的坏死物。关节炎型病鸡关节液增多，皮下出现水肿，腱鞘积有脓液。病程较长病鸡的渗出物为干酪样，关节周围出现组织增生，关节畸形，胸部囊肿，内有脓性或干酪样物。关节囊内有化脓性或干酪样坏死物。眼型病鸡的结膜红肿甚至失明。肺型病鸡多见肺部瘀血、水肿和肺实变，甚至肺脏呈黑紫色坏疽样病变。

四、诊断技巧

根据该病的流行病学特点、各型鸡葡萄球菌病的临床症状及病理变化，可作出初步诊断。流行病学方面，要注重了解是否有造成外伤的因素存在，如笼网内是否有尖锐金属、鸡痘发生等。一般 40～60 日龄的鸡多发，死亡率较高。临床症状常有多样类型，包括急性败血症、皮下水肿和体表不同部位皮肤的炎症、关节炎、雏鸡脐炎、眼型以及肺型症状、胚胎死亡等。还应该注意与病毒性关节炎、滑液囊支原体病、大肠杆菌病、痛风、维生素 E- 硒缺乏症等进行鉴别诊断。本病和病毒性关节炎均可出现关节肿胀、跛行等症状，但病毒性关节炎除关节腔内含有黄色分泌物，腱鞘肿胀，病程较长，腓肠肌腱断裂外，精神、食欲无明显变化。滑液支原体病鸡皮肤无葡萄球菌病的典型变化，死亡率不高。大肠杆菌病与本病很相似，但大肠杆菌常有典型的纤维素性心包炎、纤维素性肝周炎和纤维素性腹膜炎等病理变化。家禽痛风病和鸡葡萄球菌病均可导致鸡关节肿大、跛行等症状，而区别在于家禽痛风病主要是因为饲喂大量蛋白质饲料而引起的一种营养代谢病，打开关节腔，可见关节面及周围组织有白色尿酸盐沉积，而且内脏表面和胸腹膜也有石灰样尿酸盐沉积。维生素 E- 硒缺乏症和葡萄球菌病均可导致鸡群关节肿大、跛行，不同之处在于维生素 E- 硒缺乏症多发生在 2～4 周龄雏鸡，临床上常表现为"脑软化病"，共济失调，两腿痉挛性抽搐。剖检可见心肌有灰白色条纹，肌肉和尿液中肌酸增多，镜检没有任何病菌。

五、治疗技巧

一般抗革兰阳性菌强的抗生素都能很好地治疗本病。由于金黄色葡萄球菌的耐药菌株日趋增加，临床上应做药敏试验来选择适宜的敏感药物。一般青霉素类药物（如阿莫西林、氨苄西林、青霉素等）、头孢类药物（头孢噻呋、头孢喹肟等）、大环内酯类药物（替米考星、红霉素等）都有较好的治疗效果。选择最敏感的药物全群防治，同时还应注意定期联合用药和轮换用药。皮肤型感染在大群用药的同时，可使用龙胆紫溶液局部治疗，效果确切。

1. 西兽药治疗

① 罗红霉素每天每千克体重 20 毫克。大群鸡庆大霉素饮水，每天每千克体重 15 毫克，同时按饲料的 0.2% 混入磺胺二甲嘧啶，连用 5 天。

② 氟苯尼考可溶性粉每天每千克体重 30 毫克（按氟苯尼考计），混水饮服，连用 5 天。

③ 硫酸卡那霉素每千克体重肌内注射 1000 ～ 1500 国际单位，或庆大霉素每千克体重肌内注射 3000 ～ 5000 国际单位，每天 2 次，连用 3 天。

④ 磺胺嘧啶或磺胺二甲嘧啶按 0.4% ～ 0.5% 的药量混入饲料中饲喂，连用 3 ～ 5 天。

⑤ 环丙沙星每天每千克体重 20 毫克，混水饮服，连用 5 ～ 7 天。

2. 中兽药治疗

① 知母 350 克，栀子 350 克，杭菊花 350 克，黄檗 400 克，茵陈蒿 350 克，秦皮 350 克，金银花 400 克，大青叶 400 克，芦根 400 克，苦参 400 克，诸药混合，用冷水浸泡 1 小时，煮沸 1 小时，过滤后再煮 1 小时，然后将 2 次药液混合后待用，按每千克体重 2 克原生药量，分 2 次混水饮服，连用 5 ～ 7 天。

② 黄芪多糖每天每千克体重 100 毫克，盐酸小檗碱每天每千克体重 30 毫克，混合饮水，连续使用 5 天。

③ 黄芩 400 克，紫花地丁、甘草各 300 克，用冷水浸泡 2 小时后，煮沸 1 小时，过滤后再煮 1 小时，2 次药液混合后按每千克体重 2 克原生药量，分 2 次混水饮服，连用 5 ～ 7 天。

④ 黄檗、黄连、地榆炭各 50 克，黄芪、蒲公英、灯心草各 100 克，诸药混合，用冷水浸泡 1 小时后加热煮沸 30 分钟，过滤后再煮 2 次，然后将 3 次药液混合后，按每千克体重 2 克原生药量混水饮服，每天 2 次，连用 5 ～ 7 天。

六、预防措施

带鸡消毒是预防鸡葡萄球菌病的有效措施之一，用 0.3% 过氧乙酸、0.2% 巴氏消毒液交替对鸡舍、鸡群喷雾消毒，每天 1 次，4 天后改成隔日 1 次。改善饲养环境，适当降低后备公鸡的饲养密度，如过度拥挤则分散鸡群，使每平方米饲养量限制在 5 ～ 6 只。及时清除粪便污染的垫料，垫料保持在 2 ～ 3 厘米及以上，垫料最好使用稻壳、锯末等。鸡舍设备尽量用平滑的塑料网，不用钢丝，同时要防止一切外伤的发生，消除和避免产生外伤的不利因素，在一定程度上，可减少或避免该病的发生。放养、散养鸡群尽量满足饲料营养平衡，尤其要保证蛋白质、矿物质和维生素类的供应，减少啄毛、啄肛的发生，可有效防止葡萄球菌的感染。

第十三节
链球菌病

一、病原特点

感染禽类的链球菌主要包括兰氏抗原血清群 C 群的兽疫链球菌（禽链球菌）、兰氏 D 血清群的粪链球菌、粪便链球菌、坚韧链球菌以及鸟链球菌。链球菌为圆形的球状细菌，革兰染色阳性，老龄培养物有时呈阴性。不形成芽孢，不能运动，呈单个、成对或短链存在。本菌为兼性厌氧菌，在普通培养基上生长不良，在含鲜血或血清的培养基上生长较好。最适生长温度为 37℃，pH7.4 ～ 7.6。C 群的兽疫链球菌能产生明显的 β 型溶血；D 群链球菌呈 α 型溶血或不溶血。兽疫链球菌主要感染成年鸡，粪链球菌对不同年龄的鸡均有致病性，但主要多发于幼龄鸡和鸡胚。传播途径主要是通过呼吸道或接触传染，也可通过破损的皮肤感染，蜱也是传染者。链球菌对外界抵抗能力较差，一般消毒剂都能将其杀死。

二、临床症状

雏鸡多数呈急性经过，不见明显的临床症状即抽搐死亡。一些病程稍长的雏鸡呈现精神萎靡，食欲废绝，昏睡，眼半闭，两翅下垂。死亡雏鸡可视黏膜发绀，1 ～ 3 天内死亡。患病雏鸡表现典型神经症状，主要发生于一些体壮、肥硕的雏鸡。以头顶为轴向左或向右旋转，病情越严重则旋转程度越大，一旦受惊，则症状加重，一旦出现神经症状，则无法治愈，1 ～ 2 天内即可死亡。产蛋鸡除一般症状外，排出黄色稀便，病鸡消瘦，鸡冠和肉髯发紫或变苍白，有时肉髯、喉头水肿。成年鸡产蛋下降或停止，急性的病鸡可见抽搐后很快死亡，亚急性和慢性的病鸡疲倦无力，有的眼眶周围水肿明显，发生眼炎和角膜炎，严重的可造成失明。有的关节肿大，不愿站立，部分病鸡出现神经症状，头部震颤，阵发性转圈运动。

三、剖检病变

多数病例皮下、浆膜、肌肉水肿，有黄色胶冻样渗出物。皮下组织、胸部和腿部肌肉、腹部脂肪、脑的硬膜下及软膜有充血或出血。在龙骨部皮下有血样液体或出血斑。肝脏有时出现小的红色或浅色病灶，有时会出现血性肠炎。有些病鸡心冠脂肪和心外膜存在大量出血点，纤维素性心包炎和腹膜炎，腹腔和心包常见少量淡红色液体。成年鸡病变特征呈现败血症变化，脾脏显著肿大呈圆球状，有高粱粒大坏死灶。肾脏明显瘀血，有的有小出血点。小肠黏膜增厚，有出血点，盲肠也有出血，严重的病例盲肠内混有多量血液，腹水稍增多。肝脏稍肿大、瘀血，有的表面可见出血点，质脆，有少量纤维素样附着物。心包囊内和龙骨部皮下有血样液体，有的呈心包纤维素性炎症以及腹膜炎。肺瘀血或水肿，少数病鸡腺胃出血或肌胃角质层糜烂。慢性感染的鸡，常见脱水，纤维素性心包炎，肝周炎。蛋鸡输卵管炎，卵黄性腹膜炎，纤维素性关节炎，腱鞘炎。雏鸡剖检可见皮下组织苍白，胸腔、腹腔有中等量的浆液性渗出，心包液增多，心冠部可见少量点状出血，个别有纤维素性心包炎。肝脏稍肿大，呈黄褐色，质脆弱，个别可见有针尖大的黄白色坏死点。脾和肾脏亦稍见肿胀，色浅，质脆。个别鸡只在消化道见有不同程度的点状、条状出血。

四、诊断技巧

本病呈急性经过，以痉挛、抽搐和迅速死亡为主要特征，5月龄以下的小鸡最易感，且呈暴发性流行。病程稍长的表现精神沉郁、不食，最后出现神经症状而死。病理变化主要表现消化道出血、坏死。胸部皮下胶冻样浸润，有的鸡生殖器官受损。链球菌病治疗并不困难，但由于无典型临床症状，诊断并不容易，要注意与禽流感、大肠杆菌病、禽副伤寒、禽霍乱等进行区别。

五、治疗技巧

治疗时要选准药物。一般卡那霉素、庆大霉素、多黏霉素、头孢菌素、环丙沙星等药物对本病均有疗效。由于本菌对肝脏的损害大，肝被膜破裂引起大出血是鸡死亡的主要原因之一，要注重保护肝脏。在用抗生素治疗时，要用护肝药物、维生素 K_3 等进行辅助治疗，疗程为 7 天以上，以利于肝功能的康复。该病病原菌易产生耐药性，治疗时应选用对革兰阳性菌高敏的药物治疗。平时应注意科学用药，不要长期在饲料中添加药物，以免产生耐药性。

1. 西兽药治疗

① 硫酸阿米卡星每千克体重 5 毫克，肌内注射，每天 1 次，连续使用 3～5 天。

② 硫酸庆大霉素每天每千克体重 15 毫克，全群饮水，连续使用 5 天。

③ 红霉素每天每千克体重 20 毫克混水饮服，连服 5 天。

④ 青霉素每次每千克体重 2.5 万～5 万单位肌内注射，每天 1～2 次，连用 3 天。

⑤ 链霉素每次每千克体重 10 ～ 20 毫克肌内注射，每天 1 ～ 2 次，连用 3 天。

2. 中兽药治疗

① 穿心莲 750 克，金银花 500 克，龙胆 250 克，鱼腥草 250 克，栀子 250 克，按每天每千克体重 1 克原生药量水煎饮服，连用 7 天。

② 金银花 100 克，大青叶 100 克，杭菊花 70 克，柴胡 70 克，桔梗 60 克，黄连、黄芩、黄檗各 60 克，茵陈 70 克，龙胆 70 克，青陈皮 80 克，炙甘草 70 克，诸药混合，浸泡 2 小时后，煎煮 2 次，混合滤液，按每天每千克体重 1.5 ～ 2 克原生药量混水饮服，每天上午、下午各 1 次，连用 5 天。

六、预防措施

链球菌在自然界广泛存在，并且是禽类肠道中的常在条件性菌，鸡链球菌病大多是继发感染造成的。因此，预防该病主要应以减少应激因素、加强饲养管理及搞好预防接种工作为主。应重点从环境卫生和增强机体抵抗力两方面着手，尤其要抓好定期带鸡消毒，减少和消灭环境中的病原菌。保持饮水器具清洁卫生，定期清洗、消毒，保持环境卫生，有助于减少本病的发生。

第十四节
衣原体病

一、病原特点

禽衣原体病是由鹦鹉热嗜性衣原体引起的一种接触性传染病。同义名有鹦鹉热、鸟疫，前者指鹦鹉感染的衣原体病，后者主要指鹦鹉以外的鸟类感染的衣原体病。实际上，从鹦鹉及非鹦鹉鸟类分离出的致病性衣原体株，可以交叉感染，引起同样的疾病。衣原体病是一种全球性疫病，几乎所有的禽种均可自然感染衣原体。衣原体是细胞内寄生菌，它对影响脂类成分或细胞壁完整的化学因子非常敏感，能很快被表面活性剂（如季铵盐类化合物和脂溶剂等）灭活，但对蛋白质变性剂、酸碱的敏感性较低。衣原体对理化因素的抵抗力不强，尤其对温度比较敏感，56℃ 5 分钟、37℃ 48 小时和 22℃ 12 天均失去活性，一般消毒剂（如 70% 酒精、碘酊溶液、3% 过氧化氢、脂溶剂和去污剂）可在几分钟内破坏其活性。感染性的衣原体可以随鼻中分泌物排出，但绝大部分随粪便排出，而且能在粪便中存活数月。

二、临床症状

雏鸡发病多在15～50日龄，羽毛粗乱无光泽，精神委顿，食欲废绝，结膜发绀，呼吸困难，体温升高，水样腹泻，肛门周围沾有胶冻样黄绿色稀粪。产蛋鸡大约有15%的病鸡发生结膜炎、眼睑肿胀、流泪。少数鸡呼吸困难，发生"咯咯"声。产蛋下降或产蛋率低，有7%～8%的鸡腹部膨大、下垂，有波动感。病鸡呈渐进性消瘦，最后衰竭死亡，有部分病鸡耐过后生长严重受阻，失去饲养价值。

三、剖检病变

病死雏鸡可见有典型的纤维素性心包炎、气囊炎、肝周炎、腹膜炎和脾脏肿大等病变。肺部充血，心肌炎，心脏表面和肝脏表面覆盖一层厚厚的纤维蛋白膜。肝脏肿大，颜色变淡，有的表面有米粒大小的坏死灶，表面有渗出物覆盖。肺脏瘀血，呈紫色，切面有泡沫样液体，有的发生肉变。脾脏肿大、变暗、变软，有灰白色坏死灶。肾脏肿大、出血。肠系膜出血、充血。肠管壁有伞状出血点，肠管内充满绿色或白石灰水样粪便。产蛋病鸡输卵管囊肿，囊肿液清澈透明，无色，如稀薄的鸡蛋清状，体积多为200～400毫升，个别多达500毫升，输卵管壁薄而透明，卵巢发育不良，有直径1～5毫米的卵泡，有些鸡输卵管内有大小几个小囊肿，从直径几厘米到鸡蛋大小，有的卵泡发育，但不能坠入输卵管。有的鸡输卵管、卵巢没有发育，病鸡的内脏因为囊肿的输卵管压迫而萎缩。

四、诊断技巧

雏鸡衣原体在剖检病变上易与鸡的大肠杆菌病、霉形体病等混淆，因而在诊断上应注意鉴别。产蛋鸡衣原体病以输卵管囊肿、卵巢发育不良等为主要特征，临床诊断务必和传染性支气管炎所导致的输卵管囊肿进行区别。

五、治疗技巧

对于禽衣原体病来说，目前尚未研制出商品化的疫苗。禽衣原体免疫与细胞免疫有关，其灭活疫苗不能激发接种禽体内的细胞免疫应答，免疫效果差，药物防治仍然是控制禽衣原体病的主要手段。消毒在预防禽衣原体病方面起着非常重要的作用，0.1%福尔马林、0.5%石炭酸在24小时内，70%酒精数分钟，3%过氧化氢片刻，均能将其灭活。禽衣原体虽然对青霉素、红霉素、金霉素、多西环素等抗生素敏感，可以用来预防禽衣原体病，但四环素、土霉素仍然是防治鸡衣原体病的理想药物。在衣原体病的治疗中，用药时间太短不能彻底根除该病，通常疗程为30～45天，要采取治疗和停药交替进行的方法。在治疗过程中也可采用一些对症治疗的方法以促进病鸡康复。

1. 西兽药治疗

病鸡逐只按每千克体重一次肌内注射盐酸土霉素 30～40 毫克，一日一次，连续 7 天。同时在每千克饲料中添加 2 克土霉素连续 7 天。为巩固疗效，防止复发，在停用土霉素后，继续在日粮中拌入四环素，连续 5～6 天。对尚未出现临床症状的鸡群，在每千克饲料中添加 3 克四环素，连续 7 天。

2. 中兽药治疗

① 雏鸡发病可选用双黄连口服液每天每千克体重 1 毫升，板青颗粒每天每千克体重 1～2 克，混合饮水。

② 产蛋鸡发病，白芷 300 克，浙贝 150 克，莪术 150 克，大青叶 300 克，白花蛇舌草 400 克，蒲公英 200 克，蛇床子 300 克，小茴香 200 克，诸药煎煮滤水，按每天每千克体重 1 克原生药量，分 2 次饮服，连续 7～10 天。

六、预防措施

有效防制衣原体病，应采取综合措施，特别是杜绝引入传染源，控制感染动物，阻断传播途径。加强禽衣原体病的检疫，防止新传染源引入。保持禽舍卫生，发现病禽要及时隔离和治疗。一旦发现可疑征象，应该快速确诊，必要时对全部病禽扑杀以消灭传染源。带菌禽类排出的粪便中含有大量衣原体，及时清扫禽舍的粪便、垫料，并经常进行禽舍消毒也是防止衣原体病发生的有效措施。清扫消毒时要注意个人防护。

❧ 第十五节 ❧

结 核 病

一、病原特点

鸡结核病是由鸡分枝杆菌引起的一种慢性接触性传染病。禽分枝杆菌因含有大量类脂，体表有一层厚的蜡膜，所以抵抗力较强，尤其对干燥抵抗力特别强，甚至是专性细胞内寄生的，也能在宿主体外存活相当长的时间，在阴暗处可活数周，在胆汁和其他病理排泄物中，一般能存活数周。对热敏感，60℃经 15～30 分钟死亡，有毒的禽结核杆菌在锯屑中 20℃可存活 168 天，在 37℃可存活 244 天。

在 -8 ～ -6℃的寒冷条件下可存活 4 ～ 5 年。对紫外线敏感，经太阳光直射，2 ～ 4小时内可被杀死。在 14 ～ 17℃潮湿的鸡粪内可存活 6 个月以上，且保持病原性，但生物特性有所改变，如接触酶则活性降低。在水中存活 10 周以上。在掩埋的尸体中可存活 8 ～ 12 个月。对离子清洁剂特别敏感。对 5% 石炭酸、2% 来苏儿、70% ～ 75% 酒精均敏感。在 4% 烧碱、3% 盐酸或 6% 硫酸中半小时，其活性不受影响，因此常用于处理有杂菌污染的病料。禽结核杆菌在土壤中存活时间较长。被埋在 1 米深的达 27 个月的尸体中本菌仍然有可能存活。

二、临床症状

病鸡精神沉郁，采食减少、体重减轻，日益消瘦，胸肌萎缩，胸骨变形，体形变小。病鸡下痢，冠、髯、耳苍白。有的显一侧性跛行或一侧翼下垂，有的鸡关节肿胀，严重病鸡可发生瘫痪。母鸡产蛋减少乃至停产。触摸腹部，可摸到结节块状物或肿大的肝脏。当肠道发生结核时，可出现严重的腹泻或间歇性腹泻。多数慢性经过，病程可持续 1 年以上。最后衰竭或因肝变性破裂而死。

三、剖检病变

禽结核病的主要靶器官为肝、脾、肠、骨髓等，这与哺乳动物（如牛）结核病主要侵害淋巴结和肺不同。肝脏病变有两种表现形式，一种为肝脏出现弥漫性分布针尖大小的结核病灶，即粟粒性结核结节病变；另一种病灶有粟粒至大豆大的黄白色结核结节，有的融合成大结节。切开结节，可见结节外面包裹一层纤维素性包膜，里面充满黄白色干酪样物质，病鸡肝肿大，脾肿大数倍，散发多数黄白色硬实结节。小肠、盲肠、肺、骨等组织器官均可见结核结节。鸡结核另一特征是结核结节常不形成钙化灶（图 147）。

图 147　结核病病鸡肠壁、肠系膜白色结节

四、诊断技巧

早期依据临诊症状不易诊断。可选 1～2 只症状明显的病鸡进行剖检，根据肝、脾和肠壁上特征性的结核结节，结合鸡群病史，即可作出初步诊断。有条件时，可采集病鸡的肝脏或脾脏组织制成涂片，火焰固定后用石炭酸复红作抗酸性染色，如是结核，在涂层中可以找到染成红色的结核杆菌。此外，本病的特征是慢性经过，在受害的脏器上会形成无血管的结核结节及干酪样坏死灶。临床上，病鸡以龙骨弯曲、胸肌萎缩、渐进性消瘦、贫血、产蛋量减少或不产蛋、体重减轻、死亡为特征。而且病程发展慢，多为散发、发病率极低。雏鸡虽然比成年鸡易感，但病鸡以成年鸡多见。临床这些特点有助于准确诊断。

五、治疗技巧

通常认为禽结核病治疗价值不大而不予治疗，所以国内外有关治疗的资料很少。有实验认为，对禽结核病病鸡反复注射右旋糖酐铁，肌内注射 8 次，每千克体重 200 毫克，同时注射生理盐水做对照。21 天后检查，治疗过的鸡，肝脏中存活的结核杆菌比对照的降低 10%～85%。病鸡用常规抗结核分枝杆菌的药物和中药制剂治疗，有一定效果，但从公共卫生安全考虑，一般最好加强消毒，按规定处理病死鸡。

1. 西兽药治疗

① 对阳性结核病鸡进行链霉素治疗，每天每千克体重 5 万～10 万单位，连续 5 天，停药 2 天后再连续注射 5 天。2 个疗程后病鸡精神明显好转，体况改善，产蛋明显增加。

② 异烟肼每千克体重 30 毫克，乙二胺二丁醇每千克体重 30 毫克，利福霉素每千克体重 5 毫克，可明显减轻临床症状。

2. 中兽药治疗

① 牡蛎 300 克，夏枯草、浙贝母、玄参、白及、天门冬、北沙参各 150 克，百部 100 克，甘草 60 克，诸药混合，冷水浸泡 2 小时，煎煮 2 次（每次 2～3 小时），混合两次滤液，按每千克体重 2 克原生药量混水饮服，连续 10～15 天。

② 党参、黄芪、山药、知母、玄参、龙骨、牡蛎各 240 克，丹参 100 克，三棱、莪术各 110 克，诸药混合，冷水浸泡 2 小时，煎煮 2～3 次（每次 2～3 小时），混合滤液，按每千克体重 1～2 克原生药量，混水饮服，连续 10～15 天。

六、预防措施

对患病鸡群一般不主张治疗，病鸡必须立即淘汰，烧毁或深埋死鸡，不能随便乱丢，以防传播疫病。鸡舍及环境进行彻底清扫和消毒，清除的粪便堆积发酵，沤肥。如地面饲养，清除粪便，用火碱水消毒，如为泥土地面，铲去表层土壤，消毒和更换新土。如鸡群不断出现结核病鸡（如尸体剖检时见有结核病变），应将病鸡和消瘦、产蛋少或不产蛋的老龄鸡淘汰。患结核病的蛋鸡群，在第一个产蛋高峰后，把鸡群中的全部鸡淘汰。病鸡的蛋不能作种用。鸡群要进行定期检疫，发现阳性鸡，立即淘汰，鸡场彻底消毒。过 6 个月以后，再进行第二次检疫，检查有无新的病鸡出现，直到检不出阳性鸡为止。禽结核病多呈慢性经过，为减少其传染机会，应该适当处理鸡群中的老龄鸡和产蛋量减退的鸡，有条件时，最好另辟新场地，建立无病的健康鸡群。

第十六节
疏螺旋体病

一、病因特点

鸡的疏螺旋体病是由鹅疏螺旋体感染而引起的一种禽类急性、热性传染病。以发热、厌食、头下垂、贫血，长期站立不卧，排浆液性绿色稀粪以及肝、脾明显肿大和内脏出血为特征。经皮肤伤口和消化道感染，各日龄的鸡均易感。本病在有大量媒介吸血昆虫存在时，病死率极高。由蜱和吸血昆虫叮咬后可通过卵将本病垂直传染给后代。鸡螨和虱也能机械传播。多发于 4 ～ 7 月炎热季节。康复鸡不携带病原菌，随病痊愈，该菌在血液和组织中同时消亡。

二、临床症状

本病潜伏期为 5 ～ 9 天。突然发病，病鸡体温明显升高，一般常在 42.5 ～ 44.0℃，精神不振，食欲减退或废绝。腹泻，排出的粪便呈浆液性，分为 3 层，即外层为浆液、中层为绿色、内层有白色块状物，后期明显贫血并有黄疸，且体温下降，病鸡很快死亡。根据临床症状轻重分为 3 型，急性发病突然，体温升高，精神不振，翅膀下垂；有的卧地不起，站立、行动困难，呈关节疼痛状。排浆液绿色稀粪，贫血、黄疸、消瘦、抽搐，很快死亡。此刻做血涂片镜检，可见到较多螺旋体。亚急性较多见，体温时高时低，呈弛张热。随体温升高，血液中连续数日可查到螺旋体。一过性较少见，病鸡发热、厌食，1～2天体温下降，血中螺旋体消失，不治即可康复。

三、剖检病变

脾明显肿大，有瘀斑性出血。外观斑点状，呈暗紫色或棕红色，表面有坏死灶。肝肿大，表面有出血点和黄白色坏死点。小肠黏膜充血、出血。心包有浆液性、纤维素性渗出物。发病母鸡输卵管萎缩、黏膜出血，部分病鸡输卵管内积有鸡蛋大小的血块，管襞变薄、皱襞消失。卵泡出血、变性，呈紫葡萄串状，变性卵泡的卵黄液变稀。部分母鸡可见胸肌、腿肌有多量芝麻至绿豆大小的出血斑点，切开出血斑点后流出污黑色未凝固的血液。

四、诊断技巧

本病在临床症状上与许多疾病相似，单凭临床症状很难确诊，但鸡冠和肉髯黄疸、粪便分层（即外层为浆液、中层为绿色、内层有白色块状物）、病鸡长期站立不卧以及脾脏明显肿大（较正常的肿大8～10倍等）特征性症状和病理变化，对临床诊断有重要意义。有条件的鸡场，遇到类似的鸡病，应尽快进行实验室诊断。取病鸡血涂片，作吉姆萨染色，暗视野显微镜镜检，于血球之间见蓝紫色两端尖锐的疏螺旋体，即可确诊。如用吉姆萨染色过夜的涂片，其菌体更为清晰。还可取病料接种鸡胚尿囊腔，2～3天后在尿囊腔中看到病原体也可确诊。要注意体温的高低与疏螺旋体的多少和检出率是正比例关系，因此，临床应对离群孤立、不食、有绿色粪便、体温高的鸡采血涂片。

五、治疗技巧

采取积极治疗措施，早治疗，疗效显著，损失小。一个疗程结束后，停药期如有新发病鸡出现，与鸡蜱清除不彻底有关，治疗同时要间断性地喷洒灭蜱药。治疗也应在灭蜱期间服药，即第一次治疗连用两个疗程（服药5天，停3～5天，再服药5天），第二次喷洒灭蜱药时再使用一个疗程。

1. 西兽药治疗

①已出现临床症状的病鸡，隔离饲养，每千克体重青霉素8万～10万国际单位、复方氨基比林0.5毫升，混合1次肌内注射，每天一次，连续用药2～3天。同时在饮水中加入0.2%肾肿解毒药辅助治疗，缓解尿酸盐沉积和尿酸中毒，一般病鸡都能康复。

②对尚未出现症状的假定健康鸡，用土霉素按0.2%比例拌料，连喂3～4

天，一般不会有新的病例出现。

③ 甲硝唑按 0.05% ～ 0.1% 饮水，连续 5 ～ 7 天，或用 5% 盐酸四环素饮水，连续 3 ～ 5 天。

2. 中兽药治疗

① 板蓝根、丝瓜络、忍冬藤、陈皮各 200 克，石膏 200 克，诸药混合，冷水浸泡 2 小时，煎煮 2 次（每次 2 小时），混合 2 次滤液，按每千克体重 1 ～ 2 克原生药混水饮服，连续 7 天。

② 茵陈 200 克，连翘、黄芩、石菖蒲各 150 克，川贝母、木通、藿香各 120 克，滑石、豆蔻各 100 克，射干 80 克，薄荷 40 克，冷水浸泡 2 小时，煎煮 2 次（每次 2 小时），混合 2 次滤液，按每千克体重 1 克原生药混水饮服，连续 7 天。

③ 石榴皮 200 克，黄连 100 克，桉叶 100 克，穿心莲 400 克，金银花 200 克，诸药混合，冷水浸泡 2 小时，煎煮 2 次（每次 2 小时），混合 2 次滤液，按每千克体重 1 ～ 2 克原生药混水饮服，连续 5 ～ 7 天。

六、预防措施

消灭传播媒介——蜱。常用药物喷洒或药浴。注意环境卫生，做好检疫工作，加强饲养管理，喂全价饲料。为消灭病原传播，切断传染源，对鸡舍内外环境进行消毒。用 0.2% 溴氰菊酯对鸡舍墙壁、房顶、地面、鸡笼进行喷雾；用 0.05% 溴氰菊酯作鸡体喷雾，直至羽毛潮湿，一天一次，连用 2 天。

第八章

鸡的寄生虫病诊治技巧

第一节

球 虫 病

一、病原特点

鸡球虫病主要由艾美尔属中的9种球虫寄生于鸡肠管上皮细胞所致。球虫为寄生性原虫,对宿主有一定的选择性。对鸡危害较大的是堆型、柔嫩、巨型、毒害、布氏5种艾美尔球虫。柔嫩艾美尔球虫,又称脆弱艾美尔球虫,寄生于雏鸡盲肠,引起盲肠球虫病。寄生于小肠前段致病的为堆型、哈氏、变位、和缓、早熟艾美尔球虫,寄生于小肠中段致病的为巨型和毒害艾美尔球虫,寄生于小肠后段、直肠和盲肠近端部致病的为布氏艾美尔球虫。球虫的卵囊抵抗力极强,可在土壤中存活4~9个月,感染1个孢子化的卵囊,7小时后可排出100万个卵囊。温暖潮湿的场所有利于卵囊发育,当气温在22~30℃时,一般只需要18~36小时就可发育成感染性卵囊。卵囊对高温、低温和干燥的环境抵抗力较弱。一般消毒液不易将其杀死,生产上常用0.5%的次氯酸钠溶液或2%~4%的烧碱溶液进行消毒。

二、临床症状

盲肠球虫病3~6周龄的幼鸡易感,常见精神萎靡,蜷缩在一起,翅膀下垂,羽毛逆立。闭眼瞌睡、下痢、排出带血液的稀粪或排出的全部是血液，病鸡口渴喜饮，嗉囊涨满，食欲不振，鸡冠苍白，体温正常或偏低，逐渐消瘦，活动迟钝或呆立不动，闭眼昏睡。常常由于自体中毒而导致共济失调，出现两翅下垂、痉挛、麻痹等神经症状。病鸡一般在感染后的第六天开始排血便，大部分第七天停止出血，而感染 8 天后依旧能够存活的病鸡，通过加强饲养管理能够逐渐康复。鸡群在出现下痢血便 1～2 天后开始大批死亡。育雏后期和青年鸡，容易发生小肠球虫，偶尔成年产蛋鸡也能大群发病。小肠球虫病程较长，病鸡表现冠苍白、食欲减少、消瘦、羽毛蓬松、下痢，水样稀便中含有没有完全消化的饲料，有时也会排出橘红色粪便或细长西红柿样的粪条，且包裹黏液，通常不会明显地排出血便。随着病情发展，病鸡两脚无力，瘫倒不起，最后衰竭死亡，死亡率较盲肠球虫病低。

三、剖检病变

盲肠型球虫病鸡，盲肠显著肿大，可为正常的 3～5 倍，从外观看盲肠内部显著紫黑，肠腔中充满凝固的或新鲜的暗红色血液，盲肠上皮层变厚，溃烂严重。小肠球虫病变部位在十二指肠和盲肠之间，肠管粗细不均。剖开粗的部位后可见肠黏膜坏死严重，其间有灰白色斑点，周边有小出血点，内容物中有陈旧性血液，血液和肠内容物混合呈淡褐色或淡红色。十二指肠及与其相连的小肠部分，肠壁增厚，肠道出血，肠黏膜上分布很多白色斑点，横行阶梯状排列，此为小肠球虫中的堆型艾美尔球虫引起。若多种球虫混合感染，则肠管粗大，肠黏膜上有大量出血点，肠管中有大量带有脱落的肠上皮细胞的紫黑色血液（图 148～图 158）。

图 148～图 150　小肠球虫病鸡粪便

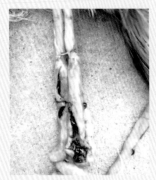
图151　小肠球虫病鸡小肠肿大

图152　小肠球虫病鸡小肠积血

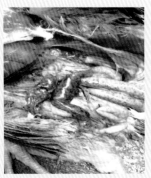
图153～图155　盲肠球虫病鸡盲肠香肠样外观

图156～图158　盲肠球虫病鸡血便

四、诊断技巧

　　根据球虫病的流行特点，临床症状和肠道病变不难作出诊断。球虫在肠道中各有一定的寄生部位，根据这个特点，可以作为鉴定球虫种类的参考。鸡球虫病的特征性临床表现为粪便中带血或完全排出血便，但坏死性肠炎和盲肠肝炎都可能排出血便。为了准确诊断，必须对这几种疾病进行临床鉴别，以便采取相应的治疗措施，尽快控制疾病。球虫病粪便稀薄似水样，继而出现血便或鲜血。病鸡冠、髯苍白，消瘦，贫血，后期体温下降，瘫痪，痉挛死亡。坏死性肠炎粪便呈暗黑色，可能混有血液，病情发展迅速，死亡率很高，如果治疗不及时或治疗不当，可持续发病。慢性坏死性肠炎病鸡消瘦，在足部有出血症及坏死性病灶。类似足部的病变也能见于坏死性皮炎，后者也是一种梭菌感染引起的疾病。盲肠肝炎病鸡初期症状不明显，逐渐精神不振，行动呆滞，食欲减退，排淡黄色、淡绿色稀粪，继而粪便带血，严重时排出大量鲜血，在出现血便后，全身症状加重，贫血、消瘦、羽毛脏乱，陆续发生死亡。这些症状与盲肠球虫病很相似，但根据解剖后肝脏的典型病变不难区别。

五、治疗技巧

选择连续用药、间断用药、轮换用药、穿梭用药或联合用药的方案。此外，还要注意剂量要合理、疗程要充足。采用中西药结合，以中药拌料，西药饮水，治疗效果快，中药标本兼治，毒副作用小，又可减少抗药性。鸡盲肠球虫病治疗药物，使用增效磺胺氯吡嗪钠或氨丙啉进行治疗，可取得良好疗效。鸡小肠球虫病使用增效磺胺喹噁啉钠或氯苯胍进行治疗，可取得良好疗效。鸡盲肠球虫和小肠球虫混合感染引起的鸡球虫病，需联合使用抗球虫药物进行治疗。常山酮无论用于鸡盲肠球虫病或者用于鸡小肠球虫病都能取得良好的治疗效果。由于球虫病会导致鸡的组织液、血液大量流失和自体中毒，需要在治疗球虫病的同时采用多维素、电解质等补充病鸡体液，以消除自体中毒。球虫能破坏鸡肠道黏膜的完整性，导致其肠管出现炎症，引发消化功能障碍，不能有效吸收营养物质，为此，临床治疗本病时还要注重保护并修复鸡的肠道黏膜，从而加强鸡对球虫病以及其他疾病的抵抗能力。例如，蛋鸡感染球虫病以后，肠道黏膜发炎、出血，特别是小肠部位可引起消化功能紊乱，应在饲料和饮水中补充维生素 A、维生素 B、维生素 K、维生素 E 或多种维生素及微量元素和矿物质，能起到止血和修复肠黏膜上皮组织的作用。有许多复合成分的抗球虫药里有肠黏膜保护剂和酚磺乙胺等，有综合治疗的效果，可优先选择应用，特别是中西药合用，可提高治疗效果。用氨丙啉、二甲硫胺治疗球虫病时，不宜添加维生素 B_1，否则影响药物疗效。鸡球虫对药物虽敏感，但是容易产生抗药性，所以切忌中病即止，应该维持治疗 6 ~ 7 天，否则容易复发或者形成隐性感染。用抗球虫药物治疗的同时，可在饲料中添加适量的维生素 K_3 粉。

1. 西兽药治疗

当前治疗鸡球虫病的药物主要包括化学合成药、聚醚类离子载体抗生素等制剂。

① 氨丙啉每千克饲料加 160 毫克、电解多维 227 克混饲 500 千克饲料，或取兽用电解多维 227 克混入 1000 升水中混饮，连续用 3 ～ 5 天。

② 盐酸氨丙啉 0.06% 混入饮水，连用 3 天；磺胺氯吡嗪钠可溶性粉，0.02% ～ 0.05%，混水饮服，连用 3 天。

③ 磺胺喹噁啉，每千克饲料 500 ～ 1000 毫克，或者每升饮水兑 300 ～ 400 毫克，连续用药 3 天，间隔 2 天，再用药 3 天。16 周龄以上鸡限用。磺胺喹噁啉与氨丙啉合用有增效作用。

④ 妥曲珠利溶液，每 100 毫升本品兑水 100 升，每天 1 次，连续 3 ～ 5 天。或每升水 300 ～ 400 毫克，每天用 1 次，连续 3 ～ 4 天。病情较严重的，可联合用磺胺类或其他抗球虫药。

⑤ 每升水混入 1 毫克地克珠利（按有效成分计）饮服，连续 7 天。

⑥ 盐霉素 0.006% ～ 0.007% 混饲给药，连续 7 天。

⑦ 莫能霉素 0.007% ～ 0.012% 混饲给药，连续 7 天。

⑧ 0.6% 氢溴酸常山酮（速丹）预混剂每千克饲料中添加 3 毫克，连续使用 5 天。

2. 中兽药治疗

① 青蒿 300 克，柴胡 250 克，苦参 150 克，常山 200 克，白茅根 100 克，诸药混合，清水浸泡 2 小时后煎煮 2 次（每次 2 小时），混合 2 次过滤药液，按每天每千克体重 12 克原生药量，混水饮服，连续应用 5 ～ 7 天。

② 青蒿 300 克，仙鹤草 300 克，何首乌 100 克，白头翁 200 克，肉桂 100 克，混合粉碎过 60 目筛，取本品 500 克拌料 200 ～ 250 千克，或按全天采食量计算，傍晚集中一次混饲，连用 5 ～ 7 天。预防用药量减半。

③ 苦参 1 份，仙鹤草 1 份，地榆 1 份，常山 2 份，混合粉碎拌料，每只鸡每天 2 ～ 3 克，连续喂 4 天。

④ 黄芩 120 克，黄檗 120 克，龙胆 120 克，大黄 80 克，黄连 80 克，芒硝 80 克，延胡索 80 克，柴胡 80 克，白头翁 80 克，穿心莲 80 克，常山 80 克，诸药混合，清水浸泡 2 小时后煎煮 2 次（每次 2 小时），混合过滤药液，按每天每千克体重 1 ～ 2 克原生药量，混水饮服，连续应用 5 ～ 7 天。

⑤ 常山、地榆、仙鹤草、苦参、青蒿各 200 克，诸药混合，清水浸泡 2 小，煎煮 2 次（每次 2 小时），混合过滤药液，按每天每千克体重 1 ～ 2 克原生药量，混水饮服，连续应用 7 天。

六、预防措施

加强卫生管理，保持鸡舍清洁、卫生、干燥，勤扫粪便，粪便堆积发酵以杀死虫卵。勤换垫料或鸡舍地面用20%生石灰或3%氢氧化钠溶液消毒，饲槽、饮水器、鸡笼等定期清洗消毒。球虫流行季节，应及时用药物进行预防。由于球虫病发生和球虫卵囊污染的广泛性，并且使用的抗球虫药大多在肠道内只起到抑制球虫繁殖的作用，并没有消除和杀灭球虫。所以在10～50日龄，需要连续用药，一旦停药就可能暴发球虫病。用药物预防的同时，投喂维生素A、维生素E等，以增强机体免疫能力，提高机体抗病水平。一旦发生球虫病时，必须选用在短期内能杀灭原虫的治疗药物，如磺胺类药物、氨丙啉、盐霉素等。预防鸡球虫病的效果要优于治疗，因此，对于鸡球虫病疫苗的使用也不容忽视。目前，已有强毒苗、弱毒苗、基因工程苗。强毒球虫苗，毒力较强，容易引发球虫病，易造成免疫不均匀，必须搭配使用悬浮剂，还有可能将强毒球虫引入鸡群。弱毒活苗，可以降低对宿主的危害，产生足够的免疫，但多次接种可能造成毒力无法恢复或加强。目前，已经研制出的基因工程苗，主要有重组蛋白疫苗和核酸疫苗，但由于球虫的抗原成分复杂，而且不同发育阶段的虫体在其形态、结构和组成上都有很大的差异，导致基因工程苗基因表达的蛋白都仅具有部分保护性，还不具有化学药物疗法的特殊效力，因此还需要进一步研究。

❀❀ 第二节 ❀❀
组织滴虫病

一、病原特点

组织滴虫病又称盲肠肝炎、黑头病，是由火鸡组织滴虫寄生于鸡的肝脏和盲肠引起的一种急性原虫病。组织滴虫虫体小，在显微镜下可见，寄生于盲肠上皮细胞和肝细胞内的虫体呈圆形或椭圆形。寄生于肠腔内的虫体呈椭圆形，有一根鞭毛，运动活泼。寄生在盲肠的虫体可侵入鸡的异刺线虫内并进入其卵内，随着异刺线虫一起排到外界，鸡吃了这种带组织滴虫的线虫卵，卵壳被消化，线虫幼虫和组织滴虫共同移行至盲肠部位繁殖。线虫寄生在盲肠内，原虫既可在盲肠上皮下，又可随血液流至肝脏，造成盲肠和肝脏坏死。组织滴虫对外界抵抗力并不强，排出体外迅即死亡。虽然鸡可吞食粪便中活的组织滴虫而直接感染，然而活的组织滴虫十分脆弱，排出体外后数分钟即死亡，因此实际生产中，直接感染的方法是难以发生的。但当鸡体内同时寄生有异刺线虫时，组织滴虫就侵入异刺线虫体内或其虫卵内，并且由于有虫卵的保护可长期生存。

二、临床症状

病鸡精神不振，食欲下降或废绝，身体蜷缩，怕冷嗜睡。下痢，排泄带有泡沫的淡黄色或淡绿色的恶臭粪便，或排硫黄色稀便，有时粪便带血。患病末期的鸡，尤其是火鸡头面部皮肤变成蓝紫色或黑色，故又称"黑头病"。

三、剖检病变

初期可见盲肠黏膜发炎、出血，有时溃疡，积有液体。病程稍长，一侧或两侧盲肠肿大，肠壁肥厚变硬。切开肠管可见干酪样物堵塞肠腔，内容物切面呈同心轮层状，中心是黑红色的血凝块，外围是黄白色的渗出物和坏死物质。肠黏膜发生坏死和溃疡。急性病例，盲肠发生急性出血性肠炎，肠内含有血液。肝脏肿大、肝表面可见大小不等的坏死斑，坏死斑呈黄绿色或灰绿色，中心稍凹陷、边缘稍隆起，有时许多小坏死斑连在一起呈花环状或连成大片溃疡区（图159～图170）。

图159～图160　盲肠肝炎病鸡硫黄样粪便

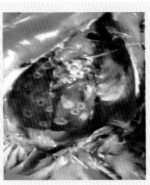

图 161 ~ 图 166 盲肠肝炎病鸡肝脏坏死病变

图 167 ~ 图 168 盲肠肝炎病鸡盲肠病变

图 169 ~ 图 170 盲肠肝炎病鸡盲肠溃疡出血

四、诊断技巧

鸡的组织滴虫病、球虫病、异刺线虫病都可能粪便带血或完全便血，所以临床需要仔细辨别。球虫病鸡，其头部皮肤或鸡冠颜色正常或苍白，而盲肠肝炎鸡的头部或鸡冠呈明显的黑头现象。球虫病鸡，其粪便为红色或暗红色的干粪或黏稠粪，而盲肠肝炎鸡的粪便，起初多数为淡黄色或淡绿色带泡状的稀粪，少数见血便，后期排褐色恶臭稀粪。球虫病的鸡两侧盲肠肿大，内有血粪或黏膜碎片，浆膜上带有小白点或不规则的出血点，肝脏一般见不到溃疡病变，而盲肠肝炎的鸡则会出现一侧或两侧盲肠肿大，黏膜出血，内有干酪样渗出物或坏死物形成凝固栓子堵塞肠腔，使盲肠肥厚坚实，肝脏表面有特征性溃疡灶。异刺线虫病，盲肠肿大，肠壁增厚，黏膜出血，溃疡，并见小结节，肠内容物有时凝结呈条块状、灰紫色，在盲肠底部的内容物中，可发现成虫，肝脏无明显病变。

五、治疗技巧

定期驱除鸡体内的异刺线虫，切断粪便中的传染源，是预防本病的关键环节。临床治疗时，在治疗组织滴虫的同时，还要选用驱杀异刺线虫的药物，方能彻底控制本病。

1. 西兽药治疗

① 甲硝唑混料，饲料添加量为0.05%，连喂5天为一个疗程。停药3天，再喂一个疗程。

② 若与异刺线虫病混合感染时，首先要选用抗鸡盲肠肝炎药物治疗。甲硝唑、左旋咪唑（或丙硫苯咪唑）两种药同时应用疗效较好。甲硝唑和左旋咪唑按每千克体重20～25毫克拌料，每天1次，共用2次，间隔1天。左旋咪唑，每千克体重25～35毫克自由饮水，连用3天，也可隔2～3周后再用1次。采用西兽药治疗的同时，饮水中添加电解多维和维生素K_3等连用1周。饲料中加入氟苯尼考，饲喂3～5天可防止继发感染。

2. 中兽药治疗

① 常山250克，青蒿250克，柴胡200克，白芍200克，甘草100克，加水10升，浸泡2小时，煎煮2次（每次2小时）。去渣加水稀释，按每天每只鸡0.5～1克原生药量分2次饮服，连服7天。

② 龙胆、栀子、黄芩、柴胡、生地黄、车前、泽泻、木通、甘草、当归各200克，水煎成2000毫升，每千克体重1毫升混水饮服，病情严重或不饮者，用5毫升注射器滴服。

③ 乌梅40克，白头翁40克，苦参15克，秦皮25克，黄连10克，白芍25克，郁金15克，金银花15克，甘草15克，诸药加水煎煮，每次加水2000毫升，每次煎煮2小时，过滤取汁候温，按每千克体重1～2克原生药量，分2次兑水饮服。

六、预防措施

加强鸡舍通风，保持舍内地面干燥和适宜的饲养密度，定期开展卫生消毒，切断主要传播媒介，是有效降低鸡群染病的重要措施。本病多发生于春、夏季，多见于地面育雏、饲养管理较差的鸡群。2 周龄～4 月龄的鸡容易感染，对 4～10 周龄的雏鸡危害最严重。在经常发病的鸡场，幼鸡饲料中可适当添加药物，直到 6 周龄为止。未发病的鸡群，如果是放养鸡，应全部从室外放养暂转为舍饲，并在饲料中加入甲硝唑，按每千克饲料加 200 毫克，连用 5～7 天。为防止异刺线虫传播组织滴虫病，全场使用左旋咪唑驱虫，按每千克体重 20 毫克自由饮水，隔 2～3 周再用 1 次。鸡群如果发生了组织滴虫病，鸡舍地面用 3% 氢氧化钠溶液消毒。

第三节
鸡白冠病

一、病原特点

鸡白冠病又称鸡的住白细胞原虫病，是由住白细胞原虫引起的以出血和贫血为特征的寄生虫病，主要危害蛋鸡特别是产蛋期的鸡。危害鸡的住白细胞原虫主要有卡氏住白细胞原虫和沙氏住白细胞原虫，其中又以卡氏住白细胞原虫分布最广、危害最大。住白细胞原虫必须以吸血昆虫为传播媒介，卡氏住白细胞原虫由库蠓传播，沙氏住白细胞原虫由蚋传播。库蠓出现于每年 4～10 月，以 7～8 月份为最多，蚋出现于春、夏、秋三季，以夏季 6～7 月最多。本病一般发生于暴雨季节过后的 20 天。该病的主要传染源是病鸡以及隐性感染的带虫成年鸡，在鸡舍附近栖息的鸟类（如雀、鸦等）也可能是该病的传染源。

二、临床症状

雏鸡感染后，急性型多卧地不起、咯血、呼吸困难而突然倒地死亡，死前口流鲜血。亚急性发生时精神沉郁，食欲减退或不食，羽毛蓬乱，贫血，鸡冠和髯苍白，拉黄绿色稀粪，呼吸困难，常在两天内死亡。育成鸡感染后，部分病鸡冠、髯苍白，精神不佳，常闭眼低头，食欲不振。成年鸡和产蛋鸡多为慢性经过，感染发病后精神较差，鸡冠苍白，腹泻，粪便呈白色和绿色水样，含多量黏液，体重下降，产蛋鸡产蛋下降或停止。本病最典型的症状为贫血，口流涎，下痢，粪便呈绿色水样。贫血从感染后15天开始出现，18天后最严重。由本病引起的贫血，可见有鸡冠和肉髯苍白，黄疸症状不严重。本病的另一特征是呼吸困难，突然咯血，水槽和料槽边，沾有病鸡咯出的红色鲜血，病鸡死前口流鲜血。

三、剖检病变

血液稀薄，不易凝固。死鸡消瘦，口腔内含有鲜血，有时甚至嗉囊、气管、肺脏气囊、肌胃以及腺胃内存在很多稀薄血样物质。全身皮下出血，肌肉出血，尤其是胸肌、腿肌有大小不等的出血点和出血斑。内脏器官广泛出血，肝、脾肿大和出血，表面有灰白色小结节。法氏囊有针尖大小的出血点。肾肿大、出血。心肌有出血点和灰白色小结节。气管、胸腹腔、腺胃、肌胃和肠道有时见有大量积血，十二指肠有散在出血点，尤其是十二指肠黏膜和浆膜面出血，直肠黏膜潮红，严重时刷状出血（图171～图175）。

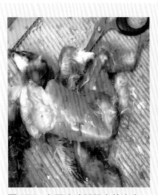
图171　白冠病鸡腿肌点状出血

图172　白冠病鸡肌胃脂肪出血点

图173　白冠病鸡胸肌、睾丸出血

图174　白冠病鸡胸肌出血

图175　白冠病鸡胸肌内出血

四、诊断技巧

鸡白冠病，依据贫血、口流涎、突然咯血、死前口流鲜血等典型临床症状以及皮下、肌肉、内脏点状出血等病理变化可以确诊。白冠病还应与新城疫、传染性法氏囊病以及禽霍乱进行鉴别。鸡白冠病和鸡新城疫病鸡都有口流涎液、嗉囊胀大以及腺胃、直肠、泄殖腔黏膜出血，但住白细胞原虫病病鸡的鸡冠呈苍白色，整个肾脏以及腺胃都发生出血，且肌肉以及部分器官存在灰白色的小结节，而新城疫只会导致病鸡腺胃乳头发生出血。鸡白冠病死亡鸡，冠苍白，肌肉、整个腺胃、肾脏出血，肌肉和某些器官有灰白色小结节，新城疫则不具备这些病理变化特点。与鸡传染性法氏囊病相鉴别，两者都会出现广泛性出血，其中患有传染性法氏囊病的病鸡主要是胸部和腿部肌肉发生条状或者片状出血，且法氏囊发生水肿，严重时会明显发绀，并伴有出血，如同紫葡萄样；而鸡白冠病多见圆点状出血，不仅胸部和腿部肌肉会发生出血，某些内脏器官也发生广泛性出血，且往往伴有脂肪点状出血。贫血、口流涎、突然咯血、死前口流鲜血等是白冠病独有的典型临床症状，而传染性法氏囊病、磺胺类药物中毒不具备这些临床特征。鸡白冠病和禽霍乱都会导致病鸡排出绿色或者黄色稀粪，并发生全身出血，急性败血型禽霍乱病程较短，死亡率很高，呈慢性经过时，冠、髯肿胀，有关节炎，肝脏弥漫性坏死。

五、治疗技巧

由于住白细胞原虫属于孢子虫纲、球虫目，一般对球虫病有效的药物对其都较为敏感，临床多首选磺胺类药物。用药物治疗的同时，在饮水中可选择加入碳酸氢钠、电解多维、维生素 K 和维生素 C 等药物，以补充维生素和减少各种应激，提高机体免疫力和抗病力。

1. 西兽药治疗

① 磺胺二甲氧嘧啶 0.05% 混水饮服，首次加倍，连续 3 天，再改为 0.03% 饮水 3 天，可在饮水中加入 0.1% 小苏打以缓解磺胺类药物的毒副作用。同时在饲料和饮水中添加维生素 C 和多维，以提高鸡群抵抗力。

② 复方磺胺二甲氧嘧啶（含 TMP）拌料，每千克饲料 0.5～1 克，同时饲料里添加 0.2% 小苏打，以减少磺胺类药物的结晶形成。

③ 复方磺胺喹噁啉（含 TMP）拌料，每千克饲料 0.5～1 克。或用 20% 的复方磺胺喹噁啉溶液以 100 毫升兑水 100 升，连续饮用 3 天。

④ 复方磺胺 -6- 甲氧嘧啶（含 TMP）拌料，每千克饲料 0.4 克，配合维生素 K_3 混合饮水，连用 3～5 天，间隔 3 天，药量减半后再连用 5～10 天。

⑤ 磺胺间甲氧嘧啶钠按 0.03% 比例混入水中饮服，连续使用 7 天。同时每千克饲料中添加 0.05 克复合维生素 B 和维生素 K_3。

⑥ 复方磺胺对甲氧嘧啶（SMD+TMP），按饲料的 0.03% 添加，连用 5 天。并在饮水中加入适量的电解多维、维生素 C，供鸡自由饮用。

2. 中兽药治疗

① 生石膏、寒水石各 2 克，穿心莲 3 克，皂角刺 0.5 克，雄黄 0.3 克，冰片 0.2 克，粉碎为末，鸡每千克体重一次喂服 0.5 克，每天 2 次；或按 1% 比例混饲喂服 2 天。

② 黄芪、当归、仙鹤草、常山、地榆、青蒿、白头翁、苍术各等量，混合粉碎，按饲料量的 1% 添加饲喂，连续使用 7 天，或直至病愈。

③ 青蒿、白头翁、苦参、仙鹤草各 150 克，常山 100 克，秦皮、柴胡各 80 克，黄连、黄檗各 40 克，乌梅、诃子、甘草各 20 克，水煎 2 次，去渣取汁，混合药液，每天每千克体重 0.5 ～ 1 克混水饮服，早晚 2 次，连服 7 天。病重者倍量用药。

六、预防措施

做好鸡舍内外环境卫生，特别要控制或消灭媒介昆虫。建议清除鸡舍附近杂草，加强通风，垫平臭水沟，避免虫卵滋生。鸡舍门、窗应装上纱门、纱窗，网孔密度应大于 40 目，防止蠓、蚋等昆虫进入鸡舍。由于纱网上易于沉积灰尘，应定期清扫，以免影响通风。在发病季节即蠓、蚋活动季节，应每隔 5 天，在鸡舍外用 0.01% 溴氰菊酯或戊酸氰醚酯等杀虫剂喷洒，以减少昆虫侵袭。对感染鸡群，也应每天喷雾一次。在饲料中加乙胺嘧啶或磺胺喹啉预防，这些药物能抑制早期发育阶段的虫体，但对晚期形成的裂殖体或配子体无作用。

✦ 第四节 ✦

蛔 虫 病

一、病原特点

鸡蛔虫病的病原是禽蛔科禽蛔属的禽蛔虫，大多为鸡蛔虫，是寄生于鸡体内最大的一种线虫。鸡蛔虫的产卵量极大，雌虫能在 1 天内产生 7 万个以上的虫卵，会对环境构成极大的污染。鸡蛔虫虫卵适应性强，特别是在潮湿的环境中甚至可以存活一年以上，通常感染性虫卵能够在土壤中生存长达 6 个月。在外界温度 19 ～ 39℃和湿度 90% ～ 100% 适宜的条件下，虫卵能够正常发育，并能够达到感染期。但对干燥的环境以及高于 50℃的温度比较敏感，尤其是直射阳光、沸水处理以及堆沤粪便等都会导致虫卵快速死亡。但具有较强抵抗化学药物的能力，如使用 5% 甲醛溶液处理仍旧能够发育为侵袭性虫卵。

二、临床症状

病鸡肠道内寄生少量蛔虫，不会表现出任何临床症状，寄生数量较多时，临床症状明显。初期在鸡群只有个别鸡发病，经过 1 ～ 2 周，发病数量迅速增加，病鸡明显贫血，鸡冠苍白，精神沉郁，羽毛蓬松杂乱，体质消瘦，走动无力。排出稀薄粪便，且其中混有少量未消化的饲料，粪便呈绿白色或肉红色。鸡群中开始有死亡发生，且尸体消瘦。雏鸡和小于 3 月龄的鸡发病后，体内寄生较多虫体，开始时表现出不明显的症状，之后逐渐表现出精神萎靡，食欲不振，鸡冠苍白，发育不良，体质消瘦，羽毛松乱，行走缓慢，消化紊乱，便秘和下痢交替发生，有时还会排出混杂血液、黏液的稀粪，机体不断消瘦，甚至发生死亡。成年鸡通常发生轻度感染，只会表现出较轻的临床症状，体重略有下降，但饮水、采食基本正常，大多数精神状态正常，少数出现瘫痪，产蛋量减少。

三、剖检病变

肠壁肿胀变硬，有时存在出血点，肠内黏液增多，小肠内常发现大小如细豆芽样的线虫，堵塞肠道。虫体少则几条，多则数百条。肠黏膜发炎、水肿、充血。肠壁上有粟粒大化脓灶或寄生虫结节。成年蛔虫虫体呈黄白色，雄虫长 50 ～ 76 毫米，雌虫长 60 ～ 116 毫米。3 月龄以下的雏鸡最易感染（图 176 ～图 181）。

图 176 ～图 181

图 176 ~ 图 181 鸡肠道内蛔虫

四、诊断技巧

感染鸡蛔虫病时，往往导致硒元素的缺乏，病鸡多表现跛行或瘫痪，强行驱赶时两翅拖地运动，腿关节肿大、排稀薄泡沫样粪便，排血便的鸡有的出现歪颈、转圈、腹下水肿。散养蛋鸡肠道内如有蛔虫时，会有尾部向上扬（好似"孔雀开屏"），肛门努责的现象。有经验的养殖户，将鸡的两腿捉住，在鸡安静时查看鸡的肛门，鸡有间歇性的努责，即可诊断为蛔虫病。观察不到便中虫体时，还可用驱虫诊断，如发现鸡排出蛔虫即可确诊有蛔虫。方法是选取数只生长不良、消瘦的雏鸡，用驱蛔灵或驱虫净（四咪唑）饲服，驱蛔灵的用量是每千克体重200 ~ 300毫克。还可对临床疑似病鸡剖检，检查肠道，发现蛔虫即可确诊。

五、治疗技巧

雏鸡在3月龄时容易发病，但随着年龄的增长易感性不断降低。蛔虫的治疗，必须要保证空腹给药，此外，最好选择在傍晚用药，第二天早晨要完全清除干净其排出的粪便、虫体，避免鸡再次食入虫体而重新发病。

1. 西兽药治疗

① 左旋咪唑，混饲口服，每天每千克体重25 ~ 30毫克。

② 丙硫苯咪唑，混饲口服，每千克体重10 ~ 20毫克。

③ 芬苯达唑，混饲口服，每千克体重20毫克。

④ 伊维菌素，混饲口服或肌内注射，每千克体重0.2 ~ 0.3毫克。

2. 中兽药治疗

① 牵牛子、苦楝子各90克，使君子、槟榔各60克，诸药混合粉碎，拌料

按每千克体重 2 ～ 4 克一次喂服，可连用 3 ～ 5 天。

②槟榔子 125 克，南瓜子 75 克，石榴皮 75 克，混合粉碎，按 2% 比例拌入饲料中，空腹饲喂，每天 2 次，连用 2 ～ 3 天。

③生南瓜子 5 份，使君子 5 份，水煎，每千克体重 2 克原生药量，空腹混水饮服，连用 3 ～ 5 天。

④槟榔 15 克，乌梅肉 10 克，干草 6 克，混合粉碎，每千克体重 2 克，每天 2 次，连续 3 天，间隔 7 天后再使用 3 天。

六、预防措施

做好鸡舍内外的清洁卫生工作，经常清除鸡粪及残余饲料，小面积地面可以用开水处理。料槽等用具经常清洗并且用开水消毒。蛔虫卵在 50℃ 以上很快死亡，粪便经堆沤发酵可以杀死虫卵，蛔虫卵在阴湿地方可以生存 6 个月。鸡群每年进行 1 ～ 2 次服药驱虫。雏鸡可在大约 2 月龄进行第一次驱虫，在产蛋前进行第二次驱虫。成年鸡在每年 10 ～ 11 月份进行第一次驱虫，在春、秋季产蛋前 1 个月进行第二次驱虫。驱虫可选择使用丙硫苯咪唑或者左旋咪唑，添加在饲料中混饲，一般按每千克体重使用 10 毫克丙硫苯咪唑或者 20 毫克左旋咪唑，或者也可按每千克体重使用 0.1 ～ 0.2 毫克伊维菌素。如果鸡群采取放养方式，由于具有较大的活动范围，其排出的粪便会造成更大范围的污染，因此只要少数肉鸡发生感染，就会严重危害整个鸡群，从而通常要求第一次驱虫在放牧后经过 20 ～ 30 天进行，间隔 20 ～ 30 天再进行第二次驱虫。另外，鸡舍墙壁、地面，尤其是已经存在虫体的场地要喷洒 2% ～ 5% 烧碱水或者 20% 生石灰水，用于杀灭虫卵。

第五节

绦 虫 病

一、病原特点

鸡绦虫病是由赖利属的多种绦虫寄生于鸡的十二指肠引起的，常见的赖利绦虫有棘沟赖利绦虫、四角赖利绦虫和有轮赖利绦虫。棘沟赖利绦虫和四角赖利绦虫是大型绦虫，两者外形和大小很相似。发病与昆虫有关。赖利绦虫的发育都需要中间宿主的参与，如蚂蚁是有轮赖利绦虫和四角赖利绦虫的中间宿主，苍蝇是棘沟赖利绦虫的中间宿主。

二、临床症状

病鸡食欲不振，精神沉郁，贫血，排白色带有黏液和泡沫的稀粪，混有白色绦虫节片。成年鸡感染本病一般不显症状，但影响疫苗免疫时抗体的产生，严重时，产蛋率下降或产蛋率上下浮动，个别严重病例出现腹腔积水，常因继发细菌病或病毒病而衰竭死亡。绦虫寄生在鸡的小肠，引起肠道炎症，肠黏膜出血，严重影响消化功能。病鸡下痢，粪便中有时混有血样黏液。新鲜粪便，可见多少不等、白色、小米粒大、长方形的绦虫节片。轻度感染可造成雏鸡发育受阻，成年鸡产蛋率下降或停止产蛋。绦虫寄生量多时，可使肠管堵塞，肠管破裂。绦虫代谢产物可引起鸡体中毒，两腿瘫痪不能站立，甚至出现神经症状。

三、剖检病变

脾脏肿大呈土黄色，往往出现脂肪变性，易碎，部分病例腹腔充满腹水；小肠黏膜呈点状出血，肠腔内有多量恶臭黏液，有时还可见肠黏膜上有中央凹陷的小结节，肠内容物中可见到绦虫节片及左右对称的带状绦虫虫体。严重者，虫体阻塞肠道，部分病例肠道生成类似于结核病的灰黄色小结节。因长期处于自体中毒而出现营养衰竭和抗体产生抑制现象，成年鸡往往还表现卵泡变性坏死等类似于新城疫的病理现象（图182～图184）。

图182～图184　鸡肠道绦虫

四、诊断技巧

鸡绦虫病的诊断常用尸体剖检法。剪开肠道，在充足的光线下，可发现白色带状的虫体或散在的节片。如把肠道放在一个较大的带黑底的水盘中，虫体就更易辨认。因绦虫的头节对种类的鉴定是极为重要的，因此要仔细寻找。剥离头节时，可用外科刀深割下那块带头节的黏膜，并在解剖镜下用两根针剥离黏膜。对细长的膜壳绦虫，必须快速挑出头节，以防其自解。

五、治疗技巧

部分驱绦虫药物不能彻底驱除虫体头节，这与绦虫产生耐药性有关。为达到有效驱虫的目的，要采用中西药结合或多次驱虫的办法。控制鸡绦虫病的关键不仅要及时按程序驱虫，对产蛋鸡还需在饲料中加入复合维生素。同时，消灭中间宿主，制止和控制中间宿主的滋生也是不可忽视的方法。

1. 西兽药治疗

① 氯硝柳胺（灭绦灵）每千克体重 50 ～ 60 毫克，一次投服。

② 吡喹酮按每千克体重 10 ～ 15 毫克，一次投服，可驱除各种绦虫。

③ 丙硫苯咪唑按每千克体重 10 ～ 20 毫克，一次投服。

④ 阿苯达唑，按每千克体重 20 毫克的剂量拌入饲料中一次性内服，同时用 0.02% 硫酸阿米卡星饮水 3 天，以控制肠道炎症，防止继发感染。

⑤ 芬苯达唑，按每千克体重 8 ～ 10 毫克拌料投药。

⑥ 溴氢酸槟榔素，每千克体重可用 3 毫克，将其配成 0.1% 的水溶液供病鸡饮服。

2. 中兽药治疗

① 槟榔 150 克，南瓜子 120 克，冷水浸泡 2 小时，煎煮 2 次（每次 1 ～ 2 小时），合并 2 次煎煮的过滤药液，按每千克体重 2 克原生药量混水饮服。

② 槟榔 300 克，贯众 280 克，红石榴皮 280 克，木香 300 克，大黄 280 克，茯苓 300 克，泽泻 300 克，冷水浸泡 2 小时，煎煮 2 次（每次 1 小时），合并 2 次煎煮的过滤药液，按每千克体重 1 ～ 2 克原生药量混水饮服。

③ 槟榔，冷水浸泡 2 小时，煎煮 2 次（每次 1 小时），按每千克体重 1.0 ～ 1.5 克原生药量，早晨空腹时混水饮服，药后供给充足饮水。

六、预防措施

控制鸡绦虫病应从消灭中间宿主、虫卵、成虫三个方面入手。鸡绦虫在其生活史中必须要有特定种类的中间宿主参与。因此，预防和控制鸡绦虫病，关键是消灭中间宿主，从而中断绦虫的生活史。集约化养鸡场，经常清扫鸡舍，及时清除鸡粪，做好防蝇灭虫工作。肉用鸡饲养中，要坚持幼鸡与成年鸡分开，严格遵守全进全出制，制止和控制中间宿主滋生。定期进行药物驱虫，是预防鸡绦虫病发生与发展的主要措施，建议在 60 日龄和 120 日龄，各预防性驱虫一次。

第六节
螨 虫 病

一、病原特点

鸡螨虫病是鸡外表的一种体表寄生虫病，该病能抑制鸡的生长，严重影响养鸡的经济效益。临床常见的鸡螨虫主要有鸡刺皮螨、鳞脚膝螨、脱羽膝螨三种。螨虫大小 0.3～1 毫米，肉眼不易看清。其中，对鸡危害较大的是鸡刺皮螨和鳞脚膝螨。鸡刺皮螨即红螨，白天藏于墙缝、栖架、笼框、产蛋箱缝中。并在这些地方产卵和繁殖。夜间爬到鸡身上叮咬吸血，吸饱后离开。鳞脚膝螨，寄生在鸡腿的鳞片下，并在患部深层产卵繁殖，终身不离开患部，致使患部发炎。脱羽膝螨，寄生在羽毛根部，引起剧烈瘙痒。鸡螨虫的种类不同、寄生部位及习性不同，防治方法有所差异。

二、临床症状

轻度感染时，瘙痒不安、啄羽、脱毛、消耗饲料；中度感染时，可见鸡冠发白、蛋壳色浅、产蛋下降；严重感染时，贫血消瘦、体重减轻、衰竭死亡。鳞脚膝螨寄生在鸡腿的鳞片下，初期流多量渗出物，干燥后形成灰白色或灰黄色痂皮，使鳞片隆起，患鸡腿脚变得粗糙、肿大，如老树皮一般，严重时行走困难，影响采食、生长和产蛋。脱羽膝螨寄生在羽毛根部，引起剧烈瘙痒。感染鸡为减轻瘙痒常自己啄掉大片羽毛。本病多发于夏季。

三、剖检病变

螨虫感染一般没有典型的病理变化，严重感染鸡刺皮螨、脱羽膝螨时，具有明显贫血，局部可能有皮肤、羽毛损伤或炎症变化。鳞脚膝螨主要寄生在鸡腿部，胫部和趾部常有肿大、石灰样痂皮、皮肤增厚、出血等病理变化。

四、诊断技巧

当鸡刺皮螨大量存在时可导致鸡贫血、消瘦、产蛋明显减少，雏鸡可造成贫血甚至死亡，感染后期继发症增多，混合感染可导致鸡衰竭、死亡。螨虫体呈红色，在鸡舍环境中密集爬行，仔细观察容易发现虫体。鸡鳞脚膝螨病鸡腿部（主要是趾部、胫部）皮肤发炎，鸡脚肿大、变形，趾骨坏死，初期流多量渗出物，后干枯形成灰白色或灰黄色痂皮，形成鳞片状隆起，表面粗糙、肿大，状如老树皮。脱羽膝螨多发生于夏季。脱羽膝螨寄生在羽毛根部，无明显症状表现，仅少数病鸡皮肤上形成小颗粒状出血点，患部发炎及剧烈瘙痒，病鸡也会出现啄癖。脱羽膝螨感染重症者可见羽管内充满黄色粉末，或少量沉积在羽管下部，检出虫体即可确诊。

五、治疗技巧

鸡螨虫的种类、寄生部位及习性不同，防治方法有所差异，临床需要准确诊断，才能做到有效治疗。鸡刺皮螨、脱羽膝螨宜采用有效杀螨药物注射、内服，同时还要用药物喷雾鸡体和环境。对鳞脚膝螨，内服药物的同时，要考虑止痒和对症治疗。

1. 西兽药治疗

① 鸡刺皮螨和脱羽膝螨，可用灭虫灵（每支 1 毫升），按 1 ∶ 5000 稀释后，在傍晚虫体活跃爬出时喷雾，喷雾时力求均匀。

② 2.5% 的溴氰菊酯（又名敌杀死），按 1 ∶ 10000 稀释后给鸡药浴，同时，按 1 ∶ 5000 稀释后喷洒鸡刺皮螨虫栖息之处。

③ 0.1% 伊维菌素液，每千克体重 0.25 毫升，每月注射一次。

④ 阿维菌素、伊维菌素等拌料内服，用量为每千克饲料用 0.15 ～ 0.2 克，同时可用灭虫菊酯带鸡喷雾。

⑤ 氰戊菊酯溶液药浴、喷淋，每升水含有氰戊菊酯 80 ～ 100 毫克。氰戊菊酯稀释成 0.2% 喷雾鸡舍，每立方米 3 ～ 5 毫升，喷雾后密闭 4 小时。

⑥ 精致敌百虫配成 0.2% 水溶液或 2.5% 的溴氰菊酯以 1 ∶ 2000 稀释后直接喷洒于鸡刺皮螨栖息处，也可用 0.25% 蝇毒磷或 0.5% 马拉硫磷水溶液喷洒，第一次喷洒后 7 ～ 10 天再喷洒一次。

⑦ 脱羽膝螨采取阿维菌素口服加患部涂抹、喷雾的综合方法。阿维菌素原药按每千克体重 0.3 ～ 0.4 毫克拌料，连用 3 天；间隔 7 ～ 10 天后，重复用药 1 次，加强疗效。同时将适量阿维菌素原药与适量医用酒精混合、稀释，进行患部喷洒或涂抹，连用 3 ～ 5 天。

2. 中兽药治疗

驱虫散（鹤虱、使君子、槟榔、雷丸、百部等）混料，按饲料的 0.1% 均匀拌入饲料，连用 3 ～ 5 天。

六、预防措施

发现患鸡应隔离治疗，鸡舍彻底消毒，房舍可用石灰水粉刷消毒。保持圈舍和环境的清洁卫生，定期清理粪便，清除杂草、污物，堵塞墙缝，粪便集中堆肥发酵等，以减少螨虫数量；定期使用杀虫剂预防，一般在鸡出栏后使用辛硫磷对圈舍和运动场地全面喷洒，间隔10天左右再喷洒1次。新老鸡群分隔饲养，防止交叉感染，严格执行全进全出制度，避免混养，严格卫生检疫，发现感染及时诊治。注意新老鸡群的隔离饲养，建立隔离带，防止交叉感染。

第七节
鸡　虱

一、病原特点

鸡虱的种类很多，已经发现的就有40余种，常见的有鸡大体虱、羽干虱、头虱等。鸡虱体小，雄虫体长1.7～1.9毫米，雌虫1.8～2.1毫米。头部有赤褐色斑纹。虱子的整个生活周期都发生在宿主身上，虱卵附着于羽毛上，在脖颈和大腿上尤为常见。部位恒定，表现在头虱多寄生在鸡的头部，羽虱多寄生在鸡的翅膀下面。这些鸡虱以啃食毛、羽、皮屑为主。它们会引起鸡的奇痒。有时还造成羽毛脱落、生长发育缓慢，严重的可造成产蛋鸡产蛋量下降。主要通过接触而传播。虱子的正常寿命为几个月，一旦离开宿主则只能存活5～6天。我国鸡场流行的鸡虱子主要是羽虱，一般不吸血，主要以羽毛、皮屑为食。

二、临床症状

由于遭受虱的啃咬刺激，皮肤发痒而不安，羽毛断落，皮肤损伤，长期得不到很好休息，食欲不振，引起贫血消瘦。严重的可以使幼鸡死亡，生长期的鸡发育受阻，蛋鸡的产蛋量下降。鸡对疾病的抵抗力显著降低，易继发感染其他疾病。

三、剖检病变

寄生数量少时，一般没有可见病变，随寄生数量增多，奇痒不安，自啄羽毛与皮肉，导致羽毛脱落，皮肤损伤，伤口流血，可表现为贫血体征。

四、诊断技巧

可直接通过病鸡的临床症状进行诊断，病鸡在发病时会由于痒而啄羽毛和皮肤，羽毛脱落、皮肤损伤、发炎、出血。羽毛根部有成团的白色虫卵附着，用手拨开病鸡的羽毛可见大量的鸡虱即可确诊。晚间鸡舍内熄灯后，如果鸡群骚动不安、啄羽严重，也可作为诊断依据。

五、治疗技巧

鸡虱的发育过程有虫卵阶段，现有的绝大多数杀虫剂均不能杀灭鸡外寄生虫的虫卵，鸡虱的发育周期为 2～3 周，在用杀虫剂防治时，应每隔 1 周左右用药 1 次，连续给药 2～3 周。选用刺激性小、毒性低、活性高的杀虫剂，如拟除虫菊酯类的杀虫剂。鸡对阿维菌素、伊维菌素等大环内酯类药物吸收差、代谢快，很难起到有效的杀虫效果，使用时最好和拟除虫菊酯类杀虫剂配合应用。在驱杀鸡虱时，不管用哪种方法，必须同时进行鸡舍、食槽以及其他用具的杀虫和消毒。不管选用哪种杀虫药物，都必须要和鸡虱接触才可起到驱杀作用。

1. 西兽药治疗

① 0.2% 虫克星注射液（每毫升注射液中含有阿维菌素 2 毫克）按每千克体重 0.3～0.4 毫克注射，间隔 10 天重复用药。

② 精制敌百虫片研细后同季铵盐碘消毒液均匀混水喷雾，1000 只成年蛋鸡用敌百虫片 250 片（规格为 0.3 克）研成细粉，季铵盐碘粉 75 克，将两种药物混入 15 千克温水中，搅拌至完全溶解，带鸡喷雾，间隔 7 天再喷雾一次。

③ 5% 溴氰菊酯配成每升水含溴氰菊酯 30 毫克的浓度，带鸡喷雾，以羽毛淋湿滴水为准。

2. 中兽药治疗

① 百部 3 千克，苦参 1 千克，加水 20 千克，煎煮 2 小时，用纱布滤出药液。药渣中再加水 10 升，煎煮 1 小时，过滤。混合两次药液，可供 1000 只鸡喷雾，间隔 10 天再治疗一次，可杀死新孵出的幼虱。

② 鹤虱、使君子、槟榔、雷丸、百部各等份，粉碎混料，按饲料的 0.1% 均匀拌入饲料，连用 3～5 天。百部 2000 克，加 70% 酒精 4000 毫升浸泡 48 小时后，过滤药液，供 1000 只成年鸡一天用量。用棉签蘸药液涂抹鸡虱寄生部位的皮肤和羽毛，或装入喷雾器直接喷雾寄生部位。

③百部加水煎煮后，过滤药液，喷雾鸡体、饲养器具以及环境。

六、预防措施

对于该病的预防主要是通过加强鸡群的饲养管理，提高鸡体的抗病能力。进行合理的饲喂，加强养殖环境的控制工作，每天都要及时清理鸡舍的粪污，保持鸡舍的环境卫生，做好定期消毒工作。加强鸡舍的通风换气力度，减少舍内有害气体的浓度。调整鸡群的饲养密度，避免鸡群过于拥挤。保持鸡舍环境干燥，勤换垫料。

第九章

鸡的营养代谢病诊治技巧

第一节
维生素 A 缺乏症

一、病因特点

主要以夜盲，黏膜和皮肤上皮角质化、变质，生长停滞，干眼为主要特征。饲料中多维素添加量不足或其质量低劣以及鸡的需要量增加是导致疾病发生的主要原因。如长期使用米糠、麸皮等维生素 A 或胡萝卜素含量过低的饲料，或以大白菜、卷心菜等含胡萝卜素很少的青绿植物代替多维素，可造成维生素 A 缺乏症。多维素配入饲料后时间过长或存放过程中受日晒、雨淋、高温等不利条件的影响，饲料中维生素受到破坏导致维生素 A 相对减少。饲料中维生素 E 不足，或锰、不饱和脂肪酸、硝酸盐、亚硝酸盐等含量过多时，某些酸性添加剂等一些抗营养物质的作用，使饲料中维生素 A 或胡萝卜素活性降低或丧失。维生素 A 吸收、转化障碍也是引发维生素 A 缺乏的原因，例如饲料中脂肪不足，或鸡患有消化道、肝胆疾病等，均会影响维生素 A 或胡萝卜素的吸收。此外，饲料中铜、锰等微量元素不足时，会阻碍胡萝卜素的转化。饲料中蛋白质含量过低，维生素 A 在鸡体内不能正常转移输送，即使供给充足也不能很好地发挥作用。鸡舍冬季潮湿、阳光不足、空气不流通以及鸡缺乏运动都可促使本病发生。

二、临床症状

雏鸡多于 1～7 周龄发病，首先表现为生长停滞、嗜睡、羽毛松乱，轻微的运动失调，鸡冠和肉髯苍白，喙和脚趾部黄色素消失。病程超过1周仍存活的鸡，眼睑发炎或粘连，鼻孔和眼睛流出黏性分泌物。眼睑肿胀，蓄积干酪样渗出物。成年鸡大多数为慢性经过，通常在2～5个月后出现症状。早期症状为产蛋不断下降，生长发育不良。以后，病鸡眼睛或鼻窦发炎、肿胀，眼睑粘连，角膜发生软化和穿孔，最后失明。鼻孔流出大量鼻液，病鸡呼吸困难。病鸡的口腔，咽喉黏膜上有白色小结节或覆盖一层白色豆腐渣样薄膜，病鸡表现为张口呼吸甚至呼吸困难，有时会发出"咕噜"声。

三、剖检病变

雏鸡眼睑发炎，常因黏性渗出物所粘连而闭合，结膜囊内蓄积干酪样渗出物。肾脏苍白，肾小管和输尿管内有白色尿酸盐沉积。严重时，心脏、肝脏和脾脏等均有尿酸盐沉积。产蛋鸡消化道黏膜肿胀，口腔、咽、食管的黏膜有小脓疱样病变，有时蔓延到嗉囊，破溃后形成溃疡。支气管黏膜可能覆盖一层很薄的伪膜。口腔及舌黏膜有灰黄色干酪样物，严重时干酪样物覆盖在口腔黏膜或喉头。

四、诊断技巧

临床诊断维生素A缺乏症时，要通过临床典型症状、现场调查以及病理剖检变化综合进行。种蛋缺乏维生素A时，在孵化初期死胚的数量增多，或者表现为胚胎发育不良，出壳后的雏鸡体质较弱，肾脏、输尿管以及其他脏器内有尿酸盐沉积。当健康蛋鸡发生维生素A缺乏症后，小腿部皮肤黄色消退，鸡冠和肉髯苍白，鼻腔内有水样分泌物。剖检病死鸡，眼皮内蓄积黄豆大小的白色干酪样物，眼球凹陷、萎缩变软，角膜混浊呈云雾状。严重时眼睑肿胀甚至失明。鼻、口腔、咽、食管黏膜上有许多白色小结节，有的还会被灰白色的干酪样假膜覆盖，随着病情的发展，病灶逐渐扩大，呈小半球状凸出于黏膜表面，中心部位凹陷，逐渐形成小的溃疡面。腺胃的黏膜变厚，并不断地角质化，最后发生增生、脱落与分泌物一起阻塞管腔，剖检可见气管也有相同病变。特别要注意，维生素A缺乏症易与支原体病、鸡传染性鼻炎混淆。支原体病主要表现为流浆液或黏液性鼻液、咳嗽、打喷嚏、湿性呼吸甚至呼吸困难。后期眼睑肿胀，眼部凸出，眼球萎缩，甚至失明。鼻、气管、支气管和气囊内有黏稠渗出物，气囊膜混浊、变厚，表面有结节，内有干酪样物。鸡传染性鼻炎主要表现为鼻腔与鼻窦炎症，特征为流鼻涕、打喷嚏、脸部及肉髯水肿，结膜炎，眼睑肿胀，甚至失明。病情严重时，鼻窦、眶下窦和眼结膜囊内有干酪样物。

五、治疗技巧

发病的蛋鸡要使用维生素 A 进行治疗，使用的剂量为正常量的 3 ~ 4 倍。维生素 A 从机体中排出较慢，应防止长期过量使用引起中毒。

1. 西兽药治疗

① 雏鸡可使用维生素 A，每千克饲料 20000 国际单位，首次用量 40000 国际单位，连续 7 天。病情较为严重时可考虑直接使用维生素 A 胶囊，早晚各 1 次，直至恢复。个别症状中上下眼睑粘连的，可考虑用浓度为 2% ~ 3% 的硼酸水溶液进行冲洗。大群治疗可按维生素 A 正常需要量的 3 ~ 4 倍混料喂饲，连喂 2 周后，再恢复正常需要量的水平。

② 挑出病鸡，每天加喂鱼肝油一次，成年鸡每次 2 毫升，对伴有喉、气管以及眼睛病变的严重病鸡，还可用 3% 硼砂水冲洗后，氢化可的松眼膏点眼，连续 7 天。

③ 发病鸡群大群治疗时，按 1% ~ 2% 饲料添加鱼肝油，连喂 5 天。

④ 严重缺乏维生素 A 的病鸡或病鸡群，可选用鱼肝油肌内注射，育成鸡每只鸡每次 0.5 毫升。成年蛋鸡每次肌内注射 1 ~ 1.5 毫升，连续使用 3 次。如果症状严重，可将注射量加倍，通常在 30 天以内能够恢复生产能力。

2. 中兽药治疗

① 枸杞子、熟地、当归各 60 克，山药、山茱萸各 45 克，牡丹皮、茯苓、菊花、决明子、夜明砂等各 30 克，泽泻 24 克，白芍 20 克。共研为细末，拌料，每千克饲料 10 ~ 20 克，连喂 1 周。

② 党参、茯苓、苍术、黄连、胡黄连、芦荟、使君子、山楂、麦芽、龙胆各等份。眼睛内有分泌物时可加栀子、白芍、蒲公英。诸药混合，加 8 倍量凉水浸泡 2 小时，煎煮 2 次，每次 2 小时，混合过滤的药液，按每天每千克体重 2 克原生药量，混水后分早晚 2 次饮服。

六、预防措施

雏鸡、育成鸡对维生素 A 的正常需要量为每千克日粮 1500 国际单位，产蛋鸡、种鸡为 4000 国际单位。日常饲喂过程中必须注意在采食不到青绿饲料的情况下必须保证添加足够的维生素 A 预混剂，根据不同的生理阶段来配制不同的饲料，以保证鸡的生理和生产需要。饲料不宜放置过久，如需保存应防止饲料酸败、发酵、产热和氧化，全价饲料中添加合成抗氧化剂，防止维生素 A 在储存期间发生氧化，造成维生素 A 或胡萝卜素遭到破坏。所以，配制日粮时，应考虑饲料中实际具有的维生素活性，最好现配现用。此外，及时治疗肝、胆及胃肠道疾病，以保证维生素 A 的正常吸收、利用、合成和储藏。维生素 A 主要依靠脂肪溶解后吸收，饲料中应含有足量且品质好的脂肪，以促进维生素 A 的吸收。

🞽🞽 第二节 🞽🞽

维生素 D_3 缺乏症

一、病因特点

维生素 D_3 缺乏症是指由于维生素 D_3 的摄取不足所致的钙、磷代谢障碍，致使幼禽发生佝偻病、骨软化症和笼养蛋鸡疲劳症的病症。日粮中的维生素 D 不足的原因除了添加剂量不够外，饲料中钙磷的比例失调、储存不当、维生素 D 拮抗物的影响、光照不足以及某些疾病的发生都会导致维生素 D 缺乏。尤其当日粮中的脂肪含量不足时，就会影响维生素 D 的溶解和吸收，蛋白质缺乏时就导致维生素 D 的转运受阻。蛋鸡维生素 D_3 的作用要大于维生素 D_2，而且蛋鸡的腿和脚爪皮肤中的维生素 D_3 的含量较高，如果光照不足就会导致维生素 D 缺乏。当蛋鸡出现消化吸收障碍时就会影响维生素 D 的吸收，从而使体内的维生素 D 不足引起该病的发生。另外，当蛋鸡患病，如患有肾病和肝病时，就会使维生素 D 在体内转化和利用受阻，影响维生素 D 对钙、磷的调节作用，从而使蛋鸡出现维生素 D 缺乏症。

二、临床症状

雏鸡食欲不振，嗜异，生长停滞，严重时患佝偻病，喙和爪变软，跗关节肿大，腿无力，拐腿，不能站立，侧卧或伏卧，肋骨、胸骨、骨盆骨等发生畸形，羽毛无光泽。产蛋鸡产薄壳蛋或软壳蛋，产蛋率、孵化率明显下降，胚胎多于 10～16 日死亡。病母鸡两腿无力，呈"企鹅式"蹲伏姿势，胸骨呈 S 状弯曲变形，蹲伏卧地。

三、剖检病变

成年鸡的甲状旁腺增大数倍，骨软且易碎，胸骨和肋骨的内侧面有局限性的小球状突起。雏鸡的肋骨与脊柱接合部呈珠状、球状，肋骨向后弯曲和变形，胫骨和股骨的骨骺钙化不良。关节面软骨肿胀，骨髓腔变大。

四、诊断技巧

临床根据小腿软弱、跗关节肿大、鸡体着地支撑、肋骨弯曲等典型症状和解剖变化，对雏鸡维生素 D 缺乏症可以作出较准确的诊断。产蛋鸡除骨骼变软、变形、双腿无力、不愿行走、产薄壳蛋、软壳蛋和无壳蛋外，还常常有胸骨变形、内陷，肋骨与肋软骨连接处有串珠状圆形结节等病理变化。诊断过程中要注意与钙磷缺乏症、砷中毒等予以区别。

五、治疗技巧

在饲养条件下，必须对受害鸡群进行紧急治疗。通常所用的饲料添加的商品维生素 D_3 制剂不适合添加于饮水中。若要将维生素 D_3 添加于饮水中，必须使用饮水专用的制剂。根据不同鸡种、日龄对维生素 D_3 的需要量，来计算饮水中的添加剂量。一般来说，投喂维生素 D_3 制剂后约经 1 周，维生素 D_3 缺乏症可以恢复。同时并且持续地饲喂添加了维生素 D_3 制剂的饲料，饲料中的添加剂量也应该根据不同鸡种和不同鸡龄的需要量来确定。此外，在防治维生素 D 缺乏症时，谨防过量使用维生素 D_3，以免产生毒性作用。

1. 西兽药治疗

① 雏鸡发生佝偻病，应用 15000 国际单位的维生素 D_3 治疗。

② 成年鸡维生素 D 缺乏症，10 ～ 20 毫升 / 千克饲料浓鱼肝油或维生素 AD_3 粉，添加于饲料中。

③ 维生素 D_3 注射液，按每千克体重 1 万国际单位，肌内注射。对于病情较为严重已发生瘫痪的鸡可肌内注射丁胶酸钙，每天 1 次，每只每次 2 毫升，连用 3 天。

2. 中兽药治疗

① 党参、白术、茯苓、黄芪、山楂、神曲、麦芽、菟丝子、淫羊藿、蛇床子各 100 克，可粉碎拌料，在饲料中添加 2%，连喂 3 周。也可诸药混合后，水煎 2 次，混合过滤药液，按每天每千克体重 2 克原生药量，混水分 2 次饮服。

② 党参、白术、茯苓、黄芪、大枣、荔枝、当归、川芎、白芍、熟地各 100 克，炙甘草 50 克。诸药混合，水煎 2 次，混合过滤药液，按每天每千克体重 2 克原生药量，混水分 2 次饮服。也可粉碎拌料喂服。

③ 黄芪、五味子各 300 克，猪腿骨（连骨髓）5000 克。粉碎拌料，每千克饲料 10 克添加。也可粉碎为粗末，水煎 2 次，混合过滤药液，按每天每千克体

重 2 克原生药量，混水分 2 次饮服，药渣一次性拌料。

六、预防措施

该病主要以预防为主，首先要保证日粮中维生素 D 的含量，要根据鸡的生长发育阶段对维生素 D 的需要量来合理添加，并且要根据生产的实际情况灵活地掌握维生素 D 的量。同时还要注意日粮中其他营养物质的含量和比例要合理，尤其日粮中钙、磷的总量和比例要适宜，蛋白质的量要充足，锰的用量不能超标。对于舍饲蛋鸡，可以在日粮中添加维生素 A 和维生素 AD$_3$ 等作为补充剂，饲料在加工过程和储存过程中要防止维生素 D 的损失。

❧ 第三节 ❧
维生素 E 缺乏症

一、病因特点

维生素 E 和硒是动物体内不可缺少的抗氧化物，两者协同作用，共同抗击氧化物对组织的损伤。所以，一般所说的维生素 E 缺乏，实际上是维生素 E-硒缺乏。引起维生素 E 缺乏症的原因较多，饲料中维生素 E 含量不足，或饲料储存时间过长，受日光过度照射，维生素 E 被大量破坏；饲料中不饱和脂肪酸含量高，降低了饲料中维生素 E 的活性；家禽肝胆、消化系统疾病等造成维生素 E 吸收不良，均可导致维生素 E 缺乏症。本病主要见于 20 ～ 50 日龄仔鸡。

二、临床症状

脑软化症是维生素 E 缺乏症的主要表现，病雏鸡表现运动失调，头向下挛缩或向一侧扭转，有的前冲后仰，或腿、翅麻痹，最后衰竭死亡。渗出性素质主要发生于肉鸡，病鸡生长发育停滞、羽毛生长不全、胸腹部皮肤青绿色水肿。鸡营养不良（白肌病）也是维生素 E 缺乏症的特征之一，病鸡消瘦、无力，运动失调。种鸡维生素 E-硒缺乏，种蛋受精率、孵化率明显下降，死胚、弱雏鸡明显增多。

三、剖检病变

脑软化症病变主要在小脑，脑膜水肿，有点状出血，严重病例见小脑软化或有绿色坏死。渗出性素质病鸡的特征性病变是颈部、胸部皮下青绿色、胶冻样水肿。胸部和腿部肌肉充血、出血。鸡营养不良（白肌病），剖检可见肠、腿肌肉及心肌有灰白色条纹状变性坏死。

四、诊断技巧

当维生素 E 缺乏时以脑软化症为主，维生素 E 和硒同时缺乏时表现为渗出性素质为主，和含硫氨基酸同时缺乏时表现为肌营养不良（也叫白肌病）。一般情况下，维生素 E 缺乏主要以发生脑软化为主，硒缺乏主要以发生白肌病为主。维生素 E 缺乏通常发生在 15 ～ 30 日龄的雏鸡，其典型症状为发生运动障碍，共济失调，步态蹒跚，头向后或向下弯曲，蜷缩，有时会向后仰或向前一侧弯曲，双腿出现阵发性痉挛、抽搐，最后会瘫痪，严重者还会衰竭死亡；维生素 E- 硒缺乏症，通常发生在 3 ～ 6 周龄，病情较轻者会在胸部、腹部皮肤下有黄豆至蚕豆大小的紫蓝色斑点，并在颈部、双翅及胸腹部发生水肿，严重时会发生全身性水肿。病鸡一般会出现腹泻，最后发生衰竭死亡；维生素 E 和含硫氨基酸缺乏症，多发生于 4 周龄雏鸡，表现为肌营养不良，角膜变软，眼睑半闭，双翅下垂，全身衰弱，运动失调，站立不稳，逐渐消瘦甚至死亡。维生素 E 缺乏引起的脑软化和脑脊髓炎的临床症状很相似，但两者的组织病理学变化则完全不同，维生素 E 缺乏症的组织病理变化表现为脑软化，脑点状出血和水肿；而禽脑脊髓炎为非化脓性脑炎，有典型的血管"袖套"现象和"卫星"现象。维生素 E 缺乏症的病变特征是脑实质发生严重变性，脑脊髓炎却很难见到解剖病变。此外，脑脊髓炎的发病年龄常为 2 ～ 3 周龄，比脑软化症发病要早。

五、治疗技巧

微量元素硒也是一种强的抗氧化剂，其作用与维生素 E 相似，但其生物学效用较维生素 E 高。所以，维生素 E 缺乏症病鸡，不仅要及时补充维生素 E，而且还要补充硒，同时提高饲料中蛋白质的水平，特别是含硫氨基酸（如蛋氨酸、半胱氨酸等）的量，可以增强补充硒和维生素 E 的治疗效果。雏鸡维生素 E 缺乏症的治疗效果好坏与病鸡症状轻重有关，治疗严重病鸡的效果不佳。硒过量会引起中毒，亚硒酸钠的治疗量和中毒量很接近，确定用量时必须谨慎，大群鸡应用前，要先做预备试验，注射后 2 小时无异常反应，方可大群应用。

1. 西兽药治疗

① 每千克饲料加 10 克维生素 E 和 0.2 毫克亚硒酸钠、2 ～ 3 克蛋氨酸，几

天后即可收到良好效果。

② 每千克饲料中添加亚硒酸钠 0.2 毫克，维生素 E 40 毫克，蛋氨酸 1.5 克，充分混匀后连用 5 天，同时每升饮水中添加亚硒酸钠维生素 E 注射液 10 毫克，自由饮用，连用 5 天。

③ 病情较为严重的，则要进行隔离治疗，肌内注射亚硒酸钠维生素 E 注射液 0.5 毫克，1 周后再注射 1 次。

④ 0.05% 亚硒酸钠 1 毫升肌内注射，同时在日粮中添加 0.5% 的植物油，每天 1 次，一般经 5 天症状缓解，一周临床症状消失。

⑤ 日粮中添加亚硒酸钠维生素 E 粉，按每千克饲料拌入 5 克。在饮水中添加亚硒酸钠维生素 E 注射液，按每毫升混于 100～200 毫升水中，供鸡自由饮用，连饮 3 天。

2. 中兽药治疗

黄芪 180 克，党参 60 克，白术、茯苓、肉桂、甘草、生姜各 45 克，当归 30 克。粉碎拌料，每千克饲料 10～20 克，连喂 1 周。

六、预防措施

饲料储存时间不可过长，以免受到无机盐和不饱和脂肪酸氧化，或拮抗物质（酵母曲、硫酸铵制剂）的破坏。日粮中要保证供给足量的硒与维生素 E 添加剂。维生素 E 属脂溶性维生素，有抗氧化功能，能防止脂肪和脂溶性维生素的氧化变性。若饲料中未加抗氧化剂和防腐剂，且饲料储存时间过长，容易造成饲料中维生素 E 被破坏，从而导致饲料中维生素 E 的缺乏。因此，储存混合料不要超过 4 周，应缩短拌料周期。雏鸡对维生素 E 缺乏最为敏感，一般 2～4 周龄的雏鸡最易发生本病。

❧ 第四节 ❧
维生素 B_1 缺乏症

一、病因特点

维生素 B_1 缺乏症是以糖代谢障碍和神经系统病变为主要临床特征的营养代谢病，也称多发性神经炎。该病多发生于家禽，特别是雏鸡。维生素 B_1 为家禽机体糖代谢所必需的营养物质，当维生素 B_1 缺乏时，糖代谢发生障碍，神经组织由于能量供应不足，正常功能受到影响，临诊上常出现因神经营养障碍而引起的功能紊乱现象，俗称为多发性神经炎，严重的会引起死亡。由于维生素 B_1 是营养性饲料添加剂中的一项主要组成成分，饲喂全价饲料的雏鸡正常情况下不易缺乏。和其他 B 族维生素一样，多余的维生素 B_1 不会储藏于体内，而会完全排出体外。所以，必须每天补充。B 族维生素之间有协同作用，也就是说，一次摄取全部 B 族维生素，要比分别摄取效果更好。维生素 B_1 被称为精神性的维生素，这是因为维生素 B_1 对神经组织和精神状态有良好的影响。

二、临床症状

维生素 B_1 缺乏，幼雏最为敏感。发病突然，表现厌食、增重减慢，羽毛松乱、无光，行走困难。病初，行走时常以飞节着地，两翅展开以维持平衡。继之肌肉麻痹，病鸡特征性坐在自己屈曲的腿上，有少数病鸡头向背后极度弯曲，呈特异性的观星姿势，或头部偏向一侧团团转圈，死亡鸡足趾内弯。严重的病鸡发生麻痹或瘫痪，倒地不起，两腿伸直。病鸡有饮食欲，粪便正常。

三、剖检病变

胃肠壁萎缩，胃肠壁变薄，右心房扩张。肝、脾、肾不肿大，无出血。尸体普遍消瘦。盲肠明显膨胀，蓄积多量褐色内容物。

四、诊断技巧

病鸡头向背后弯曲，呈观星姿势，是该病特征性表现。维生素 B_1 为水溶性维生素，饲料储存不当受潮，颗粒加工过程，都会使大量维生素 B_1 流失，受热或遇碱性物质，将破坏大量维生素 B_1，导致其缺乏。母鸡维生素 B_1 缺乏时，所产蛋孵化率下降，孵化出的雏鸡常出现维生素 B_1 缺乏症。因此，注意对饲料的检查和对雏鸡的观察，有助于诊断。还应注意与鸡新城疫相区别，在临床症状上，虽然新城疫病鸡也出现神经症状，如头向后仰、翅膀下垂、全身瘫痪等，但还往往表现出消化系统和呼吸系统症状，如口流黏液、呼吸困难、排黄绿色或黄白色粪便等；而维生素 B_1 缺乏症的病鸡则无上述消化系统和呼吸系统症状。在病理解剖学上，死于新城疫的病鸡，消化道往往为特征性病变，如腺胃和肌胃点状或条斑状出血，小肠黏膜出血或溃疡灶，盲肠、直肠黏膜的皱褶处出血等；而维生素 B_1 缺乏则见不到这些病变。

五、治疗技巧

维生素 B_1 是家禽机体中碳水化合物代谢所不可缺少的营养素，雏鸡的生长更为需要。缺乏时用维生素 B_1 制剂对症治疗效果甚佳，但大群治疗不仅极不经济，而且常有很大损失。维生素 B_1 缺乏的防治，关键在于完善饲料维生素平衡。病情轻微的经过治疗一般会很快改善，但对神经受损，发生瘫痪或观星姿势的病鸡，则很难治愈，应作淘汰处理。

1. 西兽药治疗

① 全群鸡补充维生素 B_1 每天每千克体重 2.5 ～ 5 毫克。病情较严重者每千克体重喂服维生素 B_1 10 毫克。同时在饮水中补充电解多维。

② 酵母 0.1 克，混入配合饲料中饲喂，1 天 2 次，同时在饮水中补充电解多维。对不吃食的病鸡每只鸡肌内注射维生素 B_1 50 毫克。

2. 中兽药治疗

① 黄芪 120 克，当归 30 克，白芍 25 克，川芎 20 克，赤芍 25 克，桃仁 20 克，红花 20 克，杜仲 30 克，牛膝 20 克，木瓜 20 克，防风 20 克，秦艽 25 克，陈皮 25 克，甘草 6 克，威灵仙 25 克，独活 25 克。混合粉碎，每只每日 3 克拌料饲喂。

② 黄芪 60 克，当归 45 克，牛膝 45 克，木瓜 40 克，白术 40 克，菟丝子 45 克，炒杜仲 45 克，熟地 40 克，茯苓 40 克，混合粉碎，每只每日 3 克拌料饲喂。

③ 干姜 20 克，附子 50 克，草果 50 克，白术 150 克，茯苓 150 克，炙甘草 50 克，大腹皮 100 克，木瓜 180 克，木香 50 克，厚朴 50 克（后入），党参 100 克，桂枝 30 克，大枣 20 克。水煎 2 次，每次 2 小时，按每天每千克体重 2 克原生药量混水饮服，早晚 2 次。

六、预防措施

应尽量使用新鲜饲料原料，或在日粮中提供足够的维生素 B_1。发病鸡群饲料中补充发芽的谷物、麸皮、干酵母粉，有利于康复。避免长期使用与维生素 B_1 有拮抗作用的抗球虫药（如氨丙啉等）。饲料加工过程要充分考虑到高温、蕨类植物、球虫抑制剂、某些植物、真菌、细菌产生的拮抗物质对维生素的破坏，并给以适量的补充。气温高时，要及时加大维生素 B_1 的用量，可预防维生素 B_1 缺乏症。

— ❧ 第五节 ❧ —

维生素 B₂ 缺乏症

一、病因特点

维生素 B_2 缺乏症是以幼鸡的趾爪向内蜷曲、两腿瘫痪为主要特征的一种营养缺乏症。维生素 B_2 是由核醇与二甲基异咯嗪结合构成的，由于异咯嗪是一种黄色色素，故又称之为核黄素。各种青绿植物和动物性蛋白质富含核黄素，动物消化道中许多细菌、酵母菌、真菌等微生物都能合成核黄素。但常用的禾谷类饲料中核黄素特别贫乏，每千克不足 2 毫克。所以，肠道比较缺乏微生物的鸡，又以禾谷类饲料为食，若不注意添加核黄素，就极易发生缺乏症。核黄素易被紫外线、碱及重金属破坏。饲喂高脂肪、低蛋白质饲料，核黄素需要量会增加。种鸡比其他蛋鸡的需要量提高 1 倍。低温时供给量应增加，胃肠病可影响核黄素转化和吸收。这些因素均可能引起核黄素缺乏症。核黄素是胚胎正常发育和孵化所必需的物质，母鸡日粮中核黄素的含量低，其所生的蛋和雏鸡的核黄素含量也就低。

二、临床症状

雏鸡喂饲缺乏核黄素日粮后，多在 1～2 周龄发生腹泻。病鸡食欲尚良好，但生长缓慢，消瘦，衰弱。其特征性的症状是足趾向内蜷曲，不能行走，以跗关节着地，伸开翅膀维持身体平衡，两腿瘫痪。腿部肌肉萎缩和松弛，皮肤干而粗糙。病鸡常因吃不到食物而饿死。母鸡产蛋量下降，蛋白稀薄，蛋的孵化率降低。种鸡缺乏维生素 B_2，有时也能孵出雏鸡，但多数带有先天性麻痹症状，体小、水肿。孵化蛋内的核黄素用完，鸡胚的死亡增加，死胚呈现皮肤结节状绒毛，颈部弯曲，躯体短小，关节变形，水肿、贫血和肾脏变性等病理变化。

三、剖检病变

病死雏鸡胃肠道黏膜萎缩，肠壁薄，肠内充满泡沫状内容物。有些病例胸腺充血和成熟前期萎缩。成年病死鸡的坐骨神经、臂神经对称性显著肿大和变软，尤其是坐骨神经的变化更为显著，其直径比正常大 4～5 倍。另外，病死的产蛋鸡皆有肝脏肿大和脂肪量增多。

四、诊断技巧

维生素 B_2 缺乏症最为典型的临床症状和病理变化是趾爪向内蜷缩、两腿瘫

239

痪，外周神经对称性增粗。但雏鸡维生素 B_2 缺乏症表现为典型"蜷趾"麻痹综合征的仅占少数病鸡，更多的是亚临床症状，可严重影响雏鸡生长和增重。发生典型"蜷趾"麻痹综合征的鸡，是同群中生长比较快的个体。临床诊断时，见到部分具有特征性症状的病鸡，即可诊断。

五、治疗技巧

表现轻微核黄素缺乏症的鸡群，饲料中添加核黄素 2～3 周效果显著。在幼鸡饮水中添加核黄素可使临床症状迅速逆转，从而可避免经济损失。如果鸡群缺乏核黄素时间已久，则即使添加核黄素也不会恢复。对趾爪已蜷缩、坐骨神经损伤的病鸡，即使用核黄素治疗也无效，病理变化难于恢复。种鸡日粮中严重缺乏核黄素时，胚胎会在孵化第 3～5 天时死亡，死亡会连续数周逐渐增加，可达到 100% 死亡。未能出壳的胚胎以及 1 周龄以内的雏鸡，都常可见到"棒状绒毛"。

1. 西兽药治疗

① 症状轻微的鸡群，维生素 B_2 按每千克饲料添加 20～30 毫克，治疗 1～2 周。

② 发病严重的鸡群，维生素 B_2 按每天每千克体重 5 毫克、鱼肝油 0.2 毫升，分早晚两次喂服，连续 3～5 天。

③ 雏鸡每天每只 2～5 毫克，育成鸡每天每只 5～6 毫克，产蛋鸡每天每只 10～20 毫克，连续用药 2 周。

2. 中兽药治疗

① 党参、白术、茯苓、黄芪、当归、山楂、神曲、麦芽、菟丝子、牛膝、熟地各 100 克。可粉碎拌料，在饲料中添加 2%，连喂 3 周。

② 党参、白术、茯苓、黄芪、大枣、荔枝、当归、川芎、白芍、熟地各 100 克，炙甘草 50 克。可供 1000 只鸡用量，粉碎拌料或水煎饮水给药，连续 7～10 天。

③ 独活 150 克，木瓜 150 克，黄芪、当归、桑寄生、桂枝、威灵仙、牛膝、伸筋草各 100 克。混合粉碎，过 60 目筛，每天每千克体重 3 克，拌料饲喂，连续 7～10 天。

六、预防措施

家禽的日粮必须能满足家禽生长、发育和正常代谢对维生素 B_2 的需要。雏鸡开食料应符合标准的配合日粮，或在每吨饲料中添加 2～3 克核黄素，即可预防本病发生。通常 0 ～ 7 周龄的雏鸡，每千克饲料中维生素 B_2 含量不能低于 3.6 毫克；8 ～ 18 周龄时，不能低于 1.8 毫克。维生素 B_2 在碱性环境以及暴露于可见光特别是紫外光中，容易分解变质，混合料中的碱性药物或添加剂也会破坏维生素 B_2。因此，饲料储存时间不宜过长。此外，还应预防鸡群胃肠道疾病，以免影响维生素 B_2 的吸收。

第六节
烟酸缺乏症

一、病因特点

烟酸又称为尼克酸、维生素 B_3、维生素 PP、抗癞皮病维生素，与烟酰胺（尼克酰胺）均是吡啶衍生物，属于动物体内营养代谢的必需物质。本病是烟酸缺乏所引起的一种营养不良疾病，病鸡以口炎、下痢、跗关节肿大等为主要症状。以玉米为主的日粮，由于缺乏色氨酸或者缺乏维生素 B_2 和维生素 B_6，有可能引起烟酸缺乏症。玉米烟酸含量很低，所含的烟酸大部分是结合形式，未经分解释放而不能被鸡体所利用，所含蛋白质又缺乏色氨酸，不能满足体内合成烟酸的需要。鸡体内色氨酸合成需要维生素 B_2 和维生素 B_6 的参与，所以维生素 B_2 和维生素 B_6 缺乏时，也可影响烟酸的合成。在养鸡业中长期使用抗生素，使胃肠道内微生物受到抑制，微生物合成烟酸量更少了。生产性能高或者患热性病、寄生虫病、腹泻性疾病的鸡，营养消耗增多，或影响营养物质吸收，能影响盐酸在动物体内的合成代谢。

二、临床症状

雏鸡、青年鸡均以生长停滞、发育不全及羽毛稀少为特有症状。病鸡脚软，跛行不能站立，勉强站立则摇摆不定。倒地时两脚无力伸张，一只脚前伸，另一只脚后伸，形似马立克病的"劈叉"姿势。腿部关节肿大、骨短粗、腿骨弯曲，外观似"滑腱症"，但其跟腱极少滑脱。皮肤发炎，有化脓性结节。雏鸡口腔黏膜发炎，消化不良和下痢。产蛋鸡引起脱毛，有时能看到足和皮肤有鳞状皮炎。

三、剖检病变

严重病例的骨骼、肌肉及内分泌腺发生不同程度的病变，以及许多器官发生明显的萎缩。口部发炎，并有溃疡小面。病肢骨骼粗短、弯曲。皮肤角化过度而增厚，胃和小肠黏膜萎缩，盲肠和结肠黏膜上有豆腐渣样覆盖物，肠壁增厚而易碎。肝脏萎缩并有脂肪变性。

四、诊断技巧

烟酸缺乏症通常表现为皮肤病变、消化道黏膜病变、神经元的病变、肝脏病变以及腿病变。鸡烟酸缺乏时，胫、跗关节肿大，双腿弯曲，羽毛生长不良，爪和头部出现皮炎，雏鸡典型的特征是"黑舌"。2周龄开始，病鸡整个口腔以及食管发炎，生长迟缓，采食量降低。产蛋鸡缺乏烟酸时体重减轻，产蛋量和孵化率下降。日粮中烟酸含量较少时，产蛋鸡出现明显的疯病症状，烟酸缺乏的歇斯底里症状常发生于120日龄以上的鸡。产蛋鸡肝脏颜色变黄、易碎、肝细胞内充满大量脂滴而导致脂肪肝。鸡烟酸缺乏和锰缺乏，均出现腿病，两者的主要区别是前者很少出现跟腱从踝部滑落的现象。

五、治疗技巧

治疗大群鸡烟酸缺乏症，无论发病鸡多少，都应该采用治疗剂量。预防性添加烟酸一般每千克饲料以30～40毫克为宜，治疗剂量每千克饲料可添加100～200毫克。此外，还要寻找发病的可能诱因，积极去除病因，根据引起缺乏的原因，选用相关药物配合治疗。

1. 西兽药治疗

① 治疗病鸡群时，可在每千克饲料中添加200毫克烟酸。如有肝脏疾病存在时，可配合应用胆碱或蛋氨酸进行防治。

② 内服烟酸，每天每只鸡5～10毫克，连用10～15天。

2. 中兽药治疗

① 临床以皮炎为主的病鸡群，在用烟酸制剂治疗的同时，可选用生地黄炭150克，金银花炭150克，莲子心150克，白茅根300克，黄连150克，水牛角粉（冲）150克，天花粉150克，紫花地丁200克，重楼150克，青蒿150克，牡丹皮150克，地骨皮150克。诸药混合，水煎2次，每次2小时，分别过滤取汁，2次药液混合后，按每天每千克体重2克原生药量，分早晚2次混水饮服，连续7天。

② 伴有消化道黏膜病变的鸡群，可选用黄芪150克，生地黄150克，茯苓、白术、白芍、当归、太子参、麦冬、玄参、知母、黄檗各100克，生甘草50克。诸药混合，冷水浸泡2小时后，水煎2次，每次2小时，分别过滤取汁，混

合 2 次药液，按每天每千克体重 3 克原生药量，分早晚 2 次混水饮服，连续 7 天。

六、预防措施

针对发病原因采取相应措施，调整日粮中玉米比例，或添加色氨酸、啤酒酵母、米糠、麸皮、豆类、鱼粉等富含烟酸的饲料。对病雏鸡可在每吨饲料中添加 15 ～ 20 克烟酸。如有肝脏疾病存在时，可配合应用胆碱或蛋氨酸进行防治。

第七节
泛酸缺乏症

一、病因特点

泛酸也称作维生素 B_5、遍多酸，因其性质偏酸性并广泛存于多种食物中，故而得名。泛酸具制造抗体功能，能帮助抵抗传染病，缓和多种抗生素副作用及毒性，并有助于减轻过敏症状。泛酸被认为可治愈鸡的皮炎，故亦称抗鸡糙皮病维生素、细菌增殖因子、滤液因子。泛酸在中性溶液中对温热、氧化及还原都比较稳定，但酸、碱和干热均可以使其分解。常用其钙盐，无色粉状晶体，微苦，可溶于水，对光和空气都比较稳定，但是 pH5 ～ 7 的水溶液遇热而破坏。以玉米为主要成分的配合料如不添加多维素，由于玉米含泛酸量很低，在加工中易被热、酸、碱破坏而引起泛酸缺乏症。泛酸与维生素 B_{12} 之间关系密切，维生素 B_{12} 不足时，雏鸡对泛酸的需要量增加，从而造成泛酸缺乏。泛酸缺乏使鸡生长发育受阻，增长缓慢，消瘦，产蛋鸡产蛋下降，高峰期持续时间短。种鸡缺乏时受精率、孵化率均下降，死胚增多。

二、临床症状

小鸡泛酸缺乏时，特征性表现是羽毛生长阻滞和松乱。病鸡头部羽毛脱落，头部、趾间和脚底皮肤发炎，表层皮肤有脱落现象，并产生裂隙，以致行走困难。有时可见脚部皮肤增生角化，有的形成疣状赘生物。幼鸡生长受阻，消瘦，眼睑常被黏性渗出物粘着，口角、泄殖腔周围有痂皮，口腔内有脓样物质。脚趾之间及脚底部皮肤外层脱落，形成小的裂痕，少数鸡有出血现象，有的鸡脚部皮肤角质化，并在趾球上形成疣状隆起物，不能站立，运动失调。成年母鸡产蛋量减少，蛋的孵化率降低，鸡胚常在孵化后期死亡。

三、剖检病变

口腔内有脓性分泌物，腺胃中有不透明灰白色渗出物，肝脏肿大、浅黄色，肾脏轻微肿大，脾脏轻度萎缩。

四、诊断技巧

本病与葡萄球菌病、鸡痘、维生素 PP 缺乏症、马立克病、维生素 H 缺乏症、锌缺乏症等有相似的皮炎症状，但本病皮炎先于口角、眼边、腿发生，严重时波及足底。泛酸缺乏症与皮肤型鸡痘非常相似，但泛酸缺乏症病鸡的鸡冠和头部皮肤很少有疣状隆起物，病初仅少数表现症状，约 1 周病鸡很快增多，约占整个鸡群的 30% 出现症状。

五、治疗技巧

母鸡喂饲泛酸含量低的饲料时，所产的蛋在孵化期的最后 2 ～ 3 天时，有胚胎死亡，鸡胚皮下出血和严重水肿，肝脏有脂肪变性，雏鸡的死亡率可达 50%。缺乏泛酸的母鸡所孵出的雏鸡，虽然极度衰弱，但立即腹腔注射 0.2 毫克泛酸，可以收到明显疗效，否则不易存活。

1. 西兽药治疗

① 泛酸钙，按每千克饲料 20 ～ 30 毫克添加，或用含泛酸钙的多种维生素饮水或拌料，直至恢复健康。

② 复合维生素 B 片，每片含泛酸 2 毫克，每千克饲料加 5 ～ 10 片，连续 7 ～ 10 天。

2. 中兽药治疗

独活 100 克，牛膝 30 克，杜仲 140 克，桑寄生 100 克，秦艽 100 克，防风 80 克，细辛 130 克，当归 60 克，芍药 100 克，川芎 30 克，干地黄 100 克，党参 120 克，茯苓 120 克，甘草 50 克。诸药混合，冷水浸泡 2 小时，煎煮 2 次，每次 2 小时，分别过滤药液，2 次药液混合后，按每天每千克体重 2 克原生药量分两次饮水，连续 7 天。

六、预防措施

啤酒酵母中含泛酸最多，在饲料中可添加一定量的酵母片。每千克饲料补充 10 ～ 20 毫克泛酸钙，具有防治泛酸缺乏症的效果。但需注意饲料中的泛酸很不稳定，易受潮分解，因而在与饲料混合时，都用其钙盐。小群饲养的鸡，饲喂新鲜青绿饲料、肝粉、苜蓿粉或脱脂乳等富含泛酸的饲料也可预防此病发生。

第八节
蛋白质或氨基酸缺乏症

一、病因特点

鸡蛋白质或氨基酸缺乏症，是指鸡摄入蛋白质不足或消耗过多，以及一种或几种氨基酸不足所致的疾病。鸡对蛋白质和氨基酸的需要量与鸡的种类、品种、日龄、生产性能以及环境温度和日粮能量水平等因素有密切关系。日粮配比不合理、长期缺乏动物性蛋白质饲料，氨基酸搭配不平衡，许多疾病都可造成蛋白质或氨基酸的缺乏。

二、临床症状

蛋白质或氨基酸缺乏表现为生长缓慢，采食量减少，体质衰弱。蛋氨酸、赖氨酸、精氨酸严重缺乏时可见色素沉着减少，羽毛松乱，逐渐消瘦而死。雏鸡表现为生长发育缓慢、羽毛松乱、无光泽、身体虚弱无力、精神不振、食欲不良、体温略低，常拥挤成堆。血浆胶体渗透压低而常发生皮下水肿，红细胞总数和血红蛋白下降而导致贫血，增重达不到预期效果。成年鸡主要表现为渐进性消瘦，产蛋量下降或停止。公鸡的精子活力差，受精率和孵化率都偏低。无论是幼鸡还是成年鸡，由于血液中的白蛋白和球蛋白含量下降，病鸡的抗病力差，常继发多种其他疾病而造成死亡。

三、剖检病变

尸体剖检时发现多数病鸡消瘦，皮下脂肪消失，水肿，肌肉苍白、萎缩，血液稀薄且凝固不良，胸腔、腹腔和心包积液，全身几乎无脂肪，心脏冠状脂肪呈胶冻样。

四、诊断技巧

根据临床症状和病理变化，结合对饲料的分析，一般不难作出诊断。此外，患本病时，血液中的总蛋白、白蛋白、球蛋白、红细胞总数和血红蛋白含量均明显下降，必要时测定这些指标也有助于本病的诊断。

五、治疗技巧

治疗蛋白质或氨基酸缺乏症，首先要保证家禽日粮中各种营养成分的平衡，除考虑能量、维生素和矿物质以外，蛋白质的数量和质量也是很重要的方面。鸡的日粮中蛋白质饲料的含量，雏鸡和肉用鸡应为 20% 左右，产蛋鸡应为 14%～16%，其中动物性蛋白质饲料应不少于 3%。

1. 西兽药治疗

① 如果是由饲料中蛋白质不足所引起的，应先对饲料中蛋白质含量（特别是必需氨基酸含量）进行测定，根据测定结果补充蛋白质或氨基酸添加剂（蛋氨酸、赖氨酸等），配成营养全价的饲料。

② 如果是由其他疾病所致，则应针对病因进行治疗，同时补充一定量的蛋白质饲料。

2. 中兽药治疗

黄芪 180 克，党参 60 克，阿胶（烊化兑入药液服）50 克，肉桂、甘草、生姜各 45 克，当归 30 克。诸药混合，冷水浸泡 2 小时，水煎两次混合滤液，按每千克体重 2 克原生药量，分两次混水饮服，连用 7 天。

六、预防措施

确定鸡对蛋白质或氨基酸的需要量时，要根据鸡的种类、品种、龄期、生产力、环境温度、日粮的能量水平等因素的不同来调整，不可长时间固定不变地使用某一饲料配方。谷物和糠麸的蛋白质含量较少，蛋白质的营养价值不全，在日粮中要适当搭配植物性和动物性蛋白质饲料（如豆饼、棉籽饼、菜籽饼、鱼粉、血粉、骨肉粉等）。在配合饲料时，应注意蛋白质的品质。品质差的蛋白质含必需氨基酸的种类不齐全，含量也较少。在饲料调制方法上，加热处理的豆类，温度过高时会降低赖氨酸和精氨酸的活性，使胱氨酸受到破坏，降低其蛋白质的营养价值。还应注意各种氨基酸平衡和拮抗关系，限制性氨基酸的不足会影响其他氨基酸的利用，因此日粮中要注意补充富含这些氨基酸的饲料和添加剂。精氨酸与赖氨酸之间，缬氨酸、亮氨酸与异亮氨酸之间均有拮抗作用，在配合日粮时，增加某一组的一个或两个氨基酸的量，也应提高同组其他氨基酸的量，否则会引起缺乏症。

第九节
钙、磷缺乏症

一、病因特点

鸡日粮中钙和磷的含量不够，或钙、磷比例不当，或维生素 D 含量不足，都会影响钙、磷的吸收和利用，尤其是鸡生长发育和产蛋期对钙、磷需要量较大，如果补充不足，则容易发生钙、磷缺乏症。维生素 D 在钙、磷吸收和代谢过程中起着重要作用，如果维生素 D 缺乏，也会引起钙、磷缺乏症的发生。疾病、生理状态也会影响钙、磷代谢和需要量，引起缺乏症。而过量的钙可导致钙、磷比例失调与骨骼畸变，磷过多也可引起骨组织营养不良。这些由于钙、磷缺乏和钙、磷比例失调引起的雏鸡佝偻病、产蛋鸡软骨病或产蛋疲劳症等，都可称为鸡的钙、磷缺乏症。雏鸡和产蛋鸡饲料中钙、磷比例应为 1∶1 至 4∶1。

二、临床症状

雏鸡典型症状是佝偻病。发病较快，1～4 周龄出现生长发育和羽毛生长不良、腿软、步态不稳。骨质软化，易骨折，胸骨畸形。成年鸡易发生骨软症，表现为骨质疏松，骨硬度差，骨骼变形，腿软，卧地不起，爪、喙龙骨弯曲。产蛋鸡产蛋下降，病初软壳蛋、无壳蛋增多，蛋壳畸形、沙皮。病情发展严重时，有部分鸡瘫痪。磷缺乏时，一般不表现瘫痪症状，蛋壳变薄、变脆为其特点。

三、剖检病变

病鸡骨骼软化，似橡皮样。长骨末端增大，骺的生长盘变宽甚至畸形（维生素 D_3 或钙缺乏）或变薄（磷缺乏）。胸骨变形、弯曲与脊柱连接处的肋骨呈明显球状隆起，肋骨增厚、弯曲，胸骨呈"S"状变形弯曲。喙变软、橡皮样、易弯曲，甲状旁腺常明显增大。

四、诊断技巧

根据发病日龄、症状和病理变化可以怀疑本病。喙变软、肋骨珠状，特别是胫骨变软，易折曲，可以确诊本病。通过分析饲料成分或计算饲料中的钙、磷和维生素 D_3 的含量，根据其结果即可确诊。

五、治疗技巧

发病后应立即调整日粮，增加幼鸡和青年鸡日粮中骨粉或磷酸氢钙，添加量为正常鸡日粮的 0.5～1 倍，连喂 2 周，待鸡群恢复正常后改喂正常饲料。产蛋鸡主要增加石粉等钙质，并注意维生素 D、维生素 A、维生素 C 等复合维生素的添加，待产蛋和蛋壳硬度恢复正常后，改喂正常饲料。如果日粮中钙含量多而磷含量少，在补钙的同时增加补磷，如磷酸氢钙、过磷酸钙等。反之磷多钙少时，则以补钙和维生素 D_3 为主，或喂鱼肝油也可。

1. 西兽药治疗

① 饲料添加贝壳粉，每 100 千克饲料添加约 8 千克贝壳粉，连用 2 周。

② 维生素 D_3 注射液 1500 国际单位，一次肌内注射，连用 2 天。

③ 雏鸡可口服鱼肝油，每只鸡 2～3 滴，一天 3 次，连用 7 天。

2. 中兽药治疗

① 党参、白术、茯苓、黄芪、大枣、荔枝、当归、川芎、白芍、熟地各 100 克，炙甘草 50 克。混合粉碎，按每天每千克体重 2～3 克剂量拌料，连续 10～15 天。

② 党参、白术、茯苓、黄芪、山楂、神曲、麦芽、菟丝子、淫羊藿、蛇床子各 100 克。可粉碎拌料，在饲料中添加 2%，连喂 3 周。

③ 黄芪 300 克，五味子 300 克，猪腿骨（连骨髓）5000 克。粉碎拌料，每千克饲料 10 克。

六、预防措施

预防方面应注意饲料中钙、磷含量要满足鸡的需要，而且要保证比例适当，尤其产蛋鸡和雏鸡日粮中要保证钙、磷的正常吸收和代谢。同时注意维生素 D 的给予。

❧ 第十节 ❧
硒缺乏症

一、病因特点

本病主要是由于饲料中硒含量的不足与缺乏，引起的以渗出性素质、肌营养不良、胰腺变性和脑软化为临诊特征，多发生于雏鸡的一种疾病。饲料中硒含量又与土壤中可利用硒的水平相关，而土壤含硒量又受到多种因素的影响，决定性因素为土壤的酸碱度值。碱性土壤中的硒为水溶性化合物，易被植物吸收。酸性土壤中含硒量虽高，但硒和铁等元素形成不易被植物吸收的化合物。土壤中含硫量大能抑制植物吸收硒，河沼地带的硒元素易流失，土壤中含硒量也低。气温和降水量也是影响饲料植物含硒量的因素，寒冷多雨年份植物的含硒量低，干旱年份的植物含硒量高。另外，饲料中含铜、锌、砷、汞、镉等拮抗元素过多，均会影响硒的吸收，促使发病。

二、临床症状

本病多发生于雏鸡。临诊特征为渗出性素质、肌营养不良、胰腺变性和脑软化。渗出性素质常在2～3周龄的雏鸡发病时开始增多，到3～6周龄时发病率高达80%～90%。多呈急性经过，重症可于3～4日内死亡，病程最长的可达1～2周。主要症状是躯体低垂的胸部、腹部皮下出现淡蓝绿色水肿样变化，有的腿根部和翼根部亦可发生水肿，严重的可扩展至全身。病鸡生长发育停滞、冠和髯苍白、伏卧不动、起立困难、站立时两腿叉开、平衡失调、运步障碍。有些病鸡呈现明显的肌营养不良，一般以4周龄幼雏多见，其特征为全身软弱无力、贫血、胸肌和腿肌萎缩、站立不稳，甚至腿麻痹而卧地不起，翅下垂，肛门周围污染。脑软化症病雏表现为共济失调，头向下弯缩或向一侧扭转（也有的向后仰），步态不稳时而向前或向侧面倾斜，两腿阵发性痉挛或抽搐，翅膀、腿不完全麻痹，腿向两侧分开，有的以跗关节着地行走，倒地后难以站起，最后衰竭死亡。

三、剖检病变

水肿部有淡黄绿色的胶冻样渗出物或淡黄绿色纤维蛋白凝结物。颈部、腹部及股部内侧有瘀血斑。肌营养不良病变主要在骨骼肌、心肌、肝脏和胰脏，其次为肾和脑。病变部肌肉变性、色淡、似煮肉样、呈灰黄色或黄白色的点状、条状、片状不等。横断面有灰白色、淡黄色斑纹，质地变脆、变软、钙化。心肌扩张变薄，以左心室为明显，多在乳头肌内膜有出血点，在心内膜、心外膜下有黄白色或灰白色与肌纤维方向平行的条纹斑。肝脏肿大，硬而脆，表面粗糙，断面有槟榔样花纹，有的肝脏由深红色变成灰黄色或土黄色。肾脏充血、肿胀，肾实质有出血点和灰色的斑状灶。胰脏变性，腺体萎缩，体积缩小有坚实感，色淡，多呈淡红色或淡粉红色，严重的则腺泡坏死、纤维化。小脑软化，鸡雏有可能肌胃变性。

四、诊断技巧

根据地方缺硒病史、流行病学、饲料分析、特征性的临诊症状和病理变化，以及用硒制剂防治可得到良好效果等作出诊断。也可以通过检测进行确诊，全血硒含量低于每毫升 0.05 微克时为硒缺乏，每克肝脏硒含量在 0.05 ～ 0.1 微克（湿重）为硒缺乏。

五、治疗技巧

硒的作用在很多方面与维生素 E 有密切关系，两者有一种缺乏，对另一种的需求量提高，单纯补硒往往效果不佳，因此要注意在治疗时两者同时应用。尤其对小鸡脑软化为主的病例，必须以维生素 E 为主进行防治。对渗出性素质、肌营养性不良等缺硒症，则要以硒制剂为主进行防治，效果好又经济实惠。

1. 西兽药治疗

① 亚硒酸钠维生素 E 注射液（每支 10 毫升内含亚硒酸钠 10 毫克、维生素 E500 国际单位），用常水作 100 倍稀释后饮水。每天一次，连用 3 天。停药 3 天后，再用药 3 天。大群鸡以亚硒酸钠维生素 E 作 1∶1000 稀释后饮用，每天一次，连用 8 天，停药 7 天后，再用药 3 天。

② 亚硒酸钠饮水，第一天浓度为 5 微升 / 升，全天供应，第二天起改为 3 微升 / 升，每天饮用 12 小时，连续 6 天。同时每千克饲料添加维生素 E100 毫克，连续 7 天。

③ 重症者每天每只用 0.1% 的亚硒酸钠水溶液腹腔注射；雏鸡每只 0.1 ～ 0.3 毫升，成年鸡每只 1 毫升，隔天 1 次，连用 10 次。全群鸡投服维生素 E，按每天每只 300 毫克，10 天 1 次，连用 3 次。

2. 中兽药治疗

黄芪 180 克，党参 60 克，阿胶（烊化兑入药液服）50 克，肉桂、甘草、生姜各 45 克，当归 30 克。冷水浸泡 2 小时，煎 2 次，每次 2 小时，混合滤液，按每天每千克体重 2 克原生药量，分 2 次混水饮服。

六、预防措施

本病以预防为主，预防本病的关键是补硒。缺硒地区需要补硒，本地区不缺硒但是饲料来源于缺硒地区也要补硒，各种日龄的鸡对饲料中硒含量要求为每千克饲料 0.15 毫克，每千克饲料中加入 20 毫克维生素 E。有些缺硒地区曾经给玉米叶面喷洒亚硒酸钠，测定喷洒后的玉米和秸秆硒含量显著提高，并进行动物饲喂试验取得了良好的预防效果。

❀ 第十一节 ❀
锰缺乏症

一、病因特点

原发性缺锰是由于日粮中锰含量过低而引起，玉米含锰最低，每千克玉米中锰的含量仅 8 毫克，而家禽的饲料标准为 50 毫克，以玉米为主的饲料常常缺锰。家禽缺锰也可能是由于机体对锰的吸收受干扰所致，饲料中钙、磷以及植物盐含量过多，可影响锰的吸收和利用。鸡日粮中高磷酸钙会加重锰的缺乏。动物机体罹患慢性胃肠性疾病时也可妨碍对锰的吸收和利用。锰为骨骼正常发育所必需，锰元素缺乏的鸡胫骨短粗和脱腱、鸡胚的软骨营养障碍。缺锰可引起蛋壳品质降低，如蛋壳变薄、强度下降，从而使破蛋、软蛋和畸形蛋的比例升高。此外，锰是维护正常生殖功能的必需微量元素，其缺乏或过多都会造成畜禽生殖功能紊乱，从而导致雄性不育、雌性不孕。

二、临床症状

最显著特点是骨骼生长异常。膝关节异常肿大，胫骨变短增粗，胫骨的远端部和跗骨的近端部向外弯转，最后腓肠肌腱脱出，形成异常定位，因此病鸡跗关节变形，两腿弯曲呈"内八字"或"外八字"。两侧跗关节变形均较重的病鸡，伏卧于地，强迫运动时以跗关节着地展翅前行，病鸡往往因为不能行走摄食而饥饿死亡。产蛋母鸡缺锰时，可导致产蛋量减少，蛋壳易破。种鸡所产鸡蛋的孵化率显著降低，鸡胚大多在 18 ～ 20 天快要出壳时死亡。死亡鸡胚的软骨营养不良，腿变短而粗，翅膀变短，头呈圆球状，腹部凸出，胚体明显水肿。即使能孵出雏鸡，这种雏鸡常表现为神经功能障碍，运动失调，表现为胫骨和跗骨粗短，膝关节肿大，腓肠肌腱脱出，胫骨远端和跗骨近端向外弯转，腿变弯或扭曲，腿朝外翻转。

三、剖检病变

主要病变在腿部和跗关节。患鸡的腓肠肌腱从跗关节脱出，跗关节腔内有淡黄色积液，关节面粗糙，腿部肌肉淡白色。病程稍久，跗关节腔内积有黄色黏液，胫骨粗而短，肝脏稍肿，淡黄色，部分表面有出血点。胸腺萎缩、脾脏稍肿。心肌苍白，心尖脂肪减少或消失。胸腺有出血。

四、诊断技巧

依据不明原因的生产性能下降,骨骼发育异常,关节肿大,"八"字形或罗圈腿,跟腱滑脱,头宽而短等典型症状可作出诊断。锰元素缺乏与维生素 B_1 缺乏都具有腿屈曲,步态不稳,坐地呈观星姿势。维生素 B_1 缺乏,由于多发性神经炎,病鸡呈麻痹、进行性瘫痪,并有角弓反张现象;维生素 B_2 缺乏的病鸡,趾爪蜷缩、瘫痪,以膝关节走路,但少有或没有胫骨短粗和跟腱滑脱现象;锰元素缺乏与佝偻病都可见跗关节内收,呈"八"字形腿,但佝偻病还表现胸骨脊弯曲呈"S"形,肋骨与肋软骨间出现球形膨大,排列成串珠状,翅和腿部的管状骨质地变脆易被折断等症状,胫骨髁不肿大,髁间沟正常,跟腱也不滑脱;锰元素缺乏与病毒性关节炎都有跗关节肿大,不愿走动,跛行或单脚跳跃的临床症状,但锰元素缺乏时腓肠肌腱滑脱,关节界面无损伤,腱鞘无出血。而病毒性关节炎病鸡,腱鞘发炎而呈暗红色肿胀或黄褐色坚硬的肿块。腱鞘内有血液或淡黄色的炎性渗出物,滑膜出血水肿,腓肠腱水肿,甚至腓肠腱断裂,滑膜内经常有充血或点状出血,关节腔有脓样、干酪样渗出物。有时还可见到心外膜炎,肝、脾和心肌上有细小的坏死灶。

五、治疗技巧

诊断为锰缺乏症后,立即对饲料配方进行调整,每 1000 千克饲料添加硫酸锰 100 克,即将每千克饲料中锰的含量提高到 100 毫克,另外将氯化胆碱、维生素 D_3 用量加倍。对早期患病鸡,一般用药 3 天即可控制病情。用药 1～2 个疗程,多数病鸡可完全康复。已发生骨短粗和跟腱滑脱的,很难完全康复,可将其淘汰或隔离单独饲养。相对于其他微量元素,锰的毒性相对较小,为了提高种鸡产蛋率、种蛋蛋壳强度、种蛋孵化率、降低雏鸡腿病发生率,配制肉鸡饲料时,对锰的添加应略高于饲养标准,还可以按硫酸锰饲养标准 1～2 倍的剂量,定期混水饮服。增加饲料中钙含量,锰的需要量也随之增加,但高钙和高磷都会降低锰在骨中的储存,造成锰的利用率降低。饲料中大豆蛋白也会降低鸡对锰的吸收和利用,这些因素在治疗时也应加以注意。

1. 西兽药治疗

① 每千克饲料添加硫酸锰 200 毫克,氯化胆碱 600 毫克,同时每升饮水中加入高锰酸钾 100 毫克,连用 3～5 天。停药 3 天后,可再用 3～5 天。

② 发病严重的鸡群饲料中除按常量添加禽用微量元素添加剂和复合多种维生素外,另外每千克饲料添加硫酸锰 500 毫克、多种维生素 100 毫克、氯化胆碱 200 毫克。

③ 早期缺锰症，将 1 克高锰酸钾溶解于 2 升常用水中，每天两次饮水，连用 3 天，停药 2 天后再使用 3 天。同时每千克饲料中加入氯化胆碱 2 克，维生素 B_6 40 毫克，连用 5 天。

2. 中兽药治疗

薏苡仁 150 克，当归 150 克，芍药 150 克，麻黄 150 克，官桂 150 克，苍术 150 克，甘草 100 克。诸药混合，冷水浸泡 2 小时，煎煮 2 次，每次 2 小时，混合 2 次滤液，按每天每千克体重 2 克原生药量混水饮服，分早晚 2 次，连用 5 ～ 7 天。

六、预防措施

根据家禽各个生长阶段的特点，合理搭配使用各种矿物质和其他营养物质。育雏期、育成期饲料中钙、磷的补充应满足饲养标准，但要防止因钙、磷成分过多，造成锰需求量的增加。在产蛋期，由于饲料中钙、磷的成分较多，也要相应加大锰的使用量，保证每千克饲料添加 60 ～ 100 毫克的锰。

第十章
鸡的中毒性疾病诊治技巧

第一节
煤气中毒

一、病因特点

煤气中毒又叫一氧化碳中毒。秋冬季节鸡舍及育雏室内烧煤取暖，煤炭燃烧不完全会产生大量一氧化碳。当舍内空气中一氧化碳含量达 0.1% ～ 0.2% 时即可引起中毒，当达到 3% 含量时则会引起家禽窒息死亡。一氧化碳与血红蛋白的亲和力比氧与血红蛋白的亲和力大 200 ～ 300 倍，而结合后解离速度又比氧合血红蛋白慢 3000 倍。一氧化碳与血红蛋白结合成的碳氧血红蛋白，可使血液失去携氧能力，使机体组织缺氧，机体因大量缺氧而窒息死亡。

二、临床症状

喙、爪呈暗紫黑色。全身肌肉呈浅紫红色，眼结膜潮红或发绀，呼吸浅而急促，呈明显的间歇性不规则呼吸。病鸡出现流泪、咳嗽、呼吸困难、羽毛蓬松、精神不振，有的鸡兴奋不安、鸣叫。脚冷厥，软弱无力，行走时步态不稳，有的伏地不起，部分病鸡脚爪干枯。急性中毒时，呆立或运动失调，侧卧并头向后仰，甚至昏迷嗜睡，呼吸困难，死前发生痉挛或抽搐。亚急性或慢性中毒，可见病鸡羽毛松乱、精神沉郁、采食量减少、生长缓慢，达不到应有的生长速度和生产能力。容易患其他疾病，右心衰竭或腹水症的发病率较高。

三、剖检病变

雏鸡肝脏瘀血肿胀呈黑紫色，肝脏被膜下有血肿，撕破血肿后流出不凝固的血水（图 185）。鼻腔黏膜干红，喉头水肿，口腔有大量黏液，气管黏膜增厚，气管环出血。死鸡全身皮肤呈樱桃红色，有的出现紫红色斑块状，血管和各内脏器官的血液呈鲜红色或樱桃红色，肺组织亦呈鲜红色，全身肌肉呈淡樱桃红色。亚急性和慢性中毒病例缺乏明显的病理变化。

图 185　煤气中毒病鸡肝脏瘀血、变性

四、诊断技巧

可依据病鸡皮肤、血液呈樱桃红色，且血液凝固不良等典型表现进行诊断。进一步确诊，可采集死亡鸡心血、肝血肿液、健康鸡心血各 3 滴，分别加入装有 3 毫升纯化水的试管中，然后各加入 10% 氢氧化钠 1 ～ 2 滴，混匀，静置。死亡鸡血液呈红色，而健康对照鸡血液呈绿色，可判断为一氧化碳中毒试验阳性。实践中，可挑选几只中毒较轻的病鸡，将其放到鸡舍外通风良好的地方，约 15 分钟后，若能站立或有饮水、啄食表现，可以确诊为一氧化碳中毒。

五、治疗技巧

当发现鸡群一氧化碳中毒时，要立即采取措施，及时将鸡舍的门窗打开，或者加大通风换气的力度，以排出舍内的一氧化碳，同时还要尽量保持鸡舍的温度适宜。在地面洒清水，以增加室内湿度，保持舍内空气新鲜，一般当空气质量有所改善后，发生轻度中毒的鸡可自行逐渐恢复健康。对于中毒较为严重的鸡群，可在鸡皮下注射强心剂或者糖盐水，同时为了防止发生继发感染，可以给全群饲喂抗生素类药物。全群饲料中添加电解多维、黄芪多糖等，以增强机体抵抗力，一般经过以上处理，病鸡可逐渐站立并走动。

1. 西兽药治疗

① 发现鸡一氧化碳中毒，立即打开门窗，可采用鼓风机或电风扇加快换气速度，或及时把鸡转到空气新鲜的鸡舍。鸡群投服维生素 C 葡萄糖，每 50 升水中加入 1.5 千克维生素 C 葡萄糖，饮 4 ～ 5 小时，给予适量的电解多维、链霉素，可防止大肠杆菌和支原体继发感染。

② 对病鸡用 25% 高渗葡萄糖注射液腹腔注射 5 毫升，同时饮水中加肾肿解毒药连用 5 天，以减轻肾脏的尿酸盐沉积。

③ 碳酸氢钠配制成 1% 的溶液，对雏鸡群进行喷雾，饮水中加入电解多维、葡萄糖，连饮几天。

④ 维生素 C 饮水，每升水维生素 C200 ～ 300 毫克、黄芪多糖 400 ～ 800 毫克，连续 7 天。

2. 中兽药治疗

① 红花、丹参、生地黄、麦冬各 250 克，牡丹皮、黄芩、金钱草各 200 克，三七、甘草各 150 克，水煎 2 次，过滤药液。按每天每千克体重 2 克原生药量，混水分 2 次饮服，连用 3 ～ 5 天。

② 每天用绿豆 250 克，甘草 125 克，煎煮过滤，按每天每千克体重 5 克原生药量，混水饮服，连服 5 ～ 7 天。

六、预防措施

本病的预防关键是保持鸡舍内空气新鲜，应检查好育雏舍内及鸡舍内的采暖设备，防止漏烟倒烟，鸡舍要有通风口，以保证通风质量，防止一氧化碳蓄积中毒，若该病发生应将鸡移至空气新鲜的鸡舍，病鸡即可有所好转。同时打开门窗，通风换气，以排除室内蓄积的一氧化碳气体，查明根源，消除隐患。

第二节
氨气中毒

一、病因特点

氨气具有刺激性臭味，水溶性强。正常鸡舍氨的浓度应低于每立方米 25

毫克，此时即使能嗅到氨的臭味，但对鸡的生长无大危害。当氨浓度超过每立方米25毫克时，能刺激眼睛引起结膜炎；达到75毫克时，便可造成中毒，甚至死亡。氨气中毒在冬季及早春时节较为常见，北方比南方地区更为多见。常见的氨气中毒主要是由于鸡舍内的粪便、饲料、垫料等腐烂分解产生大量氨气的结果，尤其是鸡舍潮湿、肮脏等环境会促进氨的产生。氨气刺激气管、支气管使之发生水肿、充血、分泌黏液充塞气管等变化。氨气还可损害呼吸道黏膜上皮，使病原菌易于侵入。氨气吸入肺部，则通过肺泡进入血液与血红蛋白结合，降低血液的携氧功能，导致贫血等变化，引起中毒。

二、临床症状

精神沉郁，食欲不振或废绝，喜饮水，鸡冠发紫，口腔黏膜充血，流泪，结膜充血。部分病鸡眼睑水肿或角膜混浊，严重病鸡可见伸颈张口呼吸，临死前出现抽搐或麻痹。中毒病鸡多位于鸡笼上层，而且距门窗越远，鸡的死亡率越高。产蛋鸡其产蛋量可能急剧下降。

三、剖检病变

病鸡消瘦，皮下发绀。尸僵不全，血液稀薄色淡。鼻、咽、喉、气管黏膜、眼结膜充血、出血。肺瘀血或水肿，心包积液、脾脏轻微肿。肾脏变性，有尿酸盐沉积，色泽灰白。肝肿大，质硬脆弱，胆囊充满绿色胆汁。腺胃黏膜脱落。在慢性中毒病例胸腹腔可见到尿酸盐沉积。

四、诊断技巧

依据人的嗅觉、病鸡症状，特别是呼吸系统的症状以及典型病变作出诊断。氨气中毒的鸡，临死前表现特征性症状，体温降至38℃左右，发出"丝丝"的呻吟或尖叫，两腿不停地上下划动、抽搐，呼吸频率渐渐减慢至麻痹而死，病死鸡尸僵不全，眼角膜上覆盖一层较硬且难剥离的白色膜状的结缔组织。临床可根据这些典型特征和病理变化进行诊断。还可以通过人的感觉判断氨气浓度进行诊断，当人进入鸡舍，若闻到有氨味，但不刺鼻、眼时，其氨气浓度大致在每升10～20毫克，即为人嗅觉的最低限度感觉，还不至于使鸡发病或死亡。当人感觉到刺鼻且流泪时，其氨气浓度在每升25～35毫克，有可能诱发呼吸不畅。当人感觉到呼吸困难、胸闷、睁不开眼、流泪不止时，则其浓度已达到每升110～330毫克，鸡会发生严重中毒，死亡率升高，生产性能下降。

五、治疗技巧

若初诊为鸡氨气中毒，应及时采取有效措施，消除病因，通风换气，减轻症状，及时治疗并发症或继发病，才能把损失降到最低，特别对于有可能恢复正常生产性能的鸡群。及时打开门、排气孔、天窗、地窗和排气扇等所有通风设施，更换新鲜空气。同时清除积粪，或及时转移病重鸡。进行带鸡喷雾消毒，净化空气，消除氨气对鸡的直接危害。当鸡舍内氨气浓度较高而通风不良时，可在舍内墙、棚壁上喷雾稀盐酸，降低氨气浓度。

1. 西兽药治疗

① 鸡群一旦发生氨中毒，应立即开启病鸡舍全部通风换气设备和门窗，进行强制性通风换气，同时将过磷酸钙按每只鸡 6 克剂量，撒在垫料上以吸收氨气，力争在短时间内降低舍内氨气浓度，或根据鸡群中毒程度考虑更换鸡舍。

② 中毒病鸡可用 1∶3000 的硫酸铜溶液饮水，连用数日。

③ 中毒严重的鸡可灌服 1% 稀醋酸，每只 5～10 毫升，或 1% 硼酸水溶液洗眼，涂搽氯霉素眼膏，并供饮 5% 糖水，口服维生素 C 每只 50～100 毫克。另外，增加饲料中多维素的添加量，在饮水中添加硫酸卡那霉素，或在每千克饲料中用 300 毫克的北里霉素，以防继发呼吸系统疾病等。

2. 中兽药治疗

麻黄、苏子、半夏、前胡、桑皮、杏仁、厚朴、木香、陈皮、甘草各 600 克，混合诸药，冷水浸泡 2 小时，煎煮 2 次，每次 1 小时，过滤药液，按每天每千克体重 2 克原生药量，混水分 2 次饮水，连用 3～4 天。

六、预防措施

加强通风管理，鸡舍要安装通风换气设备，并根据情况定时开启。如无换气设备的鸡舍，则应视具体情况，适时打开门窗进行通风换气，这在寒冷的冬季和其他季节的夜间显得尤为重要，所以应加强夜间检查。控制鸡群饲养密度，舍内鸡群饲养密度越大，越易引起舍内氨气浓度超标。所以，舍内鸡只密度应合理，一般冬季密度可适当高些，夏季密度可适当低些。尽快切断舍内产生氨气之源，勤于打扫，定期清除粪便，保持舍内卫生清洁。为防止鸡舍潮湿，可按鸡的数量放置饮水器，同时，在舍内垫料潮湿处用生石灰吸湿或用干木屑吸湿，从而降低鸡舍内湿度，减少氨气的产生。

❧❧❧ 第三节 ❧❧❧
食盐中毒

一、病因特点

鸡食盐中毒是由于误食盐过多的饲料或缺水引起的一种中毒性疾病。食盐是机体不可缺少的物质之一，适量的食盐有增进食欲、增强消化、促进代谢等的重要功能。鸡对其敏感，尤其是幼鸡。鸡对食盐的需要量，占饲料的0.25%～0.5%，以0.37%最为适宜，若过量则极易引起中毒甚至死亡。本病多因饲料中食盐用量过大，或使用的鱼粉中含盐量过高，限制饮水不当；或饲料中其他营养物质（如维生素E和饲料中钙、镁及含硫氨基酸）缺乏，而引起增加食盐中毒的敏感性。

二、临床症状

轻度中毒病鸡大量饮水，嗉囊软肿，低头或采食时口鼻内有大量黏液流出，排黄白色或者黄褐色稀薄粪便，甚至拉水样稀粪，有零星死亡。严重中毒时惊慌不安、尖叫、运动失调，时而转圈，时而倒地，步态不稳，呼吸困难，虚脱，抽搐，痉挛，甚至死亡。雏鸡中毒后还表现不断鸣叫，盲目冲撞，头向后仰，后期呈昏迷状态，有时出现神经症状，不时张口，头颈弯曲，胸腹朝天，仰卧挣扎，最后衰竭死亡。

三、剖检病变

皮下组织水肿，切开后有透明的黄色液体流出，皮下脂肪呈胶冻样，腹腔内含有大量黄色腹水。食管、嗉囊、胃肠黏膜充血或出血，腺胃表面形成假膜，肌胃角质层变黑，容易脱落。小肠急性卡他性或者出血性炎症，黏膜充血，有出血点。血液黏稠、凝固不良。肝肿大，肾变硬，色淡。病程较长者，还可见肺水肿，腹腔和心包有积水，心脏有针尖状出血点。脑膜血管显著充血扩张，脑组织水肿。

四、诊断技巧

临床依据口渴狂饮，嗉囊软肿，低头或采食时口鼻内有大量黏液流出，水样腹泻，癫痫样发作等突出的神经症状进行诊断。实验室可通过测定病鸡内脏器官及饲料中盐分的含量来作出准确诊断，每千克肝和脑中钠的含量超过 1500 毫克，每千克肝、脑和肌肉中的氯化钠含量分别超过 1800 毫克、2500 毫克、700 毫克，即可判定为食盐中毒。

五、治疗技巧

发病鸡群要立即停止饲喂当前饲料，更换饲喂新鲜饲料，并供给足够的干净饮水、红糖水或者温水。同时，为促使机体排泄，改善机体状况，可在饮水中添加一些葡萄糖和维生素 C，以使肠胃内盐分被有效稀释。

1. 西兽药治疗

① 发现鸡中毒后，立即停喂原有饲料，换无盐或低盐、易消化的饲料直至康复。家养小鸡群，中毒早期可进行嗉囊切开冲洗，或服用植物油缓泻可减轻症状。

② 供给病鸡 5% 的葡萄糖水或者红糖水以利尿解毒，对病情严重的另加 0.3% ～ 0.5% 的醋酸钾溶液逐只灌服。有神经症状的病鸡可选用 25% 硫酸镁注射液 5 毫升，一次肌内注射。

③ 溴化钾，每天每只鸡 0.1 ～ 0.5 克，混水饮服。

2. 中兽药治疗

① 菊花 300 克，甘草 150 克，茶叶 50 克。按每天每千克体重 5 克原生药量，煎汁混水饮服，连服 3 ～ 5 天。

② 绿豆 200 克，甘草 100 克，煎汁加入白糖 100 ～ 200 克，按每天每千克体重 5 克原生药量，混水饮服，连服 5 天。

③ 鲜绿豆 250 克，生石膏、天花粉各 180 克，鲜芦根 120 克。水煎，按每天每千克体重 5 克原生药量，混水饮服。

④ 葛根 500 克，茶叶 100 克，水 2 升，沸腾后继续煎煮 30 分钟，待药液温度适宜后供病鸡自饮，连续使用 4 天。严重病鸡还可灌服牛奶或者鸡蛋清，保护嗉囊和胃肠黏膜。

六、预防措施

严格控制饲料中食盐的含量，尤其对幼鸡。一方面严格检测饲料原料鱼粉或者副产品的盐分含量，另一方面配料时添加的食盐也要求粉碎，混合均匀。

第四节
肉毒素中毒

一、病因特点

肉毒梭菌为革兰阳性的粗大杆菌，能形成芽孢，对营养要求不苛刻，厌氧生长，并能在适宜的环境中产生并释放蛋白质外毒素。依据肉毒梭菌培养特性，分成 4 型（Ⅰ、Ⅱ、Ⅲ、Ⅳ），依据毒素的抗原性不同分成 8 型（A、B、C_α、C_β、D、E、F、G）。肉毒梭菌毒素是迄今所知的几种毒性最强的毒素之一。鸡对 A 型、B 型、C 型和 E 型毒素敏感，但对 D 型和 F 型毒素不敏感。肉毒梭菌繁殖体对温度抵抗力不强，80℃ 30 分钟或 100℃ 10 分钟能将其杀死。但其芽孢的抵抗力极强，煮沸需 6 小时，120℃高压需 10 ～ 20 分钟，180℃干燥需 5 ～ 15 分钟才能将其杀死。肉毒素的抵抗力较强，在 pH3 ～ 6 范围内毒性不减弱，正常胃液或消化酶 24 小时内不能将其破坏，但在 pH8.5 以上即被破坏，因而 1% 氢氧化钠、0.1% 高锰酸钾、80℃ 30 分钟或 100℃ 10 分钟等均能破坏毒素。

二、临床症状

潜伏期一般为几小时或几天，与食入的毒素有关。病鸡由后躯向前躯呈进行性发展，出现对称性麻痹，反射功能降低，肌肉紧张度降低，后肢软散无力，但神志清楚，体温不高。病鸡闭目昏睡，处于昏迷状态，翅膀肌肉麻痹，下垂拖地。最突出的症状为颈部肌肉麻痹，头颈软弱无力，向前低垂。有的病鸡腿肌麻痹，两脚无力，行动困难。病鸡羽毛松乱、羽毛容易脱落、排出绿色稀粪，稀粪中含有多量尿酸盐。病后期由于心脏和呼吸衰竭而死亡。

三、剖检病变

轻度的卡他性肠炎和肠黏膜充血，嗉囊、肌胃有未消化的腐败食物。鸡咽喉和会厌的黏膜有灰黄色覆盖物，心内膜、心外膜有出血点，肝、脾、肾充血，肺瘀血、水肿。

四、诊断技巧

根据病鸡麻痹症状、羽毛脱落、肉眼特征性病变及实验室检验结果，可诊断为鸡的肉毒梭菌毒素中毒。肉毒素中毒的初期症状是腿、翅的麻痹，这容易与马立克病、脑脊髓炎和新城疫相混淆，通过两病临床典型症状和病理剖检变化可与肉毒素中毒相区别。营养不足或抗球虫药物中毒引起的肌肉麻痹，可通过对大群鸡粪便的观察加以鉴别。

五、治疗技巧

用肉毒杆菌抗毒血清治疗效果显著，但因条件限制或其他原因临床很少应用。单独用泻剂或洗胃方法排出肠内毒素的治疗效果不理想。一旦发病，应首先查明病因或毒素来源，在消除病因的同时，及时采用5%葡萄糖溶液饮水，并配合敏感抗生素药物治疗，饲料中加维生素AD_3粉、维生素E、维生素C等，效果显著。肉毒素中毒过程中，虽然可能出现腹泻甚至严重腹泻，但在治疗肉毒素中毒时切忌应用止泻药，否则将会妨碍毒素排出，加重病情，加速死亡。

1. 西兽药治疗

① 硫酸镁每天每千克体重1.5～2克，混饲，加速有毒肠内容物的排出。同时还可选用庆大霉素每天每千克体重15毫克，黄芪多糖每天每千克体重0.1克，混入饮水中，分2次饮服，连续3天。

② 有条件时可用C型肉毒抗毒素注射，有一定效果。早期发现，多价抗毒素，每只3～5毫升，肌内注射。

③ 硫酸卡那霉素注射液每天每千克体重10万～15万国际单位，可分2次肌内注射。

④ 50%葡萄糖溶液每天每千克体重20～30毫升剂量，分2～3次饮服，连续3～5天。同时饮水中按每天每千克体重15毫克庆大霉素或20毫克硫氰酸红霉素或50毫克氨苄西林，任选一种分2次饮水，连续3～5天。

2. 中兽药治疗

① 甘草400克，明矾300克，金银花300克，板蓝根2000克。煎煮2次，混合滤液，按每天每千克体重2克原生药量，分2次混水饮服，连续7天。

② 党参220克，茯苓130克，甘草150克，绿豆500克。煎煮2次，混合滤液，加入多维葡萄糖粉250克，按每天每千克体重2克原生药量分2次混水饮服，连续7天。

六、预防措施

平时应加强饲养管理，保证日粮平衡，动物尸体不能乱扔，死亡的畜禽进行焚烧或深埋等无害化处理。谨防环境、饲料和饮水等被污水、尸骨以及其他废弃物污染。认真清理环境卫生，定期用生石灰进行消毒。预防时可选用灭活的肉毒梭菌和毒素进行主动免疫，有一定效果。散养或放牧鸡放牧时应检查周围是否有动物腐尸，以防鸡啄食腐尸而发生中毒。

第五节
亚硒酸钠中毒

一、病因特点

亚硒酸钠为无色的晶状粉末，易溶于水，主要用于防治畜禽的硒缺乏症。硒是各种动物不可缺少的重要微量元素，在畜禽体内具有抗氧化性，对维持细胞膜的正常功能有重要意义。缺硒会给养鸡生产带来不必要的损失，但在补硒过程中由于计算失误和盲目补硒，加之亚硒酸钠的治疗量与中毒量很接近，因此常常会在补硒时反而造成硒中毒。

二、临床症状

鸡群中以体格健壮、发育良好者首先发病。开始精神沉郁，闭眼，呈昏迷状态。以后卧地不起，羽毛松乱，喙部青紫，流涎腹泻、排蛋清样白便，呼吸高度困难，视力减退，最后由于呼吸衰竭而突然死亡。病程短的在出现症状20分钟后死亡，时间长的在8小时以后才死亡。产蛋鸡除一般症状外，主要表现为蛋壳不光滑，表面布满了大大小小的白斑。鸡蛋顶端白斑较重，末端较轻。

三、剖检病变

皮下广泛性瘀血或有出血点。血液呈紫红色，凝固不良。胸肌瘀血，出现红白相间，腿内侧呈现黄豆大的瘀血斑或斑状出血，鸡胸部肌肉呈现弥漫性出血。口腔及嗉囊内充满黏液或砖红色液体，消化道黏膜出血，有污秽稀便，尤其是嗉囊黏膜严重出血并出现溃疡灶，腺胃乳头出血，腺胃与肌胃交汇处有出血带。脾肿大、质脆。胰腺质硬，有粟粒大坏死点。肺瘀血、水肿。肾肿大呈紫红色并有许多粟粒大的出血点。心包大量积液，心肌内膜有针尖大出血点。肝瘀血、肿大、紫红色肝表面有散在性出血点，尤以边缘处较多。胆囊充满胆汁。

四、诊断技巧

根据有补硒不当的病史、有一定群发性、体温正常或偏低、临床表现消化功能紊乱、呼吸困难、神经症状、站立不稳、内脏器官有不同程度充血或出血等特点，可初步诊断为硒中毒。还可通过对症治疗和支持疗法的治疗效果进行验证性诊断。如有条件，分析血液、组织的硒含量是诊断本病的重要方法。

五、治疗技巧

硒对动物的有益浓度与中毒浓度域值较小，因而在治疗硒缺乏症时应严格掌握使用剂量，以防过量引起中毒。治疗硒中毒时首先立即停止在饲料中加硒，饲料添加复合维生素和肾肿解毒药。饮水中添加 2%～5% 葡萄糖和 0.01% 维生素 C。

1. 西兽药治疗

① 10% 葡萄糖 150 毫升，12.5% 维生素 C 20 毫升，灌服，每只鸡 40 毫升，每日一次。

② 硫酸亚铁 10 克溶于 250 毫升水中，氧化镁 15 克溶于另外 250 毫升水中，两溶液混合后给每只鸡饮用 15 毫升，每天 4 次，连用 3 天。同时用 5% 的葡萄糖自由饮水，连饮 5 天。

③ 肌内注射二巯丙醇，每千克体重 2.5～5.0 毫克，可减轻硒的毒性。

④ 5/1000000 的亚砷酸钠水溶液内服或肌内注射，疗效显著，但必须掌握准确用量，严防中毒。

⑤ 每千克饲料添加对氨基苯砷酸 200 毫克，连用 5 天。

2. 中兽药治疗

① 生石灰水上清液 250 毫升，大蒜 2 个，雄黄 30 克，鸡蛋 3 个，小苏打 45 克。先将大蒜捣碎，加入其他各药混合，分 2 次灌服，每只鸡 20 毫升，疗效显著。

② 绿豆 600 克，甘草 200 克，混合煎水，每升药液中加入 2% 的多维葡萄糖，按每千克体重 4 克原生药量混水饮服，连用 5 天。

六、预防措施

使用亚硒酸钠时，一定要准确掌握用量，尤其对幼鸡。硒在鸡饲料中正常添加量为每千克饲料 0.1～0.2 毫克，超过 0.5 毫克或亚硒酸钠添加量达 11.0 毫克，就可引起中毒。配料时，要求添加的亚硒酸钠必须符合规定的细度，并力求和饲料逐级混合均匀。补硒过程中，还要防止由于计算失误和盲目补硒而造成硒中毒。

❧ 第六节 ❧
氟　中　毒

一、病因特点

氟是动物体内必需的微量元素之一，适量的氟对促进骨骼发育及某些酶系统的正常功能具有重要意义，但摄入过量则会引起中毒。近年来石粉及磷酸氢钙在饲料中被广泛应用，但质量较差的石粉及磷酸氢钙含氟量较高，若选用的石粉或磷酸氢钙含氟超标（每千克 2000 毫克），使饲料含氟超出安全量（肉仔鸡每千克 250 毫克，产蛋鸡每千克 350 毫克），就会导致鸡氟中毒。磷酸氢钙中不脱氟或不彻底脱氟，是造成鸡氟中毒的主要原因。作为饲料添加剂的磷酸氢钙，氟含量不能超过每千克 1.8 克，但不合格饲料添加剂甚至常达每千克 9～20 克。优质磷酸钙盐中加入高氟磷矿石粉或石粉、贝壳粉、海沙等是目前造成氟中毒的又一原因。鸡对氟的耐受性，因种类和月龄而异，雏鸡较中、大鸡敏感，产蛋鸡比肉鸡耐受性强。

二、临床症状

肉仔鸡发病率较高，病鸡腿无力、瘫痪、骨粗变软，易骨折。行走时双脚向外叉开，呈"八"字形脚。病鸡兴奋性增强、易惊恐、肌震颤，甚至呈僵直痉挛，采食减少，后衰竭死亡。产蛋鸡中毒时，产蛋量减少，蛋壳质量差，畸形蛋和软皮蛋增多，种蛋孵化率降低。冠苍白呈贫血状、羽毛松乱、无光泽、易折断，食欲减退，体弱、喜卧，爪的颜色变浅，腿无力，多数病鸡表现为站立不稳，行走时双脚向外叉开，呈"八"字形脚，跗关节肿大，严重跛行的或瘫痪的病鸡逐渐增多，有的病鸡出现呼吸困难、头后仰、两脚后蹬、抽搐痉挛，最后倒地不起，衰竭而死。病鸡出现瘫痪，按一般的钙、磷缺乏症治疗效果不明显。

三、剖检病变

雏鸡骨骼发育停顿，病变与钙、磷代谢障碍引起的佝偻病相似，病鸡腿骨变粗、骨膜和腱鞘钙化。急性氟中毒的病鸡可见急性胃肠炎，甚至有严重的出血性胃肠炎的病变，心、肝、肾均明显瘀血、出血。慢性氟中毒的病鸡早期无明显病变，病程较长的幼龄鸡可见消瘦、营养不良，长骨和肋骨较柔软，肋骨与肋软骨、肋骨与椎骨结合部呈球状突起，喙苍白、质地软，导致采食困难。有些鸡可见心包、胸腔和腹腔积液、心肝脂肪变性、输尿管有尿酸盐沉积、肾包膜和肠系膜上的脂肪呈胶冻样水肿等。

四、诊断技巧

鸡氟中毒的临床症状与一般钙、磷缺乏很相似，不易区别。钙、磷代谢障碍，添加钙制剂、维生素 A、维生素 D$_3$ 或精鱼肝油粉等喂饲 5～7 天，症状会得到缓解或迅速恢复。但氟中毒的鸡群不仅无效，反而见中毒症状加剧和病情持续发展。氟中毒病鸡的骨骼和钙、磷代谢障碍病鸡的骨骼，在病理变化上有不同之处，主要区别在于氟中毒病死鸡的长骨和肋骨柔韧，能够屈曲不折，但钙、磷代谢障碍病死鸡的骨骼脆性增加，弯曲时易发生骨折而不易屈曲。临床上氟中毒还应注意与传染性脑脊髓炎进行鉴别诊断，雏鸡发生传染性脑脊髓炎时，鸡群中会出现头颈震颤等现象，且多发生在雏鸡，20 日龄以上发病率极低。而氟中毒鸡群中无头颈震颤病鸡。由于氟在体内不断积累，死亡率会越来越高，换料后病情即有好转。虽然临床可以根据临床表现、剖检病变作出初步诊断，但确诊需要对饲料氟含量进行检测。

五、治疗技巧

对已发生中毒的家禽要及时治疗，应立即停喂含氟量高的饲料，更换为氟含量合格的饲料，并在每千克日粮中添加硫酸铝，可减轻氟中毒。同时在饮水中加入 B 族维生素、维生素 C 和维生素 D，也可添加硼砂、硒制剂、铜制剂等，都可缓解氟中毒症状。

1. 西兽药治疗

① 饲料中添加硫酸铝，每吨饲料 800 克，或饮水混入氯化钙，每升水 5～10 克。

② 饲料中添加乳酸钙，每千克饲料 10～20 克，饲料添加骨粉或磷酸钙盐，每千克饲料 20～30 克。另外于饮水中添加多维素或补液盐。

③ 临床症状明显的病鸡群，可应用特效解毒药——解氟灵（乙酰胺），肌内注射每千克体重 0.1～0.2 毫克，每天 1 次，连用 3～4 天。

④ 5% 葡萄糖饮水，连用 5 天，同时在每升水中加入 150～300 毫克的维生

素 C。

2. 中兽药治疗

① 当归 45 克，益智、大枣各 30 克，五味子、关桂、白术、川芎、白芍、白芷、厚朴、青皮各 25 克，草果、肉豆蔻、砂仁、木香、槟榔、枳壳各 20 克，甘草、生姜各 15 克，细辛 10 克。共研为细末，按每千克饲料 2 克饲料添加。

② 龙骨 150 克，牡蛎 150 克，党参 100 克，黄芪 100 克，鸡内金（炒）100 克，麦冬 50 克，白术（炒）50 克，山药 50 克，龟板（醋制）30 克，五味子（醋制）30 克，茯苓 30 克，大枣 30 克，甘草 30 克，乳酸钙 40 克，维生素 D 20 克，葡萄糖酸钙 40 克。混合粉碎，60 目过筛，按每天每千克体重 2～4 克混入饲料，连续饲喂 15 天。

六、预防措施

饲料原料要符合国家质量标准，饲料生产厂家应有磷酸钙盐、骨粉、石粉等矿物质生产许可证，对生产的成品同样也要进行氟含量的测定。停止使用氟含量不合格的磷酸氢钙，以贝壳粉及骨粉作为钙、磷来源代替磷酸氢钙。同时避免氟污染饲料和饮用水，严禁将含氟量很高的水源作为家禽的饮用水，饲料中使用植酸酶，可减少含氟磷酸钙盐的使用。

第七节
磺胺类药物中毒

一、病因特点

磺胺类药物是一类化学合成的抗菌药物，有着较广的抗菌谱与抗原虫作用，对某些疾病疗效显著，在我国畜禽疾病防治中广泛地使用此类药物。常用的磺胺类药剂分为两类：一类为肠道内易吸收的如磺胺嘧啶（SD）、磺胺二甲基嘧啶（SM2）、磺胺间甲氧嘧啶（SMM）、磺胺喹噁啉（SQ）和磺胺氧嗪（SMP）等；另一类为肠内不易吸收的如磺胺脒（SG）、酞磺胺噻唑（PST）、琥珀酰磺胺噻唑（SST）等。第一类药物比较容易引起急性中毒，且副反应比有些抗生素还要多，尤其是在治疗原虫时，用药量大或持续大量用药，或药物添加于饲料内混合不均匀等，都可能引起中毒。

二、临床症状

病仔鸡表现抑郁，羽毛松乱，厌食，增重缓慢，渴欲增加，腹泻，粪便为酱油色或者灰白色稀便。鸡冠苍白，有时头部肿大，呈蓝紫色。有的发生痉挛、麻痹等症状。成年母鸡产蛋量明显下降，蛋壳变薄且粗糙，蛋壳褪色，或者下软蛋。有的出现多发性神经炎和全身出血性变化。急性中毒的鸡，精神异常亢奋甚至惊厥，死亡前会不停地鸣叫、剧烈地挣扎。慢性中毒为蓄积性中毒，病鸡的症状主要表现为精神沉郁，食欲不振甚至食欲废绝，渴欲增强，有的会发生贫血，鸡冠呈苍白色，头部肿大，羽毛蓬乱。

三、剖检病变

首先观察到皮肤、肌肉和内部器官出血，皮下有大小不等的出血斑，胸部肌肉弥漫性出血，有的呈"刷状"出血，大腿内侧斑状出血。肠道、肌胃与腺胃有点状或长条状出血或有弥漫性出血斑点，盲肠内可能含有血液，腺胃和肌胃角质层下也可能出血。肾脏明显肿大，土黄色，表面有紫红色出血斑。输尿管增粗，并充满尿酸盐。肾盂和肾小管中常见磺胺类药物结晶。肝脏肿大，呈紫红色或黄褐色，表面有出血点或出血斑，胆囊肿大，充满胆汁。脾肿胀，有出血性梗死和灰色结节区。心肌有刷状出血和灰色结节区，心外膜出血。脑膜充血和水肿。骨髓变为淡红色或黄色。

四、诊断技巧

主要根据病史调查，是否应用过磺胺类药物，用药的种类、剂量、添加方式、供水情况、发病的时间和经过。还要现场观察临诊症状及病鸡剖检病理变化，进行综合分析即可得出诊断。慢性中毒心、肝等内脏器官表面覆盖有一层白色尿酸盐，肾脏高度肿胀呈浅粉红色，表面布满尿酸盐颗粒，输尿管增粗、充满白色尿酸盐。急性中毒主要表现为胸肌、腿肌出血和骨髓色泽的变化。磺胺类药物在病鸡组织内是稳定的，即使停药后仍然可在组织中残留几天，可通过检测肌肉、肾或肝中磺胺类药物含量进行诊断。临床还要和肾型传染性支气管炎、传染性法氏囊病、痛风进行鉴别。肾型传染性支气管炎也可见肾脏肿大、尿酸盐沉积等病理变化，但其呼吸道症状明显，病鸡伸颈张口呼吸、咳嗽、有气管啰音，剖检也无肌肉出血。传染性法氏囊病的许多症状与病变和8周龄以内磺胺类药物中毒鸡的症状与病理变化非常相似，肌肉出血、内脏病理变化无显著区别，只有通过法氏囊的病变可与之鉴别。痛风虽然也有输尿管扩张，肾、心、肝、腹腔浆膜表面有许多白色尿酸盐沉积，但其皮下和肌肉无出血病理变化。

五、治疗技巧

磺胺类药物中毒剂量较接近治疗量,养殖户在使用时仅凭经验随意加大剂量,而没有精确计算饲料和水的消耗量,易引发鸡群中毒。磺胺类药物急性中毒的最好治疗方法是减少用药剂量和用药次数,并采用对症疗法以缓和临床症状。4周龄以内雏鸡和产蛋鸡应避免使用磺胺类药物,使用时最好选用含有增效剂的磺胺类药物。1月龄以下的雏鸡和产蛋鸡多选用高效低毒的磺胺甲唑、磺胺喹噁啉、磺胺氯吡嗪等,严格控制磺胺类药物的用量,连续用药不得超过5天,用药期间务必供给充足的饮水。使用磺胺类药物时应适当提高饲料中维生素 K 和 B 族维生素的量。

1. 西兽药治疗

① 立即停药,供给充足的饮水。

② 饮水加 0.2% ～ 0.4% 的小苏打,每千克饲料中添加 200 毫克维生素 C、35 毫克维生素 K,连续应用 3 ～ 5 天,或直至症状消失。

③ 5% ～ 10% 葡萄糖饮水,每升葡萄糖饮水中,可再加入 200 毫克维生素 C,连续饮用 5 天。

④ 肾肿解毒药和维生素 C 分别进行饮水,上午用肾肿解毒药按照 0.2% 饮水,下午用维生素 C 按 0.1% ～ 0.2% 饮水,连续 3 天。

2. 中兽药治疗

① 甘草 1000 克,煎煮成 2000 毫升药液,按每天每千克体重 2 克原生药量,分早晚两次混水饮服,连服 2 ～ 3 天。

② 车前 1000 克,煎煮成 2000 毫升药液,按每天每千克体重 2 克原生药量,分早晚两次混水饮服,连服 2 ～ 3 天。

③ 生地黄 200 克,延胡索 100 克,车前 300 克,大叶金钱草 200 克,甘草 200 克。混合煎煮成 2000 毫升药液,按每天每千克体重 2 克原生药量,分早晚两次混水饮服,连服 3 ～ 5 天。

六、预防措施

不同磺胺类药物的适应证、治疗剂量不尽相同。为了防止磺胺类药物引起鸡群中毒,应根据病情准确选择敏感药物,并严格掌握用药剂量、疗程。治疗肠道疾病(如球虫病等),应选用肠内吸收率较低的磺胺类药物。使用磺胺类药物时,配合使用利尿保肾的药物或 0.2% 小苏打,用药期间务必供给充足的饮水,以利于尿酸盐排泄和调解肾脏功能正常运行。

第八节
庆大霉素中毒

一、病因特点

庆大霉素属氨基苷类抗生素，对肾脏有损害作用，应用过量会引起肾脏损害，造成尿酸盐在体内蓄积。尤其是注射后机体吸收快，用量过大对肾脏损害更为严重。家禽应用庆大霉素有严格的剂量规定，每天每千克体重口服剂量超过40毫克极有可能中毒。因此在使用庆大霉素时，一定要准确掌握用量，谨防中毒。

二、临床症状

羽毛松乱，精神沉郁，呆立，食欲下降或绝食。喜饮水，排水样稀粪或白色尿酸盐稀粪。伸颈，张口喘息。稍后即出现神经症状，表现为全身颤抖，两腿劈叉，颈部后仰，随即蹬腿挣扎，倒地而死。

三、剖检病变

肝脏肿大，质脆，呈紫黑色。肠道臌气，肠黏膜严重脱落。肾脏肿大、质地易碎，用手一碰即碎，整个肾脏呈花斑状，输尿管扩张，其内充满白色石灰样物质。有的心、肝、脾、肠系膜以及气囊等处有尿酸盐沉积。

四、诊断技巧

肌内注射庆大霉素中毒常常发病迅速，病情严重，死亡极快，可见口流黏涎，皮下水肿。口服中毒则多见于肝脏和肾脏损害，肾脏肿大、输尿管扩张，尿酸盐沉积。根据这些特点，参考用药情况，即可作出诊断。

五、治疗技巧

临床使用庆大霉素应严格按说明规定剂量用药，不能随意加大剂量或超量应用。庆大霉素中毒造成雏鸡尿路不利，甚则阻塞不通。所以，在发生药物中毒时，应停止一切用药，以保肝、利尿、促进排泄为治疗原则。临床常选用肾肿解毒类、葡萄糖、肾宝、维生素C等药物。

1.西兽药治疗

① 立即停药，供给充足的饮水，5%葡萄糖全群饮水，并在水中加2倍量的

电解多维。

②5%葡萄糖、0.2%维生素 C 饮水，连用 3 天。

2. 中兽药治疗

①服用甘草水可进行一般解毒，同时配合车前水，可促使尿酸盐排出鸡体。

②黄檗 150 克，车前 150 克，土茯苓 150 克，萆薢 100 克，苍术 100 克，薏苡仁 100 克，丹参 100 克，牛膝 50 克，虎杖 50 克，威灵仙 50 克。混合冷水浸泡 2 小时，煎煮 2 次，每次 2 小时，分别过滤药液，按每天每千克体重 1 ～ 2 克原生药量，混水饮服，连服 7 天。

六、预防措施

使用庆大霉素一定要准确掌握用量。临床参考饮水用量为每天每千克体重 10 ～ 15 毫克，超过这个用量就容易引起中毒。

~≈⊹ 第九节 ⊹≈~

痢菌净中毒

一、病因特点

痢菌净为广谱抗菌药，对革兰阴性菌、革兰阳性菌、密螺旋体等都有较强作用。鸡对该药较为敏感，尤其是雏鸡，如果不按说明规定剂量使用，或计量不准、用药剂量过大、搅拌不均匀等可引起中毒。尤其在用原粉饮水时，由于该药在水中的溶解度较低，易沉淀，最后饮痢菌净浓度太高的水就可能发生中毒。痢菌净价格低廉，杀菌效果也比较好，使用时间有的在 5 天甚至更长，这样就可能造成蓄积性中毒。有些含有痢菌净的兽药不注明痢菌净成分，养鸡户重复使用而发生中毒。痢菌净中毒造成的死亡持续时间很长，经过解毒处理的鸡群死亡可持续 10 天左右，未经解毒处理的鸡群死亡可长达 2 ～ 4 周。痢菌净中毒造成的死亡率有时很高，可达 20% ～ 40%，有的死亡率甚至在 90% 以上，鸡日龄越小越敏感，损失也越大。

二、临床症状

病鸡精神沉郁，羽毛松乱，采食减少或废绝，喜饮水，鸡冠发绀，头部皮肤呈暗紫色，排淡黄色、灰白色水样稀粪。个别雏鸡发出尖叫声，乱飞、乱跳，腿软无力，步态不稳，有的头后仰，扭颈、旋转，神经症状明显，最后倒地，两翅下垂，肌肉震颤，部分鸡瘫痪，逐渐发展成头颈部后仰，弯曲，角弓反张、抽搐倒地而死。死亡率多在 5% ～ 15%，但死亡持续的时间较长，可持续到 15 ～ 20 天。产蛋鸡中毒时，卵巢充血，卵泡萎缩，内容物呈胶冻状。

三、剖检病变

尸体脱水，肌肉呈暗紫色，腺胃肿胀，乳头暗红色出血，肌胃皮质层脱落出血、溃疡。肝脏肿大，呈暗红色，质脆易碎。肾脏出血，心脏松弛，心内膜及心肌有散在性出血点。肠道黏膜弥漫性充血，整个小肠肠管充血发红并有出血点或出血斑，有的呈弥漫性出血，严重的呈环状出血斑。腺胃肿胀、有陈旧性坏死，腺胃与肌胃交界处有陈旧性溃疡面，呈褐黑色。肠腔空虚，小肠前部有黏稠淡灰色稀薄内容物，泄殖腔严重充血。如果是产蛋鸡中毒，腹腔内有发育不全的卵黄掉入及严重的腹膜炎症。

四、诊断技巧

痢菌净中毒具有喙部发绀、站立不稳、头后仰等神经症状和肾脏充血、出血等特征性病理变化，再结合有饲喂痢菌净史、死亡率直线上升的特点，可确诊为痢菌净中毒。临床上应注意痢菌净中毒与新城疫、禽流感、传染性法氏囊病等的鉴别诊断。新城疫外观常表现呼吸道症状，剖检可见腺胃乳头出血，盲肠扁桃体肿大出血，整个肠道，尤其是十二指肠出血严重并伴有枣核状溃疡灶；而痢菌净中毒则无呼吸道症状且肠道出血，溃疡多为陈旧性的。传染性法氏囊炎剖检可见法氏囊显著肿大、腺胃与肌胃交界处有带状出血，并伴有胸肌和腿肌刷状出血，而痢菌净中毒则没有该病变。禽流感与痢菌净中毒都有心冠脂肪出血、心内膜和心外膜出血；但禽流感胰脏有出血点、透明坏死点，严重者边缘有出血线，而痢菌净中毒没有。痢菌净中毒与其他药物中毒不同之处是病程长，停药后至少 5 ～ 7 天也会有死亡。其他药物中毒停药后症状很快消失，死亡随即停止。

五、治疗技巧

鸡痢菌净中毒无特效解毒药，鸡群一旦发生中毒，应立即停止饲喂超量添加痢菌净的饲料和饮水，并将饮水器、食槽内剩余的饲料和饮水倒掉，用清水洗净。已出现神经症状和瘫痪的病鸡予以淘汰。痢菌净中毒有明显的蓄积性，在鸡体内蓄积到一定程度才发生死亡。临床常见喂含药饲料和饮水期间不发生死亡，而停喂后反而死亡增加，持续时间一般都在 10 ～ 15 天，所以治疗时，注意给药疗程要稍长一点，或根据发病情况采取间歇式给药方法。雏鸡不适合使用痢菌净，尤其是小于 10 日龄的雏鸡，即使没有超剂量应用，也会发生中毒或影响生长发育。

1. 西兽药治疗

① 中毒鸡群使用 5% 葡萄糖和 0.04% 的维生素 C 饮水，连用 3 天。

② 每 50 千克饲料中加维生素 A、维生素 D_3 粉、含硒维生素 E 粉各 50 克，拌料，连喂 5 ～ 7 天。或在饮水中加复合维生素制剂，连用 3 天。

③ 车前煮水加适量小苏打饮水，可促进药物排泄，同时用甘草、葡萄糖水进行一般解毒，每升水中还可添加 200 毫克维生素 C，连用 3 ～ 5 天。

④ 黄芪多糖每千克体重 0.2 克、维生素 C 每千克体重 0.05 ～ 0.1 克，按水量的 5% 混入多维葡萄糖，连续饮水 5 天。

⑤ 0.2% 的碳酸氢钠、5% 葡萄糖饮水，连用 5 ～ 7 天。饲料中同时投喂相当于营养需要 3 ～ 5 倍的复合维生素或 0.2% ～ 0.4% 的维生素 C，连用 7 天。

2. 中兽药治疗

① 茶叶、甘草、白扁豆各 20 克，绿豆 250 克，混合研末，每千克饲料 12 克拌料，连用 4 ～ 6 天。

② 野菊花、金银花各 100 克，合欢花、丹参、黄芩、甘草、茵陈各 60 克，绿豆衣、天花粉、黄连各 50 克，黄檗 40 克，大黄、牵牛子各 30 克。混合诸药，冷水浸泡 2 小时，煎煮 2 次，每次 2 小时，过滤药液，按每千克体重 2 克原生药量混水饮服，连续 7 天。

③ 柴胡 100 克，金钱草 300 克，栀子 150 克，白芍 200 克，木香 50 克，硼砂 200 克，混合冷水浸泡 2 小时，煎煮 2 次，每次 2 小时，过滤药液，按每千克体重 2 克原生药量混水饮服，连续 7 天。应用中药的同时可配合西兽药治疗。

六、预防措施

喹噁啉类药物中毒后呈不可逆中毒，鸡群即使恢复正常，生长发育也会受到严重阻碍。鸡的正常口服用量为每天每千克体重 5 ～ 10 毫克，若大于此剂量，或长时间饲喂即会出现中毒反应。正确使用痢菌净，禁止过量添加，正常用量要控制在 0.008% ～ 0.01%，并采取五级拌料方法，药物进行 5 倍稀释，确保混合均匀，避免发生中毒。当连续用药 2 ～ 3 天后，痢菌净用量要减少至 0.005%，再应用 2 ～ 3 天。

❦ 第十节 ❦
黄曲霉毒素中毒

一、病因特点

饲料、垫料霉变是鸡黄曲霉毒素中毒的主要因素。黄曲霉毒素是黄曲霉菌的代谢产物，广泛存在于各种发霉变质的饲料、垫料中。黄曲霉菌属于真菌，广泛存在于自然界中，在温暖潮湿的环境中容易生长繁殖，产生黄曲霉毒素。花生、玉米、黄豆、棉籽等作物及其副产品最易感染黄曲霉。鸡食入这些发霉变质的饲料后即可引起发病。黄曲霉毒素的毒性相当于氰化物的 100 倍。它在正常的饲料和食物中相当稳定，对漂白粉敏感。目前已发现的黄曲霉毒素及其衍生物有 20 多种（如 B1、B2、G1、G2 等），其中 B1 的致癌性最强。

二、临床症状

2～6 周龄的雏鸡对黄曲霉毒素最敏感，很容易引起急性中毒。病鸡表现精神不振，食欲减退，嗜睡，贫血，生长发育缓慢，色素不能正常沉着，冠苍白，翅下垂，腹泻，粪便中混有血液，抗病力大大降低，共济失调，角弓反张，最后衰竭而死。最急性中毒者，常没有明显症状而突然死亡。大鸡中毒以慢性为主，精神委顿，运动减少，食欲不佳，羽毛松乱，开产期推迟，产蛋量减少，蛋小，蛋的孵化率降低。中毒后期鸡有呼吸道症状，伸颈张口呼吸，少数病鸡有浆液性鼻液，最后卧地不起，昏睡，最终死亡。

三、剖检病变

十二指肠肿大，充满卡他性内容物。主要病变在肝脏，急性中毒的雏鸡可见肝脏肿大，色泽变淡，呈黄白色，表面有出血斑点，胆囊扩张。肾脏苍白稍肿大。胸部皮下和肌肉常见出血。成年鸡慢性中毒时，剖检可见肝脏萎缩变小，质地变硬，色泽变黄，肝脏中可见到白色小点状或结节状病灶，中毒时间在 1 年以上的，可形成肝癌结节。心包积液，皮下有胶冻样渗出物，有的鸡腺胃肿大，鸡肌肉苍白，胸部、腿部皮下出血，腹腔有积水。肾肿大、充血、出血、变性（图 186～图 188）。

鸡病巧诊治全彩图解

图186 肠系膜霉菌结节　　图187 腹腔霉菌结节　　图188 肌胃霉菌黑褐色

四、诊断技巧

根据本病的流行特点、特征性剖检变化、临床症状，结合血液化验和检测饲料发霉情况，可作出初步诊断。确诊则需对饲料用荧光反应法进行黄曲霉毒素测定。

五、治疗技巧

发现鸡群有中毒症状后，立即对可疑饲料和饮水进行更换。目前对本病尚无特效药物，只能对症治疗。

1. 西兽药治疗

① 5% 葡萄糖水给鸡饮用，有一定的保肝解毒作用。高锰酸钾水，灌服，可破坏消化道内毒素，以减少吸收。同时对鸡群加强饲养管理，有利于鸡的康复。

② 硫酸钠每天每只 5～10 克，分 2 次内服，并给予大量饮水。或硫酸镁 5 克，一次内服。

③ 制霉菌素 3 万～4 万国际单位，混于饲料中一次喂服，连喂 1～2 天。

2. 中兽药治疗

① 防风 150 克，绿豆 100 克，甘草 30 克。煎汤加白糖饮水，连喂 1～2 天。

② 茵陈、栀子、大黄各 20 克。水煎去渣，待凉后加葡萄糖 30～60 克、维生素 C 0.1～0.5 克，混合饮水，连喂 1～2 天。

③ 鱼腥草 50 克，蒲公英、金银花各 30 克，盘骨草、桔梗、穿心莲、龙胆、大黄、黄檗、甘草各 20 克，山海螺 10 克，粉碎按 0.5% 比例拌料，投喂 2～3 天即可。

六、预防措施

为了防止本病发生，主要措施是做好饲料保管工作，仓库注意通风换气，防潮。玉米等作物收割后应充分晾晒，使之尽快干燥。坚决不用发霉变质饲料喂鸡。饲料仓库若被黄曲霉菌污染，最好用福尔马林熏蒸或用过氧乙酸喷雾，才能杀灭霉菌孢子。凡被毒素污染的用具、鸡舍、地面，用2%次氯酸钠消毒，中毒死亡的鸡和其内脏、排泄物等要妥善处理，以防二次污染饲料和饮水。

第十一节
棉籽饼中毒

一、病因特点

棉籽饼中含有多种有毒的棉酚色素等有毒物质，但在棉籽加工过程中，绝大部分棉酚同蛋白质结合而失去毒性，余下 0.02% ～ 0.04% 的游离棉酚具有毒性。对于鸡来说，饲料中少量含有并不影响鸡的生长和生产性能，但是如果鸡饲料中棉籽饼含量超过10%，且持续较长时间，就可造成蓄积过多，引起慢性中毒。棉籽饼发霉变质后能引起游离棉酚含量的升高使毒性增大。棉酚是一种嗜细胞性、血管性和神经性毒物，对组织有刺激作用，能引起组织发炎，增强血管壁的通透性，促进血浆和血细胞渗到外围组织，使受害的组织发生浆液性浸润和出血性炎症。棉酚又称绝育酚，能引起生殖功能衰退，阻止卵子和精子发育，故引起鸡群产蛋量大幅度下降或停产。

二、临床症状

中毒鸡采食量减少，体弱，四肢无力，体重下降。排黑色稀粪，常混有黏液、血液和脱落的肠黏膜。呼吸衰竭，贫血，伴有维生素 A 和钙缺乏的症状。母鸡产蛋减少或停产，种蛋孵化率降低，蛋的品质下降，蛋壳颜色变浅，畸形蛋增多，蛋存放时间稍长，蛋白和蛋黄即出现粉红色或青绿色等异常颜色，煮熟的蛋黄较坚韧且稍有弹性，称之为"橡皮蛋"。公鸡精子活力降低，数量减少。严重中毒的病鸡抽搐，衰竭而死。

三、剖检病变

剖检可见血液稀薄，血液颜色变淡，呈浅红色。胸腹腔积有淡红色渗出液。

心包积液，心肌柔软无力，心外膜有出血点。胃肠黏膜有出血点或出血斑。肝脏充血、肿大，颜色发黄，质地变硬，胆囊萎缩，胆汁浓稠；肾紫红色，质地变脆；肺脏充血、水肿。产蛋鸡卵泡膜充血、出血，有的卵泡萎缩发育不良。

四、诊断技巧

根据特征性症状和病理变化，结合有过量或长期饲喂棉籽饼的病史，可作出诊断。对产蛋鸡，可通过检测鸡蛋蛋白和蛋黄是否有粉红色或青绿色等异常颜色、煮熟的蛋黄是否是"橡皮蛋"等，可以确诊。

五、治疗技巧

蛋鸡群一旦棉籽饼中毒，应立即停喂含有棉籽饼的饲料，加喂硫酸亚铁，清除棉酚对机体的毒害作用，再加喂维生素 E，以促进产蛋性能的恢复。

1. 西兽药治疗

① 对于已中毒的鸡群，应立即停喂可疑饲料，换成含有 0.5% 硫酸亚铁的饲料，连喂 3～5 天。

② 0.5% 硫酸亚铁饮水，连用 3 天后改为 0.3% 硫酸亚铁继续饮用 10 天。同时每千克饲料中可添加 40 毫克维生素 E，连用 1 周后，降至 5～10 毫克，再连续应用 1～2 周。

③ 严重病鸡或小群病鸡可采取注射法，1% 阿托品注射液，0.1～0.25 毫克，分点皮下注射。或维生素 C 50～125 毫克，一次肌内注射。

2. 中兽药治疗

① 生甘草 100 克，绿豆 100 克，混合水煎，按每千克体重 2 克原生药量混水饮服，至愈为止。

② 茵陈、金银花、滑石、甘草各 100～300 克，绿豆 500～1000 克，混合水煎，按每千克体重 2 克原生药量混水饮服，连续 7 天。

六、预防措施

4 周龄以下的雏鸡不饲喂棉籽饼，4 周龄以上的雏鸡饲料中所占比例以 2%～3% 为宜，肉鸡和育成鸡不超过 6%。棉籽饼最好经过脱毒处理后再配入饲料内，经过去毒处理的棉籽饼也不能超过 10%，尤其 18 周龄以后及整个产蛋期少喂为好。长期饲喂棉籽饼，棉酚在鸡体内有蓄积作用，因此，种鸡在产蛋期间不宜使用棉籽饼。

第十二节
菜籽饼中毒

一、病因特点

菜籽饼中含有多种氨基酸、维生素和某些微量元素（如硒等），是一种营养丰富的蛋白质饲料资源；但菜籽饼中含有一定的有毒成分，限制了它的充分利用，主要有毒成分来源于种子内的硫代葡萄糖苷。硫代葡萄糖苷是一类结构相近、本身无毒的物质，不同种的硫代葡萄糖苷在天然存在的黑芥子硫苷酸酶的作用下水解，分别产生噁唑烷硫酮、异硫氰酸盐，在某些条件下还可产生各种腈类对畜禽产生毒害，尤以腈的毒性最强。这些有毒物质单一作用时损害轻，综合作用时损害严重，不仅能抑制动物的生长发育，导致发育迟缓而且还影响肾上腺皮质、脑垂体和肝脏。少量芥子碱与鞣酸，导致饲料的适口性差，并对消化道产生刺激，长期饲喂可破坏消化道黏膜，影响营养吸收，引起畜禽慢性中毒。

二、临床症状

鸡急性、亚急性中毒时，常突然仰卧倒地，肌肉痉挛，角弓反张，双翅扇动，鼻孔流出泡沫状血液或流涎，冠、髯苍白，冠齿基部呈淡紫色，迅速死亡。临死时，频频排粪，偶见混有血液。慢性中毒时，冠、髯苍白或淡红色，冠、髯淡红色时，冠的色彩不均，基部大多色更淡。腹下有大量干涸粪便表面附有稀薄黏液或湿粪。产软壳蛋、破蛋，蛋壳表面粗糙而且厚薄不均，易碎裂，有的蛋有鱼腥味。受惊扰或产蛋时，常突然倒地抽搐，内脏血管破裂，冠、髯苍白，迅速死亡，俗称"白冠病"者，多为此型。幼雏以贫血和肠炎为主要临床症状，长期贫血引起生长迟缓，羽毛粗乱易折断，缺乏光泽。

三、剖检病变

鸡急性、慢性中毒时，因致死性出血而死。最易出血的器官是肝脏，常见肝被膜下，实质内有大小、形态各异的血肿。其次是肺血管的出血，肺、气管与胸腔内都可有凝血块或血色泡沫状液体。肾、心、脾、脂肪、皮下、浆膜与黏膜面上，亦密布出血斑点。消化道内出血少时，粪便无色彩变更，如弥漫性出血时，粪便呈红色并有凝血块出现。一些病例的其他器官内，也有为数较少、个体较小的血肿存在。成年鸡与雏鸡中，有 25% ～ 30% 的呈现纤维素性心包炎。腹腔有积液，

鸡病巧诊治全彩图解

色淡黄清亮。

四、诊断技巧

中毒鸡最初的症状表现为食欲减退，采食量减少，生长发育缓慢。粪便干硬或稀薄，混有血液等异常变化。成年母鸡产蛋量减少，蛋重变小，软壳蛋增多，褐色蛋有鱼腥味，种蛋的孵化率下降。随后出现呼吸困难，鼻流泡沫状物，腹泻，粪中带血。病理变化主要是肝被膜下，实质内有大小、形态各异的血肿，甲状腺肿大，胃肠黏膜充血或出血，肾肿大。根据这些临床特点和病理变化，结合对饲料的检查，可以确诊。

五、治疗技巧

菜籽饼中毒主要损害胃肠道、肝脏、心血管系统等，用维生素C和高渗糖对病鸡进行治疗效果良好。一旦确诊为菜籽饼中毒，立即停喂配有菜籽饼的饲料，让鸡群饮饱和蔗糖水，或5%多维葡萄糖水，每只鸡每日喂250毫克维生素C，连用4天。

1. 西兽药治疗

① 硫酸钠40.0克，碳酸氢钠8克，鱼石脂1克，加水1000毫升，按每千克体重2～4克原生药量，混水饮服，连服3～5天。

② 发现中毒立即停喂含有菜籽饼的饲料，饮用5%葡萄糖水，每千克饲料中添加600～800毫克维生素C，连续7天。

2. 中兽药治疗

① 龙胆泻肝散，每天每只鸡1～2克拌料，连续7天。

② 绿豆1000克，甘草500克，山栀200克，加水适量，浸泡1小时，煮沸30分钟，按每千克体重2克原生药量，再加葡萄糖，配成含葡萄糖5%的溶液饮水，连续5～7天。

六、预防措施

雏鸡不宜饲喂含有菜籽饼的饲料，1月龄以后的鸡，菜籽饼在饲料中所占的比例以不超过5%为宜。此外，严格执行限量饲喂方法，产蛋鸡不要超过5%，生长鸡不要超过7%～10%，而且使用时应逐渐增加。生产实践中，常将菜籽饼与其他饼类或动物性蛋白质饲料混合饲喂，既可满足鸡对蛋白质的全面需要，又可降低各种饼粕在日粮中的配比而避免发生中毒现象。

第十三节
马杜拉霉素中毒

一、病因特点

马杜拉霉素是一种聚醚类离子载体型抗生素，广谱高效，耐药性小，治疗鸡球虫病疗效高、用量少，应用愈来愈广泛。但该药的治疗安全范围较窄，有效剂量和中毒剂量十分接近，临床推荐的马杜拉霉素有效剂量是每千克饲料 5 毫克，对鸡的增重、生长发育和饲料报酬无明显影响。没有预防量和治疗量之分，安全系数仅为 1 ～ 1.1，所以马杜拉霉素使用剂量超过每千克饲料 6.5 毫克就有可能发生中毒。因此，用药不当极易引起鸡群中毒。

二、临床症状

马杜拉霉素中毒后发病迅速，采食含药饲料后，8 ～ 20 小时即可观察到中毒症状，最早死亡的均是体况良好、生长较快的鸡。急性中毒的鸡，惊叫、乱飞乱跑，口流黏液，可能出现观星状和扭颈等神经兴奋症状。呼吸加深加快，进而表现行走无力、摇摆。眼窝塌陷，水样腹泻，或排白色、黄绿色稀便。慢性中毒鸡群，饮欲增强，食量减少，拉绿色稀粪或水样粪便，消瘦，脚爪皮肤干燥呈暗红色，单侧或两侧翅膀下垂，两腿无力，行走困难。

三、剖检病变

急性中毒鸡嗉囊内蓄积稀薄的食物。肝脏肿大、瘀血，呈褐色。腺胃黏膜脱落、内容物发绿，十二指肠充满黄白色或带血色的粥样内容物，黏膜脱落，黏膜呈弥漫性充血，而肌肉出血现象不明显。肾脏肿大、瘀血。心外膜上出现不透明的纤维素斑。慢性中毒病例主要为胸肌、腿肌出血。肝、肾轻度肿大，呈暗红色。小肠充血。

四、诊断技巧

马杜拉霉素中毒的诊断主要根据用药史、特征性临床症状（如厌食、腹泻、乏力等）和剖检变化等进行综合诊断。但要注意与维生素 E- 硒缺乏的营养性鸡病相鉴别。马杜拉霉素中毒的主要症状是软脚、瘫痪，侧卧地面，但其他一些疾病也可引发类似症状，如鸡的慢性新城疫、饲料中高氟磷酸钙盐中毒等，且后两种疾病也是体况良好的鸡先出现，应比较鉴别，尤其应注意与慢性马杜拉霉素中毒加以区别。临床首先确定发病鸡群有使用马杜拉霉素超剂量或几种抗球虫药合用史，而且用药后发病，以两腿瘫软和肌肉出血为特征。根据这些特征即可初步作出临床诊断。确诊可做回归实验，将剩下的未吃完的饲料喂给2只健康鸡，如果短时间出现症状甚或死亡，即可确诊。

五、治疗技巧

马杜拉霉素类中毒无特效解毒药。治疗原则以停止继续饲喂含药饲料，排毒、保肝、补液和调节机体钾离子、钠离子平衡为主。维生素E或亚硒酸钠，可以降低聚醚类离子载体抗生素对动物的毒性作用，在临床实践中可在饲料中添加维生素E或亚硒酸钠，以减轻毒性作用，在治疗已经中毒病鸡时，可注射相关制剂。

1. 西兽药治疗

① 立即停用含有马杜拉霉素等药物的饲料，饮水中添加5%葡萄糖和0.05%～0.1%维生素C。症状较重的鸡可用人用输液管灌服，每天2次，一般停药后5天左右鸡群便可恢复正常。可交替使用肾肿解毒灵。

② 每升水中加入2克高效速补或多种维生素、50克白砂糖或葡萄糖，连续饮用3～5天。饲料中可混入复合维生素B或维生素B_{12}，连续饲喂10～15天。

③ 每升水加250克口服补液盐、50克兽用多维葡萄糖粉、20克肾肿解毒药饮服，连续3～5天。

2. 中兽药治疗

① 甘草400克，绿豆1000克，白芍100克，山楂150克，车前100克，白茅根250克。先将绿豆用温水浸泡1小时，其余5味药洗净浸泡2小时，混合煎煮10分钟，过滤药液，再加水煎煮约1小时，混合2次药液，按每千克体重2～4克原生药量混水饮服，连续3～5天。

② 绿豆600克，甘草200克，红糖200克。绿豆、甘草分别冷水浸泡2小时，绿豆煎煮10分钟后滤汁备用，再另加水煎煮甘草2次，每次约2小时，将其滤液混入备用绿豆汁中，并加入红糖混匀。按每千克体重5克原生药混水饮服，连续3～5天。

六、预防措施

马杜拉霉素对家禽球虫病有很好的防治作用，但其安全范围小，使用时一定要严格按规定量应用，即以每千克饲料 5 毫克纯品拌料，且必须混匀（量小时不易拌和均匀，应特别注意），如每千克饲料超过 6 毫克，即有发生中毒的危险。饲料厂家如在饲料中使用马拉霉素等药物时，应在标签或包装袋上注明，以免用户重复用药，造成中毒。马杜拉霉素不与其他聚醚类药物同时使用，选用红霉素、泰妙菌素、磺胺类药物治疗某些疾病时，饲料中应避免添加马杜拉霉素，以避免增加毒性而发生中毒。

第十一章
鸡的其他疾病诊治技巧

第一节
腺　胃　炎

一、病因特点

鸡腺胃炎是一种以鸡生长不良、消瘦、整齐度差，腺胃肿大如乳白色球状、黏膜溃疡、脱落，肌胃糜烂为主要特征的一种传染性综合征。其病原多呈垂直传播或经污染的马立克疫苗或鸡痘疫苗传播，在良好的饲养管理条件下无临床表现或发病很轻；而当有发病诱因时，鸡群则表现出腺胃炎的临床症状，且诱因越重越多，腺胃炎的临床症状表现越重。诱因似乎起了一个"开关"作用，故也称"开关"式疾病。7～10日龄雏鸡易感，育雏室温度较低的鸡群更易发病。继发大肠杆菌、支原体、新城疫、球虫病、肠炎等疾病时，死亡率大幅上升。饲料粗纤维含量高，蛋白质低、维生素缺乏、动物性饲料储存不当产生的生物胺、霉菌毒素等，都是本病发生的诱因。鸡腺胃炎的发生还和传染性疾病因素有关，尤其是眼型鸡痘（以瞎眼为特征的），是腺胃炎发病很重要的原因。临床发现，北方每年秋季，很多鸡群都是先发生鸡痘，后又继发腺胃炎，造成很高的死亡率，并且药物治疗无效。传染性支气管炎、传染性喉气管炎、各种细菌、维生素A缺乏或通风不良引起的眼炎，都会导致腺胃炎。一些垂直传播的病源或污染了特殊病原的马立克病疫苗，很可能是该病发生的主要病源，如鸡网状内皮组织增生病、鸡贫血因子等。

二、临床症状

病鸡初期表现精神沉郁，缩头，翅下垂，羽毛蓬乱不整，采食及饮水减少。

鸡生长迟缓或停滞，体重增重停止或逐渐下降，有的鸡体重仅为正常鸡的50%或更少。鸡体苍白，极度消瘦，饲料转化率降低，粪便中有未消化的饲料。有的鸡有流泪、眼肿及呼吸道症状，排白色或绿色稀粪。病死鸡全身消瘦或发育不良，多肌肉苍白松软，有的眼部肿胀，眼周围形成近似圆形的肿胀区，眼角有黏液性、脓性物，有的在眶下窦有干酪样物。口腔、咽喉和气管黏膜上有黄白色干酪样伪膜，有恶臭，不易剥脱。有的病鸡还骨质疏松。

三、剖检病变

特征性病变为腺胃肿大如球状，外观似乒乓球状，有半透明感，呈乳白色。腺胃壁增厚、水肿、发硬，指压可流出浆液性液体，黏膜肿胀变厚，腺胃壁切面外翻，乳头基部粉红色，或周边出血、溃疡（图189～图191）。有的乳头已融合，界限不清。后期乳头穿孔或溃疡、凹陷，消失。肌胃瘪缩，边缘苍白有裂缝，角质层呈黄色或黑绿色或黑色，角质层糜烂，不易剥离。胸腺、脾脏、法氏囊萎缩尤为突出。部分病鸡肾肿大，有尿酸盐沉积。泄殖腔膨大，有不同程度的出血，内有黄白色或绿色稀粪。肠壁肿胀、充血、呈暗红色，肠壁切面外翻，后期黏膜脱落，肠道有不同程度的出血性炎症，内容物为含大量水的食糜。个别病死鸡的盲肠扁桃体肿大出血，十二指肠轻度肿胀，空肠和直肠有不同程度的出血。胰腺肿大有出血点或胰腺萎缩，色泽变淡。但心脏、肝脏、呼吸道等部位无明显的肉眼可见病变。

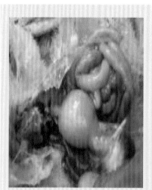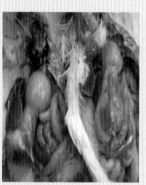

图189～图190　腺胃炎病鸡腺胃球状外观

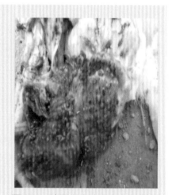
图191　腺胃炎病鸡腺胃出血溃疡

四、诊断技巧

本病的主要临床症状和病理变化为逐渐消瘦，食欲下降甚至废绝，腺胃肿胀、腺胃乳头变平，肌胃糜烂、溃疡、肌胃角质层和肌肉层之间有白斑等。临床发现鸡采食慢、排饲料便、逐渐消瘦，但死亡率不高，久治不愈，临床可根据以上典型症状和病理变化作出初步诊断。但混合感染的鸡群很容易误诊，要特别注意与肾型传染性支气管炎、新城疫、马立克病、法氏囊病、饲料中毒等鉴别诊断。肾型传染性支气管炎和腺胃炎发病初期临床症状基本一致，只有通过剖检进行鉴别。肾型传染性支气管炎肾脏肿大苍白，外表呈槟榔花斑状，输尿管变粗，切开有白色尿酸盐结晶。新城疫多呈急性、全身性败血经过，病鸡有典型的单侧翅、腿瘫痪和伏地扭颈等神经症状，除腺胃乳头有病变外，喉头、气管、肠道、泄殖腔均有出血。而腺胃炎主要表现为患病鸡生长迟缓、消瘦，病死鸡除腺胃壁水肿增厚外，其他器官病变少见。腺胃型马立克病主要发生于性成熟前后，病鸡以呆立、厌食、消瘦、死亡为主要特征，腺胃肿胀一般超出正常的 2 ～ 3 倍，且腺胃乳头周围有出血，乳头排列不规则，内膜隆起，有的排列规则，除可见腺胃肿胀外，其他内脏器官（如肝、肺、肾、卵巢等）也可见灰白色肿瘤；而腺胃炎发病日龄远远早于腺胃型马立克病的发病日龄，腺胃肿胀是腺泡肿胀而不是肿瘤，其他器官也无肿瘤或肿胀病变。饲料中毒引起的腺胃肿大，剖检时胃内有黑褐色、腐臭气味的内容物，也可以通过检查饲料质量进行鉴别。传染性法氏囊病多在 30 日龄左右发生，肌肉出血、腺胃与肌胃交界处出血、法氏囊肿胀、皱褶水肿出血、内有浆液性渗出物等表现，腺胃炎则无这些变化。

五、治疗技巧

鸡腺胃炎是多种因素综合作用诱发的疾病，可分为非传染性因素和传染性因素，所以治疗时要搞清楚造成鸡发生鸡腺胃炎的主要原因。非传染性因素中，霉菌毒素最受关注。传染性因素中，与传染性支气管炎、黏膜型鸡痘、传染性法氏囊病关系密切。因此治疗时需要细心诊断，确定病因，有针对性地消除病因，对症治疗，才能收到较好的效果。采用西兽药治疗的同时，配合应用清热解毒类中药、提高免疫力的黄芪多糖或紫锥菊制剂等可提高疗效，饲料中添加 3‰ 的小苏打可增加肌胃的消化能力，有助于恢复健康。如果确诊为霉菌毒素造成的腺胃炎，可在饲料中添加 0.02% 制霉菌素，或用 0.05% 硫酸铜饮水。

1. 西兽药治疗

① 西咪替丁每千克饲料 2 片拌料，或用雷尼替丁，每千克饲料 1 片拌料，连续 7 天。

② 黄芪多糖每天每千克体重 0.1 ～ 0.2 克，硫氰酸红霉素，每天每千克体重 20 毫克，混合饮水，连续 7 ～ 10 天。

③ 饮水中添加复合维生素 B，同时每千克体重每次 5 万单位青霉素钾盐（或头孢类）集中渴饮（2 小时内饮完）。

④ 1% 葡萄糖、0.2% 小苏打饮水，连续 3 ～ 4 天。饲料中可添加 0.05% ～

0.1% 鱼肝油、2% 腐殖酸钠，连续饲喂 7 ～ 10 天。

2. 中兽药治疗

① 碳酸氢钠 50 克，龙胆、黄檗、麦芽各 30 克，陈皮 25 克，知母、厚朴、大黄、山楂、神曲各 20 克。粉碎为末，每天每千克体重 2 克。

② 清解和剂，每千克体重 1 ～ 2 毫升饮水，连续 7 天。

③ 附子 100 克，肉桂 50 克，苍术 100 克，白术 150 克，蒲公英 150 克，白及 150 克，车前 100 克，枳壳 50 克，陈皮 50 克，升麻 40 克，炙甘草 60 克。诸药混合，冷水浸泡 2 小时，煎煮 2 次，每次 2 小时，混合 2 次滤液，按每天每千克体重 2 克原生药量混水饮服，连续 10 ～ 15 天。

④ 丹参 100 克，党参 200 克，白术 150 克，白及 150 克，山楂 150 克，麦芽 150 克，炙甘草 100 克。诸药混合，冷水浸泡 2 小时，煎煮 2 次，每次 2 小时，混合 2 次滤液，按每天每千克体重 1 ～ 2 克原生药量，混水饮服，连续 7 ～ 10 天。

⑤ 苍术 250 克，厚朴 150 克，山楂 150 克，炙甘草 150 克，陈皮 100 克，生姜 100 克，大枣 100 克。混合冷水浸泡 2 小时，煎煮 2 次，每次 2 小时，混合 2 次滤液，按每天每千克体重 1 ～ 2 克原生药量，分 2 次混水饮服，连续 7 ～ 10 天。

六、预防措施

搞好卫生消毒，加强饲养管理，减少应激因素，防止病原侵入。提高饲料品质与适口性，一旦发现饲料有霉变应及时换料，饲料放置在干燥通风的环境中，严格实行全进全出制度。控制饲料中各种霉菌毒素和真菌毒素以及药物对机体造成的危害。对病鸡加量补充多量维生素和微量元素，可减轻症状，降低死亡率。制订合理的免疫程序、应用优质疫苗，规范免疫方法。

❧ 第二节 ❧
脂肪肝综合征

一、病因特点

脂肪肝综合征是指笼养蛋鸡摄入过高能量的日粮，造成肝脏脂变，甚至破裂。脂肪肝综合征病因较复杂，饲料因素可能是脂肪肝综合征的主要病因，常发于产蛋母鸡，尤其是笼养蛋鸡群。多数情况下鸡体况良好，突然死亡。以死亡鸡腹腔及皮下大量脂肪蓄积，肝被膜下有血凝块为特征。公鸡极少发生。鸡饲料中胆碱、肌醇、维生素 E 和维生素 B_{12} 不足、蛋白质含量偏低或必需氨基酸不足、相对能量过高等均可引发本病。

二、临床症状

本病主要发生于肥胖鸡，体重超过正常鸡的 25%，在下腹部可以摸到厚实的脂肪组织。产蛋率波动较大，可从 75%～85% 突然下降到 35%～55%。往往突然暴发，病鸡喜卧，鸡冠肉髯褪色乃至苍白。严重的嗜睡、瘫痪，体温 41.5～42.8℃，但鸡冠、肉髯、趾爪变冷，可在数小时内死亡。一般从发病到死亡 1～2 天，当拥挤、驱赶、捕捉引起强烈挣扎时可突然死亡。

三、剖检病变

皮下、腹腔及肠系膜均有多量脂肪沉积。可见腹腔内有大量血凝块。肝脏明显肿大，边缘钝圆，色泽变淡，呈油灰色，质脆易碎。用刀切时，在刀表面有脂肪滴附着。肝被膜下或腹腔内往往有大的血凝块，仔细检查可见肝脏破裂痕迹（图192）。腹腔沉积大量脂肪，肌胃被脂肪层包裹，肌胃体积变小，内容物混有胆汁。心耳和心尖部也被脂肪层覆盖。卵黄囊血管怒张，部分卵黄破裂。输卵管或子宫内有待产蛋滞留。

图192 脂肪肝综合征病鸡肝脏黄色、腹腔血凝块

四、诊断技巧

脂肪肝综合征发病率不高，但死亡迅速，死鸡以冠髯发白、肚腹青紫、体

形肥硕为主要临床特点。剖检可见肝脏脂肪变性，肝破裂出血。皮下、内脏器官周围有大量脂肪组织沉积。腹腔血水交融，含有油滴。临床可根据典型症状、剖检病变结合饲料及管理情况进行综合分析后即可作出诊断。鸡的住白细胞原虫病、弧菌性肝炎也可引起肝脏出血，应注意区别诊断。住白细胞原虫病不仅有肝脏出血，同时有肾脏出血，肌肉点状出血，肝表面有灰白色半透明凸出的小结节，而脂肪肝综合征仅见肝脏浅黄色、肝破裂、出血。弧菌性肝炎的特点是肝脏肿大，表面和实质内有黄色、星芒状的小坏死灶或布满菜花状的大坏死区，肝被膜下有大小不等的出血区，甚至形成血疱，严重时才出现肝破裂。

五、治疗技巧

本病尚无特效治疗药，可通过改变饲料配比和添加促进脂肪代谢物两方面进行控制。提高饲料中蛋白质含量1%～2%，降低饲料中能量饲料含量。在饲料中加入酵母粉、麸皮、鱼粉以及减少环境应激因素，也可防止脂肪肝出血综合征的发生。已发病鸡群的饲料中可添加维生素 B_{12}、肌醇、胆碱、蛋氨酸等，可以减轻和控制病情。

1. 西兽药治疗

① 每吨饲料中添加硫酸铜 63 克、胆碱 55 克、维生素 B_{12} 3.3 毫克、维生素 E 5500 国际单位、DL- 蛋氨酸 500 克。

② 提高饲料粗蛋白质1%～2%，每 1000 千克饲料中加入 1 万国际单位维生素 E、15 毫克维生素 B_{12}、1 千克氯化胆碱、750 克蛋氨酸，连喂 2 周。

③ 小群鸡也可每羽鸡喂服氯化胆碱 0.1～0.2 克，1 毫克维生素 E，连续喂 10 天。

2. 中兽药治疗

① 鱼腥草 100 克，苦丁茶、野菊花、金银花各 50 克，五味子、溪黄草各 40 克，黄檗、丹参各 30 克，柴胡、黄芩、泽泻、甘草各 20 克。将药粉碎，在产蛋前 1 周左右按 0.5% 拌料使用 7 天。

② 山楂 300 克，鱼腥草 250 克，决明子 200 克，大蒜粉 200 克，诸药混合粉碎，按每天每千克体重 4 克饲料添加，连续 15 天。

③ 黄芩 300 克，山楂 300 克，茵陈 200 克，柴胡 100 克，芍药 100 克。加水浸泡 2 小时，煎煮 2 次，每次 2 小时，将 2 次药液混合，按每天每千克体重 2 克原生药量，混水分 2 次饮服，连续用药 10 天，根据病情也可停止用药 2 天后再用药 10 天。

六、预防措施

炎热夏天要注意防暑降温，保持鸡舍通风、清洁卫生，调整日粮中能量饲料，减少脂肪含量，添加维生素 C。限制青年鸡过量采食，防止蓄积过多体脂。产前母鸡日粮中应保持能量与蛋白质的平衡，蛋鸡尽量不用碎粒料或颗粒料饲喂，禁止饲喂霉败饲料。保证日粮中有足够水平的蛋氨酸、胆碱和维生素，可减少脂肪肝的发生。对易发病鸡群，减少饲料的喂量，鸡群产蛋高峰前限量要小，高峰后限量要大，也可增加饲料中苜蓿粉等纤维性饲料的含量，或傍晚添加粗粒钙质以代替部分能量饲料，以避免母鸡过肥。在日粮中添加维生素 E、亚硒酸钠、酵母粉也可减少发病。

第三节
中　暑

一、病因特点

鸡中暑又称热衰竭，是日射病（太阳光的直接照射）和热射病（环境温度过高、湿度过大，体热散发不出去）的总称，是酷暑季节鸡的一种常见病。本病以鸡急性死亡为特征。一般气温超过 36℃时鸡可发生中暑，环境温度超过 40℃，可发生大批死亡。雏鸡对阳光的直接照射非常敏感，最容易患日射病。鸡舍内温度过高、通风不良、饲养密度过大、炎热季节运输时常常发生热射病。

二、临床症状

病初呼吸急促，张口喘气，翅膀张开，发出"咯咯"声。病初鸡冠、肉髯充血鲜红，严重时发绀或苍白。体温升高，触之烫手。食欲减退或废绝，饮水增多。呼吸加快、喘息，可明显看到胸廓剧烈收缩和扩张，站立不稳或蹲伏地上，排白色或黄色水样粪便。严重时不思饮食，倒地抽搐，虚脱死亡。死亡多发生在下午和前半夜，笼养鸡比平养鸡严重，笼养鸡上层死亡较多。

三、剖检病变

因中暑而死亡的鸡，往往无特征性病变。肌肉发绀，胸腔呈弥漫性出血，肠壁发生高度水肿，心肌肥大，心脏冠状脂肪有点状出血，心外膜及腹腔器官表面有稀薄的血液。喉头有出血，肌肉呈条纹状和斑状出血。肺脏充血、水肿，肝脏呈针尖状出血；脑膜充血或出血，卵巢充血。有些蛋鸡体内尚有成形的待产鸡蛋。中暑严重的，鸡死亡后体内温度很高，肌肉和内脏器官呈"煮熟"样。

四、诊断技巧

鸡中暑发生在炎热季节，舍温高、发病重，鸡舍温度超过39℃时，可迅速导致蛋鸡中暑而造成大批死亡。此外，体况好的鸡，更容易发生中暑，种鸡（特别是肉种鸡）对高温的耐受性较低，中暑后看上去体格健壮、身体较肥胖的鸡最先死亡，高产蛋鸡群，这种情况更为常见。夜间7～9时是中暑鸡死亡的高峰时间。临床诊断时，不仅要掌握典型的临床症状和病理变化，而且掌握上述发病特点，对准确诊断该病有帮助。

五、治疗技巧

降温是预防鸡中暑的关键步骤，鸡群一旦发生中暑，首先要采取各种物理降温措施，降低整个鸡舍温度，才是根本措施。同时可采用个体治疗和群体治疗结合的方法，采用中西兽药结合，饮水和混饲并举，才能取得较好疗效。

1. 西兽药治疗

① 对于小群饲养的鸡，一旦发生中暑，转移鸡到阴凉通风处，用冷水喷雾浸湿鸡体，可在鸡冠、翅翼部扎针放血。每千克体重200毫克维生素C混水饮服，十滴水1～2滴灌服。

② 0.2%碳酸氢钠混水饮服，或用0.4%碳酸氢钠混饲，高温期间可连续给药。

③ 维生素C饮水或混饲，每100升饮水中可加入10～20克或每100千克饲料中可加入20～40克。

2. 中兽药治疗

① 也可用藿香150克，紫苏叶100克，大腹皮150克，白芷100克，茯苓150克，陈皮50克，苍术100克，半夏（姜制）50克，桔梗100克，甘草50克。混合诸药，水煎2次，每次1小时，混合滤液，按每千克体重2克原生药量混水饮服。

② 甘草30克，鱼腥草、金银花各120克，生地黄60克，香薷150克。混合诸药，水煎2次，每次1小时，混合滤液，按每千克体重2克原生药量混水饮服。

③ 绿豆糖水或糖醋水，自由饮服。

④ 葛根200克，薄荷170克，藿香200克，淡竹叶220克，滑石180克，甘草30克，诸药混合，煎煮2次，第一次2小时，第二次1小时，混合两次滤液，按每天每千克体重2克混水饮服，早晚2次，连服3天。

⑤生石膏500克，麦冬200克，淡竹叶200克，甘草100克，用生石膏磨水，与其余药混合煎煮2小时，过滤药液，按每天每千克体重2～4克原生药量混水饮服，早晚2次，连服3天。

⑥生白扁豆450克，藿香350克，甘草20克，滑石180克，诸药混合，煎煮2次，第一次2小时，第二次1小时，混合两次滤液，按每天每千克体重2克混水饮服，早晚2次，连服5天。

六、预防措施

预防中暑的关键是降低鸡舍温度，同时加强饲养管理，防止和缓解热应激产生的负面影响。在操作上，养殖户可根据自己的实际情况，采取综合防治措施。阳光是导致舍内增温的直接因素，减少热量通过辐射传导方式的侵入，是保持舍内温度的前提。避免阳光直接射入舍内。可在鸡舍向阳面搭建凉棚，有条件的可在鸡舍周围种草植树，通过植物吸收热量，降低空气温度。可以把鸡舍向阳墙壁和舍顶用白色涂料漆白，增强反射，减少热量吸收；也可以在鸡舍顶上覆盖一层一定厚度的稻草，洒上水，隔断热源。舍内温度过高时，一是向鸡舍地面洒一些凉水，利用水分蒸发吸收热量；二是用高压喷雾器盛凉水进行空间喷雾，每隔2～3小时喷雾1次，可使舍内温度下降5～7℃。在进行蒸发散热时，必须打开门窗，增强对流通风，以避免舍内湿度过高（超过60%）而加重高温的不利影响。保持舍内温度良好的通风换气可及时带走舍内热量，降低硫化氢、氨气等有害气体的含量，使舍内空气凉爽、新鲜。可以加大换气扇的功率，增加风扇数量，提高舍内空气流动速度。通风时，使空气沿鸡舍长轴方向流动，这样流经鸡体的风速加大，能及时带走鸡体产生的热量。提供充足的饮水，是缓解高温影响的措施之一。水要凉爽、清洁，pH值以6.5～7.5为宜。鸡的最佳饮水时间为上午6～10时，水温为8～12℃，必要时可加入冰块，正常时鸡的饮水量是采食量的4倍。

第四节

啄癖

一、病因特点

啄癖是多种营养物质缺乏及其代谢障碍所导致的非常复杂的味觉异常综合征。轻者啄伤翅膀、尾基，造成流血伤残，影响生长发育和外观；重者啄穿腹腔，拉出内脏，有的半截身被吃光而致死。啄癖发生的原因很多，品种对鸡啄癖影响较大，轻型品种的鸡，相对于中型、重型品种的鸡更易产生啄癖。蛋用型鸡比肉用型鸡更易产生啄癖。一些地方品种好斗性较强比国外品种更易发生啄斗行为。早熟母鸡，比较神经质，易产生啄癖。日粮中蛋白质、粗纤维、维生素 B_2、维生素 B_3、钙、磷、锌、硒、锰、铜、碘等缺乏或比例不当，尤其是含硫氨基酸量缺乏、食盐不足均可导致啄趾、啄肛和啄羽等恶癖发生。此外，脚突变、膝螨、鸡羽虱、球虫病、大肠杆菌病、白痢、消化不良等病症可引起啄羽、啄肛。育雏期光照过强也可导致啄癖的发生。

二、临床症状

临床可将其分为啄羽、啄肛、啄趾、啄蛋几种类型。啄羽部位主要是腰背部、胸部、嗉囊，其次是尾羽、翅羽和头羽，产蛋高峰期和幼鸡的换羽期多见。鸡只互相啄食对方的翼羽和尾羽，或啄食自身羽毛，严重时绝大部分尾羽和翼羽被啄食，几近秃鸡，羽毛脱落和局部皮肤损伤，耳垂、眼周围皮肤、鸡冠和肉髯发暗肿胀，眼周围皮下出血而变黑变蓝。啄肛常发生于育成鸡和蛋鸡初产阶段，在光线过强、密度过大、鸡群发生传染性法氏囊病、鸡白痢时，容易引起其他雏鸡啄食病鸡的肛门。产蛋过大，努责的时间过长，泄殖腔脱出时间稍久，造成脱肛或撕裂，出现红色而诱发被啄。轻微时造成输卵管脱垂和泄殖腔炎，严重时直肠被啄出，导致死亡。死鸡表现为严重贫血，肛门周围羽毛和两腿后部常污染血渍，严重者腹壁被啄穿，肠管、肌肉和其他内脏残缺不全。雏鸡啄自己的脚趾或其他鸡只的脚趾，导致脚趾残缺、出血、跛行。

三、剖检病变

被啄的鸡头部、背部、尾尖羽毛脱落，组织出血。被啄肛的鸡肛门损伤，甚至直肠脱出，尾连接处、泄殖腔区域和腹部器官被啄食。雏鸡发生啄趾时，笼内或垫料有血迹，被啄鸡爪趾被鲜血污染，趾残缺不全。

四、诊断技巧

啄羽、啄肛、啄肉、啄蛋、啄趾等有不同的病因，临床仔细寻找发生原因或诱因，才能采取有效治疗方法和治疗药物。啄肛、啄羽、啄蛋多见于产蛋鸡，啄趾则多见于雏鸡。啄食肛门及肠道是最常见和最严重的一类啄癖，尤其是高产笼养鸡群或开产鸡群，诱因是蛋形过大，产蛋努责的时间过长，造成脱肛或泄殖腔撕裂。笼养鸡相互啄食羽毛，一旦皮肉暴露出血后，就可引发啄肉，常见于产蛋高峰期和换羽期，多与含硫氨基酸、硫、B 族维生素、钙质缺乏等有关。母鸡刚产下的鸡蛋，同笼或下层笼的鸡就会争相啄食，有时产蛋母鸡也会啄食自己刚产的蛋，主要发生于高产鸡群，诱发原因多与饲料缺钙或蛋白质含量不足等原因有关。育雏舍内光线过强，或直接照射到雏鸡的趾、冠、髯等，或患有螨虫的病鸡均会啄食脚趾或脚上的皮肤鳞片痂皮。

五、治疗技巧

啄癖发生的原因不同，临床必须针对病因对症治疗。发现鸡群中出现啄癖，要立即将被啄的鸡挑出，要求单独进行饲养，单独治疗，通过常规外伤处理后，在被啄伤的部位喷涂具有难闻气味的物质（如龙胆紫溶液、碘酊、小檗碱、樟脑、福尔马林、机油等），可有效防止再次被啄。如果病鸡症状比较严重，可淘汰处理。适时断喙，是防止啄癖发生的基本措施，鸡在 7～12 日龄时首次断喙，其方法为断去上喙鼻孔至喙尖的 1/2，断去下喙的 1/3，断喙前后一天在饮水中加入维生素 K_3（每升水 2 毫克）和红霉素（每升水 0.25 克）自由饮用。蛋鸡在 5～9 周龄第 2 次修喙。鸡舍光照不宜过强，一般白炽灯照明亮度以每平方米 3 瓦为上限。光照时间严格按饲养管理规程控制，光照过强，啄癖增多。育雏期光照控制不当，则产蛋期多易发生啄癖，啄肛严重时，可降低鸡舍光线，或者将鸡舍照明灯泡改为红色，窗户糊上红纸，待鸡群正常后再转入正常光照。对于放养鸡防止鸡啄癖，可选专用眼镜，鸡戴上后使鸡不能正常平视，只能斜视和看下方，能有效防止鸡群相互打架，相互啄毛，不影响采食、饮水、活动。

1. 西兽药治疗

① 对于因缺少某些矿物质或者食盐导致的恶癖，可在饲料中添加 2%～4% 的食盐，但不能长时间饲喂，以免发生食盐中毒。

② 每只产蛋鸡每天日粮中添加 0.15% 的蛋氨酸，补充 1～3 克生石膏粉，饮水中添加 2% 的食盐，则可明显减少啄癖发生。

③ 饲料中加入 1% 的硫酸铜和 0.2% 的蛋氨酸，3～5 天见效，硫酸铜要研细与蛋氨酸一起逐级均匀混入饲料。

④ 饲料中按 0.5%～1% 添加沙砾，雏鸡用 2 毫米的即可，成年鸡用 3～5 毫米大小的沙砾为好。

⑤ 饲料中添加 1% 的硫酸钠（俗称芒硝，中药店有售），准确称取硫酸钠，用热水溶解后，均匀拌入饲料。同时每天每千克体重服硫酸亚铁 0.2 毫克、核黄素 5 毫克，连服 3～4 天。

⑥ 氯化钴 1 克，硫酸铜 1 克，氯化钾 0.5 克，硫酸锰 10 克，硫酸亚铁 10 克，研为粉末，按每只产蛋鸡每天 12 毫克拌料喂服。

⑦ 饲料中添加 2% 的生石膏粉、3% 的羽毛粉，连用 10～15 天。

2. 中兽药治疗

①生石膏粉，饲料添加 1.5% ～ 2.0%，连续 15 天。

②白术、麦芽各 50 克，山楂 40 克，硫黄、神曲、槟榔、黄芪、贯众各 30 克，党参、茯苓、贝壳粉、维生素 B_1 各 20 克，硫酸亚铁 18 克，粉碎、过筛、包装后按 0.3% 拌料，投喂 7 ～ 10 天。

③食盐 2 克，生石膏 2 克，粉为细末，混于 100 克饲料中喂服，每天 1 次，连喂 3 天。

④当归 250 克，槟榔、神曲、远志各 200 克，贝壳 150 克。粉碎混匀，拌料喂鸡，每天每只鸡 2 克，连用 15 天。

六、预防措施

按饲养标准配制日粮，尤其要满足氨基酸、维生素、微量元素以及钙、磷食盐的需求。为防止啄癖的发生，育成鸡可适当降低能量饲料，而提高蛋白质含量，增加粗纤维。用硫酸铜、硫酸亚铁、硫酸锌、硫酸锰、亚硒酸钠等补充微量元素的不足，还可用骨粉、磷酸氢钙、贝壳或石粉补充钙、磷。种鸡或蛋用商品鸡在适当时间进行断喙，如有必要可采用二次断喙法。同时饲料中添加维生素 C 和维生素 K 防止应激。改善饲养管理环境，使鸡舍通风良好、饲养密度适中、温度适宜。严格控制光照强度与时间，避免在鸡场与鸡舍内出现噪声。控制饲养密度。不同品种、日龄、体质的鸡不要混养，鸡群中公鸡、母鸡要分群饲养。这些措施有助于防止啄癖的发生。

❧ 第五节 ❧
肉鸡腹水综合征

一、病因特点

本病又称肉鸡肺动脉高压综合征，由多种致病因子共同作用引起的以右心肥大扩张和腹腔内积聚大量浆液性淡黄色液体为特征，并伴有明显的心、肺、肝等内脏器官病理性损伤的非传染性疾病。3 ～ 5 周龄的肉仔鸡多发，平均发病率为 4.5%，在冬季，某些鸡群发病率可达 30% 以上。肉鸡腹水综合征发病原因复杂多样，常见原因有遗传因素、营养因素、环境因素、生物毒素因素和疾病因素等，与饲养条件尤为密切。但生产实践中，常常在相同饲养条件下饲养不同品种的肉鸡，其发病率有很大差异，可见遗传是发病与否的重要因素之一。

二、临床症状

一般无任何先兆，突然死亡。多数病鸡生长发育迟缓，羽毛蓬乱无光泽，精神沉郁，不愿活动，食欲不振或不食，个别病鸡有下痢、呼吸困难。病鸡生长发育受阻，明显小于正常鸡，走路迟缓，呈鸭子状，部分站立困难，腹部着地，形似企鹅。腹部明显膨大，呈暗红色或青紫色，触摸有波动感，腹部皮肤变薄发亮，严重的发红或瘀血发紫，腹部穿刺可流出淡黄色清亮液体。

三、剖检病变

剖开腹部，流出多量淡黄色或清亮透明的液体，或混有纤维素沉积物。心脏肿大、变形、水煮样、柔软，尤其右心房显著扩张，右心肌变薄、颜色变淡，带有白色条纹，心腔积有大量凝血块，部分鸡心包积有淡黄色液体。肺瘀血、水肿，呈花斑状，质地稍坚韧，间质有灰白色条纹，切面流出多量带有小气泡的血样液体。肺动脉和主动脉极度扩张，管腔内充满血液。肝脏肿大，变厚变硬，表面凹凸不平，被膜上常覆盖一层灰白色或淡黄色纤维素性渗出物。胆囊肿大，其内充满胆汁。脾脏暗红色，切面脾小体结构不清。肾脏轻微肿胀、瘀血、出血。脑膜血管怒张、充血。肠系膜及浆膜充血，肠黏膜有少量出血，肠壁水肿增厚。

四、诊断技巧

根据发病情况、临床典型症状以及剖检变化，比较容易诊断。肉鸡腹水综合征的发生和遗传因素有很大关系，不同品种的肉鸡发病率差异很大，生长速度快的大型肉鸡比生长速度慢的小型品种发病率要高。感染某些疾病和慢性中毒时也容易发生腹水症，临床需要与脂肪肝综合征、禽伤寒进行鉴别。腹水综合征和脂肪肝综合征两者均有可能与饲喂过多的高能量日粮有关，病鸡腹部膨大，软绵下垂，呈俯卧状。脂肪肝综合征病鸡体况过度肥胖，穿刺膨大腹部不会流出液体，鸡冠发生褪色或者呈苍白色，成年肉鸡往往容易发生，剖检后发现有大量脂肪沉积在腹腔。腹水综合征和伤寒相似处是病鸡均表现羽毛蓬松杂乱，双翅下垂，腹部膨大，形似企鹅走动或者站立。禽伤寒病鸡冠皱缩，呈苍白色，体温明显升高，可达到 43～44℃，排出黄绿色稀粪，且粪便导致肛门周围被污染，剖检能够发现肝脏肿大，呈古铜色或者棕绿色，心脏、肝脏、肌胃存在灰白色坏死灶。

五、治疗技巧

病鸡一旦出现临床症状，单纯治疗常常难以奏效，多以死亡而告终，但以下措施有助于减少死亡和损失。治疗时可选用肾肿灵、肾肿解毒药饮水。并配以水溶复合多维素。肉鸡腹水综合征常会继发大肠杆菌病或慢性呼吸道病，临床可选用敏感抗菌类药物配合治疗。限饲和控制其生长速度来预防此病。临床虽然通过合理限饲，可以降低肉鸡腹水综合征，但由于不同品种肉鸡对腹水综合征的敏感性是不一样的，因此选择饲养抗腹水综合征肉鸡品种才能有效降低该病的发生。

1. 西兽药治疗

① 4% 的硫酸钠水溶液饮水，连饮 2～3 天，或在饲料中添加 0.2% 的碳酸氢钠，连用 3～5 天。

② 用 12 号针头刺入病鸡腹腔先抽出腹水，然后按每次每千克体重注入青霉素 5 万国际单位、链霉素 10 万国际单位，经 2～4 次治疗后可使部分病鸡恢复。

③ 口服氢氯噻嗪，每天每千克体重 6～10 毫克，连服 3～5 天。同时，按每千克饲料 100 毫克剂量加入维生素 C，连用 3～5 天。

④ 饲料中添加微量元素硒和维生素 C，每千克饲料用量维生素 C 0.5 克、亚硒酸钠 0.5 毫克，连续添加，可有效减少腹水综合征的发生。

⑤ 每千克全价饲料添加 0.5 克维生素 C、2.2 克维生素 B、2.5 克干酵母，连续 5 天，病情可得到控制。

2. 中兽药治疗

① 当归 100 克，杭芍 100 克，茯苓皮 250 克，大腹皮 150 克，生姜皮 150 克，五加皮 200 克，地骨皮 100 克，木香 50 克，穿心莲 200 克，龙胆 150 克，桂心 50 克。诸药混合，冷水浸泡 2 小时，煎煮 2 次，每次 2 小时。分别过滤药液，混合 2 次滤液，按每千克体重 2 克原生药量混水饮服，药渣拌入饲料。

② 黄芪 200 克，茯苓 200 克，泽泻 200 克，白术 150 克，陈皮、丹参各 100 克，甘草 50 克，混合粉碎，按每天每千克体重 1～2 克拌料饲喂，连续 7 天。

③ 莱菔子 32 克，赤茯苓、车前、茵陈、青皮、陈皮、白术各 24 克，大黄、泽泻各 20 克，猪苓、木通、槟榔、枳壳各 16 克，苍术 12 克。水煎取汁，按每天每千克体重 2 克原生药量混水饮服，连续 7 天。

④ 炮附子 75 克，炮姜、党参、茯苓、炙甘草各 65 克，白术 60 克，芍药 55 克，制甘遂 50 克。水煎饮服，连续 7 天。

⑤ 大戟 150 克，芫花 150 克，甘遂（醋制）150 克，茯苓 200 克，猪苓 200 克，泽泻 350 克，车前 150 克，白术 200 克。用冷水浸泡 2 小时，煎

煮 2 次，每次 2 小时，混合滤液，按每天每千克体重 2 克原生药量混水饮服，连续 7 天。

⑥ 大戟 150 克，芫花 150 克，甘遂（醋制）150 克，茯苓 200 克，猪苓 200 克，泽泻 350 克，车前 150 克，白术 200 克。煎水 2 次，滤液合并为 4 ～ 5 升，每只鸡 1 毫升自由饮用。

六、预防措施

腹水综合征是多因子所致疾病，预防采取综合措施。选育抗缺氧，心、肺和肝等脏器发育良好的肉鸡品种。改善饲养环境，加强鸡舍的环境管理，解决好通风和控温的矛盾，保持舍内空气新鲜，氧气充足，减少有害气体，合理控制光照。调整好饲养密度，一般肉鸡群平均密度为每平方米 14 ～ 15 只为宜。肉仔鸡在 3 周龄前，可适当降低饲料能量供给，早期进行合理限饲，适当控制肉鸡的生长速度。2 ～ 3 周龄时，使用低能日粮，或使用高能日粮，但须限制饲喂量，平均限饲量 27% 为宜，可使肉鸡腹水综合征发病率明显降低，使鸡的生长速度不受影响。饲料中添加维生素 C、维生素 E、硒粉，日粮添加 1% 的 L-精氨酸或 0.3% 的碳酸氢钠，均可以很好地预防因腹水综合征引起的死亡。饲料中的食盐含量不超过 0.5%，可在日粮中适量添加小苏打来代替食盐作为钠源。严格执行防疫制度，积极预防肉鸡呼吸道传染性疾病、沙门菌病、大肠杆菌病等原发病的发生。

第六节
肉鸡猝死症

一、病因特点

肉鸡猝死症又称暴死症、急性死亡综合征、急性心脏病、翻跟头症。肉鸡猝死症病程短，发病前无任何异状，多以生长快、发育良好、肌肉丰满的青年鸡突然死亡为特征。多发生于 3 ～ 4 周龄的鸡，雄性比雌性易发。高蛋白质可减少腹脂，降低对热的应激反应，从而减少死亡率。日粮中添加脂肪时，本病发生率显著提高。饲喂葡萄糖含量高的饲料，要比含玉米多或动植物性混合脂肪的饲料发病率高 1 倍以上。喂小麦 - 豆饼型的日粮要比玉米 - 豆饼型的日粮发病率高。引起本病发生的环境因素很多，高度噪声、持续强光照射、饲养密度大、惊吓，均能诱发本病。突然转群、通风不良等不利因素均可导致本病发生。

病鸡乳酸水平显著高于健康鸡，静脉注射 20% 的乳酸溶液，几秒钟后即出现典型的猝死症状，酸碱平衡失调可能是该病发生的原因之一。临床应用盐霉素、莫能菌素和马杜拉霉素等离子载体类抗球虫药时，猝死症的发生率显著高于应用其他类抗球虫药。

二、临床症状

发病前鸡群无任何明显先兆性症状。任何惊扰和应激都可激发本病的发生，特别对应激敏感的鸡，在受惊吓时死亡率最高。病鸡表现为突然发病，失去平衡，翅膀剧烈扇动和强直性肌肉痉挛，约 1 分钟便死亡。有的鸡发作时狂叫或尖叫。死后多数为两脚朝天、背部着地、颈部扭曲。

三、剖检病变

尸体丰满，消化道特别是嗉囊和肌胃充满食物。肝轻微肿大、质脆、色苍白。胆囊明显缩小甚至完全排空。肾脏呈浅灰色或苍白色。脾、甲状腺和胸腺全部充血。胸肌、股肌湿润且色泽苍白。后股静脉瘀血扩张。肺弥漫性充血，气管内有泡沫状渗出物。心脏扩张，比正常鸡大几倍。心包积液，右心房瘀血扩张。成年鸡泄殖腔、卵巢及输卵管严重充血。

四、诊断技巧

通过综合分析进行判断。病鸡外观健康，发育良好；突然惊叫，死后两脚朝天，呈仰卧姿势，呼吸困难，肺脏存在瘀血，并发生水肿；剖检没有感染症状，嗉囊、肌胃以及肠道内含有大量刚采食的饲料，而胆囊空虚，心包积液增多，心房存在瘀血、明显扩张。公鸡死亡率较高。临床诊断还应与中毒、传染病相区别。猝死鸡皮肤多为白色，而中毒鸡多呈青紫色。猝死鸡死亡很快，短者数秒至几分钟，传染病病鸡死亡时间一般为 1～3 天，最短也在数小时以上。猝死鸡粪便正常，而传染病病鸡粪便多有异常，例如法氏囊病病鸡，排蛋清样粪便；鸡新城疫病鸡，排绿色稀粪；白痢病鸡，排石灰乳样粪便等。在排除中毒、传染病的可能性时，根据生长健康，发育良好，而突然发病、死亡及剖检时见到的心、肺病变，可作出初步诊断。

五、治疗技巧

鸡群中发现拍打翅膀挣扎或者存在异常的鸡，可立即将其取出，用手捏紧其嘴部数十秒钟，少数能够恢复，发病鸡群改喂营养水平较低的饲料。在饲料或者饮水中添加碳酸氢钾，具有很好的治疗效果。按多维正常用量的 1 ～ 2 倍补充，能够使死亡率降低。避免鸡受到惊扰或者不良刺激，控制能量的摄入量的同时增加饲料中生物素的用量，有助于病鸡康复。

1. 西兽药治疗

① 碳酸氢钾按每羽 0.62 克饮水给药，或每千克饲料添加 3.6 克，能明显降低发病鸡群的死亡率。饲料中添加 0.5% 的碳酸氢钠和 0.3% 氯化钾，对肉鸡猝死综合征也有较好的防治效果。

② 复合维生素，饲料中添加量提高到常量的 1 ～ 2 倍，可明显减少死亡率。

2. 中兽药治疗

① 黄芪多糖，每千克体重 0.2 ～ 0.4 克，分 2 次饮水，连续 7 ～ 10 天。

② 薄荷 70 克，地丁、板蓝根各 60 克，熟地、车前各 40 克，苍术、云苓、枣仁各 30 克。水煎取汁，按每天每千克体重 1 克原生药量混水饮服，连续 7 天。

③ 丹参 100 克，淫羊藿 50 克，红花 50 克。冷水浸泡 2 小时，煎煮 2 次，每次 2 小时，混合滤液，按每天每千克体重 1 ～ 2 克原生药量混水饮服，连续 7 天。

六、预防措施

主要在于加强饲养管理，日粮合理搭配，减少应激因素的刺激。具体做法是增加日粮中蛋白质、维生素 A、维生素 D、维生素 E、维生素 B_1、维生素 B_6、维生素 H 的含量，用葵花子油代替动物脂肪。严格控制光照，0 ～ 3 周龄为 12 ～ 16 小时，22 ～ 42 日龄为 18 小时，42 日龄后每天光照 20 小时，光照强度控制在 0.5 ～ 2 勒克斯，以免应激引起猝死。

第七节

笼养蛋鸡疲劳症

一、病因特点

本病又称笼养蛋鸡软腿症，是笼养产蛋鸡的一种全身性骨骼疾病。其主要临床特征是病鸡肌肉松弛、骨质脆弱、翅下垂、腿麻痹、产蛋率下降或停产，最后完全瘫痪、脱水、消瘦而死亡。几乎在所有的笼养产蛋鸡群中都有发生，尤其是常发生于产蛋高峰期。高产蛋鸡体重轻、采食量小，钙源无法满足蛋壳形成及维持骨骼强度所需，致使机体钙负平衡是引发该病的主要原因。饲料中石粉过细、炎热季节蛋鸡采食量减少、长期持续高产等都可能导致笼养鸡疲劳症。此外，饲料中磷含量在临界值（总磷0.5%）以下，容易在初产蛋鸡群中诱发此病。低钙、高磷日粮则可能导致继发性甲状旁腺功能亢进，使骨钙耗尽。

二、临床症状

慢性型主要见于产蛋时间比较长的鸡，其钙的摄取和分泌功能下降。表现为蛋壳变薄、粗糙、强度差、破损较多。急性发病鸡瘫痪，不能站立，以跗关节蹲坐。如果将饲料放在瘫痪鸡周围，瘫痪鸡仍然能采食。产蛋率明显降低，蛋皮薄。病鸡骨骼容易变软甚至断裂，骨折多发生于腿骨、翼和胸椎，胸骨常变形。最急性发病时，往往突然死亡，初开产的鸡群产蛋率在40%～60%时，死亡最多。死亡前无症状，表面健康。产蛋较好的鸡群，白天挑不出病鸡，但次日早晨可见到蛋鸡死亡。越高产的鸡群死亡率越高。这时蛋壳强度没有什么变化，蛋破损率不高，只是病死鸡泄殖腔凸出。

三、剖检病变

剖检可发现翅骨、腿骨易碎。腺胃溃疡，胃壁变薄，乳头流出褐色液体。卵泡出血，肝脏肿大、瘀血，有时有白斑。肺瘀血，心脏扩张，输卵管往往有蛋存在。死亡鸡膘情好。

四、诊断技巧

主要发生在产蛋鸡，以初产鸡和产蛋高峰鸡多发。白天鸡群状况很好，夜里死亡增加。死亡鸡肥胖、泄殖腔凸出。鸡群不断出现瘫痪鸡，如发现及时，挑出的瘫痪鸡可恢复。有时天气突然变热时，发病增多，周边鸡场也有可能发病。本病应与热应激和禽流感加以区别。热应激主要多发生在天气炎热的夏季，发病与鸡群的饲养环境密切相关，当鸡舍通风不好、饲养密度过大、缺氧时多发。禽流感各种日龄的鸡均可感染，病死鸡有明显的乳头出血、卵泡变形、破裂、肠道出血，气管出血等病理变化。

五、治疗技巧

笼养鸡疲劳症的治疗，以预防为主。饲养过程中，要勤于观察，及时将病鸡从笼中挑出，改为平养，增加活动量。在饮水中加入电解多维，让鸡充足饮水。

鸡病巧诊治全彩图解

在饲料中增加粗颗粒碳酸钙并添加维生素 D_3，连喂 2 ～ 3 周，还可适当增加光照时间和强度。本病无论是因缺钙还是缺磷所致，内服骨粉均有一定效果。较老的蛋鸡缺磷和维生素 D_3 更为严重，所以首先应增加磷和维生素 D_3，再增加钙。育成鸡的状态与初产鸡和产蛋高峰鸡发病有密切关系。育成鸡群的体重整齐性好、骨骼结实、肌肉发达，能减少蛋鸡产蛋疲劳症的发生。因此，应科学饲养，力求鸡群各阶段体重达标并控制超标体重在 5% ～ 10% 以内，保持个体均匀一致。育成鸡在 8 ～ 17 周龄期间，特别要掌握体重变化情况，根据实际体重和目标体重，适时调整饲养管理。超过目标体重的鸡群要适当进行限饲，低于目标体重鸡群应降低鸡群密度，增加饲料喂量，改进饲料质量，力争达到阶段目标体重。按照日龄适时换料是防止该病发生的有效措施，一般在开产前 2 周开始用含钙 2% 的预产料，当产蛋率达到 5% ～ 10% 时换成高峰料。实践证明，采用此种钙营养方案饲养的蛋鸡群很少发病。

1. 西兽药治疗

① 症状较轻病鸡，挑出单独喂养，每 100 千克饲料补充贝壳粉 10 千克，连用 2 周。或肌内注射维生素 D_3 注射液，每次 1500 国际单位，连用 2 天。也可将葡萄糖和电解多维溶于水中饮用，同时每只鸡翅下静脉注射葡糖糖酸钙 3 毫升。

② 发病严重最急性鸡群，晚间 11 ～ 12 点开灯饮水 1 小时，仔细巡查鸡群，挑出笼内瘫痪鸡，给予充足水、料，同时肌内注射维生素 D_3，每千克体重 1500 国际单位，每天 2 次，连用 3 ～ 4 天。

③ 饲料中添加 2% ～ 3% 粗颗粒碳酸钙，每千克饲料添加 2000 国际单位维生素 D_3，连用 2 ～ 3 周，最好持续 1 个月左右。

④ 肌内注射葡萄糖酸钙每天每只 2 ～ 4 毫升，维生素 D_3 每天每只 2000 国际单位，连续使用 3 天；饮水中加入电解多维，增加饲料中骨粉和石粒用量 10% ～ 15%，适量添加维生素 D 和鱼肝油，连续使用 10 ～ 15 天。

⑤ 发现鸡群中发病率较高时，把牡蛎壳加工成高粱粒大小的颗粒，撒在饲料上，让其自由采食。牡蛎壳的添加量一般为 2% ～ 4%，饲喂 2 周左右，不再出现疲劳症，这时可以减少饲喂量。

2. 中兽药治疗

① 党参、白术、茯苓、大枣、当归、川芎、白芍、熟地各 100 克，炙甘草 50 克。粉碎后按 2% 拌料。也可以用水煎煮，每次 2 小时，混合 2 次滤液，按每天每千克体重 1 克原生药量混水饮服，连续 7 天。

② 党参、白术、茯苓、黄芪、山楂、神曲、麦芽、菟丝子、淫羊藿、蛇床子各 100 克。粉碎拌料，在饲料中添加 2%，连喂 3 周。

③ 陈皮 100 克，党参、山楂 50 克，黄檗、黄芪、益母草、神曲、金银花各 30 克，生地黄、厚朴各 20 克，诸药混合粉碎后按 1% 的比例混料喂服，连续 7 ~ 10 天。

④ 龙骨 200 克，牡蛎 200 克，黄芪 150 克，当归 50 克，大枣 100 克，白术 50 克，麦芽 100 克，山楂 100 克，甘草 50 克，诸药按配方比例混合粉碎，按每天每千克体重 3 克的用量混入饲料，连续使用 10 ~ 15 天。

六、预防措施

保证全价营养和科学管理，使育成鸡性成熟时达到最佳的体重和体况。在开产前 2 ~ 4 周饲喂含钙 2% ~ 3% 的饲料，当产蛋率达到 1% 时，及时换用产蛋鸡饲料。笼养高产蛋鸡饲料中钙的含量不要低于 3.5%，并保证适宜的钙、磷比例。给蛋鸡提供粗颗粒石粉或贝壳粉，粗颗粒钙源可占总钙的 1/3 甚至 2/3。钙源颗粒大于 0.75 毫米，既可以提高钙的利用率，还可避免饲料中钙质分级沉淀。炎热季节，每天下午按饲料消耗量的 1% 左右将粗颗粒钙均匀撒在饲槽中，既能提供足够的钙源，还能刺激鸡群的食欲，增加进食量。有条件时，要做好平时血钙的监测，当发现产软壳蛋时就应做血钙的检查。

第八节

冠　癣

一、病因特点

本病又称头癣或黄癣，是由头癣真菌引起的一种传染病。其显著特征是在头部无毛处，尤其是在鸡冠上长有黄白色鳞片状的癣癞。该病多发于多雨潮湿的季节，多是通过皮肤伤口传染或接触传染。鸡群拥挤、通风不良以及卫生条件较差等情况下，均可加剧该病的发生与传播。各年龄的鸡都能感染，但 6 月龄以内的鸡较少发病，重型品种鸡较易感染。库蠓是该病的主要传播媒介。

二、临床症状

鸡冠部最先受到损害，出现白色或黄白色的圆斑或小丘疹，皮肤表面有一层麦麸状的鳞屑，好像撒落的面粉。随后由冠部逐渐蔓延至肉髯、眼睛四周以及头部无毛部分的皮肤和躯体，羽毛逐渐脱落。随着病情的发展，鳞屑增多，形成厚痂，使病鸡痒痛不安、体温升高、精神萎靡、羽毛松乱、流涎、行走不便、排黄白色或黄绿色稀粪。

三、剖检病变

患部皮肤表面病变为白色或灰黄色的圆斑或小丘疹，皮肤表面有一层麦麸状的鳞屑。偶见上呼吸道和消化道黏膜点状坏死，肺脏及支气管发生炎症变化。

四、诊断技巧

根据患部的病变特征即可作出诊断。必要时可取表皮鳞片，用10%氢氧化钠处理1～2小时后进行显微镜观察，如发现短而弯曲的线状菌丝体及孢子群即可确诊。

五、治疗技巧

鸡的冠癣病多发生于种公鸡，尤其多发于笼养的种公鸡。临床一旦发现病鸡，要及时隔离并做好药物治疗，无治疗价值的重病鸡，必须果断淘汰，以防疫情在鸡群中传播。常规治疗方法，一般是先将患部用肥皂水清洗，洁净皮肤表面的结痂和污垢，然后用软膏涂抹（也可用碘甘油涂搽），此法虽也有一定效果，但在规模化养鸡生产实践中，逐只操作，费工费时，很难实施。采取中西药喷雾治疗方法，容易操作，而且效果显著，既可用于个体治疗，也适宜于现代规模化养鸡场的群防群治。

1. 西兽药治疗

① 治疗时先用肥皂水浸软鸡冠和肉髯表面的结痂，然后剥离干净，待干燥后局部涂搽碘酊或碘甘油、10%水杨酸软膏或2%福尔马林溶液。

② 也可应用福尔马林膏（甲醛1份、凡士林20份，待溶化后摇振、搅匀，凡士林凝固后即成），涂敷患部皮肤。

③ 清洗皮肤表面的结痂和污垢后，用消毒碘伏喷雾鸡冠两侧，每天2～3次。对有全身症状的严重病鸡，还需逐只喂服制霉菌素片，每次每千克体重3万单位，每日3次，连服5天。

2. 中兽药治疗

① 猪油125克，蜗牛、川椒各60克，硫黄30克，黄连9克。先将脂油炼出，再将蜗牛入油内熬黄色，然后下川椒同熬，去渣，再将黄连、硫黄研为极细末，待油冷却后，入内调成膏。将药膏涂于患处。

② 苦参1000克，白矾750克，蛇床子250克，地肤子250克，黄连150克，黄檗500克，五倍子100克，诸药混合，加80%酒精8000毫升浸泡12小时，滤出酒精备用。药渣加4倍量水大火煎煮，水开后，再用文火继续煎煮2小时，

滤出药液；药渣中再加 6 倍量水继续煎煮，水开后维持 1.5 小时，然后再滤出药液。将 2 次药液混合，然后用文火浓缩，浓缩液加滤出的酒精总量为 4000 毫升，即每毫升合并液含生药 1 克即可。将备用药液装入小型喷雾器，每次喂料时鸡头伸出笼外，操作人员趁此机会来回对准鸡冠两侧喷雾，使全部鸡冠湿润即可，每天 3 次，连续 7 天。

③ 米醋 1000 毫升，花椒 200 克，煎煮至 500 毫升，用棉签蘸取煎煮液涂抹患处，每天 1～2 次，直至痊愈。

六、预防措施

预防本病的主要措施是搞好环境卫生，定期消毒，饲养密度适当，并保证良好的通风换气。此外，在购买鸡时应加强检疫，确保不引进患有该病的鸡。发现病鸡及时隔离治疗，重病鸡必须做淘汰处理。

第九节

痛　风

一、病因特点

本病是由于蛋白质代谢障碍和肾脏受损造成尿酸和尿酸盐在体内蓄积，沉积于内脏器官或关节腔，引起的以消瘦、衰弱、运动障碍等为特征的一种代谢性疾病。饲料中含豆饼、鱼粉、肉骨粉、动物内脏等富含蛋白质和嘌呤类物质过高，是造成痛风的主要原因之一。钙过多及慢性铅中毒、维生素 A 缺乏以及磺胺类药物、庆大霉素、阿米卡星、头孢菌素等药物用量过多，饲料霉败或植物毒素含量过高等，均可对肾脏造成损害，进而引发痛风。传染性法氏囊病、肾型传染性支气管炎、沙门菌病等，肾脏受损严重，机体组织细胞大量坏死崩解，尿酸生成过多，排泄障碍，就会引发痛风。此外，鸡饮水不足或严重脱水，机体的代谢产物不能及时排出体外，造成尿酸盐沉积，亦可诱发痛风。禽痛风病是由多种因素引起的疾病，虽然已发现的病因有数十种之多，但尿酸盐的排泄障碍和肾脏损害是形成痛风的主要原因。

二、临床症状

本病大多为内脏型，少数为关节型，也有两型混合发生。内脏型临床最为常见，病鸡精神委顿，食欲不振，消瘦，贫血，鸡冠萎缩、苍白，排泄乳白色水样粪便。粪便含大量白色尿酸盐。鸡爪因脱水而干瘪。最后衰竭死亡。关节型病鸡关节肿大、变形，运动迟缓。起初软而痛，逐渐变硬，病程稍久结节软化或破裂，排出灰黄色干酪样物，运动时呈现跛行。

三、剖检病变

内脏型多见肾脏肿大，色泽变淡，因尿酸盐沉积出现白色斑纹，形成所谓的"花斑肾"。输尿管扩张增粗，腔内充满石灰渣样尿酸盐。病情严重时，在胸膜、腹膜、内脏器官表面、心外膜及肠系膜上，均有一层石灰渣样尿酸盐沉积。关节型痛风病鸡的腿、翅的主要关节内均有白色尿酸盐沉积（图193～图195）。

图193 内脏型痛风病鸡肝、心脏尿酸盐沉积

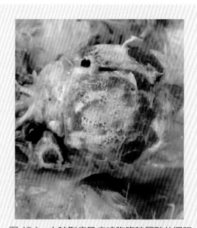
图194 内脏型痛风病鸡胸腹腔尿酸盐沉积

图195 内脏型痛风病鸡关节尿酸盐沉积、腿爪干枯

四、诊断技巧

根据临床特征和病理剖检可初步作出诊断，确诊需做实验诊断。方法是将沉淀物刮下来镜检，可见针状尿酸盐结晶。临床诊断时应注意和肾型传染性支气管炎加以鉴别，肾型传染性支气管炎也有肾脏肿大、肾脏内有白色尿酸盐沉积典型病变，但内脏表面一般不会或很少有尿酸盐沉积。肉仔鸡肾型传染性支气管炎死亡率非常高，一般在痛风症状出现前，病鸡多以死亡告终。而痛风病鸡内脏表面的尿酸盐沉积是其特征性变化。痛风病病鸡内脏器官表面形成白膜，与鸡大肠杆菌病相似，注意鉴别。鸡痛风病的内脏器官，特别是心包、肝、气囊、胸膜、肺、脾等器官的表面有尿酸盐沉积，形成石灰样白膜，肾肿大、表面有尿酸盐沉积。而鸡大肠杆菌病主要以肝周炎、心包炎、腹膜炎为特征，肝脏、心包、腹膜等表面形成纤维素白膜，初期较薄、透明，后期较厚、呈豆腐皮样。

五、治疗技巧

该病死亡率很高，因为肾脏的损害较难恢复，虽然可以马上停止诱发本病的饲养行为，但死亡停止需要一个过程，而且影响鸡的后期增重，给养殖户带来很大损失。发病鸡群，减少饲料饲喂量约20%，连续减少5天，同时加大饮水量，并在饮水中添加电解多维或葡萄糖，以促使尿酸盐排出。同时加入口服补液盐平衡体液，再加入抗菌类药物，防止因机体免疫力下降而继发其他疾病。若是由维生素A缺乏引起的痛风，饲料中添加鱼肝油，有利于肾小管黏膜的修复和再生。若是由饲料中的蛋白质、钙含量过高引起的痛风，则立即降低饲料中的蛋白质和钙的含量。治疗时注意采用对症治疗，选择尿酸盐排泄药物治疗时，应考虑其毒副作用，特别是对肾脏损害较大的药物要慎重使用，一般使用不宜超过 3～5 天，也不宜随意加大剂量。对于严重的结石病例，在使用西药的同时，配合利尿通淋的中药，疗效更佳。

1. 西兽药治疗

① 小苏打 0.3%～0.5% 混水饮服，连续 5 天，有利于尿酸盐排出。

② 肾解（肾肿解毒药）饮水，每升水加本品 2 克，连用 3 天，预防量减半。最好同时饮用水溶性多维素类药物。

③ 乌洛托品每天每千克体重 0.2～0.4 克，混水饮服，连续 4～5 天。

④ 1% 葡萄糖、0.1% 电解多维混合饮水，连续 7～10 天。

⑤ 每天每千克体重 50～100 毫克丙磺舒拌料，连续饲喂 5～7 天。也可选用别嘌呤醇拌料，每天每千克体重 5～10 毫克，连用 7～10 天。

2. 中兽药治疗

① 滑石、山楂各 200 克，海金沙、大黄各 150 克，木通、车前、萹蓄、灯心草、栀子、甘草梢、鸡内金各 100 克。混合粉碎，按每天每千克体重 1.0 ～ 1.5 克混于饲料中喂服，连喂 5 ～ 7 天。也可加水煎汁，自由饮服，连饮 5 ～ 7 天。

② 泽泻、乌梅、苍术、诃子、猪苓各 50 克，地榆、连翘、槐花、金银花各 30 克，海金沙、甘草各 20 克。粉碎混匀，按每天每千克体重 1 ～ 2 克剂量拌料，连喂 5 ～ 7 天。

③ 木通、金钱草、车前、栀子、白术各等份，诸药混合，冷水浸泡 2 小时，煎煮 2 次，每次 2 小时，混合滤液。按每天每千克体重 1 ～ 2 克原生药量混水饮服，连用 5 ～ 7 天。

④ 木通、车前、瞿麦、萹蓄、栀子、大黄各 500 克，滑石、甘草各 200 克，金钱草、海金沙各 400 克。混合粉碎，按每天每千克体重 1 ～ 2 克剂量拌料，连喂 5 ～ 7 天。

六、预防措施

完善饲料配方，科学合理地配制日粮，保证饲料的质量和营养全价。要根据鸡的不同生长阶段调整饲料中钙、磷比例，15 周龄以前饲料中钙含量不应超过 1%。供给充足的饮水及维生素含量丰富的饲料。此外，还应定期检测饲料中的钙、磷、蛋白质及霉菌毒素的含量。积极防治传染性支气管炎、传染性法氏囊病、霉菌毒素中毒等导致肾功能障碍的疾病发生。

第十节

嗉囊病

一、病因特点

本病是嗉囊内食物滞留不能向胃运行，积于嗉囊内，而以嗉囊膨大坚硬为特征，故又称"硬嗉"病。各日龄鸡都可发生，但以农村散养幼鸡为多见。嗉囊阻塞根据其硬度的不同，又分为"软嗉病"和"硬嗉病"两种。本病主要是由于鸡采食过量的玉米、高粱、大麦等干硬谷物及其他异物（如金属屑、玻璃片、骨片等），长期蓄积在嗉囊内而引起。此外，如喂给长的干草、大的块根和硬皮壳饲料以及日粮中缺乏维生素和矿物质饲料等，也可引起本病。

二、临床症状

病鸡精神沉郁，倦怠无力，食欲减退或废绝，翅膀下垂，不愿活动。嗉囊膨大，其内充满坚硬的食物，触诊坚硬。有时产生气体，口腔内发出腐败气味。有时用手触摸能感到里面有异物。轻者影响食物消化和吸收，雏鸡生长发育迟缓，成年鸡产蛋下降或停产。严重时，可导致腺胃、肌胃和十二指肠全部发生阻塞，使整个消化道处于麻痹状态。嗉囊膨大，食欲减退，咽下困难，头颈不断伸展。触诊嗉囊，病鸡表现疼痛，手压柔软有弹性，内含大量液体。将病鸡倒提，稍加压迫，其口中或鼻孔即可排出带有泡沫的恶臭液体。

三、剖检病变

病鸡的嗉囊外观均表现为嗉囊胀大甚至下垂，根据致病原因不同，嗉囊内容物分别有干且硬的异物或饲料、大量气体、酸臭液体或食糜。积食性和堵塞性嗉囊病，表皮肿胀、充血。严重病鸡的腺胃、肌胃和十二指肠全部发生堵塞，整个消化道处于麻痹状态。气滞性、积液性嗉囊病，嗉囊柔软，内有气体和少量难闻液体，表皮层内壁颜色略浅，或有溃烂。严重病鸡的嗉囊扩张呈悬垂嗉，比正常的大10倍左右，嗉囊部位皮肤羽毛光秃，嗉囊黏膜层有溃疡灶，边缘整齐，四周黏膜呈轻度的炎性病变。溃疡病灶呈凸起的圆形或椭圆形，具有一个中央凹陷，覆有纤维脓性膜。

四、诊断技巧

临床分为气滞性、积食性和堵塞性以及嗉囊积液等。气滞性多因采食过多难以消化、容易发酵腐败的饲料所致。手捏嗉囊，胸前肌肉过度紧张且有弹性，呈球胆状。积食性多由于饥饿后，鸡群过多采食容易膨胀的干硬饲料引起。用手捏鸡的嗉囊，膨满坚实，无弹性，呈面团状，一捏即扁。堵塞性主要是由于缺少微量元素，异食鸡羽毛、纸片、破布、塑料膜等引起。用手捏弹性不大，有横七竖八状或片状物的感觉。嗉囊积液是鸡嗉囊黏膜的一种炎症，多见于幼龄雏鸡，偶尔也发生于成年鸡。其主要原因是鸡采食了发霉、腐败的饲料，以及头发、鸡毛、橡皮、麻绳等难以消化的杂物，在嗉囊内发酵，产气、产酸，刺激黏膜引发本病。

五、治疗技巧

临床治疗鸡的嗉囊病，要根据其性质采取不同的方法，比较轻微的积食性和堵塞性嗉囊病，可以采用灌服药物的方法，病情严重时，用手术方法更为快捷简便，疗效也突出。气滞性和积液性嗉囊病，可用注射器直接抽排气体或液体。

1. 西兽药治疗

① 阻塞不太严重者，将温热的生理盐水或 1.5% 碳酸氢钠溶液，用长嘴球形注射器，由嘴部进入咽内，直接注入嗉囊内，至嗉囊膨胀部为止。然后将鸡头朝下，用手轻轻按压嗉囊，将嗉囊内的积食和水一起排出。此法可以重复采用，使阻塞物排净为止。嗉囊排空后，投予油类泻剂，通常第二天即可恢复。也可灌服 10% 稀盐酸 1 ~ 2 毫升。

② 食醋半匙、植物油（豆油等）3 滴，1 次灌服；也可用烟末 0.5 克、松节油 0.1 毫升、液状石蜡 1 毫升，混合后 1 次灌服；大号注射针头进行穿刺，穿刺前要拔去术部的羽毛，消毒后，将针头刺入嗉囊，然后安上针管将气体缓缓抽出。适合于气滞性嗉囊阻塞的治疗。

③ 硫酸镁 0.5 ~ 1.0 克，溶于 50 毫升水中 1 次灌服，也可用注射器直接注入嗉囊内；食醋 1 ~ 2 毫升或 38% 冰醋酸 0.1 毫升，1 次灌服。如果嗉囊内食物坚硬，可加灌食盐 0.1 ~ 0.2 克；若药物不见效，可进行嗉囊切开手术，取出内容物。先将嗉囊部位的毛拔掉，冲洗干净、消毒，然后沿嗉囊内侧切开皮肤，切口为 1.5 ~ 3 厘米。随后纵切嗉囊（勿切断血管），用钳子夹出内容物。以 0.1% 高锰酸钾溶液洗净后，用丝线做连续缝合，皮肤作结节缝合，创口 2% 碘酊涂搽。12 小时内禁止饮水与喂食，24 小时后可适当喂点葡萄糖水，以维持体力，以后逐渐开饲，恢复正常饲养。适合于阻塞性嗉囊的治疗。

④ 治疗嗉囊积液，将病鸡倒提，并轻轻挤压嗉囊，使酸臭液体经口排出，再灌服 0.2% 的高锰酸钾溶液或 1.5% 的小苏打溶液，至嗉囊略感膨胀。轻轻揉捏嗉囊 1 ~ 2 分钟，再倒提排出液体，然后经口灌服消炎药。隔日重复一次。

⑤ 葡萄糖氯化钠注射液 5 毫升，75% 酒精 0.6 毫升，混合后口服或注入病鸡嗉囊内。

2. 中兽药治疗

① 保和丸，大鸡 8 ~ 10 粒，中鸡 6 ~ 8 粒，小鸡 4 粒，送服后，喂少量水，适当配合揉按嗉囊，每天 1 次，连用 1 ~ 3 天。

② 砂仁 15 克，焦冰槟片、炒莱菔子各 10 克，葛根 5 克。共研为细末，4% 剂量拌料喂服，每天 1 次，连喂 5 ~ 6 天。

③ 人丹 1 ~ 2 粒，大蒜 1 小块（黄豆至蚕豆粒大小），分别填服，每天 3 次，连服 2 ~ 3 天。适用于嗉囊积滞引起的气胀。

④ 黄连、白术、茯苓各 10 克，甘草 6 克。加水 200 毫升，煎为 60 毫升，成年鸡每次服 15 毫升，每日 3 次。

⑤ 取鱼石脂 40 克，面粉 100 克，揉和均匀，以鱼石脂不粘手为宜，做成小丸，每丸 1.0 克。成年鸡每次 1 丸，幼鸡每次半丸，每天 2 次。

六、预防措施

饲料配合要适当，实时定量饲喂，饲料中的纤维含量应该适中，雏鸡饲料不超过3%，成年鸡饲料不超过5%。不喂过硬、纤维过多或发酵霉败饲料，防止食异物，保持舍内温度和空气流通。饲喂时间、数量要有规律，块根饲料要切碎，并防止采食冰冻饲料和饮水，有利于预防该病发生。

第十二章
鸡场常用的药物

鸡场常用的中药

一、双黄连口服液

　　[处方]　金银花、黄芩、连翘。

　　[性状]　本品为棕红色的澄清液体，久置可有微量沉淀，味微苦。

　　[功能]　辛凉解表，清热解毒。

　　[主治]　感冒发热。

　　[用法与用量]　每天每千克体重0.5～1.0毫升，分2次混入水中饮用，连续5～7天。

二、镇喘散

　　[处方]　香附、黄连、干姜、桔梗、山豆根、皂角、甘草、合成牛黄、蟾酥、雄黄、明矾。

　　[性状]　本品为红棕色的粉末，气特异，味微甘、苦，略带麻舌感。

　　[功能]　清热解毒，止咳平喘，通利咽喉。

　　[主治]　鸡慢性呼吸道病，喉气管炎。

　　[用法与用量]　每天每千克体重0.5～1.5克，混料饲喂，连续7天。

三、定喘散

　　[处方]　桑白皮、苦杏仁（炒）、莱菔子、葶苈子、紫苏子、党参、白术

（炒）、关木通、大黄、郁金、黄芩、栀子。

　　［性状］　本品为黄褐色粉末，气微香，味甘、苦。

　　［功能］　清肺，止咳，定喘。

　　［主治］　肺热咳嗽气喘。

　　［用法与用量］　每天每千克体重1～3克，混料饲喂，连续7天。

四、清瘟败毒散

　　［处方］　石膏、地黄、水牛角、黄连、栀子、牡丹皮、黄芩、赤芍、玄参、知母、连翘、桔梗、甘草、淡竹叶。

　　［性状］　本品为灰黄色粉末，气微香，味苦、微甜。

　　［功能］　清热解毒，滋阴凉血。

　　［主治］　热毒发斑，高热神昏。可用于流感等热性疾病的治疗。

　　［用法与用量］　每天每千克体重0.5～1克，混料饲喂，连续7天。

五、清瘟败毒口服液

　　［处方］　地黄、栀子、黄芩、连翘、玄参等。1毫升相当于1.18克原生药。

　　［性状］　本品为棕黑色液体，气微，味苦。

　　［功能］　清热解毒，滋阴凉血。

　　［主治］　流行性感冒、传染性支气管炎、传染性喉气管炎、法氏囊炎等。

　　［用法与用量］　每天每千克体重1～2毫升，混水饮服，连续5～7天。

六、荆防败毒散

　　［处方］　荆芥、防风、羌活、独活、柴胡、前胡、枳壳、茯苓、桔梗、川芎、甘草、薄荷。

　　［性状］　本品为淡灰黄色至淡灰棕色的粉末，气微香，味甘苦、微辛。

　　［功能］　辛温解表，疏风祛湿。

　　［主治］　风寒感冒，流感。

　　［用法与用量］　每天每千克体重1～1.5克，混料饲喂，连续7天。

七、清肺止咳散

　　［处方］　桑白皮、知母、苦杏仁、前胡、金银花、连翘、桔梗、甘草、橘红、黄芩。

　　［性状］　本品为黄褐色粉末，气微香，味苦、甘。

［功能］ 清泻肺热，化痰止咳。

［主治］ 肺热咳喘，咽喉肿痛。可用于治疗伴有咳嗽的流行性感冒、喉型鸡痘等。

［用法与用量］ 每天每千克体重1～1.5克，混料饲喂，连续7天。

八、麻杏石甘散

［处方］ 麻黄、苦杏仁、石膏、甘草。

［性状］ 本品为淡黄色粉末，气微香，味辛、苦、咸、涩。

［功能］ 清热，宣肺，平喘。

［主治］ 肺热咳喘。

［用法与用量］ 每天每千克体重1～1.5克；混料饲喂，连续7天。

九、麻杏石甘口服液

［处方］ 麻黄、苦杏仁、石膏、甘草。

［性状］ 本品为深棕褐色液体。

［功能］ 清热，宣肺，平喘。

［主治］ 肺热咳喘。

［用法与用量］ 每天每千克体重1～1.5毫升，分2次混水饮服，连续7天。

十、麻黄鱼腥草散

［处方］ 麻黄、黄芩、鱼腥草、穿心莲、板蓝根。

［性状］ 本品为黄绿色至灰绿色粉末，气微，味微涩。

［功能］ 宣肺泄热，平喘止咳。

［主治］ 肺热咳喘，慢性呼吸道病。

［用法与用量］ 每天每千克体重1～2克，混料饲喂，连续7天。

十一、银翘散

［处方］ 金银花、连翘、薄荷、荆芥、淡豆豉、牛蒡子、桔梗、淡竹叶、甘草、芦根。

［性状］ 本品为棕褐色粉末，气香，味微甘、苦、辛。

［功能］ 辛凉解表，清热解毒。

［主治］ 风热感冒，咽喉肿痛，疮痈初起。

[用法与用量] 每天每千克体重1～2克，混料饲喂，连续7天。

十二、黄连解毒散

[处方] 黄连、黄芩、黄檗、栀子。

[性状] 本品为黄褐色粉末，味苦。

[功能] 泻火解毒。

[主治] 三焦实热，疮黄、肿毒。

[用法与用量] 每天每千克体重1～2克，混料饲喂，连续7天。

十三、清解合剂

[处方] 石膏、金银花、玄参、黄芩、生地黄、连翘、栀子、龙胆、甜地丁、板蓝根、知母、麦冬。

[性状] 本品为红棕色液体，味甜、微苦。

[功能] 清热解毒。

[主治] 鸡大肠杆菌引起的热毒症。

[用法与用量] 每天每千克体重1～2毫升，分2次混水饮服，连续7天。

十四、雏痢净

[处方] 白头翁、黄连、黄檗、马齿苋、乌梅、诃子、木香、苍术、苦参。

[性状] 本品为棕黄色粉末，气微，味苦。

[功能] 清热解毒，涩肠止泻。

[主治] 雏鸡白痢。

[用法与用量] 每天每千克体重2～4克，混料饲喂，连续5～7天。

十五、鸡痢灵散

[处方] 雄黄、藿香、白头翁、滑石、诃子、马齿苋、马尾连、黄檗。

[性状] 本品为棕黄色粉末，气微，味苦。

[功能] 清热解毒，涩肠止痢。

[主治] 雏鸡白痢。

[用法与用量] 每天每千克体重2～4克，混料饲喂，连续5～7天。

十六、七清败毒颗粒

［处方］ 黄芩、虎杖、白头翁、苦参、板蓝根、绵马贯众、大青叶。

［性状］ 本品为棕褐色颗粒，味苦。

［功能］ 清热解毒，燥湿止泻。

［主治］ 湿热泄泻，雏鸡白痢。

［用法与用量］ 每天每千克体重1～2克，分2次混水饮服，连续5～7天。

十七、杨树花口服液

［处方］ 本品为杨树花经提取制成的合剂。每毫升相当于原生药1克。

［性状］ 本品为红棕色澄明液体。

［功能］ 化湿止痢。

［主治］ 痢疾，肠炎。

［用法与用量］ 每天每千克体重1～2毫升，分2次混水饮服，连续5～7天。

十八、白头翁散

［处方］ 白头翁、黄连、黄檗、秦皮。

［性状］ 本品为浅灰黄色粉末，气香，味苦。

［功能］ 清热解毒，凉血止痢。

［主治］ 温热泄泻，下痢脓血。

［用法与用量］ 每天每千克体重1～2克，混料饲喂，连续7天。

十九、四味穿心莲散

［处方］ 穿心莲、辣蓼、大青叶、葫芦茶。

［性状］ 本品为浅绿色粉末，气微，味苦。

［功能］ 清热解毒，除湿化滞。

［主治］ 泻痢，积滞。

［用法与用量］ 每天每千克体重1～2克，混料饲喂，连续5～7天。

二十、甘草颗粒

［处方］ 本品为甘草流浸膏经加工制成的颗粒。

［性状］ 本品为黄棕色至棕褐色颗粒，味甜、略苦涩。

［功能］　祛痰止咳。

［主治］　咳嗽。

［用法与用量］　每天每千克体重1～2克，分2次混水饮服，连续5～7天。

二十一、喉炎净散

［处方］　板蓝根、蟾酥、合成牛黄、胆膏、甘草、青黛、玄明粉、冰片、雄黄。

［性状］　本品为棕褐色粉末，气特异，味苦，有麻舌感。

［功能］　清热解毒，通利咽喉。

［主治］　鸡喉气管炎。

［用法与用量］　每天每千克体重0.05～0.1克，混料饲喂，连续5～7天。

二十二、射干地龙颗粒

［处方］　射干、地龙、甘草等。

［性状］　本品为棕黄色颗粒，味微酸。

［功能］　清咽利喉，化痰止咳。

［主治］　用于防治鸡呼吸型传染性支气管炎。

［用法与用量］　每千克体重0.5克，混水饮服，连续7天。

二十三、根黄分散片

［处方］　板蓝根、山豆根、黄芩、射干、桔梗、甘草及相关的崩解剂与赋形剂。

［性状］　本品为纯中药提取物的分散片，呈淡黄色，有淡淡的中药味。

［功能］　清肺泻火，祛痰利咽，平喘止咳。

［主治］　治疗鸡传染性喉气管炎。

［用法与用量］　按0.5克/千克体重将根黄分散片均匀混入饮水，连用5～7天。

二十四、甘胆口服液

［处方］　甘草、猪胆粉、人工牛黄、板蓝根、桔梗、玄明粉。

［性状］　本品为棕褐色液体，有少量轻摇易散的沉淀。

［功能］　清热解毒，凉血宣肺，燥湿化痰，止咳平喘。

［主治］　用于防治鸡传染性支气管炎、鸡毒支原体。

［用法与用量］　每100毫升兑水200千克，采用集中投药法，根据全天饮水量，计算出全天投药量，分上午、下午两次投药，投药前停水1小时，每次饮用2～3小时，连用3～5天。

二十五、银黄提取物口服液

［处方］　金银花提取物，黄芩提取物。

［性状］　本品为棕黄色至棕红色澄清液体。

［功能］　清热疏风，利咽解毒。

［主治］　风热犯肺，发热咳嗽。

［用法与用量］　每天每千克体重1～2毫升，分2次混水饮服，连用7天。

二十六、桑仁清肺口服液

［处方］　桑白皮100克，知母80克，苦杏仁80克，前胡100克，石膏120克，连翘120克，枇杷叶60克，海浮石40克，甘草60克，橘红100克，黄芩140克。

［性状］　本品为棕黄色至棕褐色液体。

［功能］　清肺，止咳，平喘。

［主治］　肺热咳喘。主要用于家禽传染性支气管炎、感冒、支原体等引起的病禽流鼻液、甩鼻、喷嚏、呼噜、气喘、支气管堵塞等证。

［用法与用量］　每升水1.25毫升混饮，连用3～5天。

二十七、苍蓝口服液

［处方］　苍术、板蓝根、柴胡、黄檗。

［性状］　本品为棕褐色液体，味微苦。

［功能］　清热燥湿，利水养阴。

［主治］　主治药物使用不当等各种原因引起的肾肿胀、肾损伤。

［用法与用量］　每升水1毫升，全天量集中一次饮用，连用3～5天。

二十八、鸡球虫散

［处方］　青蒿、仙鹤草、何首乌、白头翁、肉桂等。

［性状］　本品为浅棕黄色粉末，气香。

［功能］　抗球虫，止血。

［主治］　用于禽球虫病。症见鲜红色血便或为胡萝卜样、鱼肠子、烂肉样粪

便；鸡突然出现乱窜、尖叫、疯跑、瘫痪、消瘦等症状。

[用法与用量] 本品500克拌料200～250千克，或按全天采食量计算，傍晚集中一次混饲，连用3～5天。预防用药量减半。

二十九、五味常青颗粒

[处方] 青蒿、柴胡、苦参、常山、白茅根。

[性状] 本品为棕褐色颗粒，味甜、微苦。

[功能] 抗球虫。

[主治] 主治鸡球虫病。

[用法与用量] 每天每千克体重1～2克，分2次混水饮服，连续饮用5～7天。

三十、板青颗粒

[处方] 板蓝根、大青叶。

[性状] 本品为浅黄色或黄褐色颗粒，味甜、微苦。

[功能] 清热解毒，凉血。

[主治] 风热感冒，咽喉肿痛，热病发斑等温热性疾病。

[用法与用量] 每天每千克体重0.5～1克，分2次混水饮服或拌料饲喂，连用5～7天。

三十一、普济消毒散

[处方] 大黄、黄芩、黄连、甘草、马勃、薄荷、玄参、牛蒡子、升麻、柴胡、桔梗、陈皮、连翘、荆芥、板蓝根、青黛、滑石。

[性状] 本品为灰黄色粉末，气香，味苦。

[功能] 清热解毒，疏风消肿。

[主治] 热毒上冲，头面、腮颊肿痛，疮黄、疔毒。可用于温和型禽流感的治疗。

[用法与用量] 每天每千克体重0.5～1.5克，混料饲喂，连续5～7天。

三十二、扶正解毒散

[处方] 板蓝根、黄芪、淫羊藿。

[性状] 本品为灰黄色粉末，气微香。

[功能] 扶正祛邪，清热解毒。

[主治]　鸡法氏囊病。

[用法与用量]　每天每千克体重0.5～1.0克，混料饲喂，连续5～7天。

三十三、芪芍增免散

[处方]　黄芪、白芍、麦冬、淫羊藿。

[性状]　暗黄绿色粉末，气微香，味微苦。

[功能]　益气养阴。

[主治]　用于提高免疫力，可配合疫苗使用。

[用法与用量]　1千克饲料10克，混料饲喂，连续15天。

三十四、芪蓝囊病饮

[处方]　黄芪、板蓝根、大青叶、地黄、赤芍等五味药。

[性状]　本品为棕褐色液体。

[功能]　解毒凉血，益气养阴。

[主治]　传染性法氏囊病。

[用法与用量]　每天每千克体重0.5～1毫升，分2次混水饮服，连续5～7天。

三十五、激蛋散

[处方]　虎杖、丹参、菟丝子、当归、川芎、牡蛎、地榆、肉苁蓉、丁香、白芍。

[性状]　本品为黄棕色粉末，气香，味微苦、酸、涩。

[功能]　清热解毒，活血化瘀，补肾强体。

[主治]　输卵管炎，产蛋功能低下。

[用法与用量]　每天每千克体重1～1.5克，混料饲喂，连续7～15天。

三十六、降脂增蛋散

[处方]　刺五加、仙茅、何首乌、当归、艾叶、党参、白术、山楂、神曲、麦芽、松针。

[性状]　本品为黄绿色粉末，气香，味微苦。

[功能]　补肾益脾，暖宫活血；可降低鸡蛋胆固醇。

[主治]　产蛋率下降。

[用法与用量]　每天每千克体重1～1.5克，混料饲喂，连续7～15天。

三十七、蛋鸡宝

　　[处方]　党参、黄芪、茯苓、白术、麦芽、山楂、神曲、菟丝子、蛇床子、淫羊藿。

　　[性状]　本品为灰棕色粉末，气微香，味甘、微辛。

　　[功能]　益气健脾，补肾壮阳。

　　[主治]　用于提高产蛋率，延长产蛋高峰期。

　　[用法与用量]　每天每千克体重1～2克，混料饲喂，连续7～15天。

三十八、健鸡散

　　[处方]　党参、黄芪、茯苓、神曲、麦芽、山楂（炒）、甘草、槟榔（炒）。

　　[性状]　本品为浅黄灰色粉末，气香，味甘。

　　[功能]　益气健脾，消食开胃。

　　[主治]　食欲不振，生长迟缓。

　　[用法与用量]　每天每千克体重1～2克，混料饲喂，连续7～15天。

三十九、金荞麦散（鸡乐）

　　[处方]　金荞麦根茎碎块，金荞麦根茎和茎、叶、花的干浸膏混合粉碎成粗粉，加入适量金荞麦茎、叶、花粉，过2号筛，混匀即得。本品每克相当于金荞麦7～9克。

　　[性状]　为棕褐色粉末，气微，味微涩。

　　[功能]　清热解毒，清肺排脓，活血化瘀。

　　[主治]　葡萄球菌病，细菌性下痢，呼吸道感染。

　　[用法与用量]　每天每千克体重1～2克，混料饲喂，连续7～10天。

❧❧ 第二节 ❧❧
鸡场常用的抗菌药、抗球虫药

　　这里所指的常用抗菌药物，是目前在我国养鸡业中处于主导地位且相对安全有效的药物，主要包括抗生素类和合成抗菌类药。

一、青霉素 G

又名青霉素、苄青霉素，常用其钾盐和钠盐制成粉针剂，易溶于水，使用时用注射用水溶解，水溶液不稳定，遇醇、酸、碱、氧化剂、重金属很快失效。

[作用与用途]　对革兰阳性菌及某些革兰阴性菌有较强的抗菌作用。主要作用于敏感菌引起的呼吸道感染、肠炎，对球虫病有很好的辅助治疗和明显的增效作用。

[用法与用量]　肌内注射，每次每千克体重3万～5万单位，一天2～3次，连用2～3天。按每千克体重3万～5万单位饮水，时间控制在2小时以内。

[配伍与禁忌]　与喹诺酮类、氨基糖苷类（庆大霉素除外）、多黏菌素类配伍效果增强，与四环素类、头孢菌素类、大环内酯类、氯霉素类、庆大霉素、培氟沙星相互拮抗或疗效相抵或产生副作用，应分别使用、间隔给药。

二、氨苄西林钠可溶性粉

氨苄西林又名氨苄青霉素，为半合成的广谱青霉素。本品对胃酸相当稳定，内服后吸收良好。其制剂氨苄西林钠可溶性粉为白色或类白色粉末。

[作用与用途]　对革兰阳性菌的作用和青霉素相同。抗革兰阴性菌的活性增强，对多种革兰阴性菌（如布鲁菌、变形杆菌、巴斯德菌、沙门菌、大肠杆菌、嗜血杆菌等）有抑杀作用，但易产生耐药性。主要用于鸡白痢、大肠杆菌病和传染性鼻炎。

[用法与用量]　每100克兑水200千克饮服，每次取全天饮水量的1/6进行兑药，2小时喝完最佳（最好在夜间饮）。每天1次，连用3～5天。病情严重者可加量使用。服药前最好先断水1～2小时。也可每天每升水混入600毫克（按氨苄西林钠计），分2次饮水，连续5天。

[配伍与禁忌]　在酸性介质中氨苄西林易失活，降低疗效。维生素C可使氨苄西林失活或降效。四环素能降低青霉素治疗肺炎和脑膜炎的疗效。食用纤维可降低口服氨苄西林的吸收。休药期7天。

三、阿莫西林

阿莫西林又名羟氨苄西林、安莫西林或安默西林，是一种最常用的半合成青霉素类广谱β-内酰胺类抗生素。在酸性条件下稳定，胃肠道吸收率达90%。阿莫西林杀菌作用强，穿透细胞膜的能力也强。它也是目前应用较为广泛的口服半合成青霉素之一。

[作用与用途]　抗菌谱及抗菌活性与氨苄西林基本相同，但其耐酸性较氨苄

西林强，对大多数致病的 G^+ 菌和 G^- 菌（包括球菌和杆菌）均有强大的抑菌和杀菌作用。其中对肺炎链球菌、溶血性链球菌、大肠杆菌、奇异变形菌、沙门菌和流感嗜血杆菌等具有良好的抗菌活性。其主要用于巴氏杆菌病、大肠杆菌病、沙门菌病、葡萄球菌病和链球菌病等，也可用于产蛋率下降以及生殖道厌氧菌感染、肠道感染、肠毒综合征的辅助治疗。

［用法与用量］ 每升水 500 ～ 600 毫克（0.05% ～ 0.06%）混水饮服，连用3 ～ 5天。或每千克体重20 ～ 40毫克，一天2次，混水饮服或混料饲喂，连用5天。

［配伍与禁忌］ 同青霉素。现配现用，蛋鸡产蛋期禁用。

四、头孢噻呋钠

本品为头孢噻呋钠的无菌粉末。按无水物计算，含头孢噻呋不得少于85.0%；按平均装量计算，含头孢噻呋应为标示量的90.0% ～ 110.0%。本品为白色至灰黄色粉末。

［作用与用途］ 抗生素类药。头孢噻呋钠是头孢菌素类兽医临床专用广谱抗菌药。对革兰阳性菌和革兰阴性菌均有较强的抗菌作用。头孢噻呋作用于转录肽酶而阻断黏肽的合成，使细菌细胞壁缺失而达到杀菌作用。头孢噻呋具有稳定的 β-内酰胺环，不易被耐药菌破坏，可作用于产 β-内酰胺酶的革兰阳性菌和革兰阴性菌。用于雏鸡的大肠杆菌、沙门菌、链球菌和葡萄球菌感染。

［用法与用量］ 皮下或肌内注射。1日龄鸡，每只0.1 ～ 0.2毫克（以头孢噻呋计），一天1次，连用3 ～ 5天。

［配伍与禁忌］ 临用前以注射用水溶解。头孢噻呋钠与氨基糖苷类药物联合用药有协同作用；与丙磺舒合用可提高血中药物浓度和延长半衰期。雏鸡无休药期。

五、利高霉素

本品由盐酸大观霉素、盐酸林可霉素按2∶1比例加乳糖或葡萄糖配制而成。每100克本品，含盐酸大观霉素40克、盐酸林可霉素20克。大观霉素、林可霉素均应为标示量的90.0% ～ 110.0%。为白色或类白色粉末。

［作用与用途］ 抗生素类药。对革兰阳性菌和革兰阴性菌均有高效抗菌作用，抗菌范围和活性比单用明显扩大和增强。主要用于防治鸡大肠杆菌病、鸡毒支原体病、滑液囊支原体病。

［用法与用量］ 每升水0.5 ～ 0.8克，混饮，连用3 ～ 5天，仅用于5 ～ 7日龄雏鸡。

［配伍与禁忌］ 休药期5天，产蛋期禁用。本品与大环内酯类抗生素之间存

在交叉耐药性。

六、盐酸林可霉素可溶性粉

本品属"窄谱"抗生素，作用与红霉素相似，对革兰阳性菌有较好的作用，特别对厌气菌、金黄色葡萄球菌及肺炎球菌有明显抑制作用。由于本品可进入骨组织中，和骨有特殊亲和力，特别适用于厌气菌引起的感染及金黄色葡萄球菌性骨髓炎。

［作用与用途］ 主要用于治疗革兰阳性菌引起的感染，特别是耐青霉素的革兰阳性菌所引起的各种感染以及霉形体引起的慢性呼吸道病，如金黄色葡萄球菌、溶血性链球菌、肺炎球菌、败血霉形体、梭状芽孢杆菌、魏氏梭菌、厌氧菌、螺旋体疾病和弓形体病等。

［用法与用量］ 以林可霉素为例，每升水150～200毫克，连用5～10天。

［配伍与禁忌］ 盐酸林可霉素水溶液呈酸性，避免和碱性药物一起使用。配伍喹诺酮类药物对肠炎和消化不良有很好的效果。配伍庆大霉素对顽固性细菌感染和肠炎效果显著。与大观霉素联用，治疗支原体病疗效显著。停药期5天。蛋鸡产蛋期禁用。

七、硫酸安普霉素可溶性粉

本品由硫酸安普霉素与适宜的辅料配制而成。含安普霉素应为标示量的90.0%～110.0%。

［作用与用途］ 对畜禽易感染的革兰阴性菌与部分革兰阳性菌有较强的抗菌活性，特别是对其他抗生素耐药的大肠杆菌和沙门菌等致病菌有相当强的抗菌作用，而且不易产生耐药性。治疗大肠杆菌、沙门菌等导致的痢疾、腹泻，可增加体重，提高饲料报酬。

［用法与用量］ 制剂主要有硫酸安普霉素可溶性粉，硫酸安普霉素预混剂。每升水250～500毫克（以有效成分计）混饮，连用5天。

［配伍与禁忌］ 与TMP、青霉素、阿莫西林、多西环素、硫氰酸红霉素等配伍对鸡大肠杆菌具有一定的协同抗菌作用。产蛋期禁用，休药期7天。

八、硫酸链霉素

硫酸链霉素为氨基糖苷类抗生素。

［作用与用途］ 硫酸链霉素对结核杆菌具有强大的抗菌作用，对许多革兰阴性菌有较强的抗菌作用。主要用于巴氏杆菌病、钩端螺旋体病、大肠杆菌和沙门菌等敏感菌引起的呼吸道、消化道、泌尿道感染及败血症等。

［用法与用量］ 每升水200～300毫克混饮，或按每天每千克体重50～100毫克混水饮服，连用3～5天。

［配伍与禁忌］ 与青霉素合用具协同杀菌作用。链霉素在水溶液中遇新霉素钠、磺胺嘧啶钠会出现混浊沉淀，在注射或混饮时应避免混合使用。本品在较低浓度时抑菌，较高浓度时则杀菌。在弱碱性（pH值7.8）环境中抗菌活性最强，酸性（pH值6以下）环境中则下降。本品内服不易吸收，仅适用于肠道感染。

九、硫酸新霉素可溶性粉

本品为硫酸新霉素与蔗糖、维生素C等配制而成。含硫酸新霉素按新霉素计算，应为标示量的90.0%～110.0%。新霉素内服很少被吸收，内服后只有总量的3%从尿液排出，大部分不经变化从粪便排出。

［作用与用途］ 新霉素抗菌谱与卡那霉素相似。对革兰阴性菌敏感，内服用于肠道感染有良好疗效。主要用于大肠杆菌等所致的胃肠道感染。对各种原因诱发的肠毒综合征、生长缓慢或停滞、产蛋无高峰或产蛋率缓慢下降等疗效显著。对坏死性肠炎、顽固性腹泻、肠炎与小肠球虫的混合感染也有显著疗效。

［用法与用量］ 每升水加入250～300毫克饮用，连用3～5天。每1000千克饲料加入本品500～600毫克混饲，连用3～5天。

［配伍与禁忌］ 本品应尽量避免与其他抗生素类药物联合应用，与大多数抗生素联用会增加毒性或降低疗效。与青霉素类、头孢菌素类、林可霉素类、TMP合用疗效增强。和碱性药物（如碳酸氢钠、氨茶碱等）、硼砂配伍疗效增强，但同时毒性增大。与氨基糖苷类药物、头孢菌素类、万古霉素合用毒性增强。与维生素C、维生素B合用，疗效减弱。休药期3天，产蛋期禁用。

十、土霉素

本品为淡黄色结晶性或无定形粉末，无臭。在日光下颜色变暗，在碱性溶液中易被破坏而失效。在水中极微溶解，在氢氧化钠试液和稀盐酸中溶解。每1000土霉素单位相当于1毫克土霉素。其盐酸盐为黄色结晶性粉末，在水中易溶。

［作用与用途］ 具广谱抑菌作用，敏感菌包括肺炎球菌、链球菌、部分葡萄球菌等革兰阳性菌以及大肠杆菌、巴斯德菌、沙门菌、布鲁菌、嗜血杆菌等革兰阴性菌。对支原体、衣原体、立克次体、螺旋体等也有一定程度的抑制作用。用于防治巴氏杆菌、大肠杆菌和沙门菌感染等。亦常用作饲料药物添加剂，除可一定程度地防治疾病外，还能改善饲料的利用效率和促进养殖动物增重。

［用法与用量］ 每次每千克体重25～50毫克，一天2～3次内服，连用3～5天。

［配伍与禁忌］ 土霉素与碳酸氢钠同用，可使其吸收减少、活性降低。土霉素与钙盐、铁盐或含钙、镁、铝、铋、铁等金属离子的药物（中草药）同用，可减少药物的吸收。与强利尿药（如呋塞米等）同用可使肾功能损害加重。避免与青霉素同用。休药期5天，弃蛋2天。

十一、盐酸多西环素可溶性粉

多西环素，又名强力霉素、脱氧土霉素，抗菌药物。本品口服后可迅速吸收，广泛分布于心、肾、肺、肌肉、肠道、关节腔、脑组织及泌尿生殖系统中，用于全身各组织的感染。

［作用与用途］ 抗菌谱广，对革兰阳性菌和革兰阴性菌均有强大的抗菌作用，对支原体、大肠杆菌、链球菌、葡萄球菌、巴氏杆菌、沙门菌、嗜血杆菌等均有效。主要用于治气囊炎及气管栓塞等顽固性呼吸道疾病以及大肠杆菌病、鸡白痢、副伤寒、禽霍乱、坏死性肠炎等。

［用法与用量］ 以多西环素计，每升水300毫克混饮。计算出全天饮水量，溶于全天饮水量的1/3水中自由饮用，请勿过于集中，连用3～5天，重症增加投药量的30%～50%。

［配伍与禁忌］ 避免与含钙量较高的饲料同时服用，一般不与其他抗菌药连用。休药期8天。蛋鸡产蛋期禁用。

十二、红霉素

白色或类白色结晶或粉末，无臭，味苦，微有引湿性。本品在水中极微溶解。0.066%水溶液的pH值应为8.0～10.5。本品的干燥状态或在中性和弱碱性液中较为稳定，而在酸性条件下不稳定，pH值低于4时迅即被破坏。红霉素的硫氰酸盐，按干燥品计算，每毫克的效价不得少于750红霉素单位，在水中微溶，0.2%水溶液的pH值应为6.0～8.0。硫氰酸红霉素可溶性粉为硫氰酸红霉素与辅料制成的水溶性粉剂，含红霉素应为标示量的90.0%～110.0%。

［作用与用途］ 抗菌谱近似青霉素，对革兰阳性菌有较强的抗菌作用，但对大肠杆菌、沙门菌等不敏感。此外，对弯杆菌、某些螺旋体、支原体、立克次体和衣原体等也有良好作用。主要用于耐青霉素金黄色葡萄球菌及其他敏感菌所致的各种感染，治疗支原体病和传染性鼻炎也有相当疗效。

［用法与用量］ 制剂有硫氰酸红霉素可溶性粉，按红霉素计，内服一次量每千克体重10～20毫克，一天2次，连用3～5天。

［配伍与禁忌］红霉素对氯霉素和林可霉素类有拮抗作用，不宜同用。β-内酰胺类药物与本品联用时，可干扰前者的杀菌效能，两者不宜同用。本品忌与酸性物质配伍。鸡的休药期为3天，产蛋期禁用。

十三、甲砜霉素

本品是氯霉素的同类物，已人工合成。按干燥品计算，含甲砜霉素不得少于98%。为白色结晶粉末，无臭，在水中微溶，其水溶性略大于氯霉素。

［作用与用途］抗菌谱与抗菌作用和氯霉素近似，但对多数肠杆菌科细菌、金黄色葡萄球菌及肺炎球菌的作用比氯霉素稍差。本品口服后吸收迅速而完全，连续用药在体内无蓄积，丙磺舒可使排泄延缓，血药浓度升高。口服后体内广泛分布，其组织、器官的含量比同剂量的氯霉素高，因此体内抗菌活性也较强。主要用于敏感菌引起的呼吸道、泌尿道和肠道等感染。

［用法与用量］制剂主要有甲砜霉素散和甲砜霉素片。按甲砜霉素计，内服一次量为每千克体重10毫克，一天2次，连用2～3天。

［配伍与禁忌］本品有血液系统毒性，主要为可逆性的红细胞生成抑制，但未见再生障碍性贫血的报道。肾功能不全要减量或延长给药间期。本品有较强的免疫抑制作用，比氯霉素强6倍左右。对疫苗接种期间的动物或免疫功能严重缺损的动物应禁用。欧盟和美国等均禁用于食品动物。与四环素类（四环素、土霉素、多西环素）用于合并感染的呼吸道病具有协同作用，和新霉素、盐酸多西环素、硫酸黏杆菌素等配伍，疗效增强。和林可霉素、氨苄西林、头孢拉定、头孢氨苄、红霉素和氟喹诺酮类等配伍有拮抗作用。和卡那霉素、链霉素、磺胺类和喹诺酮类配伍，毒性增加。

十四、氟苯尼考

为人工合成的甲砜霉素单氟衍生物。白色或类白色的结晶性粉末，无臭。在水中极微溶解。0.5%水溶液的pH值应为4.5～6.5。

［作用与用途］药效学抗菌谱与抗菌活性略优于氯霉素与甲砜霉素，对多种革兰阳性菌、革兰阴性菌和支原体等均有作用。内服分布广泛，半衰期长，血药浓度高，能较长时间地维持血药浓度。主要用于治疗鸡大肠杆菌病、葡萄球菌病、慢性呼吸道病等。

［用法与用量］制剂主要有氟苯尼考散，氟苯尼考溶液。按氟苯尼考计，内服一次量每千克体重20～30毫克，一天2次，连用3～5天。

［配伍与禁忌］与四环素类（四环素、土霉素、多西环素）用于合并感染的呼吸道病具有协同作用，和新霉素、盐酸多西环素、硫酸黏杆菌素等配伍，

疗效增强。和林可霉素、氨苄西林、头孢拉定、头孢氨苄、红霉素和氟喹诺酮类等配伍有拮抗作用。和卡那霉素、链霉素、磺胺类和喹诺酮类配伍，毒性增加。停药期5天。

十五、酒石酸泰乐菌素

白色至浅黄色粉末。在水中微溶，其盐类易溶于水。

[作用与用途]　抗菌作用机理和抗菌谱与红霉素相似。对革兰阳性菌和一些阴性菌有效，对支原体特别有效。酒石酸泰乐菌素内服后易从胃肠道吸收，由于药物在体内经肝肠循环再吸收，鸡在内服6小时后，其血浓度和脏器浓度常高于1小时时的浓度。泰乐菌素以原型在尿和胆汁中排出。主要用于治疗禽的支原体病和传染性鼻炎，对支原体感染尤为有效。

[用法与用量]　制剂主要有酒石酸泰乐菌素可溶性粉、注射用酒石酸泰乐菌素。按酒石酸泰乐菌素计，每升水1.0克混饮，连用5天。皮下注射、肌内注射一次量每千克体重13毫克，一天2次，连用5天。

[配伍与禁忌]　参见红霉素。本品的水溶液遇铁离子、铜离子、铝离子和锡离子等可形成络合物而减效。细菌对其他大环内酯类耐药后，对本品常不敏感。饮水给药的休药期为1天，产蛋母鸡禁用。

十六、酒石酸泰万菌素

泰万菌素即乙酰异戊酰泰乐菌素，又称超级泰乐菌素，是泰乐菌素A的生物转化衍生物，是一种治疗呼吸道和消化道感染的动物专用第三代大环内酯类药物，常使用其酒石酸盐。其酒石酸盐产品为白色或淡黄色粉末，易溶于甲醇，可溶于水。泰万菌素具有高效、低毒、低残留等优点，并且不会产生大环内酯类抗生素之间的交叉耐药，能到达支气管腔杀灭支原体，其抗菌效果是泰乐菌素的5～10倍，替米考星的2～5倍。

[作用与用途]　泰万菌素对支原体、螺旋体、大部分革兰阳性菌（如金黄色葡萄球菌、化脓性链球菌、肺炎球菌、化脓性棒状杆菌等）和部分革兰阴性菌有较强的抗菌活性。对鸡的败血支原体和滑液囊支原体的抗菌活性非常强大，其抗菌谱与泰乐菌素相似，而且还具有增强非特异免疫的作用。主要用于预防和治疗由支原体引起的鸡慢性呼吸道病、气囊炎、传染性鼻炎、传染性滑膜炎以及敏感革兰阳性菌引起的坏死性肠炎等。

[用法与用量]　酒石酸泰万菌素预混剂，以泰万菌素计，每1000千克饲料100～300毫克，连续7天；酒石酸泰万菌素可溶性粉，以泰万菌素计，每升水200～300毫克，混水饮服，连续3～5天。

［配伍与禁忌］ 不宜与氯霉素类、青霉素类、林可霉素联合使用。可以和氟苯尼考、阿莫西林、磺胺类、四环素类、喹诺酮类广谱抗菌类药物联合应用，具有增效作用。休药期5天，产蛋期间禁用。

十七、替米考星

替米考星是泰乐菌素的一种水解产物半合成的畜禽专用抗生素，替米考星不溶于水，药用其磷酸盐易溶于水，并且稳定性好，给药方便，吸收良好。替米考星溶液制剂为淡黄色至棕黄色澄清液体，为替米考星与适宜溶剂配制而成，含替米考星应为标示量的90.0% ～ 110.0%。其他制剂为替米考星可溶性粉、替米考星预混剂。

［作用与用途］ 主要抗革兰阳性菌，对少数革兰阴性菌和支原体也有效。其抑制胸膜肺炎放线杆菌、巴氏杆菌及畜禽支原体的活性比泰乐菌素强。主要用于防治支原体病、巴氏杆菌病等呼吸道疾病。

［用法与用量］ 替米考星溶液或可溶性粉饮水，以替米考星计，每升水加100 ～ 200毫克，连用3 ～ 5天。

［配伍与禁忌］ 与其他大环内酯类、林可胺类和氯霉素类不宜同时使用。与β-内酰胺类合用表现为拮抗作用。替米考星和四环素类（如多西环素）联合应用有协同增效作用。蛋鸡产蛋期禁用，停药期12天。

十八、恩诺沙星

恩诺沙星，又名恩氟喹啉羧酸，属于氟喹诺酮类之化学合成抑菌剂，为微黄色或淡黄色结晶性粉末，味苦，在水中极微溶解。本品为环丙沙星的乙基化合物，又名乙基环丙沙星，遇光渐变为橙红色。

［作用与用途］ 为兽医专用的第三代氟喹诺酮类抗菌药物，有广谱杀菌作用，治疗支原体效果显著。其杀菌活性依赖于浓度，敏感菌接触本品后在20 ～ 30分钟内死亡。本品对多种革兰阴性杆菌和球菌有良好抗菌作用，包括铜绿假单胞菌、大肠杆菌、弯曲杆菌属、志贺菌属、沙门菌属、弧菌属、变形杆菌属、布鲁菌属、巴斯德菌属、丹毒丝菌、葡萄球菌、支原体和衣原体等。但对大多数链球菌的作用有差异，对大多数厌氧菌作用微弱。本品给畜禽内服或肌内注射后吸收迅速，分布容积大，在体内广泛分布，清除半衰期较长。主要用于治疗沙门菌、大肠杆菌、巴斯德菌、嗜血杆菌、葡萄球菌、链球菌及各种支原体感染。

［用法与用量］ 以恩诺沙星计，每升水100 ～ 200毫克，连用3 ～ 5天。或按每天每千克体重15 ～ 25毫克剂量，分2次混水饮服，连用3 ～ 5天。

[配伍与禁忌] 本品与氨基糖苷类、第三代头孢菌素类和广谱青霉素配合，对细菌可能呈现协同抗菌作用，例如恩诺沙星与多西环素的复方制剂可有效防治包括呼吸道疾病在内的混合感染，与林可霉素配伍应用，治疗霉形体合并大肠杆菌感染、卵巢炎和输卵管炎的效果更加显著。呋喃妥因可拮抗本品的抗菌活性，氨茶碱以及含铝、镁的抗酸剂及金属离子对氟喹诺酮类药物的吸收有影响，给药期间饲喂全价饲料可干扰该药的吸收。停药期8天，产蛋鸡禁用。

十九、环丙沙星

类白色或微黄色结晶性粉末，几乎无臭，味苦，有引湿性，易溶于水。常用盐酸环丙沙星或乳酸环丙沙星。

[作用与用途] 环丙沙星的抗菌谱广，杀菌力强，作用迅速，对革兰阴性菌和阳性菌有明显的抗菌药后效应，对葡萄球菌、分枝杆菌、衣原体具中度活性。主要用于治疗沙门菌、大肠杆菌、巴斯德菌、嗜血杆菌、葡萄球菌、链球菌及各种支原体引起的感染。

[用法与用量] 内服每天每千克体重10～20毫克，分2次混水饮服，连用3～5天。

[配伍与禁忌] 同恩诺沙星。

二十、磺胺氯吡嗪钠粉

本品为磺胺氯吡嗪钠与乳糖配制而成，100克本品含磺胺氯吡嗪钠30克，为白色或淡黄色粉末，味苦，水中溶解。

[作用与用途] 磺胺类药物，抑制球虫的生长和繁殖，对艾美耳球虫属的球虫均有杀灭作用，多在球虫暴发时短期应用。抗球虫活性峰期是球虫第2代裂殖体，对第1代裂殖体也有一定作用，但对有性周期无效。主要用于治疗鸡的暴发性盲肠球虫病，还可用于控制鸡霍乱及伤寒所引起的食欲减退、消化不良、下痢、粪便带血、鸡冠和肌肉苍白等。

[用法与用量] 以磺胺氯吡嗪钠计，每天每千克体重50毫克，每升水加本品1克，分2次混水饮服，连用3～5天。每千克饲料加本品2克混饲，连用3～5天。

[配伍与禁忌] 饮水给药时，不得与酸性药物同时使用，以免发生沉淀。磺胺氯吡嗪钠毒性较强，应避免长期使用。与同类药物配伍使用，毒性增强，应间隔用药，确需同用，应减低用量。磺胺氯吡嗪钠与其他药物配伍，容易增加毒性或产生拮抗作用，应尽量避免合用。禁用于16周龄以上鸡群和蛋鸡产蛋期。肉鸡宰杀前1天停止给药。

二十一、复方磺胺氯哒嗪钠粉

本品为磺胺氯哒嗪钠、TMP 和赋形剂组成的可溶性粉，具有安全、高效、广谱、残留量低等特点，为白色或淡黄色粉末。

[作用与用途] 为广谱抗菌药，对大多数革兰阳性菌和阴性菌都有较强的抑制作用，同时还有杀灭球虫的作用，细菌对此药产生耐药性较慢。复方磺胺氯哒嗪钠粉和 TMP 内服后，两种活性成分几乎同时到达血药峰值，并同时排泄，具有协同抑菌效果。内服吸收性好，血中浓度高，乙酰化率仅5%，且乙酰化物在尿中溶解度大，不易产生结晶尿，无肾脏毒性。药物残留低，休药期短。主要用于防治鸡霍乱、鸡白痢、传染性鼻炎、鸡大肠杆菌引起的输卵管炎、腹膜炎以及盲肠球虫、小肠球虫、白冠病等。

[用法与用量] 以磺胺氯哒嗪钠计，每天每千克体重25～30毫克，分2次混水饮服，连续使用7天。

[配伍与禁忌] 复方磺胺氯哒嗪钠粉为慢速抑菌剂，和盐酸多西环素配伍应用，具有累加作用，能更有效控制细菌感染。泰妙菌素、盐酸多西环素、复方磺胺氯哒嗪钠配伍，不仅对细菌感染有效，还能控制支原体以及其他呼吸道疾病。某些含对氨基苯甲酰基的药物（如普鲁卡因、丁卡因、酵母片）可降低本药作用，因此不宜合用。与噻嗪类或速尿等利尿剂同用，可加重肾毒性。忌与酸性药物（如维生素C、氯化钙、青霉素等）配伍。鸡的休药期2天，本品影响产蛋，产蛋期禁用，不得作为饲料添加剂长期应用，用药期间应充分饮水。

二十二、磺胺喹噁啉钠

本品为磺胺喹噁啉钠与适宜的辅料制成。含磺胺喹噁啉钠应为标示量的90.0%～110.0%。为白色或微黄色粉末。制剂主要有磺胺喹噁啉钠可溶性粉，100克中含磺胺喹噁啉钠15克、甲氧苄啶5克。

[作用与用途] 用于治疗鸡球虫病。对鸡巨型、布氏和堆型艾美耳球虫作用最强，但对柔嫩、毒害艾美耳球虫作用较弱，需更高浓度才能有效。磺胺喹噁啉钠抗虫谱窄，毒性较大，宜与其他抗球虫药（如氨丙啉或甲氧苄啶）联合应用。也可用于防治鸡大肠杆菌和沙门菌感染。

[用法与用量] 按磺胺喹噁啉钠计，每升水60～70毫克馄饮，连用5天。

[配伍与禁忌] 连续应用不得超过5天，蛋鸡产蛋期禁用，休药期10天。

二十三、盐酸氨丙啉可溶性粉

本品为盐酸氨丙啉与乳糖配制而成，30克盐酸氨丙啉可溶性粉中含盐酸氨丙啉6克，盐酸氨丙啉应为标示量的95.0%～105.0%。本品为白色或类白色结晶性粉末，无臭或几乎无臭。

[作用与用途] 氨丙啉对鸡柔嫩、堆型艾美耳球虫作用最强，但对毒害、布氏、巨型、和缓艾美耳球虫作用效果稍差。通常治疗浓度并不能全部抑制卵囊产生。因此多与乙氧酰胺苯甲酯、磺胺喹噁啉等并用，以增强疗效，氨丙啉对机体球虫免疫力的抑制作用不太明显。用于防治禽球虫病。

[用法与用量] 盐酸氨丙啉可溶性粉混饮，每1000升饮水60克，连用5～7天。

[配伍与禁忌] 本品多与乙氧酰胺苯甲酯和磺胺喹噁啉并用，以增强疗效。每千克饲料中维生素B_1的含量在10毫克以上时，与本品有拮抗作用，可使抗球虫作用降低。肉鸡休药期7天，产蛋期禁用。

二十四、复方盐酸氨丙啉可溶性粉

本品为盐酸氨丙啉、磺胺喹噁啉钠、维生素K_3和乳糖等配制而成，为浅黄色粉末。每100克复方盐酸氨丙啉可溶性粉含盐酸氨丙啉20克。

[作用与用途] 本品为广谱抗球虫药物，可竞争性地抑制球虫对维生素B_1的摄取，从而抑制了球虫的发育。主要用于鸡球虫的防治，特别是小肠球虫病、急性球虫病。亦可用于细菌性肠炎和伤寒等。

[用法与用量] 按本品计，每升水0.5克混水饮服，或每千克饲料加本品1克。连用3天，停2～3天再用2～3天。

[配伍与禁忌] 盐酸氨丙啉多与乙氧酰胺苯甲酯和磺胺喹噁啉并用，以增强疗效。因能妨碍维生素B_1吸收，因此使用时应注意维生素B_1的补充。如果氨丙啉用药浓度过高，能引起雏鸡维生素B_1缺乏而表现多发性神经炎，增喂维生素B_1虽可使鸡群康复，但明显影响氨丙啉抗球虫活性。每千克饲料中维生素B_1含量超过10毫克时，氨丙啉抗球虫效应即开始减弱。肉鸡应在宰前7天停药，禁用于产蛋鸡。过量使用还会引起轻度免疫抑制。

二十五、盐酸氨丙啉磺胺喹噁啉钠可溶性粉

主要成分为盐酸氨丙啉、磺胺喹噁啉钠，本品为淡黄色粉末。100克盐酸氨丙啉磺胺喹噁啉钠可溶性粉含盐酸氨丙啉7.5克、磺胺喹噁啉钠4.5克。

[作用与用途] 抗球虫药。氨丙啉对鸡的各种球虫均有作用，其中对柔嫩与堆型艾美耳球虫的作用最强，对毒害、布氏、巨型、和缓艾美耳球虫的作用较弱。主要作用于球虫第一代裂殖体，阻止其形成裂殖子，作用峰期在感染后的第3天。此外，对有性繁殖阶段和子孢子亦有抑制作用。可用于预防和治疗球虫病。磺胺喹噁啉抗球虫活性峰期是在第二代裂殖体（球虫感染第4天）。氨丙啉与

磺胺喹恶啉合用,可增强疗效。

[用法与用量] 以本品计,每升水0.5克,混水饮服,连用3～5天。

[配伍与禁忌] 盐酸氨丙啉、磺胺喹恶啉钠可溶性粉和小苏打配伍,减少对肾脏的副作用;和硫酸新霉素合用,治疗肠炎与球虫混合感染;和磺胺氯吡嗪钠、小苏打配伍,治疗盲肠球虫与小肠球虫混合感染;和地克珠利溶液合用,治疗严重小肠球虫感染。连续使用不得超过1周。休药期7天,产蛋期禁用。

二十六、盐酸氨丙啉乙氧酰胺苯甲酯磺胺喹恶啉可溶性粉

主要成分为盐酸氨丙啉、乙氧酰胺苯甲酯、磺胺喹恶啉。本品为类白色至淡黄色粉末。50克中含盐酸氨丙啉10克、磺胺喹恶啉6克、乙氧酰胺苯甲酯0.5克。

[作用与用途] 用于防治鸡球虫病。盐酸氨丙啉、乙氧酰胺苯甲酯、磺胺喹恶啉三者具有显著的协同作用,扩大了抗球虫的作用范围,又兼具抗菌作用,可以延缓耐药株的产生,安全范围较广,适用于各类球虫病的预防和治疗。

[用法与用量] 以本品计,每升水0.25～0.5克,混水饮服,连用5天。

[配伍与禁忌] 连续使用不得超过5天。若以较大剂量延长给药时间可引起食欲下降,肾脏出现磺胺喹恶啉结晶,并干扰血液正常凝固。给药期间,每千克饲料中的维生素B_1含量在10毫克以上时,有明显的拮抗作用。蛋鸡产蛋期禁用,休药期13天。

二十七、复方磺胺甲恶唑粉

本品主要成分为磺胺甲恶唑、甲氧苄啶。为白色或类白色粉末,可溶于水。100克本品含磺胺甲恶唑40克、甲氧苄啶8克。

[作用与用途] 本品为磺胺类抗菌药,由甲氧苄啶与磺胺甲恶唑组成,两药合用可使抗菌作用增强几倍至数十倍,并能减少耐药性的产生,本品抗菌谱广、抗菌活性强。对大多数革兰阴性菌及阳性菌高度敏感。内服易吸收、血中有效浓度维持时间较长,排泄较慢。用于治疗敏感菌引起的鸡呼吸道、泌尿道感染。主要用于禽霍乱、鸡白痢、禽伤寒、禽副伤寒及葡萄球菌病等。

[用法与用量] 以磺胺甲恶唑计,内服一次量,每千克体重25毫克,一天2次,连用3～5天。每100克本品拌料20千克,充分混匀后饲喂,或每100克本品兑水40升,充分混匀后饮服,连用3～5天。首日用量加倍。

[配伍与禁忌] 内服时应配合等量碳酸氢钠,现配现用,否则影响疗效。产蛋期禁用,休药期5天。

二十八、复方磺胺间甲氧嘧啶钠可溶性粉

本品为磺胺间甲氧嘧啶钠、甲氧苄啶的复合制剂，为白色粉末，水中易溶。100克复方磺胺间甲氧嘧啶钠可溶性粉含磺胺间甲氧嘧啶钠8.3克、甲氧苄啶1.7克。

［作用与用途］ 本品是体内外抗菌作用最强的磺胺类药物，具有抗菌、抗原虫双重药理作用，对革兰阳性菌和阴性菌均有强大的抑制作用。对鸡的住白细胞原虫、球虫、弓形体敏感。此外，小剂量添加，有促进生长作用，能明显提高蛋鸡的产蛋量，提高饲料转化率。口服吸收快而且完全，2小时即达血药高峰，保持有效抑菌浓度时间长，可有效对抗全身感染。在推荐剂量下使用对动物无毒副作用，对人畜安全。用于革兰阳性和革兰阴性敏感菌所引起的感染。主治鸡大肠杆菌病、鸡白痢、鸡传染性鼻炎、鸡白冠病、鸡球虫病等。

［用法与用量］ 本品100克溶于50～100升水中，连用5～7天。每1000千克饲料500～1000克混饲，连用5～7天。

［配伍与禁忌］ 磺胺间甲氧嘧啶钠、甲氧苄啶两药配伍具有明显的协同作用，抗菌谱广，抗菌活力强。连续应用不宜超过1周，长期使用可损害肾脏和神经系统，影响增重，并可能发生磺胺类药物中毒，应同时服用碳酸氢钠以碱化尿液。休药期28天，产蛋期禁用。

二十九、地克珠利

地克珠利为新型、高效、低毒抗球虫药，广泛用于鸡球虫病。本品为类白色或淡黄色粉末，不溶于水、乙醇。主要制剂有地克珠利溶液、地克珠利预混剂。

［作用与用途］ 地克珠利对鸡柔嫩、堆型、毒害、布氏、巨型艾美耳球虫作用极佳，用药后除能有效地控制盲肠球虫的发生和死亡外，甚至能使病鸡球虫卵囊全部消失，地克珠利对和缓艾美耳球虫也有高效。地克珠利防治球虫的效果优于其他常规应用的抗球虫药和莫能菌素等离子载体抗球虫药。对氟嘌呤、氯羟吡啶、常山酮、氧苯胍、莫能菌素耐药的柔嫩艾美耳球虫，改用地克珠利防治仍然有效。

［用法与用量］ 混饮：每升饮水0.5～1.0毫克；混饲：每1000千克饲料1.0～1.2克。

［配伍与禁忌］ 本品作用时间短暂，停药1天后，作用基本消失。因此，肉鸡必须连续用药以防疾病再度暴发。由于用药浓度极低，药、料必须充分拌匀。地克珠利溶液的饮水液稳定期仅为4小时，因此，必须现用现配，否则影响疗

效。本品易引起球虫的耐药性或交叉耐药性，因此，连用不得超过6个月。轮换用药时亦不宜应用同类药物。休药期肉鸡5天，产蛋鸡禁用。

三十、妥曲珠利

妥曲珠利具有广谱抗球虫活性，广泛用于鸡球虫病的防治。妥曲珠利溶液为无色或浅黄色黏稠澄清溶液。其主要制剂有妥曲珠利溶液，每100毫升含2.5克妥曲珠利。

［作用与用途］ 妥曲珠利具有良好的杀球虫作用，对球虫的两个无性周期均有作用。临床常用于鸡堆型、布氏、巨型、柔嫩、毒害、和缓艾美耳球虫的防治。

［用法与用量］ 以妥曲珠利计，每升饮水加25毫克。

［配伍与禁忌］ 连续应用易使球虫产生耐药性，甚至存在交叉耐药性，因此，连续应用不得超过6个月。稀释后药液减效，进口产品的水溶液稳定期在48小时以上，国产品以现配现用为宜。肉鸡在宰前19天停药。产蛋鸡禁用。

三十一、环丙氨嗪

环丙氨嗪，又名灭蝇胺，纯品为无色晶体。无臭或几乎无臭。本品在水或甲醇中略溶，在丙酮中微溶，在甲苯或正己烷中极微溶解。主要制剂有1%预混剂、10%预混剂、2%颗粒剂、50%可溶性粉。

［作用与用途］ 通过强烈的内传导使幼虫在形态上发生畸变，成虫羽化不全或受抑制，从而阻止幼虫到蛹的正常发育，达到杀虫目的。可控制所有威胁集约化动物养殖场的蝇类，包括家蝇、黄腹厕蝇、光亮扁角水虻和厩螫蝇，也可控制跳蚤及防止羊身上的绿蝇属幼虫等。以每升水1克的溶液浸泡或喷淋，可防治羊身上的丝光绿蝇。加到鸡饲料中，可防治鸡粪上的蝇蛆，也可在蝇繁殖的地方进行局部处理。可安全使用于肉鸡、种鸡、蛋鸡、猪、牛、羊，对人、畜无不良影响，不伤害蝇蛆天敌，已被世界卫生组织（WHO）列为最低毒性物质。可明显降低鸡舍内氨气含量，大大改善畜禽饲养环境。环丙氨嗪的活性成分可在土壤中分解，对环境无污染，属高效环保药剂。本产品使用方便、省时、省力、省钱，可达到事半功倍的效果。

［用法与用量］ 按环丙氨嗪计，每1000千克饲料5克，在苍蝇产生季节开始饲喂，连用4～6周，然后再饲喂4～6周，循环饲喂至苍蝇结束。也可用颗粒剂或可溶性粉喷洒或混水饮服。按环丙氨嗪计，5千克水中加入2.5克气雾喷洒，集中喷洒在蚊蝇繁殖处及蝇蛆滋生处，药效可持续30天以上。按环丙氨嗪计，每吨水中加入2.5克，连续饮用4～6周，饮水应用时务必使药物完全溶解。

［配伍与禁忌］ 使用前与饲料均匀混合。在蝇害始发期，及时使用本产品。休药期3天。

三十二、氰戊菊酯溶液

本品为氰戊菊酯加适量的乳化剂制成的澄明液体，含氰戊菊酯应为18.0%～22.0%。本品为淡黄色澄明液体。

［作用与用途］ 杀虫药。有害昆虫接触后，药物迅速进入虫体神经系统，其表现为强烈兴奋、抖动，很快转为全身麻痹、瘫痪，最后被击倒而死亡。应用氰戊菊酯溶液喷洒畜禽体表，螨、虱、蚤等于用药后10分钟开始中毒，15～20分钟开始死亡，4～12小时后全部死亡。其防治效果比敌百虫强50～200倍，又有一定的残效作用，可使虫卵孵化后再次被杀死。所以一般情况下用药一次即可。用于驱杀畜禽体表外寄生虫（如蜱、虱、蚤等）。

［用法与用量］ 药浴、喷淋：每升水，对鸡螨病用80～100毫克；对鸡虱及刺皮螨用40～50毫克；杀灭蚤、蚊、蝇及牛虻40～80毫克。喷雾：稀释成0.2%浓度，鸡舍3～5毫升/米^3，喷雾后密闭4小时。

［配伍与禁忌］ 配制溶液时，水温以12℃为宜，如水温超过25℃将会降低药效，水温超过50℃时则失效。避免使用碱性水，并忌与碱性药物合用，以防药液分解失效。治疗外寄生虫病时，无论是喷淋、喷洒还是药浴，都应保证畜禽的被毛、羽毛被药液充分湿透。本品对蜜蜂、鱼虾、家蚕毒性较强，使用时不要污染河流、池塘、桑园、养蜂场所。休药期28天。

❧❧ 第三节 ❧❧
鸡场常用的抗病毒药及解热镇痛药

一、黄芪多糖

黄芪多糖是由中药黄芪通过精制提炼而成，主要成分为黄芪多糖及多种免疫增强物质。黄芪多糖原粉为棕色或棕黄色粉末。

［作用与用途］ 黄芪中含多糖、皂苷、黄酮、氨基酸等多种有效成分，这些活性成分均有促进抗体生成和免疫反应的作用。黄芪多糖是黄芪发挥作用的主要成分，由己糖醛酸、葡萄糖、果糖、鼠李糖、阿拉伯糖、半乳糖醛酸和葡萄糖醛酸等组成，可作为免疫促进剂或调节剂，同时具有抗病毒、抗肿瘤、抗应激、抗氧化等作用。黄芪多糖是一种干扰素诱导剂，具有刺激巨噬细胞和T细胞的功

能，使E环形成细胞数增加，诱生细胞因子，促进白细胞介素诱生，而使动物机体产生内源性干扰素，从而达到抗病毒的目的。

［用法与用量］ 混饮：每克兑水5升，每天2次，连用3～5天。混饲：每克拌料10千克，每天2次，连用3～5天，重症加倍。

［配伍与禁忌］ 可与大多数西药配合使用。无残留、无耐药性、无配伍禁忌，无休药期。

二、黄芪多糖注射液

本品为纯中药制剂，无毒副作用，具有极强提高机体免疫力的作用。注射液呈黄褐色液体，长久储存或冷冻后有沉淀析出。

［作用与用途］ 本品能诱导机体产生干扰素，调节机体免疫功能，促进抗体形成。主要用于预防和治疗畜禽病毒性疾病，如传染性法氏囊病、禽流行性感冒、鸡非典型新城疫、传染性喉气管炎、传染性支气管炎、包涵体肝炎、产蛋下降综合征等。

［用法与用量］ 每100毫升含黄芪多糖1.0克，肌内、皮下注射，每千克体重一次量2毫升，一天1次，连用2天。

［配伍与禁忌］ 本品可与头孢类抗菌药联合应用，防止继发感染。无残留、无耐药性、无配伍禁忌。

三、黄芪多糖口服液

主要成分是黄芪多糖，为黄色至红棕色液体，长久储存有沉淀析出，摇匀后使用，不影响疗效。

［作用与用途］ 具有免疫刺激作用，能促进机体免疫器官的发育，从而增强机体特异性和非特异性免疫，可作为免疫增强剂应用。免疫后连用3～5天，促进抗体生成，增强免疫效果。免疫之前连用3天，可激活靶器官和免疫细胞，使免疫效果增强。雏鸡开口时使用可以促进卵黄的吸收，可提高雏鸡成活率和后期机体免疫力。主要用于传染性法氏囊病、传染性支气管炎、鸡痘、传染性喉气管炎等病毒性疾病的防治。

［用法与用量］ 混饮：每250毫升本品兑水200升，充分混匀后饮用，连用5～7天，重症酌情加量。不采食或重症病鸡，灌服治疗，每千克体重0.5毫升，每天2次，连服5～7天。

［配伍与禁忌］ 对混合感染，与抗生素联用效果更佳。无残留、无耐药性、无配伍禁忌。

四、黄芪多糖粉

黄芪多糖粉是天然植物黄芪提取的具有多方面生物活性的物质，主要成分由黄芪多糖和黄芪甲苷复合而成，是喷雾干燥粉剂，主要用于预防病毒性疾病，提高机体抗病力，减少疾病发生。

［作用与用途］ 激活机体非特异性免疫，有效防治免疫抑制性疾病，在接种疫苗前后使用，可提高疫苗的免疫应答水平，提高抗体滴度和整齐度。具有肠道保健作用，能有效改善胃肠道环境，促进肠道有益菌群的生长，保护肠黏膜。对应激、换料、气候及环境变化造成的胃肠功能紊乱有治疗作用。

［用法与用量］ 全天给药效果最佳，连用5～7天。免疫日加上前后各3天给药有助于提高免疫抗体水平。本品100克兑水1000升，治疗给药时酌情加量使用或遵医嘱。

［配伍与禁忌］ 无残留、无耐药性、无配伍禁忌，免疫期间使用本品不会影响疫苗作用。

五、紫锥菊

紫锥菊化学成分复杂多样，目前已被分离出来的成分就超过70种，包括酚类、生物碱、黄酮、皂苷、精油、萜类、鞣质、甾体、多糖及糖蛋白类等，其最主要的活性物质有咖啡酸衍生物（包括菊苣酸、紫锥菊苷等）、多糖类和烷基酰胺类三类，其中菊苣酸、紫锥菊苷是紫锥菊的重要活性成分，也是紫锥菊末质量的重要检测指标。紫锥菊能抑制流感、疱疹和水疱病毒等多种病毒，并能抑制透明质酸酶的活性，从而阻碍病毒与细胞表面的受体结合。紫锥菊的多糖部分具有干扰素样的作用，可抑制病毒的生长。主要制剂有紫锥菊末、紫锥菊口服液、紫锥菊颗粒、紫锥菊根末等。

六、紫锥菊末

本品为紫锥菊经加工制成的散剂，为黄绿色至灰绿色粉末。主要成分为紫锥菊，气微。

［作用与用途］ 增强机体免疫力，防治各种疫毒感染，如禽的感冒、非典型性新城疫、传染性支气管炎（呼吸型、肾型）、传染性法氏囊病等病毒病。免疫期使用能有效提高疫苗免疫应答水平，缓解应激反应。

［用法与用量］ 本品每100克拌料100千克，连用10天。

［配伍与禁忌］ 无副作用、无耐药性、无药残，与其他任何药物无配伍禁忌。

七、紫锥菊口服液

本品为紫锥菊经加工制成的口服液，为棕红色澄清液体，久置后有少量沉淀。味甘，微苦。

[作用与用途] 促进免疫功能。用于提高新城疫疫苗的免疫效果。

[用法与用量] 混饮：每升水加本品1.5毫升，连用10天。用时摇匀。

[配伍与禁忌] 与其他任何药物无配伍禁忌；无副作用、无耐药性、无药残。

八、卡巴匹林钙可溶性粉

本品为解热镇痛药，类白色粉末，是阿司匹林钙与尿素络合的盐。

[作用与用途] 鸡口服卡巴匹林钙后，水解为阿司匹林（乙酰水杨酸），阿司匹林吸收快，主要经肝脏代谢，在鸡体内迅速降解为水杨酸。本品主要通过阿司匹林发挥解热、镇痛和抗炎作用。用于鸡解热、镇痛、消炎、缓解肾肿、清除尿酸盐。临床可配合治疗温和性流感、非典型性新城疫、传染性法氏囊病、传染性支气管炎等细菌、病毒感染或混合感染的对症治疗。

[用法与用量] 每次每千克体重40～80毫克，混水饮服。

[配伍与禁忌] 对某些抗生素有明显增效作用，如氟苯尼考、阿莫西林等。联用后可延缓其排泄，提高血药浓度，增强疗效。与碱性药物合用，使疗效降低。发生炎症时，可导引药物优先到达感染部位，并高浓度聚集，使药物在感染组织中浓度提高4～8倍。不得与其他水杨酸类解热镇痛药、糖皮质激素合用。无休药期，产蛋期禁用。

❧❦ 第四节 ❧❦

鸡场常用的维生素类药

一、维生素 A

维生素A主要有加强上皮组织的形成、维持上皮细胞和神经细胞的正常功能、保护视觉正常、增强机体抵抗力、促进生长等作用。缺乏维生素A时，初生雏鸡出现眼炎或失明，雏鸡生长发育迟缓、体质衰弱、运动共济失调、羽毛蓬乱。临床表现眼鼻发炎，眼睑肿胀，成年鸡则消瘦衰弱，羽毛松乱。鱼肝油中维生素A的含量丰富，青绿饲料、水果皮、南瓜、胡萝卜、黄玉米含有的胡萝卜素能在鸡体内转变为维生素A。

二、维生素D

维生素D参与骨骼、蛋壳形成的钙、磷代谢过程，促进肠胃对钙、磷的吸收。维生素D缺乏时，雏鸡生长不良，羽毛松散，喙、爪变软弯曲，胸骨弯曲，胸部内陷，腿骨变形。维生素D_3是动物形式的维生素D，对肉鸡来说比维生素D_2（植物形式的维生素D）更有效。鸡体皮下的7-脱氢胆固醇经紫外线照射可转变为维生素D_3。舍饲的笼养鸡无阳光照射时会缺乏维生素D_3，必须补充。鱼肝油中含有丰富的维生素D_3，日晒的干草中含维生素D_2。维生素D性质稳定，但可被硫酸锰破坏。

三、维生素E

维生素E是有效的抗氧化剂、代谢调节剂，对消化道和鸡体组织中的维生素D有保护作用，能提高种鸡繁殖性能，调节细胞核的代谢功能。维生素E缺乏时，雏鸡患脑软化症、渗出性素质病和白肌病；公鸡生殖功能紊乱；母鸡无明显症状，但种蛋孵化率低，胚胎常在4～7日龄死亡。麦芽、麦胚油、棉籽油、花生油、大豆油中维生素E含量丰富，青饲料、青干草中也有一定含量。配合饲料中的维生素E，在粉碎、加热过程可被破坏。添加维生素E可以促进雏鸡生长，提高种蛋孵化率。处于逆境的鸡对维生素E的需要量增加。

四、维生素K

维生素K主要催化合成凝血原酶。缺乏维生素K时，病鸡容易出血且不易凝固，临床表现为鸡冠苍白，死前呈蹲坐姿势。母鸡缺乏维生素K时，孵出的雏鸡易患出血病。维生素K有4种，其中维生素K_1在青饲料、大豆和动物肝脏中含量丰富；维生素K_2可在鸡肠道内合成；维生素K_3和维生素K_4多由人工合成，作为补充维生素K的添加剂使用。当饲料中有磺胺类或抗生素时，每千克饲料中要添加1～2毫克维生素K。

五、硫胺素（维生素B_1）

硫胺素主要作用是开胃助消化。缺乏硫胺素时，雏鸡生长不良，食欲减退，消化不良，发生痉挛，严重时头向后背极度弯曲、瘫痪、倒地不起。成年鸡的症状与雏鸡类似，且鸡冠发紫。硫胺素在糠麸、青饲料、胚芽、草粉、豆类、发酵饲料和酵母粉中含量丰富，在酸性饲料中相当稳定，易被热碱破坏。

六、核黄素（维生素 B_2）

核黄素对体内氧化还原、调节细胞呼吸起重要作用，并能提高饲料的利用率。缺乏核黄素的雏鸡，生长缓慢、足趾向内弯曲，有时以关节触地走路，皮肤干而粗糙。种蛋孵化率低，胚胎死亡率高，出壳雏鸡脚趾弯曲、绒毛稀少。核黄素在青饲料、干草粉、酵母、鱼粉、糠麸、小麦中含量较多。它是 B 族维生素中对鸡最为重要而又不易满足的一种维生素，肉用仔鸡容易出现缺乏症，应注意补给。

七、烟酸（维生素 B_3）

在碳水化合物、脂肪、蛋白质代谢过程中起着重要作用，并有助于鸡体内产生色氨酸。雏鸡的需要量高，烟酸缺乏时，采食减少，生长受阻，羽毛发育不良，发生黑舌病，有时脚和皮肤呈现鳞状皮炎。许多饲料原料中均含有一定量的烟酸，但籽实类和它们的副产品中的烟酸大多不能利用。

八、泛酸（维生素 B_5）

泛酸是辅酶A的组成部分，与碳水化合物、脂肪和蛋白质代谢有关。缺乏泛酸的雏鸡，生长受阻，羽毛粗糙，骨骼短粗，随后出现皮炎，口角有局限性损伤。泛酸与核黄素的利用有密切关系，一种缺乏时另一种需要量增加。泛酸与饲料混合时极不稳定，容易被破坏，故常以其钙盐作添加剂。泛酸在酵母、青饲料、糠麸、花生饼、干草粉和小麦中均含量丰富。

九、吡哆醇（维生素 B_6）

吡哆醇与糖、脂肪、蛋白质代谢有关。缺乏维生素 B_6 的病鸡，表现异常兴奋，不能控制地奔跑，长时间抽搐而死亡。雏鸡缺乏吡哆醇时，有食欲减退、生长缓慢、皮炎、脱羽、出血等表现。吡哆醇在饲料中含量丰富，又可在体内合成，很少有缺乏现象。

十、叶酸（维生素 B_{11}）

叶酸对羽毛生长有促进作用，与维生素 B_{12} 共同参与核酸的代谢和核蛋白的形成，并能防治恶性贫血。缺乏叶酸时，雏鸡生长缓慢，羽毛生长不良，贫血，骨短粗。常用饲料中叶酸含量丰富，草籽中含量尤其丰富。

十一、维生素 B_{12}

维生素 B_{12} 参与核酸合成、碳水化合物代谢、脂肪代谢以及维持血液中谷胱甘肽，有助于提高造血功能，能提高日粮中蛋白质的利用率。雏鸡缺乏维生素 B_{12} 时，食欲不振，表现明显贫血，生长缓慢，饲料利用率低，甚至死亡。维生素 B_{12} 在肉骨粉、鱼粉、血粉、羽毛粉等动物性饲料原料中含量丰富，鸡粪和禽舍厚垫草内也含有维生素 B_{12}。氧化剂和还原剂可使之破坏。

十二、生物素

生物素也属于 B 族维生素，又称维生素 H、维生素 B_7、辅酶 R，是水溶性维生素。是合成维生素 C、脂肪和蛋白质正常代谢不可或缺的物质。是一种维持动物自然生长、发育和健康的必要营养素。是多种羧化酶的辅酶，在羧化酶反应中起 CO_2 载体的作用。缺乏时，鸡的喙部发生皮炎，生长速度降低。雏鸡多有曲腱症、运动失调、骨骼畸形。生物素的毒性很低，至今尚未见生物素毒性反应的报告。生物素分布广泛，性质稳定，消化道内合成充足，不易缺乏。

十三、胆碱

胆碱是一种强有机碱，是卵磷脂的组成成分，也存在于神经鞘磷脂之中，是机体可变甲基的一个来源而作用于合成甲基的产物，同时又是乙酰胆碱的前体。胆碱有调节脂肪代谢的作用。缺乏时容易引起脂肪肝，繁殖力下降，食欲减退，羽毛粗糙，雏鸡、生长鸡生长受阻，并引起骨短粗症。虽然一般饲料含量都较丰富，但由于饲料碳水化合物浓度比较高，维持其正常代谢，通常还需要添加饲用氯化胆碱。

十四、维生素 C

维生素 C 又叫 L-抗坏血酸，是一种水溶性维生素。维生素 C 与细胞间质、骨胶原的形成和保持有关，可增强机体免疫力，有促进肠内铁吸收的作用。缺乏时，鸡可发生维生素 C 缺乏病，生长停滞，体重减轻，关节变软，身体各部位出血、贫血。维生素 C 在青绿多汁饲料中含量丰富。处于应激状态的鸡，应增加维生素 C 用量，正常情况下无需另外增加。

一、微量元素对鸡的作用

微量元素维持机体的正常生长、发育、代谢，是机体必要的营养元素，还与机体的免疫功能有着密不可分的关系，一旦这些微量元素达不到机体生长的需求标准，就会导致机体免疫力下降从而抗病能力下降而容易感染某些疾病。在鸡生长发育、产蛋和营养代谢的生理过程中，虽然微量元素的需要量不多，但它们对鸡的生长发育和产蛋却起着极其重要的作用。

1. 镁

是构成骨质所必需的元素，它与钙、磷和碳水化合物的代谢有密切关系，在体内起着活化各种酶的作用。镁元素供应不足时，骨骼钙化不正常，生长发育不良，蛋鸡产蛋率降低，易发神经性震颤。鸡经常喂些混合饲料即可满足对镁的需要。

2. 铁

是血红蛋白、肌红蛋白和各种氧化酶的组成物。它与血液中氧的运输、细胞内的生物氧化过程有密切关系。雏鸡和产蛋鸡的饲料中铁的含量过低或缺乏时，会患营养性贫血症。每产1枚蛋，需要铁1.1毫克（一般每千克饲料中含铁80毫克）。养鸡生产中通常添加硫酸亚铁或将其溶液直接掺在鸡的饲料中以补充不足。

3. 锰

锰元素对于维持鸡正常磷、钙代谢以及生长发育、鸡蛋品质、胚胎发育、繁殖、健康等都具有重要意义。日粮中缺锰，雏鸡骨骼发育不良，易患曲腱症，导致运动失调，生长受阻，体重下降。成年鸡体重减轻，蛋壳变薄，孵化率降低。所以，锰是鸡营养中不可缺少的微量元素之一，在配合日粮时，应考虑供给适量的锰。解决鸡缺锰症的方法除添加硫酸锰以外，也可以多喂小麦麸皮、燕麦和青绿饲料。冬春季节青绿饲料缺乏时，可喂些含锰丰富的发芽饲料来补充。

4. 硒

硒和维生素E都有抗氧化作用。鸡缺硒会发生白肌病、渗出性素质病、胰脏退化、生长缓慢等。如雏鸡缺硒，皮下会出现大块水肿，积聚血浆样的液体。公鸡缺硒表现睾丸萎缩退化。母鸡缺硒其繁殖功能紊乱，种鸡缺硒孵化率降低，胚胎易发育成畸形。发现缺硒时要注意改善饲养条件，并添加亚硒酸钠制剂，常用0.1毫克的亚硒酸钠溶于100毫升水中，供鸡饮用。

5. 锌

锌是鸡生长发育所必需的元素之一，是构成碳酸水解酶的金属元素。碳酸水解酶在机体细胞、胃黏膜和肾皮质中含量最多，它起着催化体内碳酸合成和分解的作用。如果饲料缺锌，雏鸡表现为食欲不振、生长迟缓、羽毛生长不良、腿软弱无力、行走困难。产蛋鸡表现为性成熟延迟、蛋壳稀薄甚至产软壳蛋，死胚较多。初生雏鸡身体较弱，站立困难，多数在几天内死亡。8周龄以内的鸡，每千克饲料中50毫克锌、产蛋鸡65毫克锌即可满足需要量。饲料中含有一定数量的肉粉和麦类饲料，即可满足鸡对锌的需要。

6. 铜

对血红蛋白的形成有催化作用，并与骨骼的发育、中枢神经系统的正常代谢有关，是鸡体内各种酶的组成物和活化剂。鸡缺铜，会导致贫血症。

7. 碘

碘是甲状腺形成甲状腺素所必需的。甲状腺素是一种含碘的氨基酸，它具有调节代谢功能和全身氧化过程的作用。日粮缺碘则易引起鸡的碘缺乏症，主要表现为甲状腺肿胀，比正常的甲状腺大几倍，代谢功能降低，生长发育受阻，丧失生殖能力，重症的会死亡。雏鸡、青年鸡每千克饲料含碘0.35毫克，产蛋鸡、种鸡每千克饲料含碘0.3毫克即可满足需要。

8. 钴

钴是维生素B_{12}的组成物，鸡体如果缺钴，会影响铁的代谢。鸡对钴的需要量甚微，在其饲料中加入百万分之五的氧化钴或硫酸钴，就可促进其生长发育和产蛋。也可用维生素B_{12}补充其不足。

二、使用微量元素注意事项

鸡对微量元素缺乏和过量都十分敏感，缺乏则发生各种微量元素营养性疾病，过量则会发生中毒乃至死亡。在配合饲料或预混浓缩饲料中在使用微量元素或自己配制鸡饲料时，养殖户任意加大微量元素用量，以为可使鸡多生蛋、生大蛋，小鸡长得快、健壮不得病，其结果反而是饲料中微量元素的含量往往超出鸡的最大耐受量，使鸡的生产性能下降，发生中毒乃至死亡。鸡对微量元素的最大耐受量分别是铜$300×10^{-6}$、碘$300×10^{-6}$、锰$300×10^{-6}$、硒$(1～2)×10^{-6}$、铁$1000×10^{-6}$、锌$1000×10^{-6}$。

1. 铜

小鸡和产蛋母鸡饲料中含铜量在$(4～5)×10^{-6}$，肉用仔鸡日粮中铜的添加量达$35×10^{-6}$。饲料中铜含量达到$100×10^{-6}$，促生长效应与有效抗生素所获得效果相同。同时，铜可治疗鸡肠炎和各种类型霉菌病。饲料中只要不含过量的与铜代谢相拮抗的元素（如铁、锌、钼等），一般不会造成铜缺乏。较长时间饲喂高铜饲料，会导致鸡肝脏中铜含量明显积累，产生铜中毒，严重地抑制生长甚至死亡。

2. 铁

产蛋鸡要维持正常生理的血细胞比容，其日粮中铁的含量应该达到$(35～45)×10^{-6}$，种鸡维持最大受精率和孵化率的铁需要量应该达到$55×10^{-6}$，4周龄以内的雏鸡对铁的需要量为$80×10^{-6}$。鸡日粮中铁过量时，会形成不溶性磷酸盐，降低磷的吸收利用，发生软骨症，诱发骨折，产薄壳、软壳蛋。不溶性磷酸盐呈胶体悬液状，可吸附维生素和其他矿物质元素，从而妨碍它们的吸收利用，诱发相应的缺乏症。慢性铁中毒表现为腹泻，生长缓慢，饲料转化率低，而急性铁中毒则会造成鸡死亡。故饲料中使用铁元素，应根据实际情况适时进行调整。

3. 锰

日粮中含有$50×10^{-6}$的锰，足以满足鸡正常生长的需要。维持鸡的最佳生长状态、最高产蛋率，锰的需要量约为$100×10^{-6}$。小鸡饲料中锰含量为$600×10^{-6}$时，其生产性能降低，锰含量为$4800×10^{-6}$时，不仅会阻碍鸡的生长，而且有可能导致半数以上的雏鸡死亡。

4. 锌

雏鸡和生长鸡对锌的正常需要量分别为$40×10^{-6}$和$30×10^{-6}$，母鸡的需要量为$(40～60)×10^{-6}$，鸡对锌的最低需要量为$35×10^{-6}$。鸡日粮中锌水平合适，对鸡的生长发育有促进作用，并能提高其食欲和消化功能。超剂量添加，不仅造成浪费，而且对鸡也会造成一定的毒害作用，不仅影响钙的吸收，还会影响蛋白质代谢。当锌的水平达到$3000×10^{-6}$时，小鸡生长受阻，并引起关节炎和内脏出血。

5. 碘

鸡摄入过量的碘时，会影响甲状腺对碘的利用而造成甲状腺肿。当饲料中的碘含量为$312×10^{-6}$时，母鸡产蛋量显著降低，孵化率降低且孵化时间延长，胚胎早期死亡。碘含量达$5000×10^{-6}$时，会停止产蛋，并发生鼻炎、眼结膜发红、气管分泌物增加、落羽、食欲减退等，严重时导致鸡死亡。生长鸡适宜的饲料碘需要量为$0.35×10^{-6}$，产蛋鸡为$0.3×10^{-6}$。

6.硒

饲喂适量的硒盐能提高母鸡产蛋率、种蛋孵化率、雏鸡育成率以及降低仔鸡死亡率。鸡对硒的需要量部分也取决于饲料中维生素 E 的含量，含有维生素 E 时，硒的需要量为$0.18×10^{-6}$，停止补充维生素 E 后则为$0.28×10^{-6}$。硒的安全范围很小，鸡对硒元素的缺乏和过量极为敏感，故没有足够的根据时，不必在鸡饲料中补硒。饲料中硒含量超过$0.5×10^{-6}$时，鸡就会出现中毒，生长停滞，羽毛蓬乱，神经过敏，性成熟延迟，采食量下降，产蛋率和孵化率都低下，发育中的胚胎畸形，不能破壳；严重中毒时，发生瘫痪、全身抽搐，角弓反张，头颈向下弯曲，甚至中毒死亡。

第六节
鸡场常用的消毒药

鸡场环境、鸡舍、鸡笼、用具以及禽体的消毒，是杀灭病原微生物，防止和消灭禽传染病的重要措施之一。

一、烧碱

烧碱也叫火碱、氢氧化钠。

[作用与用途] 对细菌、病毒和寄生虫卵都有很强的杀灭作用，常用于鸡场环境或鸡舍的出入口处的消毒池和地面、墙壁、运输工具的消毒。

[用法与用量] 消毒浓度一般为2%～5%，2%的水溶液用于消毒圈舍、饲槽、用具、运输工具等，3%～5%的水溶液用于炭疽芽孢杆菌污染场地的消毒。2%的氢氧化钠溶液和5%的石灰乳混合使用，消毒效果更好。

[注意事项] 烧碱溶液对畜禽、用具等有腐蚀性，因此，只能对空置鸡舍消毒，一般根据需要，消毒4小时后必须用清水冲洗干净，消毒过程还要防止消毒人员受伤。烧碱极易吸潮结块，平时要密闭保存。

二、石灰乳

石灰乳由消石灰和水组成。或者说石灰乳是用水熟化生石灰而制成的乳状液体，石灰乳是养殖场常用的环境消毒液之一。

［作用与用途］ 石灰乳有很强的消毒作用，但不能杀灭细菌的芽孢，用于墙壁、地面、粪池、污水沟等的消毒。

［用法与用量］ 20%石灰乳（配制方法是用新鲜生石灰10～20千克，加10～20千克水搅拌均匀，再加水80～90千克混匀即成）可用于鸡场环境消毒。用生石灰1千克加水300～400毫升混合而成的粉末撒在阴湿地面，可用于鸡场周边、粪池周围及污水沟的消毒。

［注意事项］ 直接将生石灰撒在干燥地面上没有消毒作用。生石灰易吸收二氧化碳，使氧化钙变成碳酸钙而失效，故要现用现配。陈旧石灰已变成碳酸钙而失效，故不能用作消毒。

三、漂白粉

又称氯化石灰，是一种广泛应用的消毒剂，主要成分是次氯酸钙。

［作用与用途］ 漂白粉遇水产生极不稳定的次氯酸，具有强大的杀菌作用，能杀灭细菌芽孢、病毒及真菌。漂白粉的消毒作用与有效氯含量有关，有效氯含量一般为25%～36%。

［用法与用量］ 一般用其5%～20%混悬液喷洒，有时可撒布其干燥粉末，用于圈舍、饲槽、用具、车辆的消毒。饮水消毒每升水中加入0.3～1.5克漂白粉，不但杀菌，且有除臭作用。

［注意事项］ 有效氯易散失，在妥为保存的条件下，有效氯仍然每月损失1%～3%，当有效氯含量低于16%时不适用于消毒，故应将漂白粉保存于密闭、干燥的容器中，放在阴凉通风处，漂白粉消毒应现用现配。漂白粉不能用于有色棉织品和金属用具的消毒，不可与易燃、易爆物品放在一起。漂白粉溶液有轻微毒性，使用浓溶液时，应注意人畜安全。

四、新洁尔灭

本品是以苯扎溴铵为主要有效成分的消毒液。本品为无色或淡黄色澄明液体，芳香，味极苦，强力振摇则发生多量泡沫。

［作用与用途］ 本品为阳离子表面活性剂类广谱杀菌剂，能改变细菌胞浆膜通透性，阻碍其代谢而起杀灭作用。对革兰阳性菌作用较强，但对铜绿假单胞菌、抗酸杆菌和细菌芽孢无效。能与蛋白质迅速结合，遇有血、棉花、纤维素和有机物存在时，作用显著降低。常用于洗手消毒，鸡舍内、孵化室、种蛋以及器

械与器具的消毒。

［用法与用量］ 0.1%以下浓度对皮肤无刺激性，洗手消毒浓度为0.05%～0.1%的水溶液。鸡舍内笼具、用具、空气消毒，浓度为0.15%～0.2%。孵化室对种蛋的喷雾或浸泡消毒浓度为0.1%。用于浸泡种蛋，温度40～43℃，不宜超过30分钟。0.1%浓度中浸泡30分钟，用于器械和器具消毒。

［注意事项］ 用于粪便、污水消毒效果不好，新洁尔灭和肥皂混合时，消毒作用消失，忌与肥皂、碘、高锰酸钾、火碱等配合应用。

五、强力消毒灵

本品由二氯异氢脲酸钠与增效剂配制而成的含氯复方消毒药剂，为白色粉末，毒性低，稳定性好，溶于水，无腐蚀作用。

［作用与用途］ 对金黄色葡萄球菌、禽巴氏杆菌、霉菌、鸡新城疫病毒、禽流感病毒等均有良好的杀灭作用。主要用于感染鸡群、病原微生物污染的圈舍和器械等的消毒。对一般细菌2分钟即可达到灭菌目的，对霉菌和病毒可消毒5～10分钟。

［用法与用量］ 0.1%～0.2%浓度可杀灭金黄色葡萄球菌、大肠杆菌、痢疾杆菌、鼠伤寒沙门菌、禽巴氏杆菌、蜡样芽孢杆菌等；1%～2%浓度可杀灭霉菌；1.25%浓度可杀灭鸡新城疫病毒。0.1%浓度可用于鸡舍、用具、畜禽体表、车辆、饲料及饮水消毒。

［注意事项］ 冬季用少量温水溶解，再加水至稀释浓度。为保证消毒效果，本品最好现配现用。按推荐的用法与用量，未见不良反应。对动物的生长发育、生产性能均无不良影响。

六、过氧乙酸

又名过醋酸，由过氧化氢作用于乙酸酐制得，故本品为过氧乙酸和乙酸的混合物。

［作用与用途］ 过氧乙酸为强氧化剂，有很强的氧化性，遇有机物放出新生态氧而起氧化作用，使用较为广泛，杀菌谱广、杀菌作用强，可短时间内杀死细菌、霉菌、芽孢和病毒。养鸡场一般用于鸡舍消毒，尤其对法氏囊病毒污染的鸡舍消毒效果更佳。

［用法与用量］ 0.1%的水溶液可带鸡消毒，0.3%～0.5%的水溶液可用于鸡舍和各种用具消毒。空间加热熏蒸消毒时，应配成3%～5%的水溶液。使用时现配现用，密闭、避光，在3～4℃下保存。

［注意事项］ 纯的过氧乙酸极不稳定，在-20℃时就会发生猛烈爆炸，所以

市场上出售的过氧乙酸大都是浓度为40%左右的过氧乙酸溶液，但其性质也很不稳定，在室温下可以分解放出氧气，遇明火或高温发生自燃、燃烧或爆炸。纯品为无色透明液体，呈弱酸性，有刺激性酸味，易挥发，易溶于水和有机溶剂，性质不稳定，遇热或有机物、重金属离子、强碱等易分解。高于45%的高浓度溶液经剧烈碰撞或加热可爆炸（强烈分解），而低于20%（含20%）的低浓度溶液无此危险。

七、高锰酸钾

高锰酸钾为紫色结晶，俗名灰锰氧、PP粉，无臭，易溶于水，是一种强氧化剂。

[作用与用途]　高锰酸钾为强氧化剂，遇有机物即放出新生态氧而杀灭细菌，杀菌力极强，但极易为有机物所减弱，故作用表浅而不持久。可除臭消毒，用于杀菌、消毒，且有收敛作用。常用于鸡的饮水消毒，也可用于食槽和水槽的清洗消毒。

[用法与用量]　常用浓度为0.05%～0.2%的水溶液喷洒消毒。雏鸡开食前，可以给予万分之一的高锰酸钾水饮用，有消毒饮水和清洗胃肠、促进小鸡胎粪排出的作用。福尔马林与高锰酸钾按2∶1混合，即每立方米空间用福尔马林28毫升、高锰酸钾14克，可用于鸡舍熏蒸消毒，熏蒸消毒20～30分钟。育雏室、禽舍、仓库、孵化室进行熏蒸消毒时间可延长至10～12小时，消毒结束后打开门窗通风换气。

[注意事项]　高锰酸钾分解放出氧气的速度慢，浸泡时间一定要达到5分钟以上才能杀死细菌。配制水溶液要用凉开水，热水会使其分解失效。配制好的水溶液通常只能保存2小时左右，当溶液变成褐紫色时则失去消毒作用。故最好能随用随配。该品有刺激性、腐蚀性。

八、福尔马林

含35%～40%甲醛的水溶液，也叫甲醛溶液。

[作用与用途]　福尔马林阻止细胞核蛋白的合成，抑制细胞分裂及抑制细胞核和细胞质的合成，导致微生物的死亡。能有效地杀死细菌繁殖体，也能杀死芽孢（如炭疽芽孢），以及抵抗力强的结核杆菌、病毒。用于畜禽棚舍、仓库、孵化室、皮毛、衣物、器具等的熏蒸消毒，也用于胃肠道制酵。对细菌、病毒、真菌等有杀灭作用，是一种广谱性杀菌剂，主要用于鸡舍和孵化室种蛋的熏蒸消毒。

[用法与用量]　鸡舍熏蒸消毒每立方米空间用福尔马林28毫升、高锰酸钾

14克，舍温不低15℃，相对湿度在70%以上。把高锰酸钾先放进非金属的容器中，然后倒入福尔马林，门窗必须密闭24小时以上，才能开窗通风换气。

［注意事项］ 注意保护，避免过多吸入。不宜用金属容器盛放。本品应密封、避光，于16℃以上处保存。低温处不宜久储。

九、百毒杀

百毒杀是速效长效性双链季铵盐类消毒剂，不受有机物污染、高浓度硬水、环境酸碱度的影响，故在有粪尿、油垢、血液、蛋内容物等有机物污染下，具有完全的杀菌效力。

［作用与用途］ 亲水性和亲脂性比一般单链季铵盐类化合物强几倍，能迅速渗透人胞浆膜脂质和蛋白质，改变细胞膜通透性。所以百毒杀具有超强杀菌效力，为广谱性、速效长效消毒剂，对病毒、细菌、霉菌、真菌均有杀灭作用，可用于饮水消毒和鸡舍、环境、器具、带鸡消毒及种蛋消毒等。

［用法与用量］ 饮水消毒，防止饮水系统堵塞，1000升水加50%百毒杀50～100毫升，长期或定期使用。病毒性或细菌性传染病发生时，1000升水加50%百毒杀100～200毫升，连续7天。带鸡喷雾消毒时，10升水加3毫升50%百毒杀喷雾。种蛋消毒时，10升水加3毫升50%百毒杀喷雾。孵化设备房舍消毒时，10升水加3～5毫升50%百毒杀，用喷、冲、洗、浸的方式均可。

［注意事项］ 推荐使用剂量对人畜绝对无毒、无刺激性、无腐蚀性，安全可靠。性质稳定，不受光、热影响，长期储存而效力不减，且杀菌力持续期长。

十、复合碘溶液

本品为碘与磷酸等配制而成的水溶液。主要由碘、表面活性剂、硫酸、磷酸等组成，红棕色黏稠液体。

［作用与用途］ 本品释放出的碘分子，能氧化菌体蛋白的活性基因，并与蛋白中的氨基酸结合而导致蛋白变性和抑制菌体的代谢酶系统，促使病原体崩解死亡。主要用于鸡舍、饲喂器具、种蛋、饮水的消毒等。

［用法与用量］ 以0.015%～0.03%（以有效碘计）浓度进行鸡舍、器具、种蛋消毒。0.0015%～0.003%（以有效碘计）浓度进行饮水消毒。

［注意事项］ 不应与含汞药物配伍。应存放在密闭容器内。若存放时间过久，碘含量降低，颜色变淡，不宜使用。

十一、聚维酮碘溶液

聚维酮碘溶液，主要由聚维酮碘、碘酸钾、碘化钾、纯化水等组成，本品为红棕色液体。

[作用与用途] 通过不断释放游离碘，破坏菌体新陈代谢，而使细菌等微生物失活。是一种高效低毒的杀菌药物，对各种病毒、细菌、芽孢、真菌及原虫都有很好的杀灭作用。并且具有作用速度快，性质稳定，消毒效果不受温度、有机物、环境pH的影响，无毒害，无刺激的特点。适用于饮水、养殖环境、孵化器具、运输工具、种蛋、畜禽舍的消毒。

[用法与用量] 将本品500～1000倍稀释后喷雾，可用于养殖环境、孵化器具、运输工具、禽舍的消毒；将本品2000倍稀释后浸泡5分钟可用于种蛋消毒。饮水中按1∶（1000～1500）的比例加入本品供禽饮用，用于饮水消毒。疫病流行期饮水消毒时，饮水中按1∶500的比例加入本品，供禽类饮用。

[注意事项] 性状发生改变即溶液变为白色或淡黄色，即失去杀菌活性，不宜应用，不应与含汞药物配伍。

十二、癸甲溴铵碘溶液

主要成分为癸甲溴铵、碘，为红棕色黏稠液体，含有效碘、双长链表面活性剂。

[作用与用途] 能主动吸引捕捉细菌、病毒和支原体等病原微生物，溶解破坏细胞壁、胞膜、病毒囊膜，灭活蛋白质和核酸，杀死病原微生物。主要用于鸡场器具、圈舍、笼具的喷雾消毒，也可用于细菌性和病毒性疾病感染的预防消毒。

[用法与用量] 浸泡、喷洒、喷雾、鸡舍、器具、种蛋消毒时，用水配成0.02%～0.05%溶液（以癸甲溴铵计）。

[注意事项] 按推荐用法用量，未见不良反应。勿与强碱性物质混用。水体缺氧时禁用。禁与肥皂合成洗涤剂混合使用。

十三、复合戊二醛消毒剂

本品以戊二醛为主要原材料，配以适量的增效表面活性剂调制而成。主要成分为戊二醛、癸甲溴铵溶液等，为红棕色黏稠液体。

[作用与用途] 戊二醛消毒剂具有高效、广谱和快速杀灭细菌繁殖体、细菌芽孢、真菌、病毒等微生物的作用。本品适用于鸡舍、鸭舍等养殖场所、公共场所、设备器械及种蛋等的消毒。可采取浸泡、冲洗、清洗和泼洒等方法。

[用法与用量] 病毒性疾病消毒1∶（300～500）倍稀释喷雾消毒；种蛋消毒1∶（800～1000）倍稀释喷雾消毒；一般性疾病消毒1∶（1000～1500）倍

稀释冲洗消毒；环境、车辆、孵化器1：300倍稀释冲洗消毒。一般消毒作用时间不得少于20分钟，灭菌不得少于6小时。

［注意事项］ 避免接触皮肤和黏膜。禁与肥皂及盐类消毒药合用。不宜用于合成橡胶制品的消毒。易致金属器械生锈，金属器具消毒后应用清水及时去除残留物质，保证足够的浓度和作用时间，灭菌处理前后的物品应保持干燥，注意操作人员的安全。

第七节
鸡场常用的疫苗

按照免疫程序接种，是养鸡场最有效和最关键的预防家禽疫病的手段。无论规模大小，鸡场都要根据本场实际情况，科学制订适合该场实际情况的免疫程序。制订免疫程序时一般应考虑当地疫病的流行情况、雏鸡的母源抗体水平、免疫间隔时间、鸡的免疫应答能力、疫苗的种类、免疫接种的方法、免疫对鸡体健康及生产性能的影响等。以下是常用的疫苗及其使用方法。

一、禽流感疫苗

临床应用禽流感疫苗，必须选择国家批准的定点企业生产的合法疫苗，非法疫苗，不仅免疫效果得不到保证，而且还可能因注射疫苗造成鸡群发病甚至死亡。还要明确要预防的禽流感亚型，禽流感病毒有16种（H1 ~ H16）血凝素亚型，各亚型之间没有交叉免疫保护作用。我国流行的主要是H5、H9和H7亚型禽流感，但H5、H7亚型禽流感致死率高、危害大，是预防的重点。产蛋鸡还要重点预防H9亚型禽流感，以减少或避免H9亚型禽流感导致的产蛋率下降。

1. 禽流感 H5N2 亚型灭活疫苗

该疫苗主要用于蛋鸡或种鸡的免疫。可分别于2周龄、5周龄、17周龄免疫，以后每隔4个月免疫1次。初次免疫的剂量为0.3毫升/只，采用颈部皮下注射途径免疫；以后每次免疫剂量为0.5毫升/只，采用胸部肌内注射或颈部皮下注射途径免疫。

2. 重组禽流感病毒 H5N1 亚型灭活疫苗

该疫苗可用于鸡、鸭、鹅和鸽子等多种禽类。对于蛋鸡和种鸡的前3次免疫时间、剂量和途径等均与H5N2亚型疫苗相同，只是其免疫期较长，可以维持6个月以上。雏禽常采用颈后部皮下注射，成年鸡则常采用肌内注射途径。肉鸡和肉鸭等也可以用该疫苗进行免疫，但要注意的是，在出栏前28天内不能使用禽流感灭活疫苗进行免疫。

3. H5 亚型禽流感重组鸡痘病毒载体活疫苗

该疫苗适用于各品种鸡的免疫，抗体产生的时间比灭活疫苗早，而且吸收快，不影响肉质，尤其适用于生长期较短的肉鸡。用灭菌的生理盐水稀释，禁止用自来水或深井水稀释。疫苗稀释后，严格按照疫苗瓶签上标明的鸡数免疫。该疫苗的最佳免疫途径是翅膀内侧无毛处刺种，最好每只鸡再重复免疫1次。使用高致病性禽流感灭活苗免疫时应注意在家禽机体情况良好的情况下进行，采用胸部肌内注射接种，雏鸡注射剂量每只0.3毫升，成年鸡每只0.5毫升，在小日龄家禽作首次免疫时，应尽量避开母源抗体高峰期。

4. 禽流感（H9 亚型）灭活疫苗

目前我国政府要求使用高致病性禽流感（H5N1亚型）疫苗对所有家禽进行强制免疫，免疫密度高达100%，能有效地防止高致病性禽流感（H5亚型）疫情发生，但只用高致病性禽流感（H5N1亚型）疫苗对家禽进行免疫，不能防止H9N2亚型禽流感的发生和流行。由于部分养殖场对H9N2亚型禽流感的传播与危害认识不足，许多地方的肉鸡、部分地方的蛋鸡不免疫或不能及时免疫H9亚型禽流感疫苗，致使H9亚型禽流感的流行又有反弹趋势，值得注意的是在不断使用疫苗的免疫压力下，病毒可以产生更高毒力的毒株，所以必须加强和重视H9N2亚型禽流感的免疫预防工作。目前，在缺乏有效治疗药物并无力彻底清除该病的情况下，选择疫苗免疫是最为有效的办法，可选择鸡新城疫、H9亚型禽流感二联灭活疫苗，鸡新城疫（La Sota株）、传染性支气管炎（M41株）、禽流感（H9亚型，HL株）三联灭活疫苗或禽流感二价灭活疫苗（H5N1 Re-6+H9N2 Re-2株）进行免疫。

5. 鸡新城疫、H9 亚型禽流感二联灭活疫苗

疫苗中含有灭活的鸡新城疫病毒La Sota株，禽流感病毒（H9亚型）F株，接种后21天产生免疫力。肌内注射或颈部皮下注射。无母源抗体或母源抗体（1日龄ND和AI母源抗体）低于1∶32的雏鸡，在7～14日龄时首免，每只0.2毫升，免疫期为2个月；母源抗体高于1∶32的雏鸡，在2周龄后首免，每只接种疫苗0.5毫升，免疫期为5个月；母鸡在开产前2～3周免疫，每只0.5毫升，免疫期为6个月。

6. 鸡新、支、流三联灭活疫苗

疫苗中含有灭活的鸡新城疫病毒La Sota株、传染性支气管炎病毒M41株和禽流感病毒（H9N2）HL株，皮下或肌内注射，免疫期为4个月。2～5周龄的鸡，每只0.3毫升；5周龄以上的鸡，每只0.5毫升。

7. 禽流感二价灭活疫苗

疫苗中含灭活的重组禽流感病毒H5N1亚型Re-6株和H9N2亚型Re-2株。胸部肌内注射或颈部皮下注射，免疫期为5个月。2～5周龄的鸡，每只0.3毫升；5周龄以上的鸡，每只0.5毫升。

8. 重组禽流感病毒（H5+H7）二价灭活疫苗（H5N1 Re-8 株 +H7N9 H7-Re1 株）

简称H5+H7二价灭活疫苗，自2017年秋季起，免疫范围涉及全国所有鸡、鸭、鹅，以及人工饲养的鹌鹑、鸽子和珍禽等，全国统一用重组禽流感病毒（H5+H7）二价灭活疫苗（H5N1Re-8株+H7N9H7-Re1株）替代重组禽流感病毒H5二价或三价灭活疫苗，对家禽实施免疫。对蛋鸡、种鸡以及生长期超过70天的肉鸡实行2次免疫，2次免疫间隔3～4周。对生长期少于70天的肉禽进行1次免疫。对蛋鸡、种鸡，免疫接种方法及剂量按产品说明书规定操作。胸部肌内注射或颈部皮下注射，2～5周龄的鸡，每只0.3毫升；5周龄以上的鸡，每只0.5毫升。

9. 重组禽流感病毒（H5+H7）二价灭活疫苗（H5N1 Re-11 株 +H7N9 H7-Re2 株）

用于预防由H5亚型2.3.4.4d分支和H7亚型禽流感病毒引起的禽流感。颈部皮下注射或胸部肌内注射。2～5周龄的鸡，每只0.3毫升；5周龄以上的鸡，每只0.5毫升。

10. 重组禽流感病毒（H5+H7）三价灭活疫苗（H5N1 Re-11 株 +Re-12 株，H7N9 H7-Re2 株）

用于预防由H5亚型2.3.4.4d分支、2.3.2.1d分支和H7亚型禽流感病毒引起的禽流感。颈部皮下注射或胸部肌内注射。2～5周龄的鸡，每只0.3毫升，5周龄以上的鸡，每只0.5毫升。

二、新城疫疫苗

目前我国生产的鸡新城疫疫苗分灭活苗和活苗两种，活苗主要有Ⅰ系、Ⅱ系

（B1株）、Ⅲ系（F系）、Ⅳ系（La Sota株）、克隆-30等。Ⅰ系为中等毒力疫苗对雏鸡毒力较强可出现临床症状甚至引起死亡，但能较快产生坚强免疫力，多用于2月龄以上的鸡或紧急预防接种。Ⅰ系疫苗毒力较强，Ⅳ系疫苗（La Sota株）毒力次之，Ⅱ系疫苗（B1系）毒力较弱，Ⅲ系疫苗（F系）毒力最弱。Ⅱ、Ⅲ、Ⅳ系疫苗适用于雏鸡和成年鸡，目前主要以Ⅳ系疫苗最为常用，Ⅰ系新城疫疫苗只供2月龄以上的鸡使用，免疫效力坚强，适合于疫病严重流行的地区使用。在使用Ⅰ系苗之前，要先用Ⅱ或Ⅲ系疫苗进行基础免疫。

1. 鸡新城疫油乳剂灭活苗

一般应用于弱毒活疫苗进行过基础免疫的鸡群，通常10日龄时，可皮下注射半剂量的油乳剂灭活苗，到120日龄上笼时，再注射1个剂量的油乳剂灭活苗。雏鸡在10～120日龄期间，如果体内抗体降至临界水平以下时，还需进行1次Ⅳ系疫苗的气雾免疫。

2. 鸡新城疫Ⅰ系中等毒力疫苗

适用于2月龄以上的幼鸡及成年鸡，又叫成鸡苗，对雏鸡反应大，不宜使用。应用时将疫苗用蒸馏水稀释100倍（可按说明稀释，摇匀后使用）。接种时可用接种针蘸取疫苗，在翅膀内侧无血管处刺2～3次，约0.1毫升，或稀释1000倍肌内注射1毫升。接种3～4天后即可产生免疫力，并能维持1年左右。

3. 鸡新城疫Ⅱ系弱毒疫苗

毒力比Ⅰ系疫苗弱，多用于2月龄以内幼雏的基础免疫，接种常用滴鼻法或点眼法。使用时将疫苗10倍稀释，每次给雏鸡滴入鼻孔或眼结膜内1～2滴（0.03～0.04毫升）即可，接种后4～5天即可产生免疫力，效力可达2～3个月。2个月后再接种一次Ⅰ系疫苗，免疫效果更佳。也可作喷雾免疫，即将Ⅱ系疫苗用蒸馏水稀释25倍，每毫升疫苗可免疫80只雏鸡。喷雾时，将鸡舍门窗关紧，手持喷头均匀喷雾。喷后让鸡群在舍内停留20～30分钟，然后再打开门窗。

4. 鸡新城疫Ⅲ系和Ⅳ系疫苗

多用于鸡群饮水免疫。将疫苗置于水中稀释，让鸡自由饮用，方法简单，适用于大群免疫。Ⅲ系疫苗适用于7～8日龄的雏鸡，每只用量约为0.01毫升。Ⅲ系疫苗（冻干苗）每瓶量为1克，加1000毫升摇匀，可供100只雏鸡饮用，1个月以后再饮水免疫1次，稀释度加倍。为保证免疫效果，最好每3个月饮水免疫1次。Ⅳ系疫苗常用于10日龄以内的雏鸡，采用两次饮水免疫法，即4～7日龄时，用0.1%浓度的疫苗（即Ⅳ系疫苗1毫升加水1000毫升）给幼雏饮水，每只雏鸡约饮10毫升，5天左右即可产生免疫力，当雏鸡2月龄时再用Ⅲ系疫苗进行一次饮水免疫，以后每隔4～5个月按同样的方法进行免疫。

5. V4（耐高温株）疫苗

为无毒耐热毒株（NDV4），安全性高，免疫原性和耐热性好，常温可以保存2个月以上，常使用滴鼻、饮水、注射进行免疫。

6. 鸡新城疫克隆30疫苗

它是由La Sota毒株经克隆优化而制成的。毒株致病性低，不受母源抗体干扰，即使在高水平母源抗体条件下，也能产生高度免疫。已被广泛应用于不同阶段的常规免疫，基本取代了其他弱毒活苗。

7. 新城疫N79活疫苗

是美国应用克隆技术对Ⅳ系疫苗优化而制成，特性与C30相似，用法相同。

三、鸡痘疫苗

常用的有鸡痘鹌鹑化弱毒疫苗，本品含鸡痘病毒鹌鹑化弱毒株（CVCC AV1003）。翅膀内侧无血管处皮下刺种。按说明要求的羽份，用生理盐水稀释。用专用的鸡痘刺种针蘸取稀释的疫苗，20～30日龄的鸡，刺1针；30日龄以上的鸡刺2针；6～20日龄的雏鸡用再稀释1倍的疫苗刺1针。接种后3～4天，刺种的部位应出现轻微红肿、结痂，14～21天痂块脱落。后备种鸡可在60日龄再接种1次。疫苗稀释后应放冷暗处，限4小时内用完。用过的疫苗瓶、器具和未用完的疫苗等应进行无害化处理。接种疫苗7天后应逐只检查，发现接种疫苗处无反应的鸡，应重新补种。

四、马立克病疫苗

国产鸡马立克病疫苗产品有鸡马立克病Ⅰ型+Ⅲ型二价活疫苗（CVI988+FC126株）、鸡马立克病活疫苗（814株）、鸡马立克病活疫苗（CVI988/Rispens株）、鸡马立克病活疫苗（CVI988株）、鸡马立克病火鸡疱疹病毒活疫苗（FC126株）、鸡马立克病火鸡疱疹病毒耐热保护剂活疫苗等。进口鸡马立克病疫苗产品有鸡马立克病Ⅰ型、Ⅲ型二价活疫苗和鸡马立克病活疫苗（CVI988株）。常见的有两类马立克病疫苗，一种是冻干疫苗，有火鸡疱疹病毒（Ⅲ型）马立克病疫苗；另一种是液氮冻结苗，主要有火鸡疱疹病毒Ⅲ型冻结苗，马立克病Ⅰ型CVI988/Rispens冻结苗（原苗）和Ⅰ型+Ⅲ型冻结苗等。血清Ⅰ型疫苗主要包括减弱弱毒力株CVI988疫苗和814疫苗；血清Ⅱ型疫苗很少单独使用，主要用于制备多价苗；血清Ⅲ型疫苗是火鸡疱疹病毒HVT-FC126疫苗。根据疫苗使用的毒株种类，可分成单价苗、二价苗、三价苗。使用单价苗，对临床超强毒株马立克病会发生免疫失败，因此推荐使用多价苗。血清Ⅰ型、Ⅱ型和Ⅲ型马立克疫苗单用时都不能抵抗超强毒的感染，但二价或三价疫苗显示出协同作用，从而提供充分的保护力。这些疫苗都必须使用与疫苗配套的专用稀释液，疫苗稀释和注射的全过程必须严格按疫苗使用说明书的要求进行。经马立克病疫苗免疫的鸡群，尽管不发病，但鸡群仍可感染马立克病毒并终生排毒。因此，应尽早接种，接种越晚雏鸡感染马立克病毒的危险性越大。由于鸡马立克病的复杂性，尽管注射了有效的马立克病疫苗，但由于多种不良应激因素的刺激，仍然可能影响免疫效果。

1. 鸡马立克病Ⅰ型＋Ⅲ型二价活疫苗（CVI988+FC126 株）

采用马立克Ⅰ型CVI988种毒和Ⅲ型FC126种毒生产疫苗，使免疫原性进一步提高，免疫力更强，保护期更长，在使用过程中剂量无须加倍，能克服母源抗体的干扰，可抵抗特超强毒的感染。用于预防各品种1日龄雏鸡的马立克病。按说明，用专用稀释液稀释，每只雏鸡肌内或皮下注射0.2毫升。工作人员需戴上手套和面罩，以防损伤。打开液氮罐时，将提筒垂直提起到液氮罐颈部，暴露出要取的安瓿并迅速取出（每次只取出1只），然后立即将提筒放回罐内，提筒钩要复位，盖好罐塞。在疫苗保存和运输的过程中，安瓿必须始终处于液氮面以下，液氮面应始终在安全线以上，露出液面的疫苗应废弃。如果容器中液氮意外蒸发完，则疫苗失效，应全部废弃。安瓿在液氮罐外空气中暴露时间越短越好，最好不要超过10秒钟。取出的安瓿应立即放入27～35℃温水中速融（不能超过60秒），疫苗一旦解冻就不能再放回液氮中。疫苗稀释时，取出疫苗安瓿，立即用挤干的酒精棉球消毒瓶颈，瓶上不能留有酒精液体，并轻弹安瓿顶部，防止疫苗滞留在安瓿顶部，小心开瓶。用配有12号或16号针头的无菌注射器从安瓿中吸出疫苗，立即缓缓注入25℃左右的专用疫苗稀释液中，并用稀释液多次洗涤安瓿，避免疫苗损失，稀释前必须先检查疫苗专用稀释液，如发现玻瓶破裂、瓶签不清、变色、有异物（长霉）及已过期等，均不能使用。稀释后应在1小时内用完。接种过程中应经常轻摇稀释的疫苗（避免产生泡沫），使细胞悬浮均匀。稀释液严禁冻结和曝晒，与疫苗混合前，稀释液应达到25℃（±2℃），稀释后应保持在该温度范围内，稀释时间不超过30秒。同时禁止在稀释液中加入抗生素、维生素、其他疫苗或药物，在接种疫苗过程中，应避免注射器的连接管内有气泡出现，保证每只雏鸡的接种量准确。在接种本疫苗后的48小时内不得在同一部位注射抗生素或其他药物。注射用具使用前应灭菌处理，以防微生物特别是铜绿假单胞菌污染。疫苗注射1周后可产生免疫力，在疫苗产生免疫力之前应采取有效措施防止孵化室和育雏室内发生早期强毒感染。

2. 鸡马立克病 II 型 + III 型双价活疫苗

本品是用鸡马立克病 II 型（Z4）、III 型（HVT-FC126）毒株接种于鸡胚成纤维细胞培养，经消化收获离心沉淀的感染细胞，加入适宜的冷冻保护液制成。皮下或肌内注射。疫苗现配现用，具体操作同鸡马立克病 I 型 + III 型二价活疫苗。稀释后应在 1 小时内用完，注射过程中应经常摇震稀释的疫苗，使细胞悬浮均匀。在液氮中保存。

3. 鸡马立克病 814 株活疫苗

本品是用马立克病病毒 814 株（CVCC AV26）接种 SPF 鸡胚成纤维细胞培养，收获培养物，加适宜冷冻保护液制成。用于预防鸡马立克病，各种品种 1 日龄雏鸡均可使用。接种后 8 天可产生免疫力，免疫期为 18 个月。肌内或皮下注射。按标签注明羽份，用稀释液稀释，每羽 0.2 毫升。液氮中保存和运输，具体操作方法同鸡马立克病 I 型 + III 型二价活疫苗。

4. 鸡马立克病 CVI988 株活疫苗

用于接种 1 日龄雏鸡，预防鸡马立克病。雏鸡颈背部皮下注射。液氮保存，具体操作同鸡马立克病 I 型 + III 型二价活疫苗。疫苗开瓶后应一次用完。疫苗容器及未用完的疫苗要及时焚毁。屠宰前 21 天内禁止使用。

5. 鸡马立克病 CVI988/Rispens 株活疫苗

本疫苗是采用鸡马立克病 I 型 CVI988/Rispens 毒株在无特定病原体（SPF）鸡胚成纤维细胞上培养，收集感染细胞，经处理后加入适当的冷冻保护液而制成的活疫苗。本品为细胞结合疫苗，速溶后为均匀的淡红色细胞悬液。用于预防鸡马立克病。雏鸡一出壳，即应进行免疫，每只颈部皮下注射 0.2 毫升。注射后 7 天产生免疫力。具体操作同鸡马立克病 I 型 + III 型二价活疫苗。疫苗必须现配现用，稀释后应在 25℃ ±2℃ 条件下，1 小时内用完。注射过程中应经常轻摇稀释的疫苗并避免产生泡沫，严防注射器的连接管中有气泡或"断液"现象。

6. 鸡马立克病火鸡疱疹病毒 FC126 株活疫苗

本品是用火鸡疱疹病毒（FC126 株）接种鸡胚成纤维细胞培养，收获感染细胞，加入适宜稳定剂后，经裂解，冷冻真空干燥制成。适用于各品种的 1 日龄雏鸡。肌内或皮下注射，按疫苗瓶标签注明羽份，加 SPG 稀释液稀释，每羽 0.2 毫升终生免疫。已发生过马立克病的鸡场，雏鸡应在出壳后立即进行预防接种。疫苗应用专用稀释液稀释。稀释后放入盛有冰块的容器中，必须在 1 小时内用完。储藏在 -15℃ 以下。

五、鸡传染性支气管炎疫苗

目前使用的疫苗主要有H120株、H52株、Ma5株、M41株、28/86株、W93株、4/91株等。H120株、H52株、Ma5株、M41均属于马萨诸塞型毒株，H120株、H52株是我国引进的荷兰株，主要用于呼吸型和生殖型传染性支气管炎的预防，对我国流行的多数血清型IBV有较好的免疫效果，并对肾型病变株也有一定的交叉免疫，故成为我国使用最广的两个毒株。M41毒力较强，因和许多国家和地区分离出来的毒株与M41属同一血清型，所以M41被广泛地用于灭活苗的生产。研究表明，近年QX型传染性支气管炎已经占我国流行毒株的70%左右，现有疫苗均无法提供有效的免疫保护。为解决我国鸡群中QX型传染性支气管炎病毒普遍流行的问题，从分离鉴定的近百株传染性支气管炎病毒强毒中，筛选出遗传稳定、生物学特性优良的QX型毒株作母本，经过连续传代弱化，获得致弱毒株QXL87，并与鸡新城疫弱毒活疫苗La Sota株组合，研制成鸡新城疫-传染性支气管炎二联活疫苗。

1. H120 株疫苗

毒力很弱，可以用于1日龄以上育雏鸡和产蛋鸡。

2. H52 株疫苗

毒力较强，主要用于60～120日龄的重复免疫。

3. Ma5 株疫苗

毒力相当于H120株，用于雏鸡也可以用于产蛋鸡。

4. 28/86 株疫苗

是致肾病变毒力最强的毒株之一，对免疫动物有很好的免疫原性和高度安全性，能有效抵御肾型传染性支气管炎强毒的攻击，可用于任何日龄的鸡，对肾型病变保护率较高，毒力稳定。

5. W93 株疫苗

是从国内发病鸡群中分离到的鸡传染性支气管炎（嗜肾型）病毒，用鸡传染性支气管炎病毒W93株接种SPF鸡胚培养，收获感染鸡胚液，加入适宜稳定剂，经冷冻真空干燥制成。用于预防嗜肾型鸡传染性支气管炎。

6. 4/91 株疫苗

是用来预防深层肌肉病变，产蛋率下降，有呼吸道症状腹泻问题的一株变异性鸡传染性支气管炎毒株。近年应用发现对肾病变型有一定效果。

7. La Sota-QXL87 株活疫苗

QXL87株疫苗，是与当前国内流行的传染性支气管炎毒株能够完全匹配的新型传染性支气管炎病毒疫苗，已经广泛用于预防鸡新城疫和鸡传染性支气管炎。

活疫苗免疫最好采用滴鼻或点眼免疫方法，这样有利于局部抗体的产生。疫苗稀释后必须在30分钟内滴完，使用时必须随时摇动。使用单苗或新、支二联活疫苗免疫，不要擅自将两种疫苗混合在一起免疫，因为如果传染性支气管炎病毒过量会干扰新城疫的免疫应答。如果采用单苗进行免疫，为了避免干扰作用一般应该间隔1～2周。或者采用厂家生产新城疫和鸡传染性支气管炎二联活疫苗。新、支二联活疫苗是按照科学合理的配比进行生产的，能够有效地消除或减少两种病毒之间的干扰。

六、鸡传染性法氏囊病疫苗

目前有两种疫苗，一种是灭活苗，须加佐剂，否则无效；另一种是弱毒苗，有温和型和中等毒力型等，其应用对象及剂量均有所不同。活疫苗毒株主要有B87株、V877株、BJ836株、J87株、K85株、NF8株、MB株、M65株、A80株、D78株、PBG98株、LKT株、LZD228株、W2512株、J-1株、Ks96株、HOT株等，灭活苗有全病毒灭活苗、VP2亚单位疫苗、VLPs疫苗。此外还有活载体疫苗，如痘病毒载体活疫苗、疱疹病毒活载体疫苗。

1. 低毒力株活疫苗

本品是鸡传染性法氏囊病毒低毒力A80株，用于早期预防雏鸡传染性法氏囊病。疫苗稀释后，用于无母源抗体雏鸡首次免疫，可点眼、滴鼻、肌内注射或饮水免疫。

2. 中等毒力株活疫苗

本品是鸡传染性法氏囊病毒中等毒力BJ836或J87或K85或B87毒株，可供各品种雏鸡使用。点眼、口服接种，饮水免疫剂量应适当加量。对有母源抗体雏鸡，当琼脂扩散试验阳性率在50%以下时，首次免疫时间应在7～14日龄进行，间隔1～2周后进行第2次免疫。当琼脂扩散试验抗体阳性率在50%以上时，21日龄时进行首免，间隔1～2周后，进行第2次免疫。本疫苗仅供有母源抗体的雏鸡免疫用。

3. 油佐剂灭活疫苗

本品是鸡传染性法氏囊病CJ-801-BKF毒株接种鸡胚成纤维细胞，收获毒液，经甲醛溶液灭活，与油佐剂混合乳化制成。18～20周龄的种母鸡，每只鸡在颈背部皮下接种1.2毫升，注射前应充分振摇疫苗瓶，使瓶底部少量粉红色液体混匀，在注射过程中也应不时振摇。种母鸡经活疫苗两次基础免疫和一次油佐剂灭活疫苗的加强免疫后，在开产后的第12个月内的种蛋所孵子代，14天内能抵抗野毒感染。

七、鸡传染性喉气管炎疫苗

鸡传染性喉气管炎疫苗主要有三类，一种是弱毒活疫苗，可用于点眼、滴鼻或毛囊接种，但副反应较大，点眼接种后会引起炎症和结膜肿胀甚至失明。一种是喉痘疫苗，即传染性喉气管炎和鸡痘病毒基因工程疫苗；另一种是灭活疫苗，只能用于注射。

1. 鸡传染性喉气管炎活疫苗（K317株）

本品含鸡传染性喉气管炎病毒K317株。用于预防鸡传染性喉气管炎。适用于35日龄以上的鸡。免疫期为6个月。点眼接种。按说明，用生理盐水稀释，每羽1滴（0.03毫升）。蛋鸡在35日龄时第1次接种，在产蛋前再接种1次。疫苗稀释后应放冷暗处，限3小时内用完。对35日龄以下的鸡接种时，应先做小群试验，无重反应时，再扩大使用。35日龄以下的鸡用苗后效果较差，21天后需作第2次接种。接种前后要做好鸡舍环境卫生管理和消毒工作，降低空气中细菌密度，可减轻眼部感染。只限于疫区使用。鸡群中发生严重呼吸道病（如鸡传染性鼻炎、鸡支原体感染等）时，不宜使用本疫苗。用过的疫苗瓶、器具和未用完的疫苗等应进行无害化处理。

2. 鸡传染性喉气管炎病毒（A96株）

为进口的鸡传染性喉气管炎疫苗，本品为淡黄色海绵状疏松团块，易与瓶壁脱离，加稀释液后迅速溶解。用于预防鸡传染性喉气管炎毒性稳定，不返强，免疫效果好，提供长久保护力。点眼接种，适用于肉鸡、公鸡、蛋鸡和种鸡的首次接种和加强接种。将疫苗溶于适宜稀释液中，振摇，直至充分混匀，避免产生泡沫，每只鸡眼中滴1滴疫苗液。等到溶液完全进入眼中（眨几次眼）后才松开。肉鸡和公鸡2～3周龄时免疫，蛋鸡和种鸡在该病低发区10～16周龄时免疫。传染性喉气管炎高发区，应在6～7周龄时免疫，并在16～17周龄时重复免疫。应注意用新城疫活疫苗或传染性支气管炎活疫苗接种1～2周后或在高浓度氨气、多尘环境中使用本品后，会引起严重反应。点眼接种后会引起炎症和结膜肿胀，这种反应可在3～4天内消失。仅用于接种健康鸡，因为病鸡不能产生良好的免疫效果。接种时，应避免阳光直接照射疫苗。一旦开瓶，必须立即使用，并在2小时内用完。接种前48小时或接种后24小时内，不得饮用含消毒剂的水。疫苗瓶、包装和剩余的疫苗必须烧毁、煮沸或浸泡在消毒剂溶液中至少30分钟。接种本品后，可服用广谱高效的抗生素防止上呼吸道继发感染。

3. 鸡传染性喉气管炎重组鸡痘病毒基因工程疫苗

本品为淡黄色疏松团块，易与瓶壁脱离，加稀释液后迅速溶解，呈粉红色液体。用于预防鸡传染性喉气管炎和鸡痘。按照标签所注明的羽份，用灭菌生理盐水稀释，鸡翅膀内侧无血管处皮下刺种，免疫期为5个月。仅用于接种21日龄以上的健康鸡，体质瘦弱、接种过鸡痘疫苗或自然感染过鸡痘病毒的鸡不能使用，否则影响免疫效果。接种疫苗后3～4天，刺种的部位出现轻微红肿，偶有结痂，14天后恢复正常。疫苗应现用现配，稀释后的疫苗限当天用完。用过的器具应进行消毒。

4. 油乳剂灭活疫苗

其优点是不会造成鸡群带毒排毒，但免疫效果差，攻毒保护率仅为76%，免疫期约半年，现已很少使用。

八、鸡产蛋下降综合征灭活疫苗

本品是用禽凝血性腺病毒接种易感的鸡胚培养，收获感染胚液，经甲醛灭活后，加油佐剂混合乳化制成。用于预防鸡产蛋下降综合征（EDS），肌内或皮下注射。开产前14～28天进行免疫，每羽0.5毫升。目前大多用"新城疫-传染性支气管炎-减蛋综合征"联苗。

九、病毒性关节炎疫苗

鸡病毒性关节炎商品化的疫苗有弱毒单价活疫苗、灭活疫苗和联苗。常用S1133弱毒疫苗对5日龄左右的雏鸡和后备种鸡进行基础免疫；高度污染的地区，5日龄首次免疫，5～7周龄重复免疫；污染较轻的地区5～7周龄首次免疫，9～11周龄重复免疫。灭活疫苗广泛用于母鸡，能产生较好的保护力。联苗的保护率高达90%以上。

1. 鸡病毒性关节炎活苗

由呼肠孤病毒S1133株经SPF鸡胚弱化培养冻干而成。按疫苗瓶标签说明，用专用稀释液稀释，颈背部皮下注射。对1～10日龄雏鸡进行免疫，每只0.2毫升，8～18周龄时加强接种。鸡病毒性关节炎活苗免疫时，应与马立克病、法氏囊病弱毒苗的免疫相隔5天以上，以免发生干扰。产蛋期内不要接种。屠宰前21天内禁止使用。疫苗稀释后，应于1小时内全部用完。

2. 病毒性关节炎三价灭活疫苗

本疫苗是由病毒性关节炎病毒S1133毒株、641毒株和FS235毒株灭活后乳化制成的油乳剂疫苗，用于预防和控制病毒性关节炎的发生。每只鸡接种1羽份（0.5毫升），经皮下或肌内注射途径接种。肌内或皮下注射，每只鸡注射0.5毫升。5日龄免疫病毒性关节炎冻干活疫苗，120日龄免疫病毒性关节炎三价灭活疫苗。

3. 鸡新城疫、病毒性关节炎二联灭活疫苗

本品采用进口佐剂制备。疫苗中含灭活的鸡新城疫病毒La Sota株、病毒性关节炎病毒AV2311株。肌内或颈部皮下注射，28日龄以内的雏鸡，每只0.2毫升，免疫期为3个月；28日龄以上的鸡，每只0.5毫升，免疫期为6个月；种鸡开产前1个月左右免疫，每只0.5毫升，免疫期为4个月，其所产子代的被动免疫期为14天。屠宰前28天内禁止使用。

十、禽脑脊髓炎疫苗

1. 禽脑脊髓炎弱毒疫苗

本疫苗用于后备蛋鸡及种鸡的免疫接种，预防种鸡禽脑脊髓炎垂直传播和商品蛋鸡禽脑脊髓炎引起的产蛋下降。育成健康鸡10～14周龄为最佳接种时间。

2. 禽脑脊髓炎油乳剂灭活疫苗

本品采用进口白油为佐剂。疫苗中含灭活的禽脑脊髓炎病毒Van Roekel株，颈部皮下或肌内注射。开产前蛋鸡和种鸡每只0.5毫升。接种后14天产生免疫力，免疫期10个月。雏鸡的母源抗体可持续到42日龄。屠宰前28天内禁止使用。

3. 禽脑脊髓炎禽痘二联活疫苗

含脑脊髓炎病毒Calnek 1143弱毒株，适用于健康鸡（后备蛋鸡及种鸡）的免疫接种，以预防禽脑脊髓炎和禽痘。免疫鸡群在产蛋期间将获得免疫保护，从而可避免这些疾病导致减蛋，其后代雏鸡通过获得母源抗体，出生几周内可以抵

抗禽脑脊髓炎感染。使用专用稀释液配制疫苗，采用双峰接种针作翼膜刺种，将针头浸入疫苗中使其蘸满药液，在鸡的翅膀内侧避开羽毛及血管刺种，每只鸡刺1次，每刺1次都要蘸取疫苗。接种后7～10天，部分鸡群可观察到疫苗反应。接种部位应出现轻微的肿胀和小的痂斑，2～3周后痂斑即自行消失和脱落。8～10周龄接种，免疫接种后2～3周将产生良好的免疫力。母鸡开产前28天或产蛋期间禁止接种本疫苗，本疫苗不得接种于8周龄以下的鸡，在同一时间按同一程序对所有的易感鸡群进行免疫接种。仅用于健康鸡群免疫接种。

十一、禽霍乱菌苗

为防止禽霍乱对养禽业造成严重危害，自20世纪50年代以来，我国曾研制了各式各样的死菌苗和弱毒苗10余种，但由于有的安全性较差，有的免疫效果不稳定，更普遍的是免疫期短（2～3个月），和对产蛋率影响较大（下降20%～40%），且对正在暴发禽霍乱的鸡群不敢使用等缺点，实际使用效果极不理想。目前禽霍乱菌苗主要有灭活菌苗和弱毒菌苗两类。

1. 禽霍乱氢氧化铝甲醛苗

可进行皮下或肌内注射，此种灭活菌苗虽然安全，注射后无反应，但保护率低，有效期较短，一般免疫期约3个月。

2. 禽霍乱弱毒活菌苗

禽霍乱弱毒活菌苗是我国在禽类弱毒菌苗的研究中最多的一类，20世纪80年代达到了研制禽霍乱弱毒菌苗的高峰，但是由于禽霍乱巴氏杆菌本身复杂的抗原结构和易变异等原因，至今尚未获得理想的禽霍乱弱毒苗。现有的禽霍乱弱毒菌苗，主要存在免疫期偏短、免疫保护力偏低、局部及全身反应偏大、菌株遗传不够稳定等关键性技术问题。由于弱毒菌苗的成本低，使用方便可不考虑血清型等优势，在某些发病地区仍然使用。使用年代较长、使用较多的有731禽霍乱弱毒菌苗、G190E40禽霍乱弱毒菌苗和833禽霍乱弱毒菌苗等。禽霍乱弱毒菌苗只用于发生禽霍乱的疫区，非疫区不要使用。使用弱毒菌苗的同时及以后的几天内，不得使用抗生素及抗菌药物，以免造成免疫失败。注射用禽霍乱弱毒菌苗，应使用配备的氢氧化铝胶液稀释，以减轻全身反应及延长免疫期，不可轻易用生理盐水或蒸馏水代替。稀释后的菌苗应在短时间内用完，并注意使用时的外界温度。

3. 禽霍乱蜂胶灭活疫苗

该疫苗安全可靠，不影响产蛋，保护率较高，免疫期6个月以上，-15℃储存不结冰，可保存2年；0～8℃储存，可保存18个月；10～15℃储存，可保存12个月；20～30℃储存，可保存6个月。

4. 禽霍乱荚膜亚单位疫苗

保护率平均为75%，有效免疫期长达5.5个月。20日龄以上大小禽类均无局部和全身反应，不影响产蛋量，用于禽霍乱暴发群的紧急接种可及时控制疫情。同时还可应用抗生素治疗病例，不影响菌苗的预防效果。

十二、传染性鼻炎灭活苗

本品是用副鸡嗜血杆菌接种于适宜培养基培养，将培养物经浓缩灭活后，加油佐剂混合乳化制成。用于预防鸡传染性鼻炎。为乳白色乳剂，久置后下层有少量水。胸部或颈背部皮下注射，42日龄以下的鸡为0.25毫升；42日龄以上的鸡为0.5毫升。42日龄以下首免的鸡，免疫期为3个月；42日龄以上的鸡，免疫期为6个月；42日龄首次免疫，120日龄重复免疫，免疫期为1年零7个月。

十三、大肠杆菌病灭活苗

本品是用免疫原性良好的鸡大肠杆菌，接种于适宜培养基培养，将培养物经甲醛溶液灭活后，加氢氧化铝胶制成。用于预防鸡大肠杆菌病。本品静置后，上层为浅黄色澄明液体，下层为灰白色沉淀物，振摇后呈均匀混悬液。颈背侧皮下注射，每羽0.5毫升。1月龄以上的鸡免疫期为4个月。储藏在2～8℃，有效期为1年。

十四、支原体苗

目前国际上和国内使用的活疫苗是F株疫苗。F株疫苗致病力极为轻微，给1日龄、3日龄和20日龄雏鸡点眼接种，不引起任何可见症状或气囊上的变化，不影响增重。尤其与新城疫活疫苗B1株或La Sota株同时接种，既不增强彼此的致病力，也不影响各自的免疫作用。免疫保护力在85%以上，免疫力至少持续7个月。

1. 鸡毒支原体活疫苗（F-36株）

本品是用鸡毒支原体F-36株接种适宜培养基培养，将培养物加入适宜稳定剂，经冷冻真空干燥制成。用于预防鸡毒支原体引起的慢性呼吸道疾病。海绵状疏松团块，易与瓶壁脱离，加稀释液后迅速溶解。免疫期为9个月。点眼接种。可用于1日龄鸡，以8～60日龄时使用为佳，根据标签说明羽份，按每毫升接种

20～30羽剂量，用灭菌生理盐水或注射用水稀释。疫苗稀释后放阴凉处，限4小时内用完。接种前2～4天、接种后至少20天内应停用治疗鸡毒支原体病的药物。不要与鸡新城疫、传染性支气管炎活疫苗同时使用，两者使用间隔应在5天左右。用过的疫苗瓶、器具和未用完的疫苗等应进行无害化处理。

2. 鸡毒支原体活疫苗（TS-11株）

澳大利亚生物资源公司生产。本品为淡黄色澄明液体，静置后，底部有少量沉淀物。用于预防鸡毒支原体引起的慢性呼吸道病。蛋鸡和种鸡点眼接种，每只0.03毫升，在3～6周龄时进行接种。使用时，在温水（温度不超过37℃）中快速融化，轻轻振摇，使疫苗混合均匀。在疫苗瓶上装上滴头。将鸡头倾向一侧，将疫苗轻轻滴在鸡眼内，等疫苗全部入眼后放开鸡。仅用于接种健康鸡。融化后的疫苗，应放在阴凉处，并限3小时内一次用完，未用完的应废弃。疫苗融化后应避光、避热，防止接触消毒剂。在接种前2周、接种后4周内，不得使用具有抗鸡毒支原体作用的药物。应对使用过的疫苗瓶、器具和稀释后未用完的疫苗等进行消毒处理。

3. 鸡滑液囊支原体活疫苗（MS-H株）

澳大利亚生物资源公司生产，我国已获批进口。MS-H株活疫苗免疫是目前唯一预防控制滑液囊支原体的有效活疫苗，能有效降低滑液囊支原体发病率。21日龄首次免疫鸡滑液囊支原体活疫苗，分别在14周龄、20周龄加强免疫一次。商品用鸡3～7周龄时用MS-H株弱毒活疫苗点眼，接种1次也可。免疫滑液囊支原体阴性鸡群的免疫效果是最好的。但是目前条件下很难做到父母代鸡群和商品蛋鸡群滑液囊支原体百分之百阴性。所以临床采用滑液囊支原体活疫苗的免疫方案时，首先在阳性鸡群轮换投喂2周抗生素，一定使用不同的抗生素，避免一种抗生素耐药不起作用，降低野毒的感染水平，停药后4天进行MS-H免疫，免疫最早在3周龄，免疫后5周尽量避免使用对支原体有作用的抗生素，提高生物安全等级，避免给鸡群大的应激，这样可以确保疫苗在上呼吸道产生坚强的保护。

第十三章

鸡场常用的给药方式及计算方法

第一节

鸡场常用的给药方式

养鸡场采用的给药方式要根据鸡的病情缓急、用药目的、药物本身的性质以及饲养场的本身条件来确定。养鸡的给药方式恰当与否，直接影响药物在鸡体内的利用程度、维持时间等，甚至可以引起药物作用性质的改变。现将常用的投药方法及应注意的问题介绍如下。

一、注射给药

鸡场常用的注射给药方法主要是肌内注射和皮下注射两种。

1. 肌内注射

部位常选在肌肉多、血管少的地方，尤其是在治疗严重的濒死鸡时。常用的肌内注射部位有大腿外侧肌肉和胸部肌肉，是常用的给药方法之一，特点是方法简便，药物吸收快，作用稳定，安全有效。采用此法时应注意使针头与肌肉表面呈35°～50°角进针，以免刺伤大血管和神经，特别是胸部肌内注射时要谨慎，不要使针头刺入胸腔伤及内脏以致造成死亡。本法操作简便，剂量准确，药效发挥迅速、稳定。

2. 皮下注射

是预防接种时最常用的方法之一，操作简单，药物易于吸收，可在颈部、胸部、腿部皮下等部位注射。正确操作方法是由助手抓鸡或术者左手抓鸡，并用拇指、食指捏起注射部位的皮肤，右手持注射器沿皮肤皱褶处刺入针头，然后推入药液。颈部注射不宜靠头部太近。

二、滴鼻、点眼给药

滴鼻、点眼适用于一些预防呼吸道疾病的疫苗，包括新城疫Ⅱ系（B1株）、Ⅲ系（F株）、Ⅳ系（La Sota株）、Clone30株疫苗、传染性支气管炎疫苗（H120、H52、Ma5、28/86等）、传染性喉气管炎疫苗等。常用于雏鸡的基础免疫。

1. 滴鼻

左手握住鸡颈部保定，一侧鼻孔朝上，朝鼻孔滴1～2滴疫苗，待鸡完全将药液吸入鼻孔后，左手方可松开鸡，若药液滴入后，不向鼻内进入，又想加快免疫进程，工作人员可用右手轻捏鸡的嘴或用右手堵住另一侧鼻孔，药液即可迅速进入。

2. 点眼

具体方法是用左手轻握雏鸡，右手拿点眼瓶，向眼角结膜囊内轻点一滴，药液完全进入眼中，待鸡眨眼吸收后再松开。放手早了，药液只在眼球表面，没有进入眼内，鸡甩头容易把药液甩掉，达不到免疫目的。成年鸡免疫时，只需打开鸡笼门，握住鸡颈部，头颈部在笼外，身体在笼内，点眼方法同雏鸡。

三、口服给药

口服给药是通过口腔给药的方法，经口给药的方法具有操作简便、安全、费用低、剂量准确的特点，因而是鸡场最常用的给药途径。口服给药主要包括饮水、混饲等给药方法。经口给药和注射给药的方法相比，其药物吸收的速度和药效发挥也比较缓慢。常用于口服的药物包括弱毒疫苗、可溶性粉、中药口服液、中药散剂等。

1. 饮水给药

饮水给药是目前养鸡场最常用的方法，用于禽病的预防和治疗。将药物溶于一定量的饮水中，让鸡自由饮用。饮水给药时，首先要了解药物在水中的溶解度。易溶于水的药物，能够迅速达到规定的浓度，难溶于水的药物，或经加温、搅拌或加入助溶剂后，能达到规定浓度，也可混水给药。其次，要注意饮水给药的浓度，并要根据饮水量计算药液用量。一般情况下，按24小时需水的2/3水量加药，任其自由饮用，药液饮用完毕，再添加剩余的1/3新鲜饮水。若使用水中稳定性差的药物或治疗的需要，可采用"口渴服药法"，对鸡群停止供水2小时后，以24小时需水量的1/5加药供饮，令其在1小时内饮完。此外，实际操作时要禁止在流水中给药，以避免药液浪费和浓度不均匀。鸡的饮水量常受到鸡舍温度、饲料、饲养方式等因素的影响，计算饮水量时应予考虑。

2.混饲给药

一种方法是将药物均匀地混入饲料，供鸡自由采食。常用递增稀释法进行混料，先将药物加入少量饲料中混匀，再与10倍量饲料混合，以此类推，直至与全部饲料混匀。给药时应注意药物与饲料添加剂的相容性及其相互有无拮抗关系。另一种方法是按所用药品说明计算出全群鸡一天的用药量，把日用药量均分成两份，早晨、下午各用一份，然后，把分好的药用水溶解，加注到背式喷雾器，卸掉喷雾器头，一边行走一边加压，将药液加到鸡食槽内的饲料表面。槽内饲料表面则形成许多湿的小颗粒，鸡争相采食，在短时间内可把溶有药物的湿颗粒料吞食。该方法加药速度快，劳动强度低，简单易行，可充分提高药物利用率，防止药物腐蚀饮水器、阻塞乳头，鸡群采食药物均匀，疗效确切，还可提高鸡的食欲。

四、雾化吸入给药

指使用专门的雾化装置将药物溶液雾化成一定直径的微滴或微粒，弥散到空气中，让鸡通过呼吸道吸入体内或作用于鸡的羽毛和皮肤黏膜的一种给药方法。雾化吸入给药，可以达到缓解支气管痉挛、稀释痰液、防治呼吸道感染的作用。在防治许多呼吸系统疾病（如慢性呼吸道病、支气管炎）以及一些冻干弱毒疫苗的免疫等，均可以使用雾化吸入治疗。要求使用的药物对禽类呼吸道无刺激性，且能溶于其分泌物中，否则不能吸收。雾滴在下降的过程中，一部分要随空气蒸发，另一部分可能在下降过程中相互结合变成更大的雾滴而不利于进入肺部，所以要加入保护剂，防止雾滴的蒸发和融合，有效保护药物，更重要的是可以保护黏膜不被药物损伤，以免激发更严重的呼吸道病。要使药物微粒到达肺的深部，应选择吸湿性慢的药物。要使微粒分布到呼吸系统的上部，选择吸湿性快的药物。微粒愈小，进入肺部愈深，反之，大部分落在上呼吸道的黏膜表面，不能进入肺部，因而药效慢，一般要求进入肺部的微粒直径以40微米以下为佳。雾化吸入给药，喷雾设备的选择尤为重要，达不到要求的喷雾设备不但达不到治疗的效果，还会引起异物性肺炎，加重死亡。因此，气雾给药建议使用专业喷雾器，以便控制雾滴的均匀度。喷雾给药用水要新鲜干净，无刺激性，不同的药物选择不同的水温。同一种药物，吸入给药的剂量与其他剂型的剂量未必相同，不能随意套用。对于可经肺部和气囊吸收的药物，应通过测定其吸收后的血药浓度，来确定其有效剂量。安全系数小的药物必须做毒性试验，确保安全。在治疗人呼吸道疾病的过程中，将雾化吸入给药、口服及注射方法给药的用药量做比较。发现吸入给药所需的剂量仅为口服液的1/40和注射量的1/5，较小吸入药物剂量不但减轻了机体代谢的负担，同时也避免或减少了全身用药，明显地减少了药物的毒副作用，对不能采食或饮水的鸡，经呼吸使药物迅速到达气管、支气管等部位，有效地抑制或杀死致病微生物，起到治疗作用。吸入给药治疗时最好在晚上或遮光进行，减少操作噪声，以免鸡群惊恐，引起应激反应，影响鸡群生产率。喷雾后应密闭禽舍30分钟。喷雾给药时，喷雾器喷头应距鸡头上方30厘米处，向斜上方喷出。养殖环境不良的鸡舍，在喷药之前，最好喷雾消毒一次，可以降低粉尘，增加湿度，延长雾滴的寿命，还可以减少氨气等，以防止密闭鸡舍后造成应激。在喷雾给药时注意保温、保湿，延长药物作用时间。某些药物吸入很少剂量，就可能对人体产生损害或过敏休克。因此，一定注意操作者的个人防护，穿戴好口罩、手套、防护服等。

第二节
鸡场常用的计算方法

一、采食量的计算

1. 蛋鸡

（1）1～10日龄　每只鸡日采食量等于日龄+2，如6日龄的雏鸡，每只鸡日采食量为6+2=8（克）。

（2）11～20日龄　每只鸡日采食量等于日龄+1，如15日龄的雏鸡，每只鸡日采食量为15+1=16（克）。

（3）21～50日龄　每只鸡日采食量与日龄相等。如40日龄的雏鸡，每只鸡日采食量为40克。

（4）51～150日龄　每只鸡日采食量为50+（日龄-50）÷2，如100日龄的青年鸡每只鸡日采食量为50+（100-50）÷2=75（克）。

（5）151日龄以上　每只鸡日采食量可稳定在120克左右。

按照上述计算方法投料，1只母鸡到150日龄时累计耗料8.94千克，蛋鸡一年的用料量是36.5千克，可基本满足产蛋的需要，同时也避免浪费。

2. 肉鸡

（1）10日龄以前　日采食量每天增加4克，如6日龄的小鸡每天每只就吃

24克。

（2）11～20日龄　每只鸡日采食量为（日龄-2）÷10×50，如15日龄的鸡，每只鸡的日采食量为（15-2）÷10×50=65（克）。

（3）21～30日龄　每只鸡日采食量为（日龄-1）÷10×50，如28日龄的鸡，每只鸡的日采食量为（28-1）÷10×50=135（克）。

（4）31～40日龄　每只鸡日采食量为日龄÷10×50，如35日龄的鸡，每只鸡的日采食量为35÷10×50=175（克）。

（5）41日龄以后　每只鸡日采食量基本就维持在200克，直到出栏。

一般情况下，用全价料饲喂肉鸡，每只肉鸡到出栏共吃料4.5千克，平均体重可达到2千克。仔细观察鸡群当天的采食量，若超出或不足，则视为鸡群不正常，在饲养管理过程中就要适当采取措施。

二、饮水量的计算

饮水量要按鸡的周龄而逐步递增，1～6周龄每天每只鸡20～100毫升；7～12周龄每天每只鸡100～200毫升。饮水量与采食量的比例是：在20℃气温下，饮水量为采食量的2倍。在高温35℃环境中，饮水量为采食量的3～5倍。饮水量也可随产蛋率的上升而增加。鸡饮水量与季节变化有关，夏季最高，冬季寒冷季节相对要少。

三、兽药计量单位及计算方法

在疫病防治时，用药剂量过大或过小都不能有效地达到治疗目的。掌握药物的含量、计量单位及其换算关系，对正确合理用药、降低病原菌对药物产生耐药性、降低成本、减少或避免对生态环境的污染具有重要意义。目前，一些基层兽医及养殖场（户），对药物的计量单位、计算方法存在一些模糊认识，给治疗带来了一定影响。现将兽药计量单位及使用计算方法介绍如下。

1. 兽药的含量与标示量

（1）兽药的含量　是指药物中所含有效成分的多少，一般采用化学、物理或生物测定方法来分析，含量测定是评价药物质量的重要内容。例如，30%的氟苯尼考可溶性粉，是指100克成品中含氟苯尼考30克。

（2）兽药的标示量　是指该剂型单位剂量的制剂中规定的主要含量。如土霉素片的标示量为0.25克，在生产过程中，每个单位制剂中的主要含量都不可能有误差，为了保证药品的质量，将主要含量误差限制在一定范围内。如《中华人民共和国兽药典·一部》规定：土霉素片含土霉素应为标示量的90%～110%，即表示每片含土霉素最少为0.225克，最多不超过0.275克，如不在0.225～0.275克范围内，则视该产品为不合格产品。

2. 兽药含量的计量单位

兽药的种类繁多，剂型各不相同，因此，必须有一个统一的计算方法。目前，有关药品的计量方法如下。

（1）以**重量计量**　主要用于粉剂和片剂等固体制剂，其表示法为：

1千克（kg）=1000克（g）；

1克（g）=1000毫克（mg）；

1毫克（mg）=1000微克（μg）；

1微克（μg）=1000纳克（ng）。

（2）以**容量计量**　主要适用于注射剂等溶液制剂，其表示法为：

1升（L）=1000毫升（ml）；

1毫升（ml）=1000微升（μl）。

（3）以**百分浓度计量**　适用于固体和溶液制剂，溶液制剂表示每100毫升溶剂中含多少克药物，例如5%的葡萄糖溶液，表示每100毫升溶液中含有葡萄糖5克；粉剂、散剂等固体制剂则表示每100克制剂中含药物多少克，例如，10%的环丙沙星散剂，表示每100克散剂中含有环丙沙星10克。

（4）以**"单位"或"国际单位"计量**　主要是用于某些抗生素、维生素、激素和抗毒素类生物制品的使用单位。通过生物鉴定，具有一定生物效能的最小效价单位叫单位（U），经由国际协商规定出的标准单位称为国际单位（IU）。一个单位或一个国际单位可以有其相应的重量，但有时也较难确定。单位与重量的换算，不同的药物有所不同。

① 抗生素　抗生素多用国际单位（IU）表示，有时也以微克、毫克等重量单位表示，如青霉素G，1个国际单位（IU）=0.6微克青霉素G钠纯结晶粉或0.625微克钾盐，80万单位青霉素钠盐应为0.48克；1毫克制霉菌素=3700单位（U），1毫克杆菌肽=40单位（U）。

② 维生素　国际联盟卫生组织的维生素委员会规定了各种维生素的国际单位，维生素A、维生素D、维生素E一般用国际单位（IU）表示，其他维生素则以重量单位表示。1个国际单位（IU）维生素A=0.3微克维生素A醇=0.344微克维生素A醋酸酯；1个国际单位（IU）维生素D=0.025微克结晶维生素D_3；1个国际单位（IU）维生素E=1毫克DL-2生育酚醋酸酯。在实际应用中，维生素B_1、维生素B_2常用重量作单位。

③ 激素与酶　在饲料中添加酶制剂，常用酶活性单位（FIU）表示，用含有活性单位去换算用量。激素用国际单位（IU）表示，各种激素1个国际单位折

合国际标准制剂的重量为黄体酮1毫克、绒毛促性腺素0.1毫克、垂体激素0.5毫克、催乳激素0.1毫克。

④抗毒素　通常以能中和100单位毒素的量，作为一个抗毒素单位。

3.常用兽药剂量表示法

（1）毫克/千克体重　畜禽个体给药以毫克/千克体重表示法，即每千克体重畜禽应用药物的质量，如环丙沙星注射液的剂量为：一次量，鸡每千克体重10毫克肌内注射，一天2次，连用2～3天。应用时应根据个体重量，计算出总的用药量，如体重为2千克的鸡，1次注射20毫克。

（2）毫克/只（头）　有时畜禽的个体给药剂量也用毫克/只（头）来表示，即每只（头）畜禽应用药物的1次量。

（3）百分浓度（％）　以饲料或水为100，所含药物为百分之几，即称百分浓度。如多西环素0.04%拌料，即为100克饲料中含多西环素0.04克，或0.02%饮水，100毫升水中含药0.02克，也即为4克药物/10千克饲料或2克药物/10升水。

另外，在以前书籍、杂志上常有用ppm为浓度的表示单位，现已废除不用。1ppm即百万分之一的浓度比例（相当于1000千克饲料或饮水中含1克药物或1千克饲料或水中含1毫克药物，现已写成$1×10^{-6}$或0.0001%）。

4.常用兽药剂量计算方法

在兽药使用剂量计算过程中，必须先弄清药物含量的重量、容量，国际单位与毫克之间的换算，千万不要混淆，下面举例说明。

（1）百分浓度（％）与克的换算　例如，某养鸡户在治疗大肠杆菌病时，使用10%的氟苯尼考粉。已知100克拌200千克饲料，如500只鸡，采食量是0.25千克/只，则按说明书计算需要药物重量为：500×0.25×100/200=62.5克，即500只鸡需要10%的氟苯尼考62.5克，与125千克饲料充分混合均匀，直接饲喂。也可根据说明书直接按100克药拌饲料200千克。

（2）国际单位与毫克的换算　一般抗生素1毫克约等于1000单位，即10毫克等于1万单位。如治疗鸡大肠杆菌病时，使用庆大霉素，其规格为2毫升/支（含8万单位）。若用其饮水，使用剂量为10毫克/千克体重，而制剂含量标注为8万单位。在实践中，可以1万单位换算成10毫克、1支庆大霉素（2毫升含8万单位），可供8只体重1千克的鸡饮水用。

5.药物用量的计算

防治鸡病的方法及用药量是否正确，关系到防治效果的好坏。如果用药方法或用药量不当，轻则起不到防病治病的作用，重则可引起鸡群的药物中毒，造成较大的经济损失。现将用药量的计算方法简单介绍如下。

（1）拌料给药量的计算方法　拌在饲料中用药是在养鸡生产中最常用的给药方法之一，即将所选用的药品按一定浓度（或比例）混合在饲料中，让鸡自由采食，以达到防病治病的目的。

用药量＝每日鸡群的用料量×按要求欲配用的药物浓度

用药克数＝用药量÷所用药物的纯度

例如，有2周龄雏鸡500只患球虫病，计划在饲料中加入2/1000000的地克珠利进行治疗。已知2周龄的500只雏鸡日喂料10千克，地克珠利的使用纯度是0.2%，可以知道饲料中药物的添加量为0.000002×10（千克）÷0.002＝10克，所以在每天的日粮中加入10克0.2%的"地克珠利"制剂就可以达到防治球虫的目的。

（2）饮水给药量的计算方法　这种给药方法就是按照防治鸡病要求的浓度，将药物溶解于水中，使鸡群在一定时间内通过饮用药水而达到防病治病的目的。每日饮水量一般为每日进食量的1倍，要求药水现配现用。饮水给药计算方法：每天的药物添加量＝饮水量×药物的添加浓度÷药物的纯度，一般畜禽用药都是分次饮用，根据药物的半衰期确定药物的使用次数。以在水中加入5/100000恩诺沙星为例，其计算方法是：已知恩诺沙星可溶性粉的纯度为5%，计算每次的使用量，每天饮水两次：10（千克）×1000×2×0.00005÷0.05÷2＝10克。即每次饮水药物使用量为10克，每天两次。

现在市面上销售的兽药基本都有简单明了的用药量说明，比如一瓶兑水多少千克、拌料多少千克，上述两种给药方法，除药物用量要准确，浓度要适宜外，还必须将药片磨成粉末，均匀地混合（溶解）在饲料或饮水中，混合（溶解）必须非常均匀，这对避免因药物不均发生中毒事故十分重要。

6. 免疫用水的计算

配制疫苗的饮水量很难准确掌握，因为疫苗免疫所用饮水量受到气温、舍温、鸡龄大小等诸多因素的影响。只能根据情况估计免疫饮水用量，最好在饮疫苗前掌握平时的饮水量，免疫用饮水量的确定以鸡群在60～120分钟内饮完为准，也可根据饲养人员的经验参考下列饮水量确定（表13-1）。

表13-1　饮水量参考值

鸡日龄	蛋鸡/（毫升/只）	肉鸡/（毫升/只）
5～15日龄	5～10	5～10
16～30日龄	10～20	10～20

鸡日龄	蛋鸡/（毫升/只）	肉鸡/（毫升/只）
31～60日龄	20～30	20～40
61～120日龄	30～40	40～50
121日龄以上	40～45	50～55

7. 光照及光照强度的计算

鸡要获得高水平的生产性能，取决于在育成期多个相关管理技术的结合运用，在鸡的一生中，光照对鸡的生殖和发育起着关键性的作用，并直接影响生产性能。在现代养鸡生产中，严格的光照管理是控制鸡性成熟的主要手段。光照的作用及光照的一般要求分述如下。

（1）光照促进生殖腺多种激素　促进卵泡的发育和排卵，发育的卵泡产生雌激素，促进输卵管的发育并维持其功能，使母鸡出现冠变红、耻骨开张等第二性征。同时雌激素还能促进钙的代谢，亦利于蛋壳的形成。

（2）光照控制初产日龄　可以通过光照周期循环作用使鸡体内所有机能的固有节律与明暗同步，就是说，光照对鸡的作用是同步信号作用的刺激作用，刺激作用控制鸡的初产日龄和产蛋率的变化，而同步信号作用效果则表现为对排卵和产蛋时间的制约。

（3）光照对雏鸡生长发育的作用　前期（10周龄前）作用不大，12周龄后由于其生殖系统进入快速发育阶段，光照长度变化对其影响很大。正是在育成期和产蛋期对光照时间和光照强度的要求不同，从而控制和促进了卵巢和睾丸的发育。种鸡对光照时间和光照强度增加的反应好坏，主要取决于育成期是否达到了体重标准、鸡群的均匀度好坏和营养摄入是否适宜。

（4）光照对鸡的影响　是指单位面积上所接受可见光的能量，简称照度，单位为勒克斯（Lux或Lx）。过强的光照，可使鸡烦躁不安，造成严重的啄癖、脱肛、神经质现象。光照突然增强，可使鸡群的破壳蛋、软壳蛋、大蛋、双黄蛋、小蛋等畸形蛋增加，鸡的猝死率提高。但光线太弱，可使雏鸡采食量下降，饮水减少。雏鸡只有在正常的光照条件下才能熟悉环境，进行觅食与饮水。由此可见，合理的光照强度不仅可提高鸡的产蛋量和群体产蛋率，而且还能节约用电，减少鸡恶癖的发生。

（5）自然光照与人工光照　自然光照即阳光照明。光照时间一般是从日出到日落的时段，但日出前、日落后的几十分钟亦有亮度，可算自然光照时间。人工光照是灯光照明。养鸡生产中常用的电光源为白炽灯和荧光灯。开放式鸡舍一般采用自然光照，以人工光照加以补充；密闭式鸡舍都采用人工光照。自然界一昼夜为一个光照周期，有光照的时间段为明期，无光照的时间段为暗期。自然光照，一般以日照时间计光照时间；人工光照，灯光照射的时间即为光照时间。不同种类，不同生产性能，不同生长阶段的鸡对光照时间的要求不同。对于生长早期阶段的雏鸡，光照时间的长短，重在保证采食、运动、饮水的需要，较长的光照时间对于正常生长是必需的。8周龄以后，小母鸡性腺开始发育，如果光照时间过长或光照时间的变化呈上升趋势，即会加快性腺的发育导致小母鸡早熟，对今后的产蛋性能有不良影响。

（6）光照强度　用光照刺激鸡需要有一个最小的值，光照时间的最小值是12小时，光照强度的最小值是10.8勒克斯。只要光照时间在12小时以上，光照强度在10.8勒克斯以上，鸡就得到性成熟刺激。家禽生产中，光照强度一般用照度单位来表示。光源所辐射的光能与辐射时间之比称为光通量，其单位是流明（lm）。照度则是物体被照明的程度，即物体表面所得到的光通量与被照面积之比，单位是lx。白炽灯泡每瓦大约可发出12.56流明的光，如不加灯罩，大约有49%的光通量可有效利用。一般每0.37平方米面积上1瓦灯泡可提供10.76勒克斯的光照，即有效1流明的照度为5.4勒克斯。计算鸡舍的光照强度，可以用下列公式。

照度（勒克斯）=灯泡数×灯泡光通量（流明）/2×鸡舍面积（平方米）（如使用有效光通量，直接除以鸡舍面积即可）

鸡舍内，一般灯泡的高度为2.0～2.4米，灯泡之间的距离应是灯泡高度的1.5倍；舍内如安装两排以上的灯泡，各排灯泡须交叉排列；如为笼养，灯泡的排列应使灯光能照射到料槽，特别要注意下层笼的光照强度。一般1～2周龄的雏鸡，由于视力较差，光照强度要求适当强点，一般为蛋用雏鸡10～20勒克斯，育成鸡5勒克斯，产蛋鸡10勒克斯。肉鸡1～3日龄30勒克斯（8瓦/米^2），4日龄后为10勒克斯（2.7瓦/米^2）。

（7）光照颜色　不同波长的光线对雏鸡生长的影响不同。绿光和蓝光有促进生长作用，黄光和绿光降低饲料利用率，红光和蓝光能减轻啄癖。此外，在夜间或无窗鸡舍内抓鸡时，用红光或蓝光，鸡不能迅速移动，易于捕捉。

8. 产蛋量与产蛋率的计算

入舍母鸡产蛋率（%）=［统计期内总产蛋量（枚）/（入舍母鸡×统计日龄）］×100%

母鸡饲养日产蛋率（%）=统计期的总产蛋量（枚）/实际饲养母鸡只数的累加×100%

入舍母鸡产蛋量=统计期内的总产蛋量/入舍母鸡总数

母鸡饲养日产蛋量=统计期内的总产蛋量/平均饲养母鸡数

平均日产蛋量＝每天产蛋量/当前存栏鸡数

9. 料蛋比的计算

料蛋比是指蛋鸡在生产过程中饲料的转化率，每生产单位重量的鸡蛋所消耗饲料的重量。即产蛋期消耗饲料量除以总产蛋重，也就是每产1千克鸡蛋所消耗的饲料量。通俗地讲，料、蛋比就是一批鸡或一个鸡舍的同一批鸡，全天采食量与全天产蛋总重量的比值。

产蛋期料蛋比＝产蛋期耗料量（千克）/总产蛋重量（千克）

10. 临界产蛋率的计算

蛋、料价格常常受市场上下浮动的制约，两者之间虽然有一定关联，但一种价格上升或下跌，另一种价格并非必然同步上升或下跌，有时还会出现一种上升，而另一种下跌的现象。即使蛋、料价格在同一时期同升或同降，但各自升降的比例也并非等量。因此，有时产蛋率虽然只有50%，但还有利可图，有时产蛋率高达75%却有可能亏损。养鸡场通过临界产蛋率即盈利的最低产蛋率的计算，可以掌握鸡群盈亏状况，以此来科学指导生产。

盈亏临界产蛋率＝饲料价/鸡蛋价×每只鸡日耗料量（千克）×每千克鸡蛋数/饲料费占鸡场总经费的比率×100%

饲料费占鸡场总经费的比率一般为80%左右，具体还应根据当时当地具体情况，进行计算。

参考文献

［1］ 李锦宇，谢家声.鸡病防治及安全用药.北京：化学工业出版社，2016.

［2］ 刘建柱，牛绪东.常见鸡病诊治图谱及安全用药.北京：中国农业出版社，2011.

［3］ 崔治中，金宁一.动物疫病诊断与防控彩色图谱.北京：中国农业出版社，2013.

［4］ 郑继方.兽医中药学.北京：金盾出版社，2012.

［5］ 张克家.中兽医方剂大全.北京：中国农业出版社，2009.

［6］ 赵玉军.国家法定禽病诊断与防治.北京：中国轻工业出版社，2005.

［7］ 崔治中.鸡病.北京：中国农业出版社，2009.

［8］ 屈勇刚，何高明.鸡的常见病防治.北京：中国劳动社会保障出版社，2011.

［9］ 刁有祥.简明鸡病诊断与防治原色图谱（第二版）.北京：化学工业出版社，2019.

［10］ 郑继方.兽医药物临床配伍与禁忌.北京：金盾出版社，2009.

［11］ 孙桂芹.新编禽病快速诊治彩色图谱.北京：中国农业大学出版社，2011.

化学工业出版社同类优秀图书推荐

ISBN	书名	定价/元	出版时间
32709	肉兔科学养殖技术	48	2018 年 9 月
30538	肉兔快速育肥实用技术	39.8	2017 年 11 月
33432	犬病针灸按摩治疗图解	78	2019 年 6 月
33919	彩色图解科学养兔技术	69.8	2019 年 8 月
33746	彩色图解科学养鸭技术	69.8	2019 年 6 月
33697	彩色图解科学养羊技术	69.8	2019 年 6 月
31926	彩色图解科学养牛技术	69.8	2018 年 10 月
32585	彩色图解科学养鹅技术	69.8	2018 年 10 月
31760	彩色图解科学养鸡技术	69.8	2018 年 7 月
31070	牛病防治及安全用药	68	2018 年 4 月
27720	羊病防治及安全用药	68	2016 年 11 月
26768	猪病防治及安全用药	68	2016 年 7 月
25590	鸭鹅病防治及安全用药	68	2016 年 5 月
26196	鸡病防治及安全用药	68	2016 年 5 月
01042A	畜禽病防治及安全用药兽医宝典（套装 5 册）	340	2018 年 9 月

地址：北京市东城区青年湖南街 13 号化学工业出版社（100011）

出版社门店销售电话：010-64518888

各地新华书店，以及当当、京东、天猫等各大网店有售

如要出版新著，请与编辑联系：qiyanp@126.com

如需更多图书信息，请登录 www.cip.com.cn